Linux
指令范例查询宝典

郝朝阳　管文蔚　编著

兵器工业出版社

内容简介

本书面向 Linux 专业人员，全书 5 篇，共 30 章。第 1 篇文件与目录管理，包括目录基本操作、文件创建/移动/删除与处理、文件编辑器应用、文件查看与文件权限、属性设置、文件查找与比较、文件的过滤/分割/合并、文件传输、文件压缩与解压缩、文件备份/归档/恢复。第 2 篇 Linux 系统管理指令，包括系统关机与重新启动、用户与工作组管理、文件系统管理、进程与作业管理、X Windows 系统、系统安全。第 3 篇硬件、磁盘、性能与 shell 内部指令，包括硬件相关、磁盘管理、性能监测与优化、内核与模块、shell 内部指令。第 4 篇实用工具、软件包及相关其他指令，包括实用工具、软件包管理、打印相关、编程开发。第 5 篇 Linux 网络管理指令，包括网络配置、网络监测、网络应用、高级网络指令、网络服务器、网络安全。

本书既适合于刚接触 Linux 操作系统的初学者，又适合 Linux 系统管理和网络管理人员以及 Linux 系统爱好者。

图书在版编目（CIP）数据

Linux 指令范例查询宝典 / 郝朝阳，管文蔚编著.--北京：兵器工业出版社，2012.7
ISBN 978-7-80248-761-1

Ⅰ.①L… Ⅱ.①郝… ②管… Ⅲ.①Linux 操作系统 Ⅳ.①TP316.89

中国版本图书馆 CIP 数据核字(2012)第 151663 号

出版发行：兵器工业出版社	责任编辑：刘燕丽　李萌
发行电话：010-68962596，68962591	封面设计：深度文化
邮　　编：100089	责任校对：郭芳
社　　址：北京市海淀区车道沟 10 号	责任印制：王京华
经　　销：各地新华书店	开　　本：889mm×1194mm 1/32
印　　刷：北京博图彩色印刷有限公司	印　　张：19
版　　次：2012 年 8 月第 1 版第 1 次印刷	字　　数：632 千字
印　　数：1-4 000	定　　价：49.80 元

（版权所有　翻印必究　印装有误　负责调换）

前 言

Linux操作系统诞生于1991年10月5日,它是一种自由和开放源码的类UNIX操作系统,并且具有安全性高、稳定性可靠、灵活度强等特点,受到越来越多程序员的喜爱。

与Windows相比较,Linux系统更灵活、更稳定,功能更强大。虽然Linux有非常优秀的桌面操作界面,但是Linux更侧重于通过命令的方式来实现操作。Linux有几百个常用命令,完全掌握这些命令十分困难。加之,每个命令都有相对应的参数和选项,使难度大大增加。很多Linux初学者面对众多的命令感到"心有余而力不足"。

当面对巨大的Linux指令集时,没有一本全面、系统的参考书作为指导,就会使操作过程变得繁琐甚至无法操作。本书便是为了给所有使用Linux操作系统的用户提供了一本结构细致、内容详实和查询快捷的Linux指令速查宝典。只需对照目录或者索引目录,就可以查到相关指令,节省了操作过程中的时间。

按照Linux指令应用范围的不同,本书分为5篇,分别是文件与目录管理指令;Linux系统管理指令;硬件/磁盘/性能与shell内部指令;实用工具/软件包及相关其他指令;Linux网络管理指令。本书共讲解了457个指令,为读者提供了696个应用实例,内容充实、细致。

本书特色

指令全面:本书介绍了457个Linux应用指令,几乎涵盖了Linux各应用范围的操作指令。

实例丰富:本书列举了696个指令经典操作实例,根据使用目的不同,所列举的实用实例也不相同。

图文并茂:本书配合大量的指令操作效果图片,使读者学习更轻松,操作结果一目了然。

通用性强:适用于Redhat、Fedora、Ubuntu、Debian等主流版本。

讲解方式独特:在介绍指令时,采用循序渐进、深入浅出的讲解方式,让读者更容易上手。

读者定位

Linux初学者；

Linux系统管理人员和网络管理人员以及专业技术人员；

院校的学生和培训班学员；

Linux爱好者和研究人员。

本书从策划到出版，倾注了出版社编辑们的心血，特在此表示衷心感谢！

本书是由诺立文化策划，第1~12章由管文蔚老师编写（徽商职业学院）；第13~30章由郝朝阳老师编写（徽商职业学院）。除此之外，还有参与对书稿内容进行排版、校对的人员有陈媛、陶婷婷、汪洋慧、沈燕、彭志霞、彭丽、管文蔚、马立涛、张万红、陈伟、郭本兵、童飞、陈才喜、杨进晋、姜皓、曹正松、吴祖珍、陈超、张铁军，在此对他们表示深深的谢意！

作者对书中的案例讲述尽可能精益求精，但疏漏之处在所难免。如果您发现书中的错误或某个案例有更好的解决方案，敬请登录售后服务网址向作者反馈。我们将尽快回复，且在本书再次印刷时予以修正。

再次感谢您的支持！

编著者

CONTENTS 目录

第1篇 文件与目录管理指令

第1章 目录的基本操作

命令1　ls命令 2
　实例1　显示当前目录下非隐藏文件
　　　　与目录 3
　实例2　显示当前目录下包括隐藏
　　　　文件在内的所有文件列表 3
　实例3　输出长格式列表 4
　实例4　显示文件的inode信息 4
　实例5　水平输出文件列表 5
　实例6　修改最后一次编辑的文件 5
　实例7　递归显示文件 6
　实例8　打印文件的UID和GID 6
　实例9　列出文件和文件夹详细
　　　　信息 6
　实例10　列出可读文件和文件夹详细
　　　　　信息 7
　实例11　显示文件夹信息 7
　实例12　按时间列出文件和文件夹
　　　　　信息 8
　实例13　按修改时间列出文件和文件
　　　　　夹详细信息 8
　实例14　按照特殊字符对文件进行
　　　　　分类 9
　实例15　列出文件并标记颜色分类 ...9
命令2　cd命令 10
　实例1　改变工作目录 10
　实例2　快速返回用户的宿主目录 ... 11
　实例3　"-P"选项的用法 11
　实例4　"-L"选项的用法 12

命令3　cp命令 13
　实例1　复制单个文件 13
　实例2　复制多个文件 14
　实例3　使用通配符简化文件名的
　　　　输入 14
　实例4　创建符号连接 14
　实例5　创建硬连接 15
命令4　mv命令 15
　实例1　文件改名 16
　实例2　批量移动文件 16
命令5　pwd命令 17
　实例1　显示当前工作目录 17
命令6　rm命令 17
　实例1　删除普通文件 18
　实例2　强制删除文件 18
　实例3　使用通配符删除文件 18
　实例4　删除目录 19
　实例5　强制删除目录 19
命令7　mkdir命令 20
　实例1　创建目录 20
　实例2　在当前路径创建多级目录 ...21
　实例3　指定新建目录的权限 21
命令8　rmdir命令 22
　实例1　删除空目录 22
　实例2　删除非空目录 23
　实例3　递归删除目录树 23
命令9　dirs命令 24
　实例1　显示目录堆栈内容 24

Linux | 1

命令10	pushd命令 25
实例1	目录堆栈操作 25
命令11	popd命令 25
实例1	显示目录中堆栈中的内容...26

命令12	tree命令 26
实例1	显示所有文件和目录 27
实例2	显示目录而不显示内容 28
实例3	显示指定的目录 28

第2章 文件创建、移动、删除与处理

命令1	cat命令 30
实例1	压缩文件中多余的空行 30
实例2	显示非空行的行号...............31
实例3	显示文件中所有内容...........31
实例4	查看文件 31
实例5	对所有行进行编号输出 显示 32
命令2	touch命令 33
实例1	设置文件的时间属性 33
实例2	创建空文件 34
实例3	大批量的创建空文件 34
命令3	ln命令 35
实例1	为文件和目录创建连接 35
实例2	对指定文件创建连接 37
命令4	dd命令 37
实例1	复制文件并转换文件内容...37
实例2	制作光盘ISO映像文件........38

实例3	制作软盘映像文件...............39
命令5	updatedb命令 39
实例1	更新指定目录的slocate 数据库 39
命令6	dirname命令 40
实例1	仅显示文件的目录信息 40
命令7	pathchk命令 40
实例1	检查路径的有效性...............41
命令8	unlink命令 41
实例1	删除文件 41
实例2	删除目录 42
命令9	basename命令 42
实例1	去掉文件名中的路径信息...42
实例2	去掉文件名中的路径信息 和后缀 43
命令10	rename命令 43
实例1	批量重命名文件 43

第3章 文件编辑器应用

命令1	vi命令 46
实例1	显示文件行号 48
命令2	emacs命令 48
实例1	启动emacs编辑器 49
命令3	ed命令 49
实例1	以行为单位编辑文本文件...50
命令4	ex命令 51
实例1	使用vi的ex模式编辑文件...51
命令5	jed命令 52
实例1	编辑shell脚本文件 52

命令6	pico命令 53
实例1	编辑文本文件 54
命令7	sed命令 54
实例1	删除指定行 55
实例2	删除文件中以#开头的行 56
实例3	替换指定内容 57
实例4	添加行 58
命令8	joe命令 58
实例1	使用joe编辑文本文件 59

第4章 文件查看与文件权限、属性设置

命令1	more命令	62
实例1	分屏显示指定文件	62
实例2	分屏显示其他指令的输出信息	62
命令2	less命令	63
实例1	分屏查看文件文件内容	64
实例2	分屏查看其它指令的输出	64
命令3	head命令	65
实例1	显示文件的头部内容	66
实例2	显示多个文件的头部内容	66
实例3	显示文件头部指定行数的内容	66
命令4	tail命令	67
实例1	显示文件尾部内容	68
实例2	监视日志文件的变化	68
命令5	cut命令	68
实例1	显示指定字段的内容	69
实例2	显示指定字符的内容	70
命令6	od命令	70
实例1	以指定编码显示文件	71
命令7	file命令	71
实例1	探测单个文件类型	72
实例2	批量探测文件的类型	73
命令8	stat命令	73
实例1	显示文件系统状态	74
命令9	chown命令	74
实例1	使用chown指令改变文件的所有者	75
实例2	改变文件所有者和所属工作组	75
实例3	递归改变目录下所有文件的所有者	76
实例4	使用通配符改变文件的所有者	76
实例5	使用模板文件改变文件的所有者和所属工作组	76
命令10	chgrp命令	77
实例1	改变文件所属组	77
命令11	chmod命令	78
实例1	使用"+"和"−"设置权限	79
实例2	使用"="设置权限	80
实例3	使用数字方式设置权限	81
实例4	特殊权限位suid的应用	81
实例5	不可执行文件的特殊权限suid	82
实例6	用4位数修改特殊权限位	83
命令12	umask命令	83
实例1	权限掩码的应用	84
命令13	chattr命令	84
实例1	防止文件被修改	85
命令14	whereis命令	85
实例1	定位指令以及相关文件	86
命令15	which命令	87
实例1	显示指令绝对路径	87
命令16	locate/slocate命令	88
实例1	查找文件路径	88
实例2	统计符合条件的文件数	89
命令17	lsattr命令	89
实例1	查看磁盘的属性	90

第5章 文件查找与比较

命令1	find命令	92
实例1	显示目录及子目录内容列表	94
实例2	按文件名查找	94
实例3	查找文件并执行相关操作	95
命令2	grep命令	95

实例1	搜索并显示含有指定字符串的行 97
实例2	搜索并显示不含指定字符串的行 97
实例3	使用正则表达式进行搜索 ... 97
实例4	统计匹配的行数 98

命令3　cmp命令 98
　实例1　比较两个二进制文件 99

命令4　diff命令 99
　实例1　比较两个文本文件的不同 101
　实例2　比较两个目录下的文件的不同 102

命令5　diff3命令 102
　实例1　比较3个文件的不同 103

第6章　文件过滤、分割与合并

命令1　col命令 106
　实例1　过滤控制字符 106
命令2　colrm命令 107
　实例1　删除文件中的指定列 107
命令3　uniq命令 108
　实例1　删除有序文件的重复行 109
　实例2　仅显示重复行内容 110
　实例3　uniq指令与其他指令的整合 110
命令4　csplit命令 111
　实例1　从指定行号处分割文件 112
　实例2　自定义输出文件名 112
　实例3　指定文件分割模式 113
命令5　wc命令 113
　实例1　统计单个文件的行数、单词数和字节数 114
　实例2　对多个文件进行统计 114
　实例3　wc指令与管道符号连用 114
命令6　sort命令 115
　实例1　排序文件 115
命令7　join命令 116
　实例1　合并文件中的相同字段 117
命令8　unexpand命令 117
　实例1　将文件中的空白转换为TAB 118
命令9　tr命令 118
　实例1　转换特定字符 119
　实例2　转换大小写 120
　实例3　数字转换 120
　实例4　删除指定字符 121
　实例5　利用tr进行格式优化 121
命令10　tee命令 121
　实例1　保存文件的多个副本 122
命令11　tac命令 122
　实例1　以行为单位反序显示文件内容 123
命令12　spell命令 123
　实例1　对文件进行拼写检查 123
命令13　paste命令 124
　实例1　合并两个文件 124
命令14　look命令 125
　实例1　显示以指定字符串开头的行 125
　实例2　查字典 126
命令15　ispell命令 126
　实例1　对文件拼写检查并纠正错误 127
命令16　fold命令 127
　实例1　设置文件显示的行宽 128
命令17　fmt命令 128
　实例1　设置文件的显示格式 129
命令18　expand命令 130
　实例1　将文件中的TAB转换为空白 130
命令19　comm命令 130

实例1	比较两个文件	131
命令20	diffstat命令	132
实例1	显示diff输出的统计信息	133
实例2	统计linux内核补丁程序的操作记录	133
命令21	printf命令	134
实例1	格式化输出	134
命令22	pr命令	135
实例1	格式化文本内容	135
命令23	rev命令	136
实例1	以字符为单位反序输出每行的内容	136

第7章 文件传输

命令1	ftp命令	138
实例1	ftp指令的内部指令的基本应用	138
命令2	ncftp命令	139
实例1	从FTP服务器上下载文件	139
命令3	rcp命令	140
实例1	使用普通用户在两台主机间复制文件	140
命令4	scp命令	141
实例1	复制本地文件到远程主机	142
实例2	在两台主机之间复制文件	142
命令5	tftp命令	143
实例1	用tftp指令向tftp服务器上传与下载文件	143

第8章 文件压缩与解压缩

命令1	tar命令	146
实例1	打包目录	146
实例2	打包文件	147
实例3	打包并用gzip压缩	147
实例4	打包并使用compress压缩	148
实例5	打包并使用bzip2压缩	148
实例6	显示tar包中的文件	148
实例7	显示压缩后的tar包中文件	149
实例8	解开tar包	149
实例9	解开压缩过的tar包	149
命令2	gzip命令	150
实例1	压缩单个文件	151
实例2	指定压缩文件的后缀	151
实例3	显示压缩文件信息	151
命令3	gunzip命令	152
实例1	解压缩.gz文件	152
实例2	解压缩非标准后缀的压缩文件	153
命令4	bzip2命令	153
实例1	压缩单个文件	154
实例2	显示压缩比率	155
实例3	一次压缩多个文件	155
实例4	压缩打包文件	156
命令5	bunzip2命令	156
实例1	解压单个".bz2"压缩包	157
实例2	解压缩多个".bz2"压缩包	157
命令6	compress命令	158
实例1	压缩文件	158
命令7	uncompress命令	159
实例1	解压缩.Z文件	159
命令8	zip命令	160
实例1	创建zip压缩包	162
命令9	unzip命令	162

实例1 解压缩.zip压缩包 163	命令17 bzmore命令 173
实例2 显示解压缩包内的文件	实例1 分屏查看压缩包中的
信息 164	文件 173
命令10 arj命令 164	命令18 bzless命令 174
实例1 创建arj压缩包 165	实例1 分屏查看压缩包中的
实例2 压缩整个目录 166	文件 174
命令11 unarj命令 166	命令19 zipinfo命令 174
实例1 解压缩.arj文件 166	实例1 显示zip压缩包细节信息 ... 175
实例2 解压缩文件并保持原始	实例2 显示压缩包内文件列表 ... 175
	实例3 显示压缩文件的冗长
路径 167	信息 176
命令12 bzcat命令 167	命令20 zipsplit命令 176
实例1 显示.bz2压缩包中文件	实例1 分割较大的zip压缩包 177
内容 168	命令21 zfore命令 178
命令13 bzcmp命令 168	实例1 为gzip格式的文件添加
实例1 比较两个.bz2压缩包中文件	".gz"后缀 178
的不同 169	命令22 znew命令 179
命令14 bzdiff命令 170	实例1 将.Z文件转换为".gz"
实例1 比较压缩包内文件的	文件 179
不同 170	命令23 zcat命令 180
命令15 bzgrep命令 171	实例1 显示压缩包中文件的
实例1 在.bz2压缩包中搜索匹配	内容 180
模式的行 171	命令24 gzexe命令 181
命令16 bzip2recover命令 172	实例1 压缩可执行程序 181
实例1 恢复.bz2压缩包中的文件... 172	

第9章　文件备份、归档与恢复

命令1 cpio命令 184	实例2 备份文件系统 187
实例1 备份etc目录 185	命令3 restore命令 188
命令2 dump命令 186	实例1 完全还原 189
实例1 备份目录 187	实例2 交互式还原 189

第2篇　Linux系统管理指令

第10章　系统关机与重新启动

命令1 ctrlaltdel命令 192	的功能 192
实例1 设置组合键"ctrl+alt+del"	命令2 halt命令 192

实例1 关闭操作系统并切断 　　　电源 193	实例1 重新启动linux操作系统 194
命令3 poweroff命令 193	命令5 shutdown命令 195
实例1 安全的关闭系统 193	实例1 立即重新启动计算机......... 195
命令4 reboot命令 194	实例2 立即关闭计算机 196
	实例3 10分钟后关闭系统 196

第11章　用户和工作组管理

命令1 useradd命令 198	实例1 修改工作组的组ID............. 209
实例1 创建新用户 198	命令13 groups命令 209
命令2 userdel命令 198	实例1 打印用户所属组 209
实例1 删除用户 199	命令14 pwck命令 210
命令3 passwd命令 199	实例1 检查密码文件 210
实例1 显示用户密码概述信息 199	命令15 grpck命令 211
实例2 修改用户密码.................... 200	实例1 验证组文件完整性............ 211
实例3 脚本中改变用户密码........ 200	命令16 logname命令 211
命令4 groupadd命令 201	实例1 shell脚本中使用 　　　logname.......................... 211
实例1 创建新工作组.................... 201	命令17 newusers命令 212
命令5 groupdel命令 201	实例1 批处理创建用户 212
实例1 删除工作组 201	命令18 chpasswd命令 213
命令6 su命令............................. 202	实例1 批量修改用户密码............ 213
实例1 切换用户身份.................... 202	命令19 nologin命令 213
实例2 以指定用户执行指令......... 203	实例1 礼貌的拒绝用户登录........ 213
命令7 usermod命令 203	命令20 pwconv命令 214
实例1 修改用户宿主目录............ 204	实例1 创建用户影子文件............ 215
命令8 chfn命令 204	命令21 pwunconv命令 215
实例1 改变用户finger信息........... 205	实例1 将密码从shadow文件内 　　　回存到passwd文件里 215
命令9 chsh命令 205	命令22 grpconv命令 216
实例1 改变默认shell................... 206	实例1 创建工作组影子文件........ 216
命令10 finger命令 206	命令23 grpunconv命令 216
实例1 显示用户详细信息............ 207	实例1 还原组密码到"group" 　　　文件 217
命令11 gpasswd命令 207	
实例1 管理工作组成员 208	
命令12 groupmod命令 208	

第12章　文件系统管理

命令1 mount命令....................... 220	实例2 显示已加载的所有文件 　　　系统 221
实例1 加载文件系统.................... 220	

命令2 umount命令 221
 实例1 卸载文件系统 221
命令3 mkfs命令 222
 实例1 创建文件系统 222
命令4 mke2fs命令 223
 实例1 创建文件系统 223
命令5 fsck命令 224
 实例1 检查文件系统 224
命令6 dumpe2fs命令 225
 实例1 显示指定分区超级块
    信息 225
命令7 e2fsck命令 226
 实例1 检查文件系统 227
命令8 chattr命令 227
 实例1 修改文件的ext2文件系统
    属性 227
命令9 mountpoint命令 228
 实例1 判读目录是否是加载点 229
命令10 edquota命令 229
 实例1 设置软限制宽限期限 230
命令11 quotacheck命令 230
 实例1 配置磁盘配额 231
命令12 quotaoff命令 232
 实例1 关闭文件系统的磁盘
    配额 232
命令13 quotaon命令 232
 实例1 显示磁盘配额的激活
    状态 233

实例2 激活磁盘配额 233
命令14 quota命令 233
 实例1 显示用户的磁盘配额 234
命令15 quotastats命令 234
 实例1 显示内核磁盘配额运行
    状态 234
命令16 repquota命令 235
 实例1 打印分区的磁盘配额
    报表 235
命令17 swapoff命令 236
 实例1 关闭交换分区 236
命令18 swapon命令 236
 实例1 激活交换分区 237
 实例2 显示交换空间汇总信息 238
命令19 sync命令 238
 实例1 手动刷新缓冲区 238
命令20 e2image命令 238
 实例1 生成ext2文件系统元数据
    映像 239
命令21 e2label命令 239
 实例1 设置分区卷标 240
命令22 tune2fs命令 240
 实例1 修改文件系统被加载
    次数 241
命令23 resize2fs命令 241
 实例1 调整文件系统大小 242
命令24 findfs命令 242
 实例1 查找卷标所对应的分区 242

第13章 进程与作业管理

命令1 at命令 244
 实例1 提交任务文件 244
 实例2 交互式提交任务 244
 实例3 禁止用户使用at指令 245
命令2 alq命令 245
 实例1 查询用户待执行任务 246
命令3 atrm命令 246
 实例1 删除待执行任务 247

命令4 batch命令 247
 实例1 提交任务列表 247
 实例2 交互式提交任务 248
 实例3 禁止用户使用batch
    指令 248
命令5 crontab命令 249
 实例1 添加计划任务 249
 实例2 显示任务计划 250

实例3 禁止用户使用crontab 指令 251	命令14 skill命令 .... 258 实例1 杀死进程 258
命令6 init命令 .... 251 实例1 切换到单用户模式 .... 252 实例2 关闭计算机 252	命令15 watch命令 .... 259 实例1： 监控目录的变化 .... 259 命令16 w命令 259
命令7 killall命令 .... 252 实例1 显示所有已知信号 .... 253 实例2 按照名称杀死进程 .... 253 实例3 杀死指定用户的进程 253	实例1 显示的登录用户及正在 执行的指令 .... 260 实例2 监控用户登录及其他 行为 260
命令8 nice命令 .... 253 实例1 以指定优先级运行 指令 254	命令17 telint命令 .... 261 实例1 切换运行等级 .... 261 命令18 runlevel命令 .... 261 实例1 显示运行等级 261
命令9 nohup命令 .... 254 实例1 退出登录时程序继续 运行 254	命令19 service命令 .... 262 实例1 控制系统服务 .... 262 命令20 ipcs命令 263
命令10 pkill命令 .... 255 实例1 基于名称杀死进程 255	实例1 显示进程间通信状态 .... 263 命令21 pgrep命令 264
命令11 pstree命令 .... 255 实例1 显示进程树 256	实例1 按照名称查找进程 .... 264 命令22 pidof命令 265
命令12 ps命令 .... 256 实例1 显示系统进程信息 257	实例1 显示进程的ID号 .... 265 命令23 pmap命令 266
命令13 renice命令 .... 257 实例1 调整进程优先级 258	实例1 显示进程的内存映射关系 .. 266

第14章　X Window系统

命令1 startx命令 .... 268 实例1 启动X Window 268	命令5 xlsatoms命令 .... 272 实例1 显示X服务器定义的原子 成分 272
命令2 xauth命令 .... 268 实例1 显示授权文件信息 .... 269 实例2 列出显示设备 .... 269 实例3 进入交互模式 270	命令6 xlsclients命令 .... 272 实例1 列出X服务器上的X程序 列表 273
命令3 xhost命令 .... 270 实例1 控制X服务器的访问 授权 270	命令7 xlsfonts命令 .... 273 实例1 显示X服务器使用的字体 列表 274
命令4 xinit命令 .... 271 实例1 启动X Window初始化 程序 271	命令8 xset命令 .... 274 实例1 显示当前的xset相关 信息 274

第15章 系统安全

命令1 chroot命令 276
  实例1 切换根目录环境 276
命令2 lastb命令 276
  实例1 显示用户的错误登录
       列表 277
命令3 last命令 277
  实例1 显示用户登录信息 278
命令4 lastlog命令 278
  实例1 显示用户上次登录的

       信息 278
命令5 logsave命令 279
  实例1 保存指令运行日志 279
命令6 logwatch命令 279
  实例1 报告服务日志 280
命令7 logrotate命令 281
  实例1 轮转日志 281
命令8 sudo命令 281
  实例1 以root身份执行指令 282

第3篇 硬件、磁盘、性能与shell内部指令

第16章 硬件相关

命令1 arch命令 284
  实例1 显示当前主机的硬件
       架构 284
命令2 cdrecord命令 284
  实例1 刻录光盘映像 285
命令3 eject命令 285
  实例1 显示默认的设备名称 286
  实例2 卸载并弹出光驱 286
命令4 volname命令 287
  实例1 显示设备的卷名 287
命令5 lsusb命令 288
  实例1 显示系统中的USB设备
       列表 288
  实例2 显示USB设备的层次

       关系 288
命令6 lspci命令 289
  实例1 显示PCI设备 289
  实例2 显示PCI设备层次关系 290
命令7 setpci命令 290
  实例1 配置PCI设备 291
命令8 hwclock命令 291
  实例1 同步硬件时钟为系统
       时钟 292
  实例2 显示硬件时钟 292
  实例3 设置硬件时钟 292
命令9 systool命令 292
  实例1 显示USB总线信息............293

第17章 磁盘管理

命令1 df命令 296
  实例1 显示磁盘空间使用情况 296

| 实例2 | 定制df指令的输出 | 297 |

命令2　fdisk命令 297
　　实例1　显示硬盘分区列表 298
　　实例2　使用fdisk指令进行硬盘
　　　　　分区 298

命令3　parted命令 299
　　实例1　进入交互式模式 300
　　实例2　显示分区列表 300
　　实例3　创建分区 300

命令4　mkfs命令 301
　　实例1　创建ext3文件系统 301

命令5　badblocks命令 302
　　实例1　检查磁盘坏块 302

命令6　partprobe命令 303
　　实例1　确认分区改变 303

命令7　convertquota命令 303
　　实例1　转换磁盘配额数据文件 304

命令8　grub命令 304
　　实例1　进入grub命令行 304

命令9　lilo命令 305
　　实例1　卸载lilo 306

命令10　mkbootdisk命令 306
　　实例1　创建引导软盘 306

命令11　hdparm命令 307
　　实例1　设置硬盘预读功能 308

命令12　mkinitrd命令 308
　　实例1　创建初始化RAM磁盘映像
　　　　　文件 308

命令13　mkisofs命令 309
　　实例1　创建光盘映像文件 309

命令14　mknod命令 310
　　实例1　创建块设备文件 310

命令15　mkswap命令 310
　　实例1　创建交换分区 311

命令16　blockdev命令 312
　　实例1　获取磁盘的只读状态 312

命令17　pvcreate命令 312
　　实例1　创建物理卷 313

命令18　pvscan命令 313
　　实例1　扫描物理卷 314

命令19　pvdisplay命令 314
　　实例1　显示物理卷信息 314

命令20　pvremove命令 315
　　实例1　删除物理卷 315

命令21　pvck命令 315
　　实例1　检查物理卷 316

命令22　pvchange命令 316
　　实例1　禁止分配物理卷的PE 316

命令23　pvs命令 317
　　实例1　输出物理卷报表 317

命令24　vgcreate命令 317
　　实例1　创建物理卷 318

命令25　vgscan命令 318
　　实例1　扫描系统中的卷组 318

命令26　vgdisplay命令 319
　　实例1　显示卷组信息 319

命令27　vgextend命令 319
　　实例1　向卷组中添加物理卷 320

命令28　vgreduce命令 320
　　实例1　输出物理卷 321

命令29　vgchange命令 321
　　实例1　设置卷组活动状态 321

命令30　vgremove命令 322
　　实例1　删除LVM卷组 322

命令31　vgconvert命令 322
　　实例1　转换卷组格式 323

命令32　lvcreate命令 323
　　实例1　创建逻辑卷 324

命令33　lvscan命令 324
　　实例1　扫描逻辑卷 324

命令34　lvdisplay命令 324
　　实例1　显示逻辑卷属性 325

命令35　lvextend命令 325
　　实例1　为逻辑卷增加空间 325

命令36　lvreduce命令 326
　　实例1　为逻辑卷减少空间 326

命令37　lvremove命令 327
　　实例1　删除指定的逻辑卷 327

命令38　lvresize命令 327
　　实例1　调整逻辑卷大小 328

第18章 性能监测与优化

- 命令1 top命令 330
  - 实例1 显示系统总体运行情况 330
- 命令2 uptime命令 330
  - 实例1 显示系统总体运行时间 331
  - 实例2 显示版本信息 331
- 命令3 free命令 331
  - 实例1 显示内存使用情况 332
  - 实例2 内存使用情况精确计算 332
- 命令4 iostat命令 332
  - 实例1 显示CPU和外设的I/O
    状态 333
  - 实例2 显示扩展状态 333
  - 实例3 显示分区状态 334
  - 实例4 显示扩展信息并将磁盘数据
    改为每兆显示 334
- 命令5 mpstat命令 335
  - 实例1 显示CPU的状态 335
- 命令6 sar命令 335
  - 实例1 显示CPU状态 336
  - 实例2 显示上设备状态 336
- 命令7 vmstat命令 337
  - 实例1 显示系统汇总统计信息 338
  - 实例2 显示系统整体运行状态 338
- 命令8 time命令 338
  - 实例1 统计指令运行时间ᅟᅟᅟ..... 339
- 命令9 tload命令 339
  - 实例1 显示平均负载显示到终端 .. 339
- 命令10 lsof命令 340
  - 实例1 显示已打开的文件列表 340
  - 实例2 显示已打开所有c开头的
    文件列表 340
- 命令11 fuser命令 341
  - 实例1 显示使用80端口的进程 341
  - 实例2 显示文件的进程信息 342

第19章 内核与模块

- 命令1 sysctl命令 344
  - 实例1 显示当前内核参数的值 344
  - 实例2 修改内核运行参数 345
- 命令2 lsmod命令 345
  - 实例1 显示已加载模块 346
- 命令3 insmod命令 346
  - 实例1 加载模块 346
- 命令4 modprobe命令 347
  - 实例1 智能加载与移除模块 347
  - 实例2 显示模块依赖关系 348
- 命令5 rmmod命令 348
  - 实例1 从内核中移除模块 349
- 命令6 bmodinfo命令 349
  - 实例1 显示内核模块详细信息 350
  - 实例2 显示内核模块详细作者 350
- 命令7 depmod命令 350
  - 实例1 产生内核模块依赖的映射
    文件 351
- 命令8 uname命令 351
  - 实例1 打印主机信息 352
  - 实例2 打印内核发行版本号 352
- 命令9 dmesg命令 352
  - 实例1 查看内核环形缓冲区 353
- 命令10 kexec命令 353
  - 实例1 快速启动linux内核 353
- 命令11 get _ module命令 354
  - 实例1 获取模块信息 354
- 命令12 kernelversion命令 354
  - 实例1 打印内核主版本号 355
- 命令13 slabtop命令 355
  - 实例1 显示内核的slab缓冲区
    信息 355

第20章　shell内部指令

命令1　echo命令 358
　实例1　打印变量的值.................358
　实例2　打印提示信息.................358
命令2　kill命令 359
　实例1　显示系统支持的信号........359
　实例2　杀死作业.......................359
命令3　alias命令 360
　实例1　设置命令别名.................361
　实例2　显示命令别名.................361
命令4　unalias命令 361
　实例1　取消命令别名.................362
命令5　jobs命令 362
　实例1　显示任务列表.................362
命令6　bg命令 363
　实例1　将任务放到后台执行........363
命令7　fg命令 364
　实例1　将后台作业放到前台
　　　　　运行 364
命令8　unset命令 364
　实例1　输出环境变量.................365
命令9　env命令 365
　实例1　在新环境中执行指令........366
命令10　type命令 366
　实例1　显示给定指令的类型........367
命令11　logout命令 367
　实例1　退出登录.......................367
命令12　exit命令 368
　实例1　退出shell......................368
命令13　export命令 368
　实例1　将变量输出为环境变量.....369
命令14　wait命令 369
　实例1　等待任务完成后返回
　　　　　终端 370
命令15　history命令 370
　实例1　显示历史命令.................370
命令16　read命令 371

　实例1　读取变量值 371
命令17　enable命令 372
　实例1　关闭与激活内部指令........372
命令18　exec命令 373
　实例1　在空环境变量中执行shell
　　　　　脚本 373
命令19　ulimit命令 374
　实例1　列出所有限制选项...........375
　实例2　显示与设置最多打开的
　　　　　文件数目 375
命令20　shopt命令 376
　实例1　显示shell选项................376
　实例2　显示并验证shell行为
　　　　　选项 376
命令21　help命令 377
　实例1　显示内部命令帮助...........377
命令22　bind命令 378
　实例1　查询指定功能对应的键 378
命令23　builtin命令 378
　实例1　执行shell内部命令 379
命令24　command命令 379
　实例1　调用Linux指令并执行......379
命令25　declare命令 380
　实例1　定义shell变量................380
　实例2　定义只读shell变量 381
　实例3　定义环境变量.................381
　实例4　定义整型变量.................381
　实例5　显示当前shell变量 382
命令26　dris命令 383
　实例1　显示目录堆栈的内容........383
命令27　readonly命令 383
　实例1　定义只读变量.................384
　实例2　显示所有只读变量...........384
命令28　fc命令 384
　实例1　编辑历史命令.................385
　实例2　显示历史命令.................386

第4篇 实用工具、软件包与其他相关指令

第21章 实用工具

命令1	man命令	388
实例1	显示指令帮助手册	388
实例2	显示配置文件帮助	388
命令2	info命令	389
实例1	保存指定节点的帮助信息	389
命令3	cksum命令	390
实例1	计算机文件的校验和	390
实例2	判断文件是否被篡改	390
命令4	bc命令	391
实例1	交互式计算	391
实例2	成批计算	392
命令5	cal命令	393
实例1	显示当前月的日历	393
实例2	显示最近3个月的日历	393
实例3	显示指定年月的日历	394
命令6	sum命令	394
实例1	计算文件的校验和	395
命令7	md5sum命令	395
实例1	计算md5校验和	395
实例2	检查文件的md5校验和	396
命令8	hostid命令	396
实例1	打印主机数字标识	396
命令9	date命令	397
实例1	显示当前日期时间	397
实例2	显示文件的最后修改时间	398
实例3	设置系统日期时间	398
命令10	dircolors命令	398
实例1	显示shell当前的颜色设置	399
命令11	gpm命令	399
实例1	启动鼠标服务器	399
命令12	sleep命令	400
实例1	shell暂停指定的时间	400
命令13	whatis命令	400
实例1	查询指定关键字	400
命令14	who命令	401
实例1	打印当前登录用户信息	401
实例2	打印最全面的信息	402
命令15	whoami命令	402
实例1	打印当前用户名	402
命令16	wall命令	403
实例1	发送广播通知	403
命令17	write命令	403
实例1	向登录用户终端发送信息	404
命令18	mesg命令	404
实例1	显示与设置当前终端写权限	404
命令19	talk命令	405
实例1	向指定用户发起聊天请求	405
命令20	login命令	406
实例1	重新登录用户	406
命令21	mtools命令	406
实例1	显示mtools指令显示其支持的DOS指令	407
命令22	stty命令	407
实例1	显示当前命令行设置	408
实例2	修改命令行组合键的功能	408
命令23	tee命令	408
实例1	双向重定向输出	409

命令24　users命令 409
　　实例1　显示登录用户列表...........409
命令25　clear命令 410
　　实例1　清屏 410
命令26　consoletype命令 410
　　实例1　显示终端类型..................410
命令27　yes命令 411
　　实例1　重复打印指定字符串........411

第22章　软件包管理

命令1　rpm命令 414
　　实例1　安装rpm软件包................414
　　实例2　检查软件包......................415
　　实例3　卸载软件包......................416
命令2　yum命令 416
　　实例1　安装软件包......................417
　　实例2　更新软件包......................417
命令3　chkconfig命令 418
　　实例1　查询服务的启动状态.........418
　　实例2　设置服务器启动状态.........418
　　实例3　添加系统服务..................418
　　实例4　删除系统服务..................419
命令4　ntsysv命令 419
　　实例1　配置系统服务..................419
命令5　apt-get命令 420
　　实例1　安装软件包......................420
　　实例2　删除软件包......................421
　　实例3　更新本机的软件包索引 421
命令6　aptitude命令 421
　　实例1　显示软件包详细信息.........422
　　实例2　查询可用的软件包............422
　　实例3　安装软件包......................422
　　实例4　删除软件包......................423
命令7　apt-key命令 423
　　实例1　显示被信任的密钥列表 423
命令8　apt-sortpkgs命令 424
　　实例1　排序软件包索引文件.........424
命令9　dpkg命令 424
　　实例1　显示软件包内文件列表 425
　　实例2　安装".deb"软件包............425
　　实例3　卸载软件包......................426
命令10　dpkg-deb命令 426
　　实例1　安装.deb软件包................427
命令11　dpkg-divert命令 427
　　实例1　添加转移文件..................427
命令12　dpkg-preconfigure
　　　　　命令 428
　　实例1　安装前询问问题................428
命令13　dpkg-query命令 428
　　实例1　查询本地dpkg数据库中的
　　　　　软件包信息.....................429
命令14　dpkg-reconfigure命令 429
　　实例1　重新配置软件包...............430
命令15　dpkg-split命令 430
　　实例1　分割软件包......................430
　　实例2　合并软件包......................431
命令16　dpkg-statoverride命令 ...432
　　实例1　显示所有改写列表............432
命令17　dpkg-trigger命令 432
　　实例1　在命令行运行软件包
　　　　　触发器............................433
命令18　patch命令 433
　　实例1　为内核打补丁..................434
命令19　rcconf命令 434
　　实例1　配置系统服务..................435
命令20　rpm2cpio命令 435
　　实例1　转换rpm包为cpio文件......435
命令21　rpmbuild命令 436
　　实例1　从rpm源码包创建rpm
　　　　　二进制包............................436
命令22　rpmdb命令 436
　　实例1　创建RPM数据库...............437
命令23　rpmquery命令 437
　　实例1　查询RPM软件包...............437

命令24　rpmsign命令 438
　　实例1　为软件包添加签名............439
命令25　rpmverify命令 439
　　实例1　验证软件包 440

第23章　打印相关

命令1　lp命令 442
　　实例1　打印文件 442
命令2　lpr命令 442
　　实例1　打印文件 443
命令3　lprm命令 443
　　实例1　删除打印任务 444
命令4　lpc命令 444
　　实例1　运行lpc指令 444
命令5　lpq命令 445
　　实例1　显示打印队列 445
命令6　lpstat命令 445
　　实例1　显示CUPS中的打印机
　　　　　状态 446
命令7　accept命令 446
　　实例1　接受打印任务 447
命令8　reject命令 447
　　实例1　拒绝打印任务 447
命令9　cancel命令 448
　　实例1　取消打印任务 448
命令10　cupsdisable命令 448
　　实例1　停止指定打印机 449
命令11　cupsenable命令 449
　　实例1　启动打印机 449
命令12　lpadmin命令 450
　　实例1　添加打印机 450
　　实例2　管理打印机 451

第24章　编程开发

命令1　test命令 454
　　实例1　条件测试 454
　　实例2　测试普通文件 455
　　实例3：shell脚本使用test指令.....455
命令2　expr命令 455
　　实例1　算数表达式求值 456
　　实例2　字符串操作 456
命令3　gcc命令 457
　　实例1　编译C语言源文件 457
　　实例2　分析执行编译操作 458
命令4　gdb命令 459
　　实例1　调试程序 459
命令5　ld命令 460
　　实例1　将目标文件连接为可执行
　　　　　程序 460
命令6　ldd命令 461
　　实例1　显示程序所依赖的
　　　　　共享库 462
命令7　make命令 462
　　实例1　安装源代码软件 462
命令8　as命令 463
　　实例1　编译汇编程序 464
命令9　gcov命令 464
　　实例1　测试代码的覆盖率............465
命令10　nm命令 466
　　实例1　显示目标文件符号表.........466
命令11　perl命令 467
　　实例1　运行perl程序....................467
命令12　php命令 468
　　实例1　运行perl程序....................468
命令13　protoize命令 469
　　实例1　C语言源代码文件添加函
　　　　　数原型 469

命令14	unprotoize命令 470	实例1	在bash脚本中使用临时
实例1	删除函数原型 471		文件 472
命令15	mktemp命令 472		

第5篇 Linux网络管理指令

第25章 网络配置

命令1	ifconfig命令 474	实例1	显示主机名称...................479
实例1	设置网络接口的IP地址......474	实例2	设置主机名称...................480
实例2	查看网络接口的配置.........475	命令7	dhclient命令 480
命令2	route命令 475	实例1	获取IP地址.....................481
实例1	添加路由记录....................476	命令8	dnsdomainname命令 ...481
实例2	显示路由表 476	实例1	打印DNS域名..................482
命令3	ifcfg命令 477	命令9	domainname命令 482
实例1	停用指定网络接口的IP	实例1	设置NIS域名 482
	地址 477	命令10	nisdomainname命令 ...483
实例2	为网络接口设置IP地址.....477	实例1	显示主机的NIS域名 483
命令4	ifdown命令 478	命令11	usernetctl命令 483
实例1	禁用网络接口....................478	实例1	禁用网络接口...................484
命令5	ifup命令 478	命令12	ypdomainname命令 484
实例1	激活网络接口....................478	实例1	显示主机的NIS域名 484
命令6	hostname命令...............479		

第26章 网络测试

命令1	ping命令 486	实例4	显示协议运行状态............489
实例1	测试到目标主机网络连	实例5	显示开启socket的进程
	通性 486		信息 490
实例2	显示报文经过的路由器 487	命令3	nslookup命令 491
实例3	不显示指令的执行过程 487	实例1	非交互式方式查询域名 491
命令2	netstat命令....................487	实例2	交互式域名解析查询.......491
实例1	显示系统核心路由器 488	命令4	traceroute命令 492
实例2	以数字方式显示全部socket	实例1	追踪到目的主机的
	信息 489		路由 493
实例3	显示网络接口的状态信息....489	命令5	arp命令 494

实例1 显示arp缓冲区的所有条目 494
实例2 以数字方式显示主机 494
实例3 查询指定主机的arp条目 ... 495

命令6 dig命令 495
实例1 查询指定域名的IP地址 496
实例2 域名反向解析查询 496
实例3 批处理域名查询 497
实例4 查询MX类型的域名信息 ... 498

命令7 host命令 498
实例1 正向域名解析查询 499
实例2 显示域名解析的详细过程 499
实例3 查询MX记录 500

命令8 nc/netcat命令 500
实例1 模拟TCP连接并传输文本内容 501

实例2 手动与HTTP器建立连接 501
实例3 端口号扫描 502

命令9 arping命令 502
实例1 测试目的主机是否存活 503
实例2 向目的主机发送指定书目的ARP报文 503
实例3 从指定网络接口发送ARP报文 503

命令10 arpwatch命令 504
实例1 使用arpwatch指令监控arp缓冲区 504
实例2 以调试模式运行 504

命令11 tracepath命令 505
实例1 追踪报文经过的路由信息 505

第27章 网络应用

命令1 elinks命令 508
实例1 访问Web站点 508

命令2 elm命令 508
实例1 使用elm管理电子邮件 509

命令3 ipcalc命令 509
实例1 IP地址计算举例 509

命令4 lftp命令 510
实例1 使用ftp协议下载文件 510
实例2 使用sftp协议下载文件 511
实例3 使用http协议下载网页 511

命令5 lftpget命令 511
实例1 使用lftpget指令下载文件 512

命令6 lynx命令 512
实例1 使用文本模式访问网站 512

命令7 mailq命令 513
实例1 显示待发送的邮件队列 513

命令8 mailstat命 514
实例1 显示邮件状态 514

命令9 mail命令 515
实例1 显示mail指令的内部命令 515
实例2 管理邮件 516

命令10 rlogin命令 517
实例1 使用rlogin指令登录远程主机 517

命令11 rsh命令 518
实例1 使用rsh指令在远程主机上执行shell命令 518

命令12 rexec命令 519
实例1 远程执行指令 520

命令13 telnet命令 520
实例1 以普通用户登录远程主机 521
实例2 以超级用户登录远程主机 522

命令14 wget命令 522
实例1 下载一个网页 523

实例2　下载指定主页及其下的3层
　　　　　网页 524
　　实例3　指定保存文件的目录 524
　　实例4　指定忽略下载的文件类型 ..524

第28章　高级网络指令

命令1　iptables命令 526
　　实例1　显示iptables规则 526
　　实例2　filter表基本操作 527
　　实例3　配置端口映射 528
命令2　iptables-save命令 529
　　实例1　保存iptables表 529
　　实例2　保存iptables表的计数
　　　　　器值 530
命令3　iptables-restore命令 530
　　实例1　还原备份的iptables表
　　　　　内容 531
命令4　ip6tables命令 532
　　实例1　显示ip6tables规则 533
　　实例2　filter表基本操作 533
命令5　ip6tables-save命令 534
　　实例1　保存ip6tables表 535
　　实例2　保存ip6tables表的计数
　　　　　器值 535
命令6　ip6tables-restore命令 ..535
　　实例1　还原备份的ip6tables表
　　　　　内容 536
命令7　ip命令 537
　　实例1　显示网络状态 537
　　实例2　关闭和激活网络设备 538
　　实例3　修改网卡MAC地址 539

　　实例4　显示命令的帮助信息 539
命令8　tcpdump命令 540
　　实例1　监听网卡收到的数据包 541
　　实例2　以快速方式运行tcpdump
　　　　　指令 541
命令9　arpd命令 541
　　实例1　启动arpd收集免费ARP 542
命令10　arptables命令 542
　　实例1　添加并显示内核的ARP
　　　　　包过滤规则 543
命令11　lnstat命令 543
　　实例1　显示支持的统计文件 544
　　实例2　显示网络状态 544
命令12　nstat/rtacct命令 545
　　实例1　显示网络统计信息 545
命令13　ss命令 545
　　实例1　显示套接字信息 546
命令14　iptraf命令 547
　　实例1　监视网络接口的明细
　　　　　信息 548
　　实例2　监视网络接口IP流量 548
　　实例3　监视网络接口的TCO/CDP
　　　　　流量 548
　　实例4　监视网络接口的工作站 548

第29章　网络服务器

命令1　ab命令 550
　　实例1　测试web服务器性能 550
命令2　apachectl命令 551
　　实例1　测试配置文件语法 552
　　实例2　显示服务器状态 552
命令3　exportfs命令 553

　　实例1　输出NFS共享目录 553
命令4　ftpcount命令 554
　　实例1　显示proftpd服务器当前
　　　　　用户数 555
命令5　ftpshut命令 555
　　实例1　指定时间停止proftpd服务 555

Linux | 19

命令6　ftptop命令 556
　　实例1　显示proftpd服务器连接
　　　　　状态 556
命令7　ftpwho命令 556
　　实例1　显示每个FTP会话信息 557
命令8　htdigest命令 557
　　实例1　实现访问Web目录输入
　　　　　密码 557
命令9　htpasswd命令 558
　　实例1　实现访问web目录输入
　　　　　密码 558
命令10　httpd命令 559
　　实例1　显示httpd的内置模块 559
　　实例2　测试配置文件语法 560
　　实例3　输出虚拟主机配置列表 560
命令11　mailq命令 561
　　实例1　显示邮件发送队列 561
命令12　mysqldump命令 561
　　实例1　备份MySQL数据库 562
命令13　mysqladmin命令 562
　　实例1　创建数据库 563
　　实例2　刷新权限表 563
命令14　mysqlimport命令 563

命令15　mysqlshow命令 564
　　实例1　显示数据库信息 564
命令16　mysql命令 565
　　实例1　连接MySQL服务器 565
命令17　nfsstat命令 565
　　实例1　显示NFS状态 566
　　实例2　显示已加载的NFS文件
　　　　　系统状态 566
命令18　sendmail命令 ....,......567
　　实例1　启动邮件服务器 567
命令19　showmount命令 568
　　实例1　显示NFS服务器的所有
　　　　　共享目录 568
命令20　smbclient命令 568
　　实例1　上传文件到samba
　　　　　服务器 569
命令21　smbpasswd命令 570
　　实例1　添加samba用户 570
命令22　squidclient命令 571
　　实例1　显示squidclient支持的
　　　　　管理指令 571
命令23　squid命令 572
　　实例1　创建交换目录 572

第30章　网络安全

命令1　sftp命令 574
　　实例1　显示sftp内部命令 574
　　实例2　上传下载文件 574
命令2　ssh命令 575
　　实例1　登录远程ssh服务器 576
　　实例2　在远程服务器上执行命令 ..576
命令3　sshd命令 577
　　实例1　以调试模式运行ssh
　　　　　服务器 577
命令4　ssh-keygen命令 577
　　实例1　生成RSA密钥 578
　　实例2　显示公钥文件指纹数据 578
命令5　ssh-keyscan命令 579

　　实例1　收集主机ssh公钥 579
命令6　sftp-server命令 579
　　实例1　配置ssh服务器的sftp子
　　　　　系统 580
命令7　iptstate命令 580
　　实例1　以易读方式显示iptables
　　　　　状态 581
命令8　nmap命令 581
　　实例1　扫描目标主机开放的端口 ..582
　　实例2　探测目标主机的服务和
　　　　　操作系统版本 582
　　实例3　扫描目标主机的指定端口 ..583
　　实例4　扫描目标网络的主机列表 ..583

第1篇 文件与目录管理指令

第1章

目录的基本操作

Linux操作系统与其他操作系统一样,在Linux系统下用户的数据和程序也是以文件的形式保存的,所以在使用Linux的过程中,是经常要对文件与目录进行操作的。

命令1 ls命令

命令功能

ls命令用来显示目标列表,在Linux系统中有着较高的使用率。ls命令的输出信息可以进行彩色加亮显示,以区分不同类型的文件。

命令语法

ls(选项) (参数)

选项说明

- -a:显示所有档案及目录(ls内定将档案名或目录名称开头为"."的视为隐藏档,不会列出);
- -A:显示除隐藏文件"."和".."以外的所有文件列表;
- -C:多列显示输出结果。这是默认选项;
- -l:与"-C"选项功能相反,所有输出信息用单列格式输出,不输出为多列;
- -F:在每个输出项后追加文件的类型标识符,具体含义如下:"*"表示具有可执行权限的普通文件,"/"表示目录,"@"表示符号连接,"|"表示命令管道FIFO,"="表示sockets套接字。当文件为普通文件时,不输出任何标识符;
- -b:将文件名中的不可输出的字符以反斜线"\"加字符编码的方式输出;
- -c:与"-lt"选项连用时,按照文件状态时间排序输出目录内容,排序的依据是文件的索引节点中的ctime字段。与"-l"选项连用时,则排序的依据是文件的状态改变时间;
- -d:仅显示目录名,而不显示目录下的内容列表。显示符号连接文件本身,而不显示其所指向的目录列表;
- -f:此参数的效果和同时指定"aU"参数相同,并关闭"lst"参数的效果;
- -i:显示文件索引节点号(inode)。一个索引节点代表一个文件;
- --file-type:与"-F"选项的功能相同,但是不显示"*";
- -k:以KB(千字节)为单位显示文件大小;
- -l:以长格式显示目录下的内容列表。输出的信息从左到右依次包括文件名,文件类型、权限模式、硬连接数、所有者、组、文件大小和文件的最后修改时间等;
- -m:用","号区隔每个文件和目录的名称;
- -n:以用户识别码和群组识别码替代其名称;
- -r:以文件名反序排列并输出目录内容列表;

- –s：显示文件和目录的大小，以区块为单位；
- –t：用文件和目录的更改时间排序；
- –L：如遇到性质为符号连接的文件或目录，直接列出该连接所指向的原始文件或目录；
- –R：递归处理，将指定目录下的所有文件及子目录一并处理；
- ––full–time: 列出完整的日期与时间；
- ––color[=WHEN]：使用不用的颜色高亮显示不同类型的。

参数说明

- 目录：指定要显示列表的目录。也可以是具体的文件。

实例1　显示当前目录下非隐藏文件与目录

案例表述

用户要查看当前目录下所有的非隐藏文件与目录，这时可以通过ls命令来实现。

案例实现

在命令行状态中，输入以下命令：

[root@localhost root]# ls .

按回车键后，即可显示当前目录下所有的非隐藏文件与目录，效果如图1-1所示。

图1-1

专家提示

在显示的非隐藏文件与目录列表中，蓝色突出显示代表的是文件夹。

实例2　显示当前目录下包括隐藏文件在内的所有文件列表

案例表述

要显示当前工作目录下包括隐藏文件在内的所有文件列表，需要使用ls命令的"–a"选项来实现。

案例实现

在命令行中输入下面命令：

```
[root@localhost root]# ls . –a
```

按回车键后，即可显示当前目录下包括隐藏在内的所有文件与目录，效果如图1-2所示。

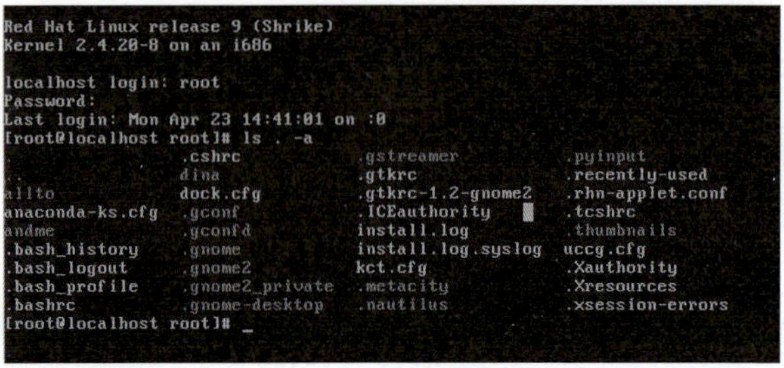

```
Red Hat Linux release 9 (Shrike)
Kernel 2.4.20-8 on an i686

localhost login: root
Password:
Last login: Mon Apr 23 14:41:01 on :0
[root@localhost root]# ls . -a
.                  .cshrc             .gstreamer          .pyinput
..                 dina               .gtkrc              .recently-used
allto              dock.cfg           .gtkrc-1.2-gnome2   .rhn-applet.conf
anaconda-ks.cfg    .gconf             .ICEauthority       .tcshrc
andme              .gconfd            install.log         .thumbnails
.bash_history      .gnome             install.log.syslog  uccg.cfg
.bash_logout       .gnome2            kct.cfg             .Xauthority
.bash_profile      .gnome2_private    .metacity           .Xresources
.bashrc            .gnome-desktop     .nautilus           .xsession-errors
[root@localhost root]# _
```

图1–2

实例3　输出长格式列表

案例表述

默认情况下，ls命令列出目录下的文件列表，并不包含文件的详细信息。使用“–l”（数字）选项可以得到文件的详细信息（包括文件类型、权限、文件大小、用户组信息等）。

案例实现

在命令行状态中，输入以下命令：

```
[root@localhost root]# ls . –1
```

按回车键后，即可显示以长格式显示当前目录下的内容，效果如图1-3所示。

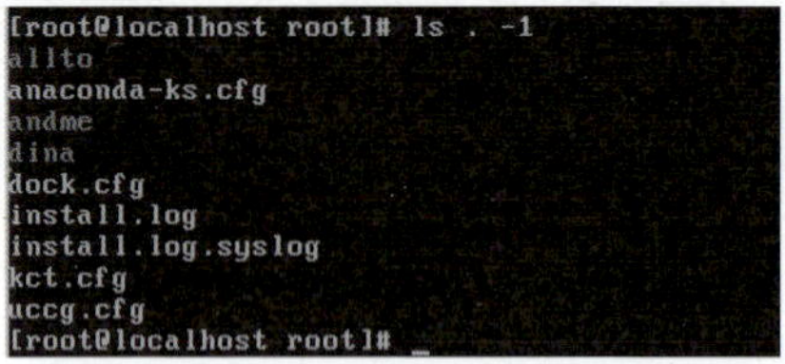

```
[root@localhost root]# ls . -1
allto
anaconda-ks.cfg
andme
dina
dock.cfg
install.log
install.log.syslog
kct.cfg
uccg.cfg
[root@localhost root]# _
```

图1–3

实例4　显示文件的inode信息

案例表述

索引节点（index node简称为“inode”）是Linux中一个特殊概念，具有相同的索引节点号的两个文本本质上是同一个文件（除了文件名不同外），使用ls命令的“–i”选项，可以显示文件的索引节点号。

案例实现

在命令行状态中，输入以下命令：

```
[root@localhost root]# ls -i -l file1 fil2
```

按回车键后，即可显示文件的索引节点号，效果如图1-4所示。

```
[root@localhost root]# ls -i -l file1 file2
file1:
×ÚÓññ¿ 0
 294331 -rw-r--r--    1 root     root          0  5ôÂ 11 14:02 flie1
file2:
×ÚÓññ¿ 0
  16825 -rw-r--r--    1 root     root          0  5ôÂ 11 14:02 flie2
```

图1-4

实例5　水平输出文件列表

▶ 案例表述

在默认情况下，ls命令以每行一个文件的方式输出列表，这种输出方式占用的屏幕空间较大，为节省屏幕空间，可以使用"–m"选项以水平紧凑方式显示文件列表信息。

▶ 案例实现

在命令行状态中，输入以下命令：

```
[root@localhost root]# ls -m
```

按回车键后，即可显示目录列表的显示方式为水平紧凑方式，效果如图1-5所示。

```
[root@localhost root]# ls -m
allto, anaconda-ks.cfg, andme, dina, dock.cfg, install.log,
install.log.syslog, kct.cfg, uccg.cfg
```

图1-5

实例6　修改最后一次编辑的文件

▶ 案例表述

使用ls命令的"–t"选项可以将文件按照修改时间排列起来，最近修改的显示在最上面。

▶ 案例实现

在命令行状态中，输入以下命令：

```
[root@localhost ]# ls –t
```

按回车键后，即可显示显示最近修改的文件，效果如图1-6所示。

```
[root@localhost ~]# ls -t
info-out.txt       core.4067   core.4041     test.bak      out.txt
home.iso           core.4062   core.4031     iptables.bak  newfile
anaconda-ks.cfg    core.4057   core.4026     mbox
install.log        core.4052   -sV           outfile.txt
install.log.syslog core.4036   61.163.231.205 zsh.cpio
```

图1-6

实例7 递归显示文件

案例表述

使用ls命令的"–R"选项可以递归显示文件。

案例实现

在命令行状态中，输入以下命令：

[root@localhost]# ls -R

按回车键后，即可递归显示文件，效果如图1-7所示。

图1-7

实例8 打印文件的UID和GID

案例表述

使用ls命令的"–n"选项可以打印文件的UID和GID。

案例实现

在命令行状态中，输入以下命令：

[root@localhost ~]# ls –n

按回车键后，即可打印文件的UID和GID，效果如图1-8所示。

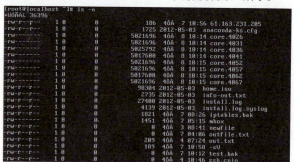

图1-8

实例9 列出文件和文件夹详细信息

案例表述

使用ls命令的"–l"（小写字母）选项可以列出文件和文件夹的详细信息。

案例实现

在命令行状态中，输入以下命令：

```
[root@localhost ]# ls –l
```

按回车键后，即可列出文件和文件夹的详细信息，效果如图1-9所示。

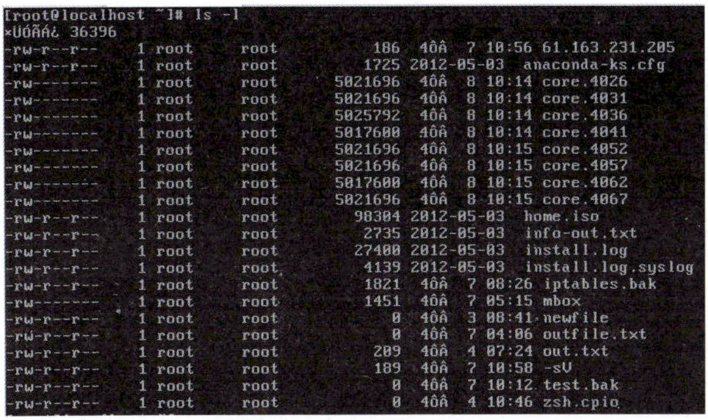

```
[root@localhost ~]# ls -l
×ÜÓÃÁ¿ 36396
-rw-r--r--   1 root    root        186  4ÔÂ  7 10:56 61.163.231.205
-rw-r--r--   1 root    root       1725 2012-05-03  anaconda-ks.cfg
-rw-------   1 root    root    5021696  4ÔÂ  8 10:14 core.4026
-rw-------   1 root    root    5021696  4ÔÂ  8 10:14 core.4031
-rw-------   1 root    root    5025792  4ÔÂ  8 10:14 core.4036
-rw-------   1 root    root    5017600  4ÔÂ  8 10:14 core.4041
-rw-------   1 root    root    5021696  4ÔÂ  8 10:15 core.4052
-rw-------   1 root    root    5021696  4ÔÂ  8 10:15 core.4057
-rw-------   1 root    root    5017600  4ÔÂ  8 10:15 core.4062
-rw-------   1 root    root    5021696  4ÔÂ  8 10:15 core.4067
-rw-r--r--   1 root    root      98304 2012-05-03  home.iso
-rw-r--r--   1 root    root       2735 2012-05-03  info-out.txt
-rw-r--r--   1 root    root      27400 2012-05-03  install.log
-rw-r--r--   1 root    root       4139 2012-05-03  install.log.syslog
-rw-r--r--   1 root    root       1821  4ÔÂ  7 08:26 iptables.bak
-rw-------   1 root    root       1451  4ÔÂ  7 05:15 mbox
-rw-r--r--   1 root    root          0  4ÔÂ  3 08:41 newfile
-rw-r--r--   1 root    root          0  4ÔÂ  7 04:06 outfile.txt
-rw-r--r--   1 root    root        209  4ÔÂ  4 07:24 out.txt
-rw-r--r--   1 root    root        189  4ÔÂ  7 10:58 -sV
-rw-r--r--   1 root    root          0  4ÔÂ  7 10:12 test.bak
-rw-r--r--   1 root    root          0  4ÔÂ  4 10:46 zsh.cpio
```

图1-9

实例10　列出可读文件和文件夹详细信息

案例表述

使用ls命令的“–lh”选项可以列出可读的文件和文件夹的详细信息。

案例实现

在命令行状态中，输入以下命令：

```
[root@localhost ]# ls –lh
```

按回车键后，即可列出可读文件和文件夹的详细信息，效果如图1-10所示。

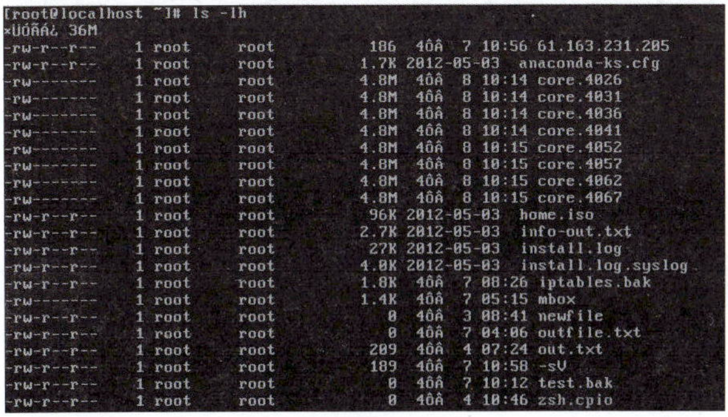

```
[root@localhost ~]# ls -lh
×ÜÓÃÁ¿ 36M
-rw-r--r--   1 root    root     186  4ÔÂ  7 10:56 61.163.231.205
-rw-r--r--   1 root    root    1.7K 2012-05-03  anaconda-ks.cfg
-rw-------   1 root    root    4.8M  4ÔÂ  8 10:14 core.4026
-rw-------   1 root    root    4.8M  4ÔÂ  8 10:14 core.4031
-rw-------   1 root    root    4.8M  4ÔÂ  8 10:14 core.4036
-rw-------   1 root    root    4.8M  4ÔÂ  8 10:14 core.4041
-rw-------   1 root    root    4.8M  4ÔÂ  8 10:15 core.4052
-rw-------   1 root    root    4.8M  4ÔÂ  8 10:15 core.4057
-rw-------   1 root    root    4.8M  4ÔÂ  8 10:15 core.4062
-rw-------   1 root    root    4.8M  4ÔÂ  8 10:15 core.4067
-rw-r--r--   1 root    root     96K 2012-05-03  home.iso
-rw-r--r--   1 root    root    2.7K 2012-05-03  info-out.txt
-rw-r--r--   1 root    root     27K 2012-05-03  install.log
-rw-r--r--   1 root    root    4.0K 2012-05-03  install.log.syslog
-rw-r--r--   1 root    root    1.8K  4ÔÂ  7 08:26 iptables.bak
-rw-------   1 root    root    1.4K  4ÔÂ  7 05:15 mbox
-rw-r--r--   1 root    root       0  4ÔÂ  3 08:41 newfile
-rw-r--r--   1 root    root       0  4ÔÂ  7 04:06 outfile.txt
-rw-r--r--   1 root    root     209  4ÔÂ  4 07:24 out.txt
-rw-r--r--   1 root    root     189  4ÔÂ  7 10:58 -sV
-rw-r--r--   1 root    root       0  4ÔÂ  7 10:12 test.bak
-rw-r--r--   1 root    root       0  4ÔÂ  4 10:46 zsh.cpio
```

图1–10

实例11　显示文件夹信息

案例表述

使用ls命令的“–ld”选项只会显示etc文件夹的信息，而不会进入etc文件夹列出所含文件的信息。

▶ 案例实现

在命令行状态中，输入以下命令：

[root@localhost]# ls –ld /etc

按回车键后，即可显示文件夹的详细信息，效果如图1-11所示。

```
[root@localhost ~]# ls -ld /etc
drwxr-xr-x  67 root     root         8192  4ôÂ 10 02:45 /etc
```

图1-11

实例12　按时间列出文件和文件夹信息

▶ 案例表述

使用ls命令的"–lt"选项可以按时间顺序列出文件和文件夹的详细信息。

▶ 案例实现

在命令行状态中，输入以下命令：

[root@localhost]# ls –lt

按回车键后，即可按时间顺序列出文件和文件夹的详细信息，效果如图1-12所示。

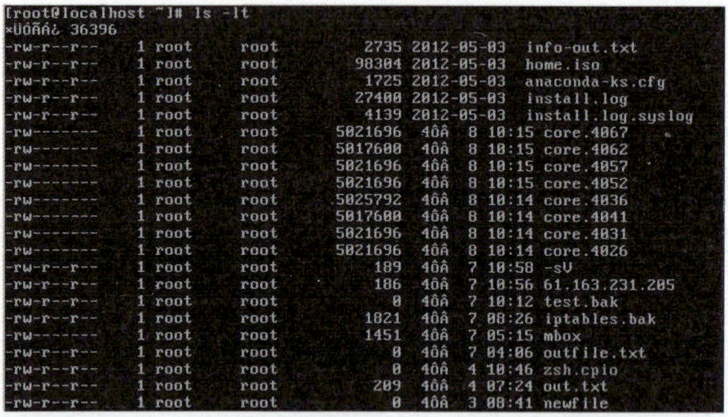

图1-12

实例13　按修改时间列出文件和文件夹详细信息

▶ 案例表述

使用ls命令的"–ltr"选项可以按修改的时间顺序列出文件和文件夹的详细信息。

▶ 案例实现

在命令行状态中，输入以下命令：

[root@localhost]# ls –ltr

按回车键后，即可列出文件和文件夹的详细信息，效果如图1-13所示。

```
[root@localhost ~]# ls -ltr
×ÜÓÃÁ¿ 36396
-rw-r--r--   1 root     root          0  4ÔÂ  3 08:41 newfile
-rw-r--r--   1 root     root        209  4ÔÂ  4 07:24 out.txt
-rw-r--r--   1 root     root          0  4ÔÂ  4 10:46 zsh.cpio
-rw-r--r--   1 root     root          0  4ÔÂ  7 04:06 outfile.txt
-rw-------   1 root     root       1451  4ÔÂ  7 05:15 mbox
-rw-r--r--   1 root     root       1821  4ÔÂ  7 08:26 iptables.bak
-rw-r--r--   1 root     root          0  4ÔÂ  7 10:12 test.bak
-rw-r--r--   1 root     root        186  4ÔÂ  7 10:56 61.163.231.205
-rw-r--r--   1 root     root        189  4ÔÂ  7 10:58 -sV
-rw-------   1 root     root    5021696  4ÔÂ  8 10:14 core.4026
-rw-------   1 root     root    5021696  4ÔÂ  8 10:14 core.4031
-rw-------   1 root     root    5017600  4ÔÂ  8 10:14 core.4041
-rw-------   1 root     root    5025792  4ÔÂ  8 10:14 core.4036
-rw-------   1 root     root    5021696  4ÔÂ  8 10:15 core.4052
-rw-------   1 root     root    5021696  4ÔÂ  8 10:15 core.4057
-rw-------   1 root     root    5017600  4ÔÂ  8 10:15 core.4062
-rw-------   1 root     root    5021696  4ÔÂ  8 10:15 core.4067
-rw-r--r--   1 root     root       4139 2012-05-03  install.log.syslog
-rw-r--r--   1 root     root      27400 2012-05-03  install.log
-rw-r--r--   1 root     root       1725 2012-05-03  anaconda-ks.cfg
-rw-r--r--   1 root     root      98304 2012-05-03  home.iso
-rw-r--r--   1 root     root       2735 2012-05-03  info-out.txt
```

图1-13

实例14　按照特殊字符对文件进行分类

案例表述

使用ls命令的"–F"选项按照特殊字符对文件进行分类。文件名末尾带斜杠"/"的为文件夹，带"@"的为链接文件，带"*"的是可执行文件，什么都不带是一般文件。

案例实现

在命令行状态中，输入以下命令：

```
[root@localhost ]# ls –F
```

按回车键后，即可对文件进行分类，效果如图1-14所示。

```
[root@localhost ~]# ls -F
61.163.231.205   core.4041   home.iso             mbox          test.bak
anaconda-ks.cfg  core.4052   info-out.txt         newfile       zsh.cpio
core.4026        core.4057   install.log          outfile.txt
core.4031        core.4062   install.log.syslog   out.txt
core.4036        core.4067   iptables.bak         -sV
```

图1-14

实例15　列出文件并标记颜色分类

案例表述

使用ls命令的"color"选项可以列出文并标记颜色分类。

案例实现

在命令行状态中，输入以下命令：

```
[root@localhost ]# ls –color=auto
```

按回车键后，即可列出文件并标记颜色分类，效果如图1-15所示。

```
[root@localhost ~]# ls -color=auto
ls£ºÎÞÐ§Ñ¡Ïî -- =
Çë³¢ÊÔÖ´ÐÐ¡®ls --help¡¯À´»ñÈ¡¸ü¶àÐÅÏ¢¡£
```

图1-15

命令2　cd命令

命令功能

cd命令用来切换用户当前的工作目录。默认情况下，单独使用cd命令，将切换到用户的宿主目录（由环境变量"HOME"定义）。

命令语法

cd(选项) (参数)

选项说明

- –p：如果要切换到的目标"目录"是一个符号连接，直接切换到符号连接指向的目标目录；
- –L：与"–p"选项相反，如果要切换到的目标"目录"是一个符号的连接，直接切换到字符连接名代表的目录，而非符号连接所指向的目标目录；
- –：当仅使用"–"一个选项时，当前工作目录将被切换到环境变量"OLDPWD"所表示的目录。

参数说明

- 目录：指定要切换的目标目录。

实例1　改变工作目录

案例表述

当要从当前工作目录切换到其他目录时，将目录传递给cd即可。

案例实现

❶ 使用pwd命令显示当前工作目录，在命令行中输入以下命令：

[root@localhost root]# pwd

按回车键后，即可显示当前工作目录，效果如图1-16所示。

❷ 将当前工作目录切换到"/var/log"目录，在命令行中输入以下命令：

[root@localhost root]# cd /var/log

按回车键后，将当前工作目录切换到/var/log目录，效果如图1-17所示。

```
[root@localhost root]# pwd
/root
```
图1-16

```
[root@localhost root]# cd /var/log
[root@localhost log]#
```
图1-17

❸ 再次使用pwd命令显示当前工作目录，在命令行中输入以下命令：

[root@localhost log]# pwd

按回车键后，即可显示当前工作目录，效果如图1-18所示。

```
[root@localhost log]# pwd
/var/log
```
图1-18

实例2　快速返回用户的宿主目录

▶ 案例表述

当希望快速地返回到用户的宿主目录时，可以使用不带任何参数和选项的cd命令。

▶ 案例实现

❶ 使用pwd命令显示当前工作目录，在命令行状态中，输入以下命令：

[root@localhost log]# pwd

按回车键后，即可显示当前工作目录，效果如图1-19所示。

❷ 使用cd命令返回用户宿主目录，在命令行状态中，输入以下命令：

[root@localhost httpd]# cd

按回车键后，即可返回用户宿主目录，此命令没有任何输出信息。

❸ 使用pwd命令显示当前所在目录，在命令行状态中，输入以下命令：

[root@localhost root]# pwd

按回车键后，即可显示当前工作目录，效果如图1-20所示。

```
[root@localhost log]# pwd
/var/log
```
图1-19

```
[root@localhost root]# pwd
/root
```
图1-20

实例3　"–P"选项的用法

▶ 案例表述

Linux系统中使用符号连接实现类似快捷方式功能，符号连接的是一类特殊的文件，它保存了真实所指目录的路径信息。使用cd指令的"–P"选项切换到符号连接指向的实际目录的功能。

▶ 案例实现

❶ 使用pwd指令显示当前工作目录，在命令行输出下面命令：

[root@localhost ~]# pwd

按回车键后，即可显示当前工作目录，效果如图1-21所示。

❷ 使用ls指令的"-l"选项显示符号连接文件所指向的实际目录，在命令行输出下面命令：

[root@localhost ~]# ls –l ect

按回车键后，即文件ect为符号连接，其指向的实际目录为/etc，效果如图1-22所示。

```
[root@localhost ~]# pwd
/root
```
图1-21

```
[root@localhost ~]# ls -l etc
lrwxrwxrwx 1 root root . 5 05-17 16:51 bin -> /etc/
```
图1-22

❸ 使用cd命令的"-P"选项切换到符号连接"etc"，在命令行输出下面命令：

[root@localhost ~]# cd –P ect

按回车键后，即切换到ect所指向的目录 /etc。

❹ 使用pwd指令显示当前工作目录，在命令行输出下面命令：

[root@localhost etc]# pwd

按回车键后，即可显示当前工作目录，效果如图1-23所示。

```
[root@localhost etc]# pwd
/etc
```
图1-23

实例4 "–L"选项的用法

案例表述

cd命令的"–L"选项可以使当前工作目录切换到符号连接所代表的目录。

案例实现

❶ 使用pwd指令显示当前工作目录，在命令行输出下面命令：

[root@localhost ~]# pwd

按回车键后，即可显示当前工作目录，效果如图1-24所示

❷ 使用ls指令的"-l"选项显示符号连接文件所指向的实际目录，在命令行输出下面命令：

[root@localhost ~]# ls –l ect

按回车键后，即文件ect为符号连接，其指向的实际目录为/etc，效果如图1-25所示。

```
[root@localhost ~]# pwd
/root
```
图1-24

```
[root@localhost ~]# ls -l etc
lrwxrwxrwx  1 root  root   9 05-16 17:00 etc -> /etc/
```
图1-25

❸ 使用cd命令的"-L"选项切换到"etc"，在命令行输出下面命令：

[root@localhost ~]# cd –L ect

按回车键后，即切换到ect所指向的目录 "/root /etc" 目录，此命令没有任何输出信息。

❹ 使用pwd指令显示当前工作目录，在命令行输出下面命令：

[root@localhost etc]# pwd

按回车键后，即可显示当前工作目录，效果如图1-26所示。

```
[root@localhost etc]# pwd
/root/etc
```
图1-26

命令3 cp命令

命令功能
cp命令用来将一个或多个源文件或者目录复制到指定的目的文件或目录。它可以将单个源文件复制成一个指定文件名的具体的文件或一个已经存在的目录下。cp命令还支持同时复制多个文件,当一次复制多个文件时,目标文件参数必须是一个已经存在的目录,否则将出现错误。

命令语法
cp(选项) (参数)

选项说明
- –a:此参数的效果和同时指定"–dpR"参数相同;
- –d:当复制符号连接时,把目标文件或目录也建立为符号连接,并指向与源文件或目录连接的原始文件或目录;
- –f:强行复制文件或目录,不论目标文件或目录是否已存在;
- –i:覆盖既有文件之前先询问用户;
- –l:对源文件建立硬连接,而非复制文件;
- –p:保留源文件或目录的属性;
- –R/–r:递归处理,将指定目录下的所有文件与子目录一并处理;
- –s:对源文件建立符号连接,而非复制文件;
- –u:使用这项参数后只会在源文件的更改时间较目标文件更新时或是名称相互对应的目标文件并不存在时,才复制文件;
- –S:在备份文件时,用指定的后缀"SUFFIX"代替文件的默认后缀;
- –b:覆盖已存在的文件目标前将目标文件备份;
- –v:详细显示命令执行的操作。

参数说明
- 源文件:指定源文件列表。默认情况下,cp命令不能复制目录,如果要复制目录,则必须使用–R选项;
- 目标文件:指定目标文件。当"源文件"为多个文件时,要求"目标文件"为指定的目录。

实例1 复制单个文件

案例表述
当使用cp指令复制单个文件时,第一个参数表示源文件,第二个参数表示目标文件。

案例实现

在命令行输出下面命令：

```
[root@localhost ~ ]$ cp –v /etc/fstab /root/fstab.bak
```

按回车键后，即可复制单个文件，效果如图1-27所示。

```
[root@localhost ~]$ cp -v /etc/fstab /root/fstab.bak
¡®/etc/fstab¡¯ -> ¡®/root/fstab.bak¡¯
```

图1–27

实例2　复制多个文件

案例表述

当使用cp指令复制多个文件时，最后一个参数必须是一个已经存在的目录。

案例实现

在命令行输出下面命令：

```
[root@localhost ~ ]$ cp –v file1 file2 fil3 Desftop/
```

按回车键后，即可复制多个文件，效果如图1-28所示。

```
[root@localhost ~]$ cp -v file1 file2 file3 Desktop/
'file1' -> 'Desktop/file1'
'file2' -> 'Desktop/file2'
'file3' -> 'Desktop/file3'
```

图1–28

实例3　使用通配符简化文件名的输入

案例表述

上例中的源文件名有一定的规律，所有可以借助shell中的通配符来简化命令的输入。

案例实现

在命令行输出下面命令：

```
[root@localhost ~ ]$ cp –v file[1-3] Desftop/
```

按回车键后，即可用通配符复制多个文件，效果如图1-29所示。

```
[root@localhost ~]$ cp -v file[1-3] Desktop/
'file1' -> 'Desktop/file1'
'file2' -> 'Desktop/file2'
'file3' -> 'Desktop/file3'
```

图1–29

实例4　创建符号连接

案例表述

cp指令在复制文件时，如果指定了“-s”选项，则会为源文件创建一个符号连接文件，而不进行实际的复制操作。

案例实现

1 在命令行输出下面命令：

```
[root@localhost root]# ln –v –s /etc/fstab /root/myfstab
```

按回车键后，即为源文件创建符号连接，效果如图1-30所示。

```
[root@localhost root]# ln -v -s /etc/fstab/root/myfstab
‘‘½"Á¬ÖÁ¡®/etc/fstab/root/myfstab¡¯µÄ·û°ÅÁ´½Ó¡®./myfstab¡¯
```

图1-30

2 使用ls命令显示复制后的目标文件，在命令行输出下面命令：

```
[root@localhost root]# ls –l /root/myfstab
```

按回车键后，即可显示目标文件的详细信息，效果如图1-31所示。

```
[root@localhost root]# ls -l /root/myfstab
lrwxrwxrwx    1 root     root           23  4ôÂ 23 16:26 /root/myfstab -> /etc/f
stab/root/myfstab
```

图1-31

实例5　创建硬连接

案例表述

Cp指令的选项“–l”可以为源文件创建一个硬连接。

案例实现

1 在命令行输出下面命令：

```
[root@localhost root]# cp –l install.log my_install.log
```

按回车键后，即为源文件创建硬连接，效果如图1-32所示。

```
[root@localhost root]# cp -l install.log my_install.log
```

图1-32

2 使用ls命令查看文件和目标文件的索引节点号，在命令行输出下面命令：

```
[root@localhost root]# ls –i install.log my_install.log
```

按回车键后，即可显示文件的索引节点号，效果如图1-33所示。

```
[root@localhost root]# ls -i install.log my_install.log
 293186 install.log   293186 my_install.log
```

图1-33

命令4　mv命令

命令功能

mv命令可以移动文件或文件改名。

命令语法

mv(选项) (参数)

选项说明

- --backup= <备份模式>：若需覆盖文件，则覆盖前先行备份；
- -b：当文件存在时，覆盖前，为其创建一个备份；
- -f：若目标文件或目录与现有的文件或目录重复，则直接覆盖现有的文件或目录；
- -i: 覆盖前先行询问用户；
- --strip-trailing-slashes：删除源文件中的斜杠“/”；
- -S<后缀>：为备份文件指定后缀，而不使用默认的后缀；
- --target-directory=<目录>：指定源文件要移动到目标目录；
- -u：当源文件比目标文件新或者目标文件不存在时，才执行移动操作。

参数说明

- 源文件：源文件列表；
- 目标文件：如果“目标文件”是文件名则在移动文件的同时，将其改名为“目标文件”；如果“目标文件”是目录名则将源文件移动到“目标目录”下。

实例1 文件改名

案例表述

使用mv指令将当前目录下的文件“oldfile01”改名为“oldfile02”。

案例实现

在命令行输出下面命令：

```
[root@localhost ]# mv oldfile01 oldfile02
```

按回车键后，即可将文件“oldfile01”改名为“oldfile02”。

实例2 批量移动文件

案例表述

使用命令行的通配符将多个文件同时移动到指定目录。

案例实现

1. 使用ls指令显示当前目录列表，在命令行中输入下面的命令：

```
[root@localhost root]# ls
```

按回车键后，即可列出目录内容，效果如图1-34所示。

```
[root@localhost root]# ls
allto            dina         install.log.syslog   my_install.log
anaconda-ks.cfg  dock.cfg     kct.cfg              uccg.cfg
andme            install.log  myfstab
```

图1-34

2. 使用ls指令显示当前目录列表，在命令行中输入下面的命令：

[root@localhost root]# ls newfile newdirectory-a

按回车键后，即可列出目录内容，效果如图1-35所示。

```
[root@localhost root]# ls newfile newdirectory -a
newdirectory  newfile
```

图1-35

命令5　pwd命令

命令功能
pwd命令以绝对路径的方式显示用户当前工作目录。

命令语法
Pwd(选项)

选项说明
- ––help:显示帮助信息；
- ––version：显示版本信息。

实例1　显示当前工作目录

案例表述

显示当前工作目录。

案例实现

在命令行中输入下面的命令：

[root@localhost root]# pwd

按回车键后，即可显示当前目录内容，效果如图1-36所示。

```
[root@localhost root]# pwd
/root
```

图1-36

命令6　rm命令

命令功能
rm命令用于删除给定的文件和目录。

命令语法
rm(选项)(参数)

选项说明
- –d：直接把欲删除的目录的硬连接数据删成0，删除该目录；

Linux | 17

- –f: 强制删除文件或目录；
- –i: 删除已有文件或目录之前先询问用户；
- –r或–R：递归处理，将指定目录下的所有文件及子目录一并处理；
- --preserve-root:不对根目录进行递归操作；
- –v：显示指令的详细执行过程。

参数说明

- 文件：指定被删除的文件列表，如果参数中含有目录，则必须加上"–r"或者"–R"选项。

实例1　删除普通文件

案例表述

可以直接使用rm指令删除一个或多个普通文件。

案例实现

在命令行输出下面命令：

[root@localhost ~]$ rm t1.sh

按回车键后，即可删除t1.sh文件，效果如图1-37所示。

```
[root@localhost ~]$ rm t1.sh
rm: remove regular file 't1.sh'?  y
```

图1-37

实例2　强制删除文件

案例表述

如果同时删除多个文件则需要确认多次。为了提高效率可以使用"–f"选项。

案例实现

在命令行输出下面命令：

[root@localhost ~]$ rm –v –f file1 file2 file3

按回车键后，即可同时删除三个文件，效果如图1-38所示。

```
[root@localhost ~]$ rm -v -f file1 file2 file3
removed 'file1'
removed 'file2'
removed 'file3'
```

图1-38

实例3　使用通配符删除文件

案例表述

删除多个文件时还可以使用shell通配符，以简化shell命令行的输入。

案例实现

在命令行输出下面命令：

[root@localhost ~]$ rm –v –f file[1-3]

按回车键后，即可同时删除三个文件，效果如图1-39所示。

```
[root@localhost ~]$ rm -v -f file[1-3]
removed 'file1'
removed 'file2'
removed 'file3'
```

图1-39

实例4　删除目录

案例表述

删除目录。

案例实现

❶ 使用ls命令显示当前目录列表，在命令行输出下面命令：

[root@localhost ~]$ ls -l

按回车键后，即可显示目录列表，效果如图1-40所示。

```
[root@localhost ~]$ ls -l
×ÜóÁÁ 5388
-rw-r--r--   1 root     0      5505024  4ôÂ 14 08:26 my-cdrom.iso
-rw-r--r--   1 root     0            0  4ôÂ 17 10:57 newfile
-rw-r--r--   1 root     0            0  4ôÂ 16 10:49 time
```

图1-40

❷ 当使用rm命令删除"newfile"目录时，系统将报错，在命令行输出下面命令：

[root@localhost ~]$ rm newfile/

按回车键后，即可不带选项，删除目录，效果如图1-41所示。

❸ 使用rm命令删除"-R"选项，显示递归删除目录及其目录下的所有内容，在命令行输出下面命令：

[root@localhost ~]$ rm –R newfile/

按回车键后，即可递归删除目录下的所有内容，效果如图1-42所示。

```
[root@localhost ~]$ rm newfile/
rm: lstati®newfile/ì Ê§°Ü: ²»ÊÇÁÂÂ½
```
图1-41

```
[root@localhost ~]$ rm -R newfile/
rm: lstati®newfile/ì Ê§°Ü: ²»ÊÇÁÂÂ½
```
图1-42

实例5　强制删除目录

案例表述

如果目录下文件很多，不希望显示系统的确认信息，可以使用rm命令中的"–f"选项删除目录而不显示确认信息，以提高效率。

Linux | 19

案例实现

在命令行输出下面命令:

[root@ localhost ~]$ rm –f –R –v time

按回车键后,即可无确认信息,强制删除目录,效果如图1-43所示。

```
[root@localhost ~]$ rm -f -R -v time
ÒÑÉ�°ý¡®time¡¯
```

图1-43

命令7 mkdir命令

命令功能

mkdir命令用来创建目录。

命令语法

mkdir(选项)(参数)

选项说明

- –Z: 设置安全上下文,当使用SELinux时有效;
- –m<目录属性>或––mode<目录属性> 建立目录的同时设置目录的权限;
- –p或––parents 若所要建立目录的上层目录目前尚未建立,则会一并建立上层目录;
- ––version 显示版本信息。

参数说明

- 目录:指定要创建的目录列表,多个目录之间用空格隔开。

实例1 创建目录

案例表述

创建目录。

案例实现

① 在命令行输出下面命令:

[root@localhost ~]# mkdir mydir1

② 当使用mkdir命令创建的目录缺少中间文件目录时,系统报错。在命令行中输入下面的命令:

[root@localhost ~]# mkdir dir1/dir2/dir3/dir4/dir5

按回车键后,输出信息如图1-44所示。

```
[root@localhost ~]# mkdir dir1/dir2/dir3/dir4/dir5
mkdir: ...
```

图1-44

 说明

上面的输入信息表明缺少中间目录，可以使用"-p"选项，在创建目录的同时也创建中间缺少的目录。

❸ 在命令中输入下面的命令

[root@localhost]# mkdir –p –verbose dir1/dir2/dir3/dir4/dir5

按回车键后，输出信息如图1-45所示。

```
[root@localhost ~]# mkdir -p --verbose dir1/dir2/dir3/dir4/dir5
```

图1-45

实例2　在当前路径创建多级目录

▶ 案例表述

使用mkdir选项的"–p"选项可以在当前路径创建多级目录。

▶ 案例实现

在命令行输出下面命令：

[root@localhost root]# mkdir –p mytsest/test1/test1-1

按回车键后，即可在当前路径创建多级目录，效果如图1-46所示。

```
[root@localhost root]# mkdir -p mytsest/test1/test1-1
[root@localhost root]# ls
```

图1-46

实例3　指定新建目录的权限

▶ 案例表述

指定新建目录的权限。

▶ 案例实现

❶ 在命令行输出下面命令：

[root@localhost ~]# umask

❷ 当创建目录"mydir"。在命令行中输入下面的命令：

[root@localhost ~]# mkdir mydir

❸ 使用"ls –l –d"指令查看新建目录的权限。在命令行中输入下面的命令：

Linux | 21

[root@localhost]# ls –l –d mydir/

按回车键后，输出信息如图1-47所示。

```
[root@localhost ~]# ls -l -d mydir/
drwxr-xr-x  2 root   root    4096  4月 10 04:15 mydir/
```

图1-47

④ 使用mkdir指令的"-m"选项为创建的目录指定默认权限。在命令行中输入下面的命令：

[root@localhost ~]# mkdir –m 000 demodir

⑤ 使用"ls –l –d"指令查看新建目录的权限。在命令行中输入下面的命令：

[root@localhost]# ls –l –d mydir/

按回车键后，输出信息如图1-48所示。

```
[root@localhost ~]# ls -l -d demodir/
d---------  2 root   root    4096  4月 10 04:15 demodir/
```

图1-48

命令8　rmdir命令

命令功能

rmdir命令用来删除空目录。

命令语法

rmdir(选项)(参数)

选项说明

- –p或—parents: 删除指定目录后，若该目录的上层目录已变成空目录，则将其一并删除；
- ——ignore–fail–on–non–empty:此选项使rmdir命令忽略由于删除非空目录时导致的错误信息；
- –v或—verboes:显示命令的详细执行过程；
- ——help:显示命令的帮助信息；
- ——version：显示命令的版本信息。

参数说明

- 目录列表：要删除的空目录列表。当删除多个空目录时，目录名之间使用空格隔开。

实例1　删除空目录

案例表述

删除空目录。

案例实现

1 使用ls命令显示目录"dir1"列表,在命令行输出下面命令:

[root@localhost root]# ls dir1/

按回车键后,显示dir1目录是否为空。此命令没有任何信息输出。

2 使用rmdir命令删除"dir1"目录,在命令行输出下面命令:

[root@localhost root]# rmdir dir1

按回车键后,即可删除空目录。此命令没有任何信息输出。

实例2 删除非空目录

案例表述
删除非空目录。

案例实现

1 使用ls命令显示目录"mydir"列表,在命令行输出下面命令:

[root@localhost ~]$ ls mydir/

按回车键后,显示mydir下目录,效果如图1-49所示。

```
[root@localhost ~]$ ls mydir/
anaconda-ks.cfg install.log install.log.syslog
```

图1-49

2 使用rmdir命令删除"mydir"目录,在命令行输出下面命令:

[root@localhost ~]$ rmdir mydir

按回车键后,即可尝试删除非空目录,效果如图1-50所示。

```
[root@localhost ~]$ rmdir mydir
rmdir: 'mydir': Directory not empty
```

图1-50

实例3 递归删除目录树

案例表述
递归删除目录树。

案例实现

1 使用rmdir创建一个小型的目录树,在命令行输出下面命令:

[root@localhost ~]$ mkdir –p –v dir1/dir2/dir3

按回车键后,创建目录树,效果如图1-51所示。

2 使用rmdir命令的"-p"选项,在删除"dir3"目录的同时可以将"dir2"和目录"dir3"一起删除,在命令行输出下面命令:

[root@localhost ~]$ rmdir –p dir1/dir2/dir3

按回车键后,即可删除目录树,效果如图1-52所示。

```
[root@localhost ~]$ mkdir -p -v dir1/dir2/dir3
mkdir: ÒÑ´´½"âċâ¼ ¦®dir1¦
mkdir: ÒÑ´´½"âċâ¼ ¦®dir1/dir2¦
mkdir: ÒÑ´´½"âċâ¼ ¦®dir1/dir2/dir3¦
```

图1-51

```
[root@localhost ~]$ rmdir -p dir1/dir2/dir3
rmdir: removing directory, dir1/dir2/dir3/
rmdir: removing directory, dir1/dir2
rmdir: removing directory, dir1
```

图1-52

命令9 dirs命令

命令功能

dirs命令显示目录记录。

命令语法

dirs(目录)(参数)

选项说明

- +n:显示从左边算起第n笔的目录;
- –n:显示从右边算起第n笔的目录;
- –l:显示目录完整的记录。

参数说明

- 目录:显示目录堆叠中的记录。

实例1 显示目录堆栈内容

案例表述

显示目录堆栈的内容。

案例实现

使用dirs指令的"-v"选项显示目录堆栈中的条目,每个条目占一行,并且显示堆栈中的索引,在命令行输出下面命令:

[root@localhost root]# dirs -v

按回车键后,显示目录堆栈中条目,效果如图1-53所示。

```
[root@localhost root]# dirs -v
0  ~
```

图1-53

命令10 pushd命令

命令功能
pushd命令是将目录加入目录堆叠中。如果指令没有指定目录名称，则会将当前的工作目录置入目录堆叠的最顶端。置入目录如果没有指定堆叠的位置，也会置入目录堆叠的最顶端，同时工作目录会自动切换到目录堆叠最顶端的目录去。

命令语法
pushd命令（选项）(参数)

选项说明
- –n：只加入目录到堆叠中，不进行cd动作；
- +n：删除从左到右的第n个目录，数字从0开始；
- –n：删除从右到左的第n个目录，数字从0开始；

参数说明
- 目录：需要压入堆栈的目录。

实例1　目录堆栈操作

案例表述

目录堆栈操作。

案例实现

使用push指令将"/sbin"目录压入目录堆栈，在命令行输出下面命令：

[root@localhost]# pushd /sbin/

按回车键后，向堆栈中压入新目录，效果如图1-54所示。

```
[root@localhost root]# pushd /sbin/
/sbin ~
```

图1-54

命令11 popd命令

命令功能
popd命令用于从目录堆栈中弹出目录。

命令语法
popd

实例1　显示目录中堆栈中的内容

▶ 案例表述

显示目录堆栈中的内容，并弹出栈顶目录。

▶ 案例实现

❶ 使用dirs显示目录堆栈中的所有目录，在命令行输出下面命令：

[root@localhost sbin]# dirs

按回车键后，显示目录堆栈中的内容，效果如图1-55所示。

```
[root@localhost sbin]# dirs
/sbin ~
```

图1-55

❷ 使用popd指令删除栈顶目录"/usr/src"，在命令行输出下面命令：

[root@localhost sbin]# popd

按回车键后，弹出栈顶目录，效果如图1-56所示。

```
[root@localhost sbin]# popd
```

图1-56

命令12　tree命令

▶ 命令功能

tree命令以树状图列出目录的内容。

▶ 命令语法

tree(选项)(参数)

▶ 选项说明

- –a：显示所有文件和目录；
- –A：使用ASNI绘图字符显示树状图而非以ASCII字符组合；
- –C：在文件和目录清单加上色彩，便于区分各种类型；
- –d：显示目录名称而非内容；
- –D：列出文件或目录的更改时间；
- –f：在每个文件或目录之前，显示完整的相对路径名称；
- –F：在执行文件，目录，Socket，符号连接，管道名称名称，各自加上"*","/","=","@","|"号；
- –g：列出文件或目录的所属群组名称，没有对应的名称时，则显示群组识别码；

- –i：不以阶梯状列出文件或目录名称；
- –l：<范本样式> 不显示符合范本样式的文件或目录名称；
- –l：如遇到性质为符号连接的目录，直接列出该连接所指向的原始目录；
- –n：不在文件和目录清单加上色彩；
- –N：直接列出文件和目录名称，包括控制字符；
- –p：列出权限标示；
- –P：<范本样式> 只显示符合范本样式的文件或目录名称；
- –q：用"?"号取代控制字符，列出文件和目录名称；
- –s：列出文件或目录大小；
- –t：用文件和目录的更改时间排序；
- –u：列出文件或目录的拥有者名称，没有对应的名称时，则显示用户识别码；
- –x：将范围局限在现行的文件系统中，若指定目录下的某些子目录，其存放于另一个文件系统上，则将该子目录予以排除在寻找范围外。

参数说明

- 目录：执行tree指令，它会列出指定目录下的所有文件，包括子目录里的文件。

实例1　显示所有文件和目录

案例表述

使用tree命令的"–a"选项，将以树形的形式展示所有文件和目录。

案例实现

使用tree指令"-a"选项，显示所有文件和目录，在命令行输出下面命令：

[root@localhost ~]$ tree –a

按回车键后，展示所有文件和目录，效果如图1-57所示。

图1-57

实例2　显示目录而不显示内容

案例表述

使用tree命令的"-d"选项，将展示目录，不展示内容。

案例实现

使用tree指令"-a"选项，将展示目录，不展示内容，在命令行输出下面命令：

[root@localhost ~]$ tree –d

按回车键后，将展示目录，不展示内容，效果如图1-58所示。

图1-58

实例3　显示指定的目录

案例表述

使用tree命令的"-L"选项，将显示指定的特定目录。

案例实现

使用tree指令"-L"选项，将显示指定的特定目录，在命令行输出下面命令：

[root@localhost ~]$ tree –L 2

按回车键后，将显示指定目录，效果如图1-59所示。

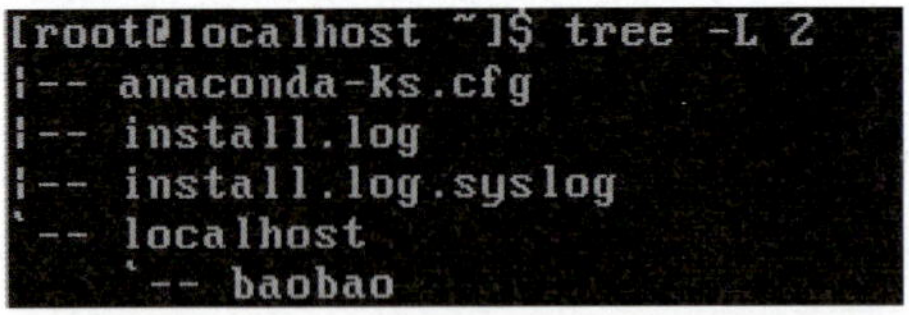

图1-59

第2章

文件创建、移动、删除与处理

在使用任何操作系统时，不可避免地需要用到一些关于文件的操作，例如要移动文件到其他位置，或者创建一个新的文件之类的操作。Linux系统下一系列的快捷键将帮助我们完成这些动作。

命令1 cat命令

命令功能
cat命令用于将多个文件连接,并将结果通过标准输出显示出来。

命令语法
cat(选项)(参数)

选项说明
- -n 或 --number:由 1 开始对所有输出的行数编号;
- -b 或 --number-nonblank:和 -n 相似,只不过对于空白行不编号;
- -s 或 --squeeze-blank:当遇到有连续两行以上的空白行,就代换为一行的空白行;
- -A:显示不可打印字符,行尾显示 "$";
- -e:等价于 "-vE" 选项;
- -t:等价于 "-vT" 选项。

参数说明
- 文件列表:指定要连接的文件列表。

实例1 压缩文件中多余的空行

案例表述
压缩文件中多余的空行。

案例实现

① 显示文件原始内容,在命令行中输入下面命令:

[root@localhost root]# cat /etc/fstab

按回车键后,即可显示文件的原始内容,效果如图2-1所示。

```
[root@localhost root]# cat /etc/fstab
LABEL=/                 /                       ext3    defaults        1 1
LABEL=/boot             /boot                   ext3    defaults        1 2
none                    /dev/pts                devpts  gid=5,mode=620  0 0
none                    /proc                   proc    defaults        0 0
none                    /dev/shm                tmpfs   defaults        0 0
/dev/sda3               swap                    swap    defaults        0 0
/dev/cdrom              /mnt/cdrom              udf,iso9660 noauto,owner,kudzu,r
o 0 0
/dev/fd0                /mnt/floppy             auto    noauto,owner,kudzu 0 0
```

图2-1

② 使用cat指令的 "-s" 选项可以将文件中多个连续的空行压缩为一行显示,在命令行中输入下面命令:

[root@localhost root]# cat -s /etc/fstab

按回车键后,即可合并多个连续空白行为一行,效果如图2-2所示。

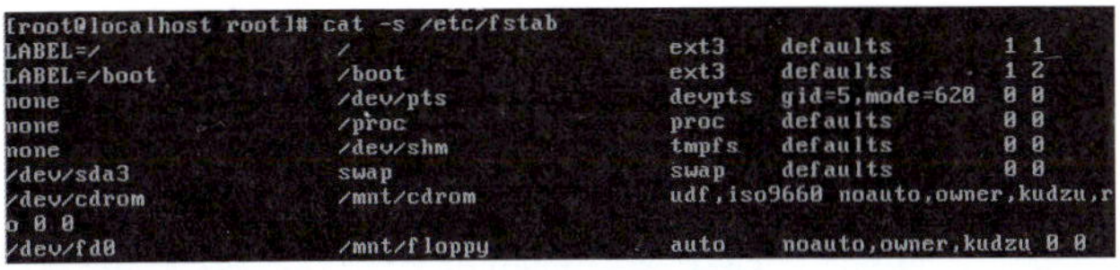

图2-2

实例2　显示非空行的行号

▶ 案例表述

显示非空行的行号。

▶ 案例实现

使用cat指令的"-n"选项可以显示非空行的行号，在命令行中输入下面命令：

[root@localhost root]# cat –b /etc/fstab

按回车键后，即可显示非空行的行号，效果如图2-3所示。

图2-3

实例3　显示文件中所有内容

▶ 案例表述

显示文件中的所有内容，包括不可打印字符。

▶ 案例实现

使用cat指令的"-A"选项可以显示文件中的所有内容，包括不可打印字符，在命令行中输入下面命令：

[root@localhost root]# cat –A test.txt

按回车键后，即可显示所有内容，不可打印字符用特殊符号代替，效果如图2-4所示。

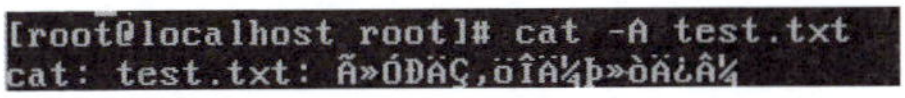

图2-4

实例4　查看文件

▶ 案例表述

使用cat指令可以查看文件内容。

案例实现

在命令行中输入下面命令：

```
[root@data /root]# cat /etc/profile
```

按回车键后，即可查看/etc/目录下的profile文件内容，效果如图2-5所示。

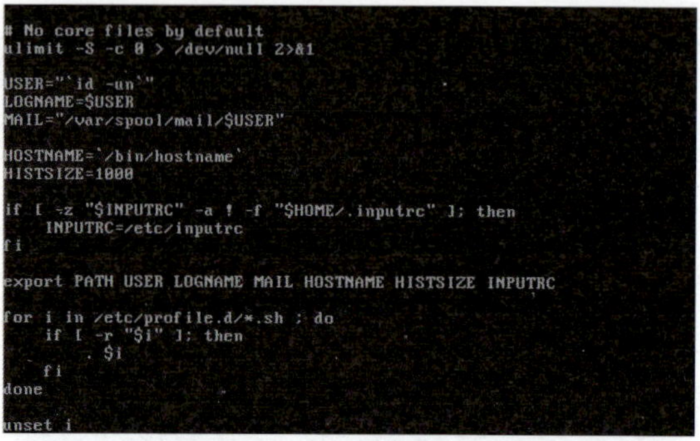

```
# No core files by default
ulimit -S -c 0 > /dev/null 2>&1

USER="`id -un`"
LOGNAME=$USER
MAIL="/var/spool/mail/$USER"

HOSTNAME=`/bin/hostname`
HISTSIZE=1000

if [ -z "$INPUTRC" -a ! -f "$HOME/.inputrc" ]; then
    INPUTRC=/etc/inputrc
fi

export PATH USER LOGNAME MAIL HOSTNAME HISTSIZE INPUTRC

for i in /etc/profile.d/*.sh ; do
    if [ -r "$i" ]; then
        . $i
    fi
done

unset i
```

图2-5

实例5　对所有行进行编号输出显示

案例表述

使用cat命令的“–n”选项可以对目录中的所有行（包括空白行）进行编号输出显示。

案例实现

在命令行中输入下面命令：

```
[root@data /root]# cat –n /etc/profile
```

按回车键后，即可对/etc/目录中的profile的所有行编号输出显示，效果如图2-6所示。

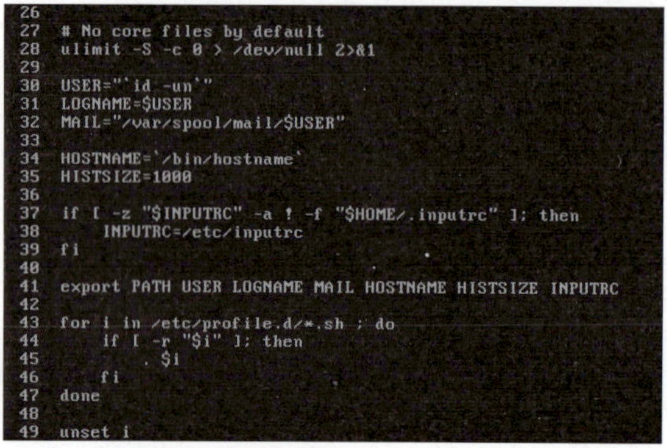

```
26
27  # No core files by default
28  ulimit -S -c 0 > /dev/null 2>&1
29
30  USER="`id -un`"
31  LOGNAME=$USER
32  MAIL="/var/spool/mail/$USER"
33
34  HOSTNAME=`/bin/hostname`
35  HISTSIZE=1000
36
37  if [ -z "$INPUTRC" -a ! -f "$HOME/.inputrc" ]; then
38      INPUTRC=/etc/inputrc
39  fi
40
41  export PATH USER LOGNAME MAIL HOSTNAME HISTSIZE INPUTRC
42
43  for i in /etc/profile.d/*.sh ; do
44      if [ -r "$i" ]; then
45          . $i
46      fi
47  done
48
49  unset i
```

图2-6

命令2　touch命令

命令功能

touch命令有两个功能：一是用于改变文件的时间属性，它将文件的最后访问时间和最后修改时间设置为系统当前时间；二是用来创建新的空文件。

命令语法

touch(选项)(参数)

选项说明

- –a：或––time=atime或––time=access或––time=use　　只更改存取时间；
- –c：或––no-create　　不建立任何文件；
- –d：<时间日期>　　使用指定的日期时间，而非现在的时间；
- –f：此参数将忽略不予处理，仅负责解决BSD版本touch指令的兼容性问题；
- –m：或––time=mtime或––time=modify　　只更改变动时间；
- –r：<参考文件或目录>　　把指定文件或目录的日期时间，统统设成和参考文件或目录的日期时间相同；
- –t：<日期时间>　　使用指定的日期时间，而非现在的时间；
- ––help：在线帮助；
- ––version：显示版本信息。

参数说明

- 文件：指定要设置时间属性的文件列表。

实例1　设置文件的时间属性

案例表述

使用stat指令可以显示文件的时间属性。

案例实现

1 在命令行中输入下面命令：

[root@localhost root]# stat myfile

按回车键后，即可显示myfile的时间属性，效果如图2-7所示。

图2-7

2 使用touch指令修改文件"myfile"的时间属性为当前系统时间，在命令行中输入下面命令：

```
[root@ localhost root ]# touch myfile
```

按回车键后，即可设置文件的时间为当前系统时间，效果如图2-8所示。

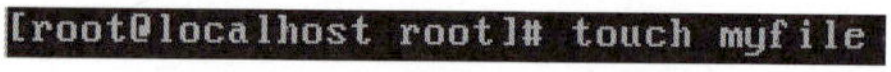

```
[root@localhost root]# touch myfile
```

图2-8

❸ 再次使用stat指令显示文件“myfile”的时间属性，在命令行中输入下面命令：

```
[root@ localhost root ]# stat myfile
```

按回车键后，即可显示文件的时间属性，效果如图2-9所示。

```
[root@localhost root]# stat myfile
  File: ↓®myfile↓
  Size: 0               Blocks: 0          IO Block: 4096   Regu
Device: 802h/2050d      Inode: 294576      Links: 1
Access: (0644/-rw-r--r--)  Uid: (    0/    root)   Gid: (    0/
Access: 2012-04-24 09:49:05.000000000 +0800
Modify: 2012-04-24 09:49:05.000000000 +0800
Change: 2012-04-24 09:49:05.000000000 +0800
```

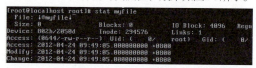

图2-9

实例2 创建空文件

案例表述

使用touch指令创建空文件“newfile”。

案例实现

在命令行中输入下面命令：

```
[root@localhost]# touch newfile
```

按回车键后，即可创建空文件newfile，此命令没有任何输出信息。

实例3 大批量的创建空文件

案例表述

利用touch指令可以批量创建成千上万的文件。

案例实现

❶ 在命令行中输入下面命令：

```
[root@hn demo]# touch file_{1,2,3,4,5,6,7,8,9,}
```

按回车键后，即可批量创建文件。

❷ 使用ls指令显示创建的空文件列表，在命令行中输入下面命令：

```
[root@localhost root ]# ls
```

按回车键后，即可显示目录列表，效果如图2-10所示。

```
[root@localhost root]# ls
allto            dock.cfg  file4  file8                kct.cfg
anaconda-ks.cfg  file1     file5  file9                myfile
andme            file2     file6  install.log          myfstab
dina             file3     file7  install.log.syslog   my_install
```

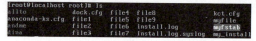

图2-10

命令3 ln命令

命令功能

ln命令用来为文件创建连接，连接类型分为硬连接和符号连接两种，默认的连接类型是硬连接。如果要创建符号连接必须使用"-s"选项。

命令语法

ln(选项)(参数)

选项说明

- -b或--backup：删除，覆盖目标文件之前的备份；
- -d或-F或—directory：建立目录的硬连接；
- -f或—force：强行建立文件或目录的连接，不论文件或目录是否存在；
- -i或—interactive：覆盖既有文件之前先询问用户；
- -n或--no-dereference：把符号连接的目的目录视为一般文件；
- -s或—symbolic：对源文件建立符号连接，而非硬连接；
- -S<字尾备份字符串>或--suffix=<字尾备份字符串>：用"-b"参数备份目标文件后，备份文件的字尾会被加上一个备份字符串，预设的字尾备份字符串是符号"~"，用户可通过"-S"参数来改变它；
- -v或—verbose：显示指令执行过程；
- -V<备份方式>或--version-control=<备份方式>：用"-b"参数备份目标文件后，备份文件的字尾会被加上一个备份字符串，这个字符串不仅可用"-S"参数变更，当使用"-V"参数<备份方式>指定不同备份方式时，也会产生不同字尾的备份字符串；
- --help：在线帮助；
- --version：显示版本信息。

参数说明

- 源文件：指定连接的源文件。如果使用"-s"选项创建符号连接，则"源文件"可以是文件或者目录。创建硬连接时，则"源文件"参数只能是文件；
- 目标文件：指定源文件的目标连接文件。

实例1 为文件和目录创建连接

▶ 案例表述

ln命令默认创建的是硬连接。

▶ 案例实现

① 在命令行中输入下面命令：

```
[root@localhost]# ln /etc/fstab./mystab
```

按回车键后，即可为源文件/etcfstab创建硬连接mystab，此命令没有任何输出信息。

2 使用ls指令的“-i”选项显示源文件和硬连接文件的索引节点信息，在命令行中输入下面命令：

```
[root@ localhost root ]# ls –i /etc/myfstab
```

按回车键后，即可设创建互为硬连接文件的索引节点号，效果如图2-11所示。

```
[root@localhost root]# ls -i /etc/myfstab
ls: /etc/myfstab: Ã»ÓÐÄÇ,öÎÄ¼þ»òÄ¿Â¼
```

图2-11

3 硬连接仅对文件起作用，如果要建立目录的硬连接将导致出错，在命令行中输入下面命令：

```
[root@ localhost root ]# ln mydir demolink
```

按回车键后，试图对目标创建硬连接，效果如图2-12所示。

```
[root@localhost root]# ln mydir demolink
ln: ÕýÔÚ·ÃÎÊ¡®mydir¡¯: Ã»ÓÐÄÇ,öÎÄ¼þ»òÄ¿Â¼
```

图2-12

4 可以使用ln命令的“-s”选项创建目录的符号连接，在命令行中输入下面命令：

```
[root@ localhost root ]# ln –s mydir demolink
```

按回车键后，为目录mdir创建符号连接demolink，效果如图2-13所示。

```
[root@localhost root]# ln -s mydir demolink
```

图2-13

5 使用ls指令查看连接文件的详细信息，在命令行中输入下面命令：

```
[root@ localhost]# ls -l
```

按回车键后，即可显示文件详细信息，效果如图2-14所示。

```
drwxr-xr-x   2 root   root       4096  40Â 23 11:36 allto
-rw-r--r--   1 root   root       1618  40Â 23 18:25 anaconda-ks.cfg
drwxr-xr-x   2 root   root       4096  40Â 23 11:35 andme
lrwxrwxrwx   1 root   root          5  40Â 24 10:00 demolink -> mydir
drwxr-xr-x   2 root   root       4096  40Â 23 11:36 dina
-rw-r--r--   1 root   root       1618  40Â 23 18:25 dock.cfg
-rw-r--r--   1 root   root          0  40Â 24 09:52 file1
-rw-r--r--   1 root   root          0  40Â 24 09:52 file2
-rw-r--r--   1 root   root          0  40Â 24 09:52 file3
-rw-r--r--   1 root   root          0  40Â 24 09:52 file4
-rw-r--r--   1 root   root          0  40Â 24 09:52 file5
-rw-r--r--   1 root   root          0  40Â 24 09:52 file6
-rw-r--r--   1 root   root          0  40Â 24 09:52 file7
-rw-r--r--   1 root   root          0  40Â 24 09:52 file8
-rw-r--r--   1 root   root          0  40Â 24 09:52 file9
-rw-r--r--   2 root   root      27400  40Â 23 18:23 install.log
-rw-r--r--   1 root   root       4139  40Â 23 18:23 install.log.syslog
-rw-r--r--   1 root   root       1618  40Â 23 18:25 kct.cfg
-rw-r--r--   1 root   root          0  40Â 24 09:49 myfile
lrwxrwxrwx   1 root   root         23  40Â 23 16:26 myfstab -> /etc/fstab/r
oot/myfstab
-rw-r--r--   2 root   root      27400  40Â 23 18:23 my_install.log
-rw-r--r--   1 root   root          0  40Â 24 09:52 newfile
-rw-r--r--   1 root   root       1618  40Â 23 18:25 uccg.cfg
```

图2-14

实例2　对指定文件创建连接

▶ **案例表述**

使用ln指令的"–s"选项可以对指定文件创建连接。

▶ **案例实现**

在命令行中输入下面命令：

[root@localhost root]# ln –s /home/kk/ss.sh

按回车键后，即可为指定文件创建连接，效果如图2-15所示。

```
[root@localhost root]# ln -s /home/kk/ss.sh
[root@localhost root]#
```

图2-15

命令4　dd命令

▶ **命令功能**

dd命令用于复制文件并对原文件的内容进行转换和格式化处理。

▶ **命令语法**

dd(选项)

▶ **选项说明**

- bs=<字节数>：将ibs(输入)与obs(输出)设成指定的字节数；
- cbs=<字节数>：转换时，每次只转换指定的字节数；
- conv=<关键字>：指定文件转换的方式；
- count=<区块数>：仅读取指定的区块数；
- ibs=<字节数>：每次读取的字节数；
- obs=<字节数>：每次输出的字节数；
- of=<文件>：输出到文件；
- seek=<区块数>：一开始输出时，跳过指定的区块数；
- skip=<区块数>：一开始读取时，跳过指定的区块数；
- ––help：帮助；
- ––version：显示版本信息。

实例1　复制文件并转换文件内容

▶ **案例表述**

使用dd指令可以在复制文件的同时转换文件内容的大小写。

案例实现

1 使用cat指令显示原始文件的内容,在命令行中输入下面命令:

[root@localhost root]# cat test.sh

按回车键后,即可显示文本文件内容,效果如图2-16所示。

```
[root@localhost root]# cat test.sh
cat: test.sh: Ã»ÓÐÄÇ¸öÎÄ¼þ»òÄ¿Â¼
```

图2-16

2 使用dd命令复制文件将文件中的小写字母全部转换成大写字母,同时使用if、of和conv选项,在命令行中输入下面命令:

[root@ localhost root]# dd if=test.sh conv=ncase of=newtest.sh

按回车键后,即可在复制文件的同时将文件中的小写字母全部转换成大写字母,效果如图2-17所示。

```
[root@localhost root]# dd if=test.sh conv=nocase of=newtest.sh
dd: xª»»ÎÐÐ§ê°¡®nocase¡
Çe°ÇêÔÚ´ÐÐÐ¡®dd --help¡´Á´»ñÈ¡¸ü¶àÐÅÏ¢¡£
```

图2-17

3 再次使用cat指令显示复制生成的新文件的内容,在命令行中输入下面命令:

[root@ localhost root]# cat newtest.sh

按回车键后,显示文本文件的内容,效果如图2-18所示。

```
[root@localhost root]# cat newtest.sh
cat: newtest.sh: Ã»ÓÐÄÇ¸öÎÄ¼þ»òÄ¿Â¼
```

图2-18

实例2　制作光盘ISO映像文件

案例表述

把光盘的设备文件作为dd指令输入文件(if),将要生成的ISO映像文件作为dd指令的输出文件(of),dd指令自动完成转换工作。

案例实现

在命令行中输入下面命令:

[root@localhost root]# dd if=/dev/cdrom /path/cdrom.iso

按回车键后,即可制作光盘映像文件,效果如图2-19所示。

```
[root@localhost root]# dd if=/dev/cdrom /path/cdrom.iso
dd: ÎÞ·¨´ò¿ªÊäÈëÎÄ¼þ ¡®/path/cdrom.iso¡
Çe°ÇêÔÚ´ÐÐÐ¡®dd --help¡´Á´»ñÈ¡¸ü¶àÐÅÏ¢¡£
```

图2-19

实例3　制作软盘映像文件

▶ 案例表述

把软盘的设备文件作为dd指令输入文件（if），将要生成的ISO映像文件作为dd指令的输出文件（of），dd指令自动完成转换工作。

▶ 案例实现

在命令行中输入下面命令：

[root@localhost root]# dd if=/dev/fd0 /path/cdrom.iso

按回车键后，即可制作软盘映像文件，效果如图2-20所示。

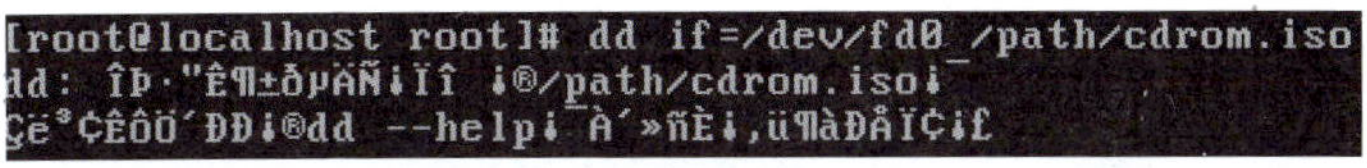

图2-20

命令5　updatedb命令

▣ 命令功能

updatedb命令用来创建或更新slocate命令所必须的数据库文件。updatedb命令的执行过程较长，因为在执行时它会遍历整个系统的目录树，并将所有的文件信息写入slocate数据库文件中。

▣ 命令语法

updatedb(选项)

▣ 选项说明

- –o<文件>：忽略默认的数据库文件，使用指定的slocate数据库文件；
- –U<目录>：更新指定目录的slocate数据库。
- –v：显示指令执行的详细过程。

实例1　更新指定目录的slocate数据库

▶ 案例表述

使用updatedb指令的"–U"选项可以指定要更新slocate数据库的目录。

▶ 案例实现

在命令行中输入下面命令：

[root@localhost ~]# updatedb –U /usr/local/

按回车键后，仅更新指定目录的slocate数据库，效果如图2-21所示。

图2-21

命令6　dirname命令

命令功能
dirmame命令去除文件名中的非目录部分，仅显示与目录有关的内容。

命令语法
dirname(选项)(参数)

选项说明
- ――help：显示帮助；
- ――version：显示版本号。

实例1　仅显示文件的目录信息

案例表述

用dirname指令仅显示文件名中的目录信息。

案例实现

在命令行中输入下面命令：

[root@localhost root]# dirname /ver/log/httpd/access_log

按回车键后，即可显示目录信息，效果如图2-22所示。

```
[root@localhost root]# dirname /ver/log/httpd/access.log
/ver/log/httpd
```

图2-22

命令7　pathchk命令

命令功能
pathchk命令用来检查文件中不可移植的部分。

命令语法
pathchk(选项)(参数)

选项说明
- -p：检查大多数的POSIX系统；
- -P：检查空名字和"-"开头的文件
- ――portability：检查所有的POSIX系统，等同于"-P-p"选项；
- ――help：显示帮助；
- ――version：显示版本号。

参数说明

- 文件：带路径信息的文件。
- 后缀：可选参数，指定要去除的文件后缀字符串。

实例1　检查路径的有效性

案例表述

使用pathchk指令检查系统上的"/etc/httpd/conf/httpd.conf"路径名称有效性和可移植性。

案例实现

在命令行中输入下面命令：

[root@localhost root]# pathchk /etc/httpd/conf/httpd.conf

按回车键后，即可检查路径名可移植性，效果如图2-23所示。

```
[root@localhost root]# pathchk /etc/httpd/conf/httpd.conf
```

图2-23

命令8　unlink命令

命令功能

unlink命令用于系统调用函数unlink去删除指定的文件。

命令语法

unlink(选项)(参数)

选项说明

- --help：显示帮助；
- --version：显示版本号。

参数说明

- 文件：指定要删除的文件。

实例1　删除文件

案例表述

使用unlink指令删除普通文件。

案例实现

在命令行中输入下面命令：

[root@localhost root]# unlink myfile100

按回车键后，即可删除普通文件，效果如图2-24所示。

```
[root@localhost root]# unlink myfile100
unlink: îþ·"½âªý¡®myfile100¡¯µáá´½ó: Ã»ÓÐÄÇ¸öÎÄ¼þ»òÄ¿¼È¼
```

图2-24

实例2　删除目录

▶ 案例表述

使用unlink指令删除目录时将出现错误。

▶ 案例实现

在命令行中输入下面命令：

[root@localhost root]# unlink mydir

按回车键后，删除目录，效果如图2-25所示。

```
[root@localhost root]# unlink mydir
unlink: îþ·"½âªý¡®mydir¡¯µáá´½ó: Ã»ÓÐÄÇ¸öÎÄ¼þ»òÄ¿¼È¼
```

图2-25

命令9　basename命令

命令功能

basename用于打印目录或者文件的基本名称。

命令语法

basename(选项)(参数)

选项说明

- ――help：显示帮助；
- ――version：显示版本号。

参数说明

- 文件：带路径信息的文件；
- 后缀：可选参数，指定要去除的文件后缀字符串。

实例1　去掉文件名中的路径信息

▶ 案例表述

使用basename指令去掉给定绝对路径的文件名中的路径信息。

▶ 案例实现

在命令行中输入下面命令：

[root@localhost root]# basename /var/log/message

按回车键后，即可去掉路径信息仅显示文件名，效果如图2-26所示。

```
[root@localhost root]# basename /var/log/message
message
```

图2-26

实例2　去掉文件名中的路径信息和后缀

▶ 案例表述

如果为basename指令指定第二个参数，则basename指令在去掉路径信息的同时将文件的后缀也去掉，仅显示不带后缀的文件名。

▶ 案例实现

在命令行中输入下面命令：

[root@localhost]# basename /etc/updatedb.conf.conf

按回车键后，即可去掉路径信息和后缀的文件名，效果如图2-27所示。

```
[root@localhost ~]# basename /etc/updatedb.conf .conf
updatedb.conf.conf
```

图2-27

命令10　rename命令

▶ 命令功能

rename命令用字符串替换的方式批量改变文件名。

▶ 命令语法

rename(参数)

▶ 参数说明

- 原字符串：将文件名需要替换的字符串；
- 目标字符串：将文件名中含有的原字符替换成目标字符串；
- 文件：指定要改变文件名的文件列表。

实例1　批量重命名文件

▶ 案例表述

批量重命名文件。

▶ 案例实现

① 使用ls指令显示当前目录下的文件列表，在命令行中输入下面命令：

[root@localhost]# ls -l

按回车键后，即可显示目录列表，效果如图2-28所示。

② 使用rename指令将文件名中的字符串"file_"替换为"Linux_"，在命令行中输入下面命令：

[root@localhost root]# rename file_ Linux_ file ?

按回车键后，即可批量重命名文件，效果如图2-29所示。

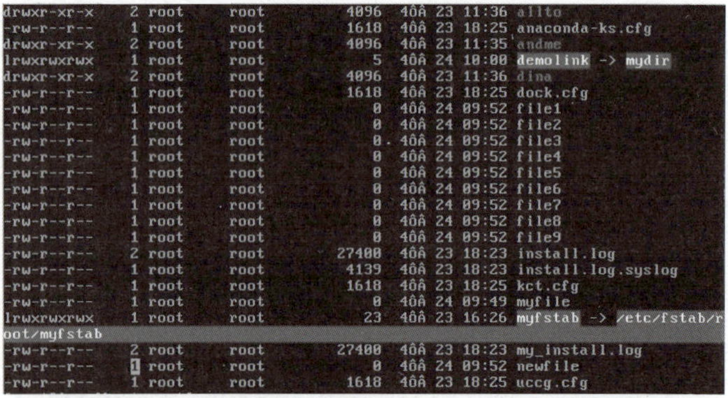

图2-28

图2-29

③ 再次使用ls指令显示当前目录下文件列表，在命令行中输入下面命令：

[root@localhost root]# ls

按回车键后，即可显示目录列表，效果如图2-30所示。

图2-30

第3章

文件编辑器应用

Linux系统中的配置文件以文本文件的形式保存,Linux管理员需要通过编辑配置文件来进行系统管理。Linux系统下有多种文本编辑器可供使用,例如文本编辑器和源代码文件编辑器等。

命令1 vi命令

命令功能

vi是UNIX操作系统和类UNIX操作系统中最通用的全屏幕纯文本编辑器。Linux中的vi编辑器叫vim，它是vi的增强版（vi Improved），与vi编辑器完全兼容，而且实现了很多增强功能。

vi编辑器支持编辑模式和命令模式，编辑模式下可以完成文本的编辑功能，命令模式下可以完成对文件的操作命令，要正确使用vi编辑器就必须熟练掌握着两种模式的切换。默认情况下，打开vi编辑器后自动进入命令模式。从编辑模式切换到命令模式使用"esc"键，从命令模式切换到编辑模式使用"A"、"a"、"O"、"o"、"I"、"i"键。

vi编辑器提供了丰富的内置命令，有些内置命令使用键盘组合键即可完成，有些内置命令则需要以冒号":"开头输入。常用的内置命令如下：

- Ctrl+u：向文件首翻半屏；
- Ctrl+d：向文件尾翻半屏；
- Ctrl+f：向文件尾翻一屏；
- Ctrl+b：向文件首翻一屏；
- Esc：从编辑模式切换到命令模式；
- ZZ：命令模式下保存当前文件所做的修改后退出vi；
- :行号：光标跳转到指定行的行首；
- :$：光标跳转到最后一行的行首；
- x或X：删除一个字符，x删除光标后的，而X删除光标前的；
- D：删除从当前光标到光标所在行尾的全部字符；
- dd：删除光标行整行内容；
- ndd：删除当前行及其后n-1行；
- nyy：将当前行及其下n行的内容保存到寄存器?中，其中?为一个字母，n为一个数字；
- p：粘贴文本操作，用于将缓存区的内容粘贴到当前光标所在位置的下方；
- P：粘贴文本操作，用于将缓存区的内容粘贴到当前光标所在位置的上方；
- /字符串：文本查找操作，用于从当前光标所在位置开始向文件尾部查找指定字符串的内容，查找到的字符串会被加亮显示；
- ? name：文本查找操作，用于从当前光标所在位置开始向文件头部查找指定字符串的内容，查找到的字符串会被加亮显示；
- a,bs/F/T：替换文本操作，用于在第a行到第b行之间，将F字符串换成T

字符串。其中，"s/"表示进行替换操作；
- a：在当前字符后添加文本；
- A：在行末添加文本；
- i：在当前字符前插入文本；
- I：在行首插入文本；
- o：在当前行后面插入一空行；
- O：在当前行前面插入一空行；
- :wq：在命令模式下，执行存盘退出操作；
- :w：在命令模式下，执行存盘操作；
- :w!：在命令模式下，执行强制存盘操作；
- :q：在命令模式下，执行退出vi操作；
- :q!：在命令模式下，执行强制退出vi操作；
- :e文件名：在命令模式下，打开并编辑指定名称的文件；
- :n：在命令模式下，如果同时打开多个文件，则继续编辑下一个文件；
- :f：在命令模式下，用于显示当前的文件名、光标所在行的行号以及显示比例；
- :set number：在命令模式下，用于在最左端显示行号；
- :set nonumber：在命令模式下，用于在最左端显示行号。

命令语法
vi(选项)(参数)

选项说明
- +<行号>：从指定行号的行开始显示文本内容；
- –b：以二进制模式打开文件，用于编辑二进制文件和可执行文件；
- –c<指令>：在完成对第一个文件编辑任务后，执行给出的指令；
- –d：以diff模式打开文件，当多个文件编辑时，显示文件差异部分；
- –l：使用lisp模式，打开"lisp"和"showmatch"；
- –m:取消写文件功能，重设"write"选项；
- –M：关闭修改功能；
- –n：不使用缓存功能。
- –o<文件数目>：指定同时打开指定数目的文件；
- –R：以只读方式打开文件；
- –s：安静模式，不显示指令的任何错误信息。

参数说明
- 文件列表：指定要编辑的文件列表。多个文件之间使用空格分隔开。

实例1　显示文件行号

案例表述

显示文件行号。

案例实现

在编辑文件时，通过":set nu"显示文件中的行号，以增强可读性，在命令行中输入下面命令：

[root@hn]# vi /etc/rc.d/rc

按回车键后，即可编辑shell脚本文件rc，效果如图3-1所示。

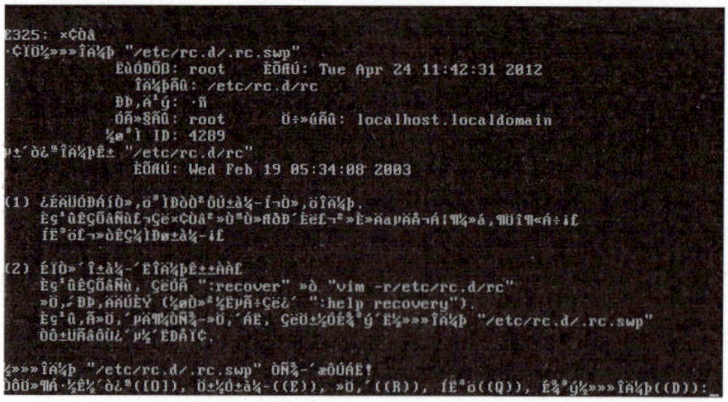

图3-1

命令2　emacs命令

命令功能

emacs命令是由GNU组织的创始人Richard Stallman开发的一个功能强大的全屏文本编辑器，它支持多种编程语言，具有很多优良的特性。有众多的系统管理员和软件开发者使用emacs。

命令语法

emacs(选项)(参数)

选项说明

- +<行号>：启动emacs编辑器，并将光变移动到指定行号的行；
- –q：启动emacs编辑器，而不加载初始化文件；
- –u<用户>:启动emacs编辑器时，加载指定用户的初始化文件；
- –t<文件>:启动emacs编辑器时，把指定的文件作为终端，不适用标准输入（stdin）与标准输出（stdout）；
- –f<函数>:执行指定lisp（广泛应用于人工智能领域的编程语言）函数；
- –l<lisp代码文件>:加载指定的lisp代码文件；

- –batch:以批处理模式运行emasc编辑器。

参数说明
- 文件：指定要编辑的文本文件。

实例1　启动emacs编辑器

案例表述
启动emacs编辑器，可以在命令行中将待编辑的文件传递给emacs指令。

案例实现
在命令行中输入下面命令：

[root@hn]# emacs /etc/fstab

按回车键后，即可启动emacs编辑文件"/etc/fstab"，效果如图3-2所示。

图3-2

命令3　ed命令

命令功能
ed命令是单行纯文本编辑器，它有命令模式（command mode）和输入模式（input mode）两种工作模式。ed命令支持多个内置命令，常见的内置命令如下：
- A：切换到输入模式，在文件的最后一行之后输入新的内容；
- C：切换到输入模式，用输入的内容替换掉最后一行的内容；
- i：切换到输入模式，在当前行之前加入一个新的空行来输入内容；
- d：用于删除最后一行文本内容；
- n：用于显示最后一行的行号和内容；
- w<文件名>:以给定的文件名保存当前正在编辑的文件；
- q：退出ed编辑器。

命令语法

ed(选项)(参数)

选项说明

- –G或—traditional：提供兼容的功能；
- –p<字符串>：指定ed在command mode的提示字符；
- –s,–,--quiet或—silent：不执行开启文件时的检查功能；
- --help：显示帮助；
- --version：显示版本信息。

参数说明

- 文件：待编辑的文件。

实例1 以行为单位编辑文本文件

案例表述

以行为单位编辑文本文件。

案例实现

❶ ed指令以行为单位进行编辑使用cat指令显示文本文件内容，命令行中输入下面命令：

[root@localhost root]# cat /etc/fstab

按回车键后，即可显示文本文件内容，效果如图3-3所示。

图3-3

❷ 使用ed编辑器编辑文件"etc/fstab"，命令行中输入下面命令：

[root@localhost root]# ed /etc/fstab

按回车键后，即可编辑文件"etc/fstab.bak"，效果如图3-4所示。

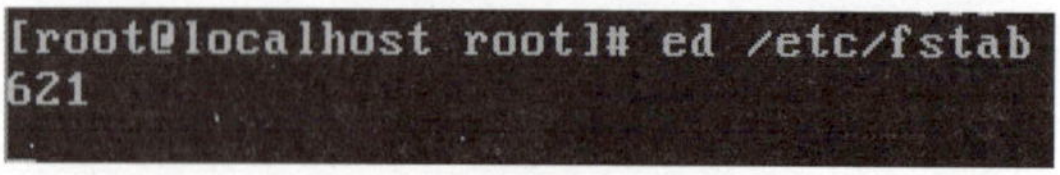

图3-4

❸ 使用ed编辑器编辑过的文件的内容，命令行中输入下面命令：

[root@localhost root]# cat /etc/fstab

按回车键后，即可显示文本文件内容，效果如图3-5所示。

```
[root@localhost root]# cat /etc/fstab
LABEL=/                 /                       ext3    defaults        1 1
LABEL=/boot             /boot                   ext3    defaults        1 2
none                    /dev/pts                devpts  gid=5,mode=620  0 0
none                    /proc                   proc    defaults        0 0
none                    /dev/shm                tmpfs   defaults        0 0
/dev/sda3               swap                    swap    defaults        0 0
/dev/cdrom              /mnt/cdrom              udf,iso9660 noauto,owner,kudzu,r
o 0 0
/dev/fd0                /mnt/floppy             auto    noauto,owner,kudzu 0 0
```

图3-5

命令4　ex命令

命令功能

在Ex模式下启动vim文本编辑器。ex执行效果如同vi -E，使用语法及参数可参照vi指令，如要从Ex模式回到普通模式，则在vim中输入:vi或:visual即可。

命令语法

ex(参数)

参数说明

- 文件：指定待编辑的文件。

实例1　使用vi的ex模式编辑文件

案例表述

使用vi的ex模式编辑文件。

案例实现

1 ex指令是vi编辑器的当行编辑模式，命令行中输入下面命令：

```
[root@localhost root ]# ex /etc/passwd
```

按回车键后，即可用ex模式编辑文件/etc/passwd，效果如图3-6所示。

```
[root@localhost root]# ex /etc/passwd





"/etc/passwd" 35L, 1597C
Entering Ex mode.  Type "visual" to go to Normal mode.
:_
```

图3-6

❷ 在冒号提示符下输入行号，可以显示指定行号的内容，命令行中输入下面命令：

```
:3
Daemon:x:2:2:daemon:/sbin:/sbin/nologin
```

按回车键后，即可显示文件/etc/passwd中第三行的内容，效果如图3-7所示。

```
:3
daemon:x:2:2:daemon:/sbin:/sbin/nologin
```

图3-7

命令5　jed命令

命令功能

jed命令是由Slang所开发，其主要用途是编辑程序的源代码。它支持彩色语法加亮显示，可以模拟Emacs,EDT，wordstar和Brief编辑器。

命令语法

jed(选项)(参数)

选项说明

- −2：显示上下两个编辑区；
- −batch：以批处理模式来执行；
- −f<函数>：执行Slang函数；
- −g<行数>：移到缓冲区中指定的行数；
- −i<文件>：将指定的文件载入缓冲区；
- −i<文件>：　载入Slang原始代码文件；
- −n：不要载入jed.rc配置文件；
- −s<字符串>：查找并移到指定的字符串。

参数说明

- 文件：指定待编辑的文件列表。

实例1　编辑shell脚本文件

▶ 案例表述

编辑shell脚本文件。jed指令可以给程序员提供友好的显示和操作界面，以编辑程序源代码。

▶ 案例实现

例如，编辑shell脚本文件，在命令行中输入下面命令：

```
[root@localhost root ]# jed /etc/rc.d/rc
```

按回车键后，即可使用jed编辑shell脚本，效果如图3-8所示。

```
[root@localhost root]# jed /etc/rc.d/rc
-bash: jed: command not found
```

图3-8

命令6 pico命令

命令功能

pico命令是功能强大全屏幕的文本编辑器。pico的操作简单，提供了丰富的快捷键。常用的快捷键如下：

- Ctrl+G：获得pico的帮助信息；
- Ctrl+O：保存文件内容。如果是新文件，需要输入文件名；
- Ctrl+R：在当前光标位置插入一个指定的文本文件内容；
- Ctrl+Y：向前翻页；
- Ctrl+V：向后翻页；
- Ctrl+W：对文件进行搜索；
- Ctrl+K：剪切当前行到粘贴缓冲区；
- Ctrl+U：粘贴缓冲区中的内容到当前光标所在位置；
- Ctrl+C：显示当前光标位置；
- Ctrl+T：调用拼写检查功能，对文档进行拼写检查；
- Ctrl+J：段落重排；
- Ctrl+X：退出，当文件内容发生改变时，提供是否保存修改。

命令语法

pico(选项)(参数)

选项说明

- –b：开启置换的功能；
- –d：开启删除的功能；
- –e：使用完整的文件名称；
- –f：支持键盘上的F1、F2…功能键；
- –g：显示光标；
- –h：在线帮助；
- –j：开启切换的功能；
- –k：预设pico在使用剪下命令时，会把光标所在的列的内容全部删除；
- –m：开启鼠标支持的功能，您可用鼠标点选命令列表；
- –n<间隔秒数>：设置多久检查一次新邮件；
- –o<工作目录>：设置工作目录；

- -q：忽略预设值；
- -r<编辑页宽>：设置编辑文件的页宽；
- -s<拼字检查器>：另外指定拼字检查器；
- -t：启动工具模式；
- -v：启动阅读模式，用户只能观看，无法编辑文件的内容；
- -w：关闭自动换行，通过这个参数可以编辑内容很长的列；
- -x：关闭页面下方的命令列表；
- -z：让pico可被Ctrl+z中断，暂存在后台作业里；
- +<列数编号>：执行pico指令进入编辑模式时，从指定的列数开始编辑。

参数说明

- 文件：指定要编辑的文件。

实例1　编辑文本文件

案例表述

编辑文本文件，用pico编辑指定的文本文件。

案例实现

在命令行中输入下面命令：

[root@localhost]# pico /etc/fstab

按回车键后，即可编辑文本文件，效果如图3-9所示。

图3-9

命令7　sed命令

命令功能

sed命令是一个流式文本编辑器，被用来在输入流上处理基本的文本转换。

sed命令还具有强大的文本过滤功能。

命令语法

sed(选项)(参数)

选项说明

- –e<script>或――expression=<script>：以选项中指定的script来处理输入的文本文件；
- –f<script文件>或――file=<script文件>：以选项中指定的script文件来处理输入的文本文件；
- –h或――help：显示帮助；
- –n或――quiet或―silent：仅显示script处理后的结果；
- –V或―version：显示版本信息。

参数说明

- 文件：指定待处理的文本文件列表。

实例1　删除指定行

案例表述

删除指定行。

案例实现

❶ 使用sed指令内部命令"d"可以删除指定的行，例如删除文件的第一行，在命令行中输入下面命令：

[root@localhost root]# sed –e '1d' /etc/fstab

按回车键后，即可删除文件"fstab"的第一行，效果如图3-10所示。

图3-10

❷ 显示文件"/etc/fstab"的原内容（注意：源文件的内容是不发生变化的）与上面的输出信息进行对比，在命令行中输入下面命令：

[root@localhost root]# cat /etc/fstab

按回车键后，即可显示文本文件内容，效果如图3-11所示。

❸ 使用"d"命令还可以删除多行内容，在命令行中输入下面命令：

[root@localhost root]# sed –e '1, 3d' /etc/fstab

按回车键后，即可删除文件"fstab"的第1～3行，效果如图3-12所示。

图3-11

图3-12

实例2　删除文件中以#开头的行

▶ 案例表述

删除文件中以"#"号开头的行。

▶ 案例实现

① sed指令支持规则表达式，对符合规则表达式匹配规则的内容执行相应的操作，在命令行中输入下面命令：

[root@localhost]# sed –e '/^#/d' /etc/xinetd.conf

按回车键后，即可删除文件/etc/xinetd.conf中以#号开头的行，效果如图3-13所示。

图3-13

② 显示文件"/etc/xinetd.conf"的原始内容，与上面的输出信息进行对比，在命令行中输入下面命令：

[root@hn]# cat /etc/xinetd.conf

按回车键后，即可显示文本文件xinetd.conf的内容，效果如图3-14所示。

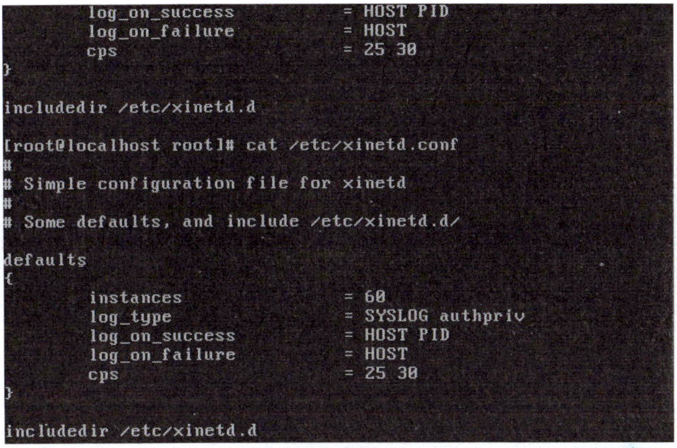

图3-14

实例3　替换指定内容

案例表述

替换指定内容。

案例实现

❶ 使用sed指令的内部命令"s"可以实现替换指定内容的功能，例如，替换文件"/etc/fstab"中的"defaults"为"hello"，在命令行中输入下面命令：

[root@hn]# sed –e \`s/defaults/hello/g\` /etc/fstab

按回车键后，即可将文件"/etc/fstab"中的"defaults"替换为"hello"，效果如图3-15所示。

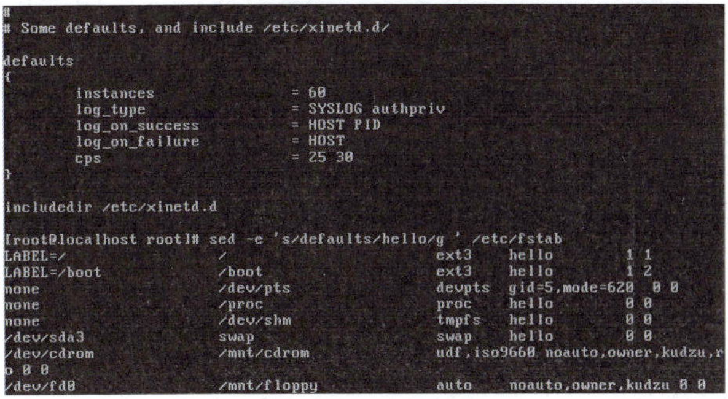

图3-15

❷ 输出"/etc/fstab"的原内容，和上面的输出信息进行对比，在命令行中输入下面命令：

[root@hn]# cat /etc/fstab

按回车键后，即可显示文本效果如图3-16所示。

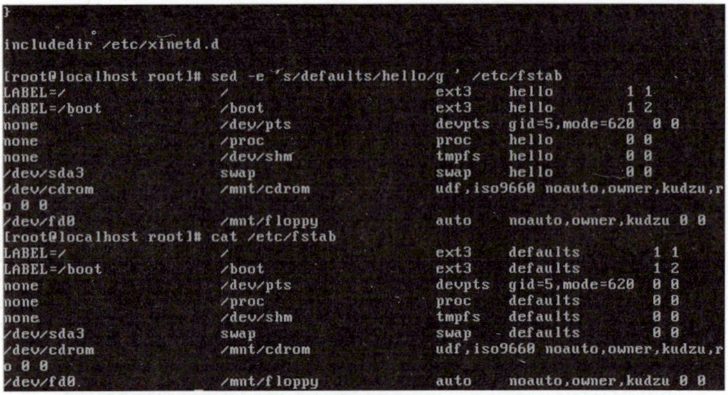

图3-16

实例4 添加行

▶ 案例表述

使用sed指令的"a"选项可以文本行中添加行。

▶ 案例实现

在命令行中输入下面命令：

[root@hn]# -e '3,5 a4' a.txt

按回车键后，即可将a.txt文件中的3～5行之间所有行的后面添加一行内容为4的行，效果如图3-17所示。

图3-17

命令8 joe命令

▶ 命令功能

joe命令是一款功能强大的纯文本编辑器，拥有众多编写程序和文本的优良特性。

▶ 命令语法

joe(选项)(参数)

▶ 选项说明

- –force：强制在最后一行的结尾处加上换行符号；
- –lines<行数>：设置行数；
- –lightoff：选取的区块在执行完区块命令后，就会恢复成原来的状态。

- –autoindent：自动缩排；
- –backpath<目录>：指定备份文件的目录；
- –beep：编辑时，若有错误即发出哔声；
- –columns<栏位>：设置栏数；
- –csmode：可执行连续查找模式；
- –dopadding：是程序跟tty间存在缓冲区；
- –exask：在程序中，执行"Ctrl+k+x"时，会先确认是否要保存文件；
- –force：强制在最后一行的结尾处加上换行符号；
- –help：执行程序时一并显示帮助；
- –keepup：在进入程序后，画面上方为状态列；
- –marking：在选取区块时，反白区块会随着光标移动；
- –mid：当光标移出画面时，即自动卷页，使光标回到中央；
- –nobackups：不建立备份文件；
- –nonotice：程序执行时，不显示版权信息；
- –nosta：程序执行时，不显示状态列；
- –noxon：尝试取消"Ctrl+s"与"Ctrl+q"键的功能；
- –orphan：若同时开启一个以上的文件，则其他文件会置于独立的缓冲区，而不会另外开启编辑区；
- –pg<行数>：按"PageUp"或"PageDown"换页时，所要保留前一页的行数；
- –skiptop<行数>：不使用屏幕上方指定的行数。

参数说明

- 文件：指定要编辑的文件。

实例1　使用joe编辑文本文件

案例表述

使用joe指令编辑文本文件。

案例实现

使用joe指令打开要编辑的文本文件，在命令行中输入下面命令：

[root@localhost root]# joe/etc/fstab

按回车键后，即可使用joe打开文本文件fstab，效果如图3-18所示。

图3-18

读书笔记

第 4 章

文件查看与文件权限、属性设置

对于文件，新建时默认的满权限为666，对于目录，新建时默认的满权限为777。就是说umask设置为022，新建文件时的权限是644，新建目录时的权限是755。如果其他人对该文件有w权限，代表他可以做各种编辑操作，但不包括删除该文件。对于目录的x权限，代表谁是否能进入该目录，即能否使该目录成为他的PWD。一个无法进入的目录，是无法对该目录下的内容进行任何操作的。

命令1 more命令

命令功能

more命令是一个基于vi编辑器文本过滤器，它以全屏幕的方式按页显示文本文件的内容，支持vi中的关键字定位操作。more名单中内置了若干快捷键，常用的有H（获得帮助信息）、Enter（向下翻滚一行）、空格（向下滚动一屏）、Q（退出命令）。

命令语法

more(选项)(参数)

选项说明

- −<数字>：指定每屏显示的行数；
- −d：显示"[press space to continue, 'q' to quit.]"和"[Press 'h' for instructions]"；
- −c:不进行滚屏操作。每次刷新这个屏幕。
- −s：将多个空行压缩成一行显示；
- −u：禁止下划线；
- +<数字>：从指定数字的行开始显示。

参数说明

- 文件：指定分页显示内容的文件。

实例1　分屏显示指定文件

案例表述

分屏显示指定文件。more指令可以根据终端或者虚拟终端屏幕的大小调整每一屏显示内容的行数，使用"−<数字>"选项可以固定每一屏的输出行数。

案例实现

在命令行中输入下面命令：

[root@localhost root]# more -15 /etc/httpd/conf/httpd.conf

按回车键后，即可以每屏15行的方式显示文件内容，效果如图4-1所示。

```
[root@localhost root]#  more -15 /etc/httpd/conf/http.conf
/etc/httpd/conf/http.conf: Â»ÓÐÀÇ,öÎÀ¼þ»òÄºÀÂ¼
```

图4-1

实例2　分屏显示其他指令的输出信息

案例表述

分屏显示其他指令的输出信息。more指令用管道和其他指令连接可以方便查询指令的输出信息。

▶ 案例实现

例如，分屏查看ps指令的输出信息，在命令行中输入下面命令：

[root@hn]# ps –eux | more -20

按回车键后，即可用more指令分屏显示ps指令的输出信息，效果如图4-2所示

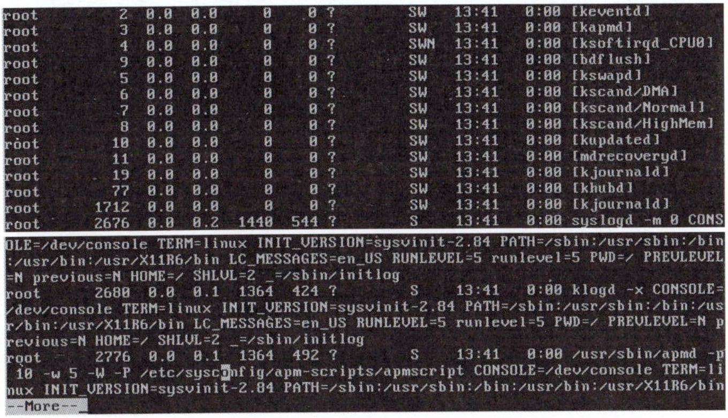

图4-2

命令2　less命令

▶ 命令功能

less 的作用与 more 十分相似，都可以用来浏览文字档案的内容，不同的是 less 允许使用者往回卷动以浏览已经看过的部分，同时因为 less 并未在一开始就读入整个档案，因此在遇上大型档案的开启时，会比一般的文书编辑器（如 vi）快。

▶ 命令语法

less(选项)(参数)

▶ 选项说明

- –e：文件内容显示完毕后，自动退出；
- –f：强制显示文件；
- –g：不加亮显示搜索到的所有关键词，仅显示当前显示的关键字，以提高显示速度；
- –l：搜索时忽略大小写的差异；
- –N：每一行行首显示行号；
- –s：将连续多个空行压缩为一行显示；

- –S:在单行显示较长的内容，而不换行显示；
- –x<数字>:将TAB字符显示为指定个数的空格字符。

参数说明

- 文件：指定要分屏显示内容的文件。

实例1　分屏查看文件文件内容

案例表述

分屏查看文件内容。

案例实现

❶ less指令经常用来查看内容超过一屏的文件内容，在命令行中输入下面命令：

[root@hn]# less /etc/httpd/conf/httpd.conf

按回车键后，即可以每屏查看文件httpd.conf内容，效果如图4-3所示。

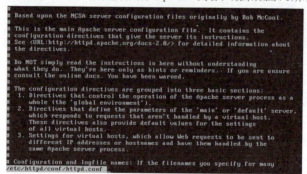

图4-3

❷ less指令具有丰富的快捷键，在less指令运行过程中，按下"h"键可以显示less的快捷帮助。由于输出信息占用整个屏幕，比较浪费空间，此处省略输出信息。

实例2　分屏查看其它指令的输出

案例表述

分屏查看其他指令的输出。

案例实现

❶ less指令可以和管道操作连用，以显示其他指令的输出信息，例如lsof指令的输出信息很多，可以借助less指令实现分屏查看，而且还可以使用查找功能进行关键字的快速定位，在命令行中输入下面命令：

[root@hn]# lsof | less

按回车键后，即可以每屏显示lsof指令输出信息，效果如图4-4所示。

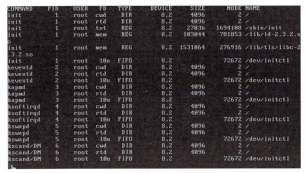

```
COMMAND     PID   USER   FD   TYPE   DEVICE    SIZE      NODE NAME
init          1   root  cwd    DIR      8,2    4096         2 /
init          1   root  rtd    DIR      8,2    4096         2 /
init          1   root  txt    REG      8,2   27036   1694108 /sbin/init
init          1   root  mem    REG      8,2  103044    781853 /lib/ld-2.3.2.s
o
init          1   root  mem    REG      8,2 1531064    276916 /lib/tls/libc-2
.3.2.so
init          1   root  10u   FIFO      8,2             72672 /dev/initctl
keventd       2   root  cwd    DIR      8,2    4096         2 /
keventd       2   root  rtd    DIR      8,2    4096         2 /
keventd       2   root  10u   FIFO      8,2             72672 /dev/initctl
kapmd         3   root  cwd    DIR      8,2    4096         2 /
kapmd         3   root  rtd    DIR      8,2    4096         2 /
kapmd         3   root  10u   FIFO      8,2             72672 /dev/initctl
ksoftirqd     4   root  cwd    DIR      8,2    4096         2 /
ksoftirqd     4   root  rtd    DIR      8,2    4096         2 /
ksoftirqd     4   root  10u   FIFO      8,2             72672 /dev/initctl
kswapd        5   root  cwd    DIR      8,2    4096         2 /
kswapd        5   root  rtd    DIR      8,2    4096         2 /
kswapd        5   root  10u   FIFO      8,2             72672 /dev/initctl
kscand/DM     6   root  cwd    DIR      8,2    4096         2 /
kscand/DM     6   root  rtd    DIR      8,2    4096         2 /
kscand/DM     6   root  10u   FIFO      8,2             72672 /dev/initctl
:
```

图4-4

2 可以在“：”提示符下输出查找的关键字，以实现快速定位，在命令行中输入下面命令：

```
/soft
```

按回车键后，即可输入查询的关键字“soft”，效果如图4-5所示。

```
ksoftirqd     4   root  cwd    DIR      8,2    4096         2 /
ksoftirqd     4   root  rtd    DIR      8,2    4096         2 /
ksoftirqd     4   root  10u   FIFO      8,2             72672 /dev/initctl
kswapd        5   root  cwd    DIR      8,2    4096         2 /
kswapd        5   root  rtd    DIR      8,2    4096         2 /
kswapd        5   root  10u   FIFO      8,2             72672 /dev/initctl
kscand/DM     6   root  cwd    DIR      8,2    4096         2 /
kscand/DM     6   root  rtd    DIR      8,2    4096         2 /
kscand/DM     6   root  10u   FIFO      8,2             72672 /dev/initctl
kscand/No     7   root  cwd    DIR      8,2    4096         2 /
kscand/No     7   root  rtd    DIR      8,2    4096         2 /
kscand/No     7   root  10u   FIFO      8,2             72672 /dev/initctl
kscand/Hi     8   root  cwd    DIR      8,2    4096         2 /
kscand/Hi     8   root  rtd    DIR      8,2    4096         2 /
kscand/Hi     8   root  10u   FIFO      8,2             72672 /dev/initctl
bdflush       9   root  cwd    DIR      8,2    4096         2 /
bdflush       9   root  rtd    DIR      8,2    4096         2 /
bdflush       9   root  10u   FIFO      8,2             72672 /dev/initctl
kupdated     10   root  cwd    DIR      8,2    4096         2 /
kupdated     10   root  rtd    DIR      8,2    4096         2 /
kupdated     10   root  10u   FIFO      8,2             72672 /dev/initctl
mdrecover    11   root  cwd    DIR      8,2    4096         2 /
mdrecover    11   root  rtd    DIR      8,2    4096         2 /
mdrecover    11   root  10u   FIFO      8,2             72672 /dev/initctl
```

图4-5

命令3 head命令

命令功能

head命令用于显示文件的开头的内容。在默认情况下，head命令显示文件的头10行内容。

命令语法

head(选项)(参数)

选项说明

- -n<数字>:指定显示头部内容的行数；

- -c<字符数>：指定显示头部内容的字符数；
- -v：总是显示文件名的头信息；
- -q：不显示文件名的头信息。

参数说明

- 文件列表：指定显示头部内容的文件列表。

实例1 显示文件的头部内容

案例表述

显示文件的头部内容。

案例实现

head指令显示文件头10行内容，在命令行中输入下面命令：

```
[root@localhost root]# head anaconda-ks.cfg
```

按回车键后，即可显示文件的头10行，效果如图4-6所示。

```
[root@localhost root]# head anaconda-ks.cfg
# Kickstart file automatically generated by anaconda.

install
lang zh_CN.GB18030
langsupport --default zh_CN.GB18030 zh_CN.GB18030
keyboard us
mouse genericwheelps/2 --device psaux
xconfig --card "VESA driver (generic)" --videoram 32768 --hsync 31.5-37.9 --vsyn
c 50-70 --resolution 800x600 --depth 24 --startxonboot  --defaultdesktop gnome
network --device eth0 --bootproto dhcp
rootpw --iscrypted $1$cTwpEHK9$JkFyuuW1NniZAIskUAPRu0
```

图4-6

实例2 显示多个文件的头部内容

案例表述

显示多个文件的头部内容。使用head指令显示多个文件的头部内容。

案例实现

在命令行中输入下面命令：

```
[root@localhost root]# head /proc/net/arp /proc/cpuinfo
```

按回车键后，即可显示两个文件的头10行，效果如图4-7所示。

```
[root@localhost root]# head /proc/net/arp/proc/cpuinfo
head: /proc/net/arp/proc/cpuinfo: ²»ÊÇÄ¿Â¼
```

图 4-7

实例3 显示文件头部指定行数的内容

案例表述

显示文件头部指定行数的内容。使用head指令的“-n”选项指定要显示的文件头部内容的行数。

▶ 案例实现

在命令行中输入下面命令：

[root@ localhost root]# head –n 2 /proc/modules

按回车键后，即可显示文件的头2行，效果如图4-8所示。

```
[root@localhost root]# head -n 2 /proc/modules
parport_pc              19076   1 (autoclean)
lp                       8996   0 (autoclean)
```

图4-8

命令4　tail命令

命令功能

tail命令用于输入文件中的尾部内容。

命令语法

tail (选项)(参数)

选项说明

- ――retry:即是在tail命令启动时，文件不可访问或者文件稍后变得不可访问，都始终尝试打开文件。使用此选项时需要与选项"―follow=name"连用；
- –c<N>或―bytes=<N>:输出文件尾部的N（N为整数）个字节内容；
- –f<name/descriptor>或:――follow<nameldescriptor>:显示文件最新追加的内容。"name"表示以文件名的方式监视文件的变化。"descriptor"表示以文件描述符的方式监视文件的变化。"–f"与"–f descriptor"等效；
- –F:与选项"―follow=name"和"――retry"连用时功能相同；
- –n<N>或―line=<N>:输出文件的尾部N（N位数字）行内容。
- ――pid=<进程号>:与"–f"选项连用，当指定的进程号的进程终止后，自动退出tail命令；
- –q或―quiet或―silent：当有多个文件参数时，不输出各个文件名；
- –s<秒数>或―sleep–interval=<秒数>:与"–f"选项连用，指定监视文件变化时间隔的秒数；
- –v或―verbose：当有多个文件参数时，总是输出各个文件名；
- ――help：显示指令的帮助信息；
- ――version：显示指令的版本信息。

参数说明

- 文件列表：指定要显示尾部内容的文件列表。

实例1　显示文件尾部内容

案例表述

显示文件的尾部内容。默认情况下，tsil指令显示文件的尾部10行内容。

案例实现

在命令行中输入下面命令：

[root@localhost root]# tail /etc/passwd

按回车键后，即可显示文件的尾部10行，效果如图4-9所示。

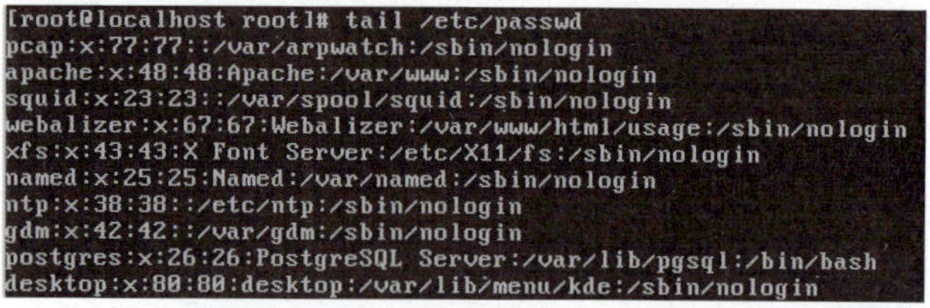

图4-9

实例2　监视日志文件的变化

案例表述

使用tail指令的"–f"选项可以方便地监视日志文件的变化。

案例实现

例如，监视日志文件"/var/log/mssage",在命令行中输入下面命令：

[root@localhost root]# tail –f /var/log/messages

按回车键后，即可监视日志文件变化，效果如图4-10所示。

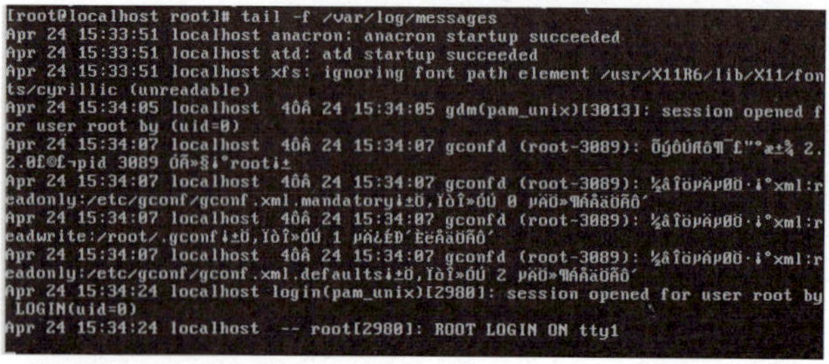

图4-10

命令5　cut命令

命令功能

cut命令用户显示行中的指定部分，删除文件中的指定字段。

命令语法

cut(选项)(参数)

选项说明

- −b：仅显示行中指定直接范围的内容；
- −c：仅显示行中指定范围的字符；
- −d：指定字段的分隔符，默认的字段分隔符为"TAB"；
- −f：显示指定字段的内容；
- −n：与"−b"选项连用，不分割多字节字符；
- −−complement：补足被选择的字节、字符或者字段；
- −−out−delimiter=<字段分隔符>：指定输出内容是的字段分隔符；
- −−help：显示指令的帮助信息；
- −−version：显示指令的版本信息。

参数说明

- 文件：指定要进行内容过滤的文件。

实例1 显示指定字段的内容

案例表述

显示指定字段的内容。

案例实现

❶ 使用cat指令显示文件"/etc/fstab"的内容，在命令行中输入下面命令：

[root@localhost ~]$ cat /etc/fstab

按回车键后，即可显示文本文件，效果如图4-11所示。

图4-11

❷ 使用cut显示第一列内容，在命令行中输入下面命令：

[root@localhost ~]$ cut −f 1 −d " " /etc/fstab

按回车键后，即可显示第一个字段的内容，效果如图4-12所示。

图4-12

实例2 显示指定字符的内容

▶ 案例表述

显示指定字符的内容。

▶ 案例实现

❶ 使用cat指令显示文件"/proc/net/arp"的内容,在命令行中输入下面命令:

[root@localhost root]# cat /proc/net/arp

按回车键后,即可显示文本文件的内容,效果如图4-13所示。

```
[root@localhost root]# cat /proc/net/arp
IP address       HW type       Flags       HW address                Mask       Device
```

图4-13

❷ 文件"/proc/net/arp"中保存着当前内核的arp表项,本例使用cut指令取得IP地址列表。在命令行中输入下面命令:

[root@localhost root]# cut –c -15 /proc/net/arp

按回车键后,即可显示开头到第15个字符的内容,效果如图4-14所示。

```
[root@localhost root]# cut -c -15 /proc/net/arp
IP address
```

图4-14

命令6 od命令

▶ 命令功能

od命令用于输出文件的八进制、十六进制或其他格式编码的字节,通常用于显示或查看文件中不能直接显示在终端上的字符。

▶ 命令语法

od(选项)(参数)

▶ 选项说明

- –a:此参数的效果和同时指定"–ta"参数相同;
- –A<字码基数>:选择要以何种基数计算字码;
- –b:此参数的效果和同时指定"–toC"参数相同;
- –c:此参数的效果和同时指定"–tC"参数相同;
- –d:此参数的效果和同时指定"–tu2"参数相同;
- –f:此参数的效果和同时指定"–tfF"参数相同;
- –h:此参数的效果和同时指定"–tx2"参数相同;
- –i:此参数的效果和同时指定"–td2"参数相同;
- –j<字符数目>或--skip-bytes=<字符数目>:略过设置的字符数目;

- –l：此参数的效果和同时指定"–td4"参数相同；
- –N<字符数目>或––read-bytes=<字符数目>：到设置的字符数目为止；
- –o：此参数的效果和同时指定"–to2"参数相同；
- –s<字符串字符数>或––strings=<字符串字符数>：只显示符合指定的字符数目的字符串；
- –t<输出格式>或––format=<输出格式>：设置输出格式；
- –v或––output-duplicates：输出时不省略重复的数据；
- –w<每列字符数>或––width=<每列字符数>：设置每列的最大字符数；
- –x：此参数的效果和同时指定"–h"参数相同；
- ––help：在线帮助；
- ––version：显示版本信息。

参数说明

- 文件：指定要显示的文件。

实例1　以指定编码显示文件

案例表述

使用od命令以指定编码显示文件中的可见字显示字符和不可显示字符。

案例实现

在命令行中输入下面命令：

[root@localhost root]# od –tcx1 text.txt

按回车键后，即可用字符和十六进制编码对比方式显示文件，效果如图4-15所示。

```
[root@localhost root]# od -tcx1 text.txt
od: text.txt: Â»ÓÐÀÇ,õÎÀ¼þ»òÀÀÀ¼
```

图4-15

命令7　file命令

命令功能

file命令用来探测给定文件的类型。file命令对文件的检查分为文件系统、魔法幻数检查和语言检查3个过程。

命令语法

file(选项)(参数)

选项说明

- –b：列出辨识结果时，不显示文件名称；

- –c：详细显示指令执行过程，便于排错或分析程序执行的情形；
- –f<名称文件>：指定名称文件，其内容有一个或多个文件名称时，让file依序辨识这些文件，格式为每列一个文件名称；
- –L：直接显示符号连接所指向的文件的类别；
- –m<魔法数字文件>：指定魔法数字文件；
- –v：显示版本信息；
- –z：尝试去解读压缩文件的内容。

参数说明

- 文件：要确定类型的文件列表，多个文件之间使用空格分开，可以使用shell通配符匹配多个文件。

实例1　探测单个文件类型

案例表述

探测单个文件类型。使用file指令探测单个文件类型。

案例实现

1 在命令行中输入下面命令：

[root@localhost root]# file /sbin/iptables

按回车键后，即可探测文件iptables的类型，效果如图4-16所示。

```
[root@localhost root]# file /sbin/iptables
/sbin/iptables: ELF 32-bit LSB executable, Intel 80386, version 1 (SYSV), for GNU/Linux 2.2.5, dynamically linked (uses shared libs), stripped
```

图4-16

2 如果文件为文本文件，则使用file指令还可以探测文件的编写语言，在命令行中输入下面命令：

[root@localhost root]#
file /usr/share/doc/gtk2-devel-2.2.1/examples/table

按回车键后，即可探测文件mysqld的类型，效果如图4-17所示：

```
[root@localhost root]# file /usr/share/doc/gtk2-devel-2.2.1/examples/table
/usr/share/doc/gtk2-devel-2.2.1/examples/table: directory
```

图4-17

3 在命令行中输入下面命令：

[root@localhost root]# file /dev/tty0

按回车键后，即可探测文件类型，效果如图4-18所示。

```
[root@localhost root]# file /dev/tty0
/dev/tty0: character special (4/0)
```

图4-18

实例2 批量探测文件的类型

案例表述

file指令支持批量探测多个文件的类型，可以将要检测文件类型的文件保存在一个文件中，通过"-f"选项传递给file指令。

案例实现

1 使用cat指令显示包含待探测内容的文件，在命令行中输入下面命令：

[root@localhost root]# cat files

按回车键后，即可显示文本文件内容，效果如图4-19所示。

```
[root@localhost root]# cat files
cat: files: Ã»ÓÐÄÇ¸öÎÄ¼þ»òÄ¿Â¼
```

图4-19

2 使用file指令探测files中的文件，在命令行中输入下面命令：

[root@localhost root]# file –f files

按回车键后，即可批量探测文件类型，效果如图4-20所示。

```
[root@localhost root]# file -f files
file: Cannot open `files' (No such file or directory).
```

图4-20

3 在命令行中指定多个文件或者用shell通配符也可以实现批量探测文件类型，在命令行中输入下面命令：

[root@localhost root]# fils /usr/bin/q*

按回车键后，即可探测以q开头的文件类型，效果如图4-21所示。

```
[root@localhost root]# fils /usr/bin/q*
-bash: fils: command not found
```

图4-21

命令8 stat命令

命令功能

stat命令用于显示文件的状态信息。stat命令的输出信息比ls命令的输出信息要更详细。

命令语法

stat(选项)(参数)

选项说明

- –L:支持符号连接；
- –f：显示文件系统状态而非文件状态；

- –t:以简洁方式输出信息；
- ––help：显示指令的帮助信息；
- ––version：显示指令的版本信息。

参数说明

- 文件：指定要显示信息的普通文件或者文件系统对应的设备文件名。

实例1 显示文件系统状态

案例表述

显示文件系统状态。

案例实现

❶ 使用stat指令显示文件的状态信息，在命令行中输入下面命令：

```
[root@localhost root ]# stat install.log
```

按回车键后，即可显示文件“install.log”的状态，效果如图4-22所示。

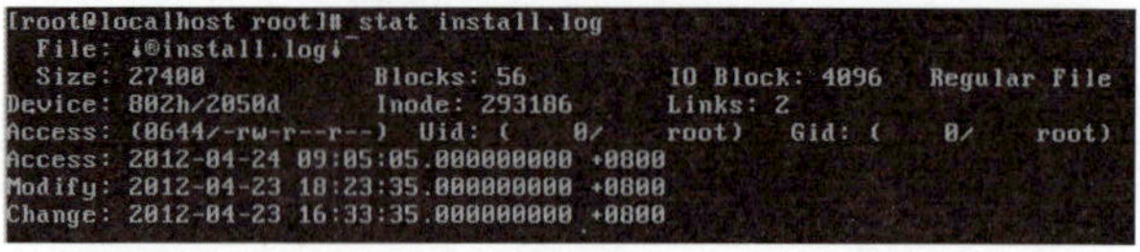

```
[root@localhost root]# stat install.log
  File: `install.log'
  Size: 27400           Blocks: 56         IO Block: 4096   Regular File
Device: 802h/2050d      Inode: 293186      Links: 2
Access: (0644/-rw-r--r--)  Uid: (    0/    root)   Gid: (    0/    root)
Access: 2012-04-24 09:05:05.000000000 +0800
Modify: 2012-04-23 18:23:35.000000000 +0800
Change: 2012-04-23 16:33:35.000000000 +0800
```

图4–22

❷ 如使用stat指令的“-f”选项显示文件系统状态，在命令行中输入下面命令：

```
[root@localhost root ]# stat –f install.log
```

按回车键后，即可显示文件系统状态，效果如图4-23所示。

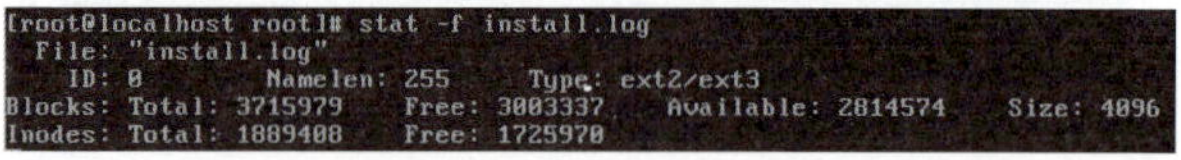

```
[root@localhost root]# stat -f install.log
  File: "install.log"
    ID: 0        Namelen: 255     Type: ext2/ext3
Blocks: Total: 3715979    Free: 3003337    Available: 2814574    Size: 4096
Inodes: Total: 1889408    Free: 1725970
```

图4–23

命令9 chown命令

命令功能

chown命令用来变更文件或目录的拥有者或所属群组。

命令语法

chown(选项)(参数)

选项说明

- –c或—changes：效果类似"–v"参数，但仅回报更改的部分；
- –f或––quite或—silent：不显示错误信息；

- –h或--no-dereference：只对符号连接的文件作修改，而不更改其他任何相关文件；
- –R或—recursive：递归处理，将指定目录下的所有文件及子目录一并处理；
- –v或—version：显示指令执行过程；
- --dereference：效果和"–h"参数相同；
- --help：在线帮助；
- --reference=<参考文件或目录>：把指定文件或目录的拥有者与所属群组全部设成和参考文件或目录的拥有者与所属群组相同；
- --version：显示版本信息。

参数说明

- 用户：组：指定所有者和所属工作组。当省略"：组"，仅改变文件所有者；
- 文件：指定要改变所有者和工作组的文件列表。支持多个文件和目标，支持shell通配符。

实例1　使用chown指令改变文件的所有者

案例表述

使用chown指令改变文件的所有者。

案例实现

在命令行中输入下面命令：

[root@localhost root]# chown –v root newfile

按回车键后，即可将"newfile"文件的所有者改为"root"用户，效果如图4-24所示。

图4-24

实例2　改变文件所有者和所属工作组

案例表述

使用chown指令可以命令行同时修改文件的所有者和所属工作组。

案例实现

在命令行中输入下面命令：

[root@localhost root]# chown –v user100:user newfile

按回车键后，即可将"newfile"文件的所有者改为user100，所属组改为user，效果如图4-25所示。

```
[root@localhost root]# chown -v user100:user  newfile
chown: i®user100:useri¯: ÎÐÐ§µÁÓÃ»§
```

图4-25

实例3　递归改变目录下所有文件的所有者

▶ 案例表述

使用chown指令"-R"选项进行递归操作方式改变整个目录下的所有内容的所有权。

▶ 案例实现

在命令行中输入下面命令：

[root@ localhost root]# chown –R –v user100 dir1

按回车键后，即可递归改变给定目录下的所有内容，效果如图4-26所示。

```
[root@localhost root]# chown -R -v user100 dir1
chown: i®user100i¯: ÎÐÐ§µÁÓÃ»§
```

图4-26

实例4　使用通配符改变文件的所有者

▶ 案例表述

chown指令支持通配符操作，一次修改多个文件的所有者。

▶ 案例实现

在命令行中输入下面命令：

[root@ localhost ~]$ chown –v user100 file[1-6]

按回车键后，即可将以t1-t6文件全部改为user100所有，效果如图4-27所示。

```
[root@localhost ~]$ chown -v user100 file[1-6]
changed ownership of 'file1' to user100
changed ownership of 'file2' to user100
changed ownership of 'file3' to user100
changed ownership of 'file4' to user100
changed ownership of 'file5' to user100
changed ownership of 'file6' to user100
```

图4-27

实例5　使用模板文件改变文件的所有者和所属工作组

▶ 案例表述

使用chown指令"--reference"选项可以把文件的所有者设置成参考文件的相同。

▶ 案例实现

在命令行中输入下面命令：

[root@ localhost root]# chown –v –reference=template file1

按回车键后，即可使用模板文件修改文件所有权，效果如图4-28所示。

```
[root@localhost root]# chown -v –reference=templat file 1
chown£ºÎÞ§ÑïÎ -- r
Çë°ÊÔÓ´DD¦@chown --help¦ Á´»ñÈi,üªaÐAÏÇ¦£
```

图4-28

命令10 chgrp命令

命令功能
chgrp命令用来变更文件或目录的所属群组。

命令语法
chgrp(选项)(参数)

选项说明
- -c或—changes：效果类似"-v"参数，但仅回报更改的部分；
- -f或--quiet或—silent：不显示错误信息；
- -h或--no-dereference：只对符号连接的文件作修改，而不更改其他任何相关文件；
- -R或—recursive：递归处理，将指定目录下的所有文件及子目录一并处理；
- -v或—verbose：显示指令执行过程；
- --help：在线帮助；
- --reference=<参考文件或目录>：把指定文件或目录的所属群组全部设成和参考文件或目录的所属群组相同；
- --version：显示版本信息。

参数说明
- 组：指定新工作名称；
- 文件：指定要改变所属工作组的文件列表。多个文件或者目录之间使用空格隔开。

实例1 改变文件所属组

案例表述

改变文件所属组。

案例实现

❶ 使用ls指令的"-l"选项查看文件所属的工作组信息，在命令行中输入下面命令：

[root@www1 zhangsan]# ls -l

按回车键后，即可以长格式显示文件信息，效果如图4-29所示。

图4-29

❷ 使用chgrp指令将"index,html"文件所属工作组改为"root"工作组，在命令行中输入下面命令：

[root@ localhost root]# chgrp –v index.html

按回车键后，即可改变文件所属工作组ID为0，即root，效果如图4-30所示。

图4-30

❸ 再次使用ls指令的"-l"选项显示文件所属工作组，在命令行中输入下面命令：

[root@ localhost root]# ls –l index.html

按回车键后，即可以长格式显示文件信息，效果如图4-31所示。

图4-31

命令11 chmod命令

命令功能

chmod命令用来变更文件或目录的权限。在UNIX系统家族里，文件或目录权限的控制分别以读取、写入、执行3种一般权限来区分，另有3种特殊权限可供运用。用户可以使用chmod指令去变更文件与目录的权限，设置方式采用文字或数字代号皆可。符号连接的权限无法变更，如果用户对符号连接修改权限，其改变会作用在被连接的原始文件。权限范围的表示法如下：
- u：User，即文件或目录的拥有者；
- g：Group，即文件或目录的所属群组；
- o：Other，除了文件或目录拥有者或所属群组之外，其他用户皆属于这个范围；
- a：All，即全部的用户，包含拥有者，所属群组以及其他用户；
- r：读取权限，数字代号为"4"；
- w：写入权限，数字代号为"2"；
- x：执行或切换权限，数字代号为"1"；
- -：不具任何权限，数字代号为"0"；
- s：特殊功能说明：变更文件或目录的权限。

命令语法
chmod(选项)(参数)

选项说明
- -c或--changes：效果类似"-v"参数，但仅回报更改的部分；
- -f或--quiet或—silent：不显示错误信息；
- -R或—recursive：递归处理，将指定目录下的所有文件及子目录一并处理；
- -v或—verbose：显示指令执行过程；
- --help：在线帮助；
- --reference=<参考文件或目录>：把指定文件或目录的权限全部设成和参考文件或目录的权限相同；
- --version：显示版本信息；
- <权限范围>+<权限设置>：开启权限范围的文件或目录的该项权限设置；
- <权限范围>-<权限设置>：关闭权限范围的文件或目录的该项权限设置；
- <权限范围>=<权限设置>：指定权限范围的文件或目录的该项权限设置。

参数说明
- 权限模式：指定文件的权限模式；
- 文件：要改变权限的文件。

实例1　使用"+"和"-"设置权限

案例表述
使用"+"和"-"设置文件的权限，即在原有的权限基础上添加或者删除指定的权限。

案例实现

1 使用指令"ls -l"显示文件的原始权限，在命令行中输入下面命令：

[root@ localhost root]# ls –l myfile

按回车键后，即可以长格式显示文件信息，效果如图4-32所示。

```
[root@localhost root]# ls -l myfile
-rwsr-sr-x    1 root     root          0  4ôÂ 24 09:49 myfile
```

图4-32

2 使用"+"和"-"的组合方式在文件原有权限基础上修改文件的权限，在命令行中输入下面命令：

[root@ localhost root]# chmod a-r,u+w myfile

按回车键后，所有用户去除读权限，文件所有者添加读权限，效果如图4-33所示。

```
[root@localhost root]# chmod a-r.u+w myfile
chmod: È"ÎÞÁ£Ê½×Ô´®ÎÞ§£º¡®a-r.u+w¡
```

图4-33

3 再次使用ls指令的"-l"选项显示文件权限，在命令行中输入下面命令：

[root@ localhost root]# ls –l myfile

按回车键后，即可以长格式显示文件信息，效果如图4-34所示。

```
[root@localhost root]# ls -l myfile
-rwsr-sr-x    1 root     root          0  4ôÂ 24 09:49 myfile
```

图4-34

实例2 使用"="设置权限

案例表述

使用"="设置权限，使用"="为文件赋予全新的权限。

案例实现

1 使用指令"ls -l"显示文件的原始权限，在命令行中输入下面命令：

[root@ localhost root]# ls –l myfile

按回车键后，即可以长格式显示文件信息，效果如图4-35所示。

```
[root@localhost root]# ls -l myfile
-rwsr-sr-x    1 root     root          0  4ôÂ 24 09:49 myfile
```

图4-35

2 使用"="为文件赋予全新的权限，在命令行中输入下面命令：

[root@ localhost root]# chmod a=rwx myfile

按回车键后，设置所有用户对myfile文件具有读写和执行权限，效果如

图4-36所示。

```
[root@localhost root]# chmod a=rwx myfile
```
图4-36

❸ 再次使用ls指令的"-l"选项显示文件权限，在命令行中输入下面命令：

[root@ localhost root]# ls –l myfile

按回车键后，即可以长格式显示文件信息，效果如图4-37所示。

```
[root@localhost root]# ls -l myfile
-rwxrwxrwx   1 root     root            0  4ôÂ 24 09:49 myfile
```
图4-37

实例3　使用数字方式设置权限

▶ 案例表述

使用数字方式设置权限。

▶ 案例实现

❶ 使用指令"ls -l"显示文件的原始权限，在命令行中输入下面命令：

[root@ localhost root]# ls –l myfile

按回车键后，即可以长格式显示文件信息，效果如图4-38所示。

```
[root@localhost root]# ls -l myfile
-rwxrwxrwx   1 root     root            0  4ôÂ 24 09:49 myfile
```
图4-38

❷ 使用数字方式为文件设置新的权限，在命令行中输入下面命令：

[root@ localhost root]# chmod 700 myfile

按回车键后，文件所有者具有读、写和执行权限，组内其他用户没有任何权限，效果如图4-39所示。

```
[root@localhost root]# chmod 700 myfile
```
图4-39

❸ 再次使用ls指令的"-l"选项显示文件权限，在命令行中输入下面命令：

[root@ localhost root]# ls –l myfile

按回车键后，即可以长格式显示文件信息，效果如图4-40所示。

```
[root@localhost root]# ls -l myfile
-rwx------   1 root     root            0  4ôÂ 24 09:49 myfile
```
图4-40

实例4　特殊权限位suid的应用

 案例表述

特殊权限位"suid"的应用，使普通用户临时具有超级用户的权限。

案例实现

❶ 使用useradd指令创建普通用户"user100",在命令行中输入下面命令:

[root@ localhost root]# useradd user100

按回车键后,即可创建普通用户,效果如图4-41所示。

```
[root@localhost root]# useradd user100
```

图4-41

❷ 将rm指令复制到"user100"用户宿主目录下,在命令行中输入下面命令:

[root@ localhost root]# cp /bin/rm /home/user100/

按回车键后,即可复制rm指令,效果如图4-42所示。

```
[root@localhost root]# cp /bin/rm /home/user100/
```

图4-42

❸ 使用ls指令的"-l"选项显示rm指令的权限,在命令行中输入下面命令:

[root@ localhost root]# ls –l /home/user100/rm

按回车键后,即可以长格式显示文件信息,效果如图4-43所示。

```
[root@localhost root]# ls -l /home/user100/rm
-rwxr-xr-x    1 root      root         26556   4月 24 16:48 /home/user100/rm
```

图4-43

实例5 不可执行文件的特殊权限suid

案例表述

不可执行文件的特殊权限suid。

案例实现

❶ 使用指令"ls -l"显示文件原始权限,在命令行中输入下面命令:

[root@ localhost root]# ls –l myfile

按回车键后,即可以长格式显示文本信息,效果如图4-44所示。

```
[root@localhost root]# ls -l myfile
-rwx------    1 root      root             0   4月 24 09:49 myfile
```

图4-44

❷ 为文件加上suid权限,在命令行中输入下面命令:

[root@localhost]# chmod u+s myfile

按回车键后,即可为文件myfile加上suid权限,但是对于不可执行文件suid权限不起作用(在下面显示"S"),此选项没有任何输出信息。

❸ 使用指令"ls -l"显示改变后的文件权限,在命令行中输入下面命令:

[root@ localhost root]# ls –l myfile

按回车键后，即可以长格式显示文本信息，效果如图4-45所示。

```
[root@localhost root]# ls -l myfile
-rws------ 1 root     root         0  4ôÂ 24 09:49 myfile
```
图4-45

实例6　用4位数修改特殊权限位

▶ 案例表述

不可执行文件的特殊权限suid。

▶ 案例实现

❶ 使用指令"ls -l"显示文件原始权限，在命令行中输入下面命令：

[root@ localhost root]# ls –l myfile

按回车键后，即可以长格式显示文本信息，效果如图4-46所示。

```
[root@localhost root]# ls -l myfile
-rws------ 1 root     root         0  4ôÂ 24 09:49 myfile
```
图4-46

❷ 为文件同时添加"suid"和"sgid"特殊权限，在命令行中输入下面命令：

[root@localhost]# chmod 6755 myfile

按回车键后，即可为文件myfile加上suid、sgid和sticky权限，此选项没有任何输出信息。

❸ 再次使用指令"ls -l"显示文件权限，在命令行中输入下面命令：

[root@ localhost root]# ls –l myfile

按回车键后，即可以长格式显示文本信息，效果如图4-47所示。

```
[root@localhost root]# ls -l myfile
-rwsr-sr-x 1 root     root         0  4ôÂ 24 09:49 myfile
```
图4-47

命令12　umask命令

▶ 命令功能

umask命令设置Linux下的权限模式掩码，使用户创建文件时拥有默认的权限。

▶ 命令语法

umask(选项)(参数)

▶ 选项说明

- –p：输出的权限掩码可直接作为指令来执行；
- –S：以符号方式输出权限掩码。

参数说明

- 权限掩码：指定权限掩码。

实例1　权限掩码的应用

案例表述

权限掩码的应用。

案例实现

1 使用umask指令显示当前设置的权限掩码，在命令行中输入下面命令：

[root@ localhost root]# umask

按回车键后，即可显示当前权限掩码，效果如图4-48所示。

```
[root@localhost root]# umask
0022
```

图4-48

2 使用mkdir指令创建新目录，并用ls指令查看其默认权限，在命令行中输入下面命令：

[root@localhost root]# mkdir test

[root@localhost root]# ls –d –l test/

按回车键后，即可创建test目录以及目录详细信息，效果如图4-49所示。

```
[root@localhost root]# mkdir test
[root@localhost root]# ls -d -l test/
drwxr-xr-x    2 root     root         4096   4ôâ 24 17:02 test/
```

图4-49

3 创建新文件，并用ls指令查看其默认权限，在命令行中输入下面命令：

[root@ localhost root]# touch testfile

[root@ localhost root]# ls –l testfile

按回车键后，即可创建空文件testfile和显示文件的详细信息，效果如图4-50所示。

```
[root@localhost root]# touch testfile
[root@localhost root]# ls -l testfile
-rw-r--r--    1 root     root            0   4ôâ 24 17:07 testfile
```

图4-50

命令13　chattr命令

命令功能

chattr命令用来改变文件属性。这项指令可改变存放在ext2文件系统上的文件或目录属性，这些属性共有以下8种模式：
- a：让文件或目录仅供附加用途；
- b：不更新文件或目录的最后存取时间；
- c：将文件或目录压缩后存放；
- d：将文件或目录排除在倾倒操作之外；
- i：不得任意更动文件或目录；
- s：保密性删除文件或目录；
- S：即时更新文件或目录；
- u：预防意外删除。

命令语法

chattr(选项)

选项说明

- −R：递归处理，将指定目录下的所有文件及子目录一并处理；
- −v<版本编号>：设置文件或目录版本；
- −V：显示指令执行过程；
- +<属性>：开启文件或目录的该项属性；
- −<属性>：关闭文件或目录的该项属性；
- =<属性>：指定文件或目录的该项属性。

实例1 防止文件被修改

案例表述

使用chattr指令可以防止系统中某个关键文件被修改。

案例实现

在命令行中输入下面命令：

```
[root@ localhost ~]$ chattr +i /etc/fstab
```

按回车键后，可以尝试rm,mv等命令操作该文件，得到的都是拒绝的提示，效果如图4-51所示。

```
[root@localhost ~]$ chattr +i /etc/fstab
```

图4-51

命令14　whereis命令

命令功能

whereis命令用来定位指令的二进制程序、源代码文件和man手册页等相关文件的路径。

命令语法

whereis(选项)(参数)

选项说明

- –b：只查找二进制文件；
- –B<目录>：只在设置的目录下查找二进制文件；
- –f：不显示文件名前的路径名称；
- –m：只查找说明文件；
- –M<目录>：只在设置的目录下查找说明文件；
- –s：只查找原始代码文件；
- –S<目录>：只在设置的目录下查找原始代码文件；
- –u：查找不包含指定类型的文件。

参数说明

- 指令名：要查找的二进制程序、源文件和man手册页的指令名。

实例1　定位指令以及相关文件

案例表述

要显示rm指令的程序和man手册页的位置。

案例实现

❶ 在命令行中输入下面命令：

[root@ localhost root]# whereis rm

按回车键后，即可显示rm指令的程序路径和man手册页路径，效果如图4-52所示。

```
[root@localhost root]# whereis rm
rm: /bin/rm /usr/share/man/man1/rm.1.gz
```

图4-52

❷ 使用"-b"选项仅查找二进制程序信息，在命令行中输入下面命令：

[root@ localhost] whereis –b make

按回车键后，即可显示make指令的二进制程序的路径，效果如图4-53所示。

```
[root@localhost ~]# whereis -b make
make: /usr/bin/make
```

图4-53

❸ 使用"-m"选项仅查找man手册信息，在命令行中输入下面命令：

[root@ localhost root]# whereis –m make

按回车键后，即可显示make指令的man手册路径，效果如图4-54所示。

```
[root@localhost root]# whereis -m make
make: /usr/share/man/man1/make.1.gz
```

图4-54

命令15　which命令

命令功能

which命令用于查找并显示给定指令的绝对路径，环境变量PATH中保存了查找指令时需要遍历的目录。

命令语法

which(选项)(参数)

选项说明

- –n<文件名长度>：指定文件名长度，指定的长度必须大于或等于所有文件中最长的文件名；
- –p<文件名长度>：与–n参数相同，但此处的<文件名长度>包括了文件的路径；
- –w：指定输出时栏位的宽度；
- –V：显示版本信息；

参数说明

- 指令名：指令名列表。

实例1　显示指令绝对路径

案例表述

显示指令的绝对路径。可以使用which指令显示给定指令的绝对 。

案例实现

❶ 在命令行中输入下面命令：

[root@ localhost root]# which halt

按回车键后，即可显示给定的绝对路径，效果如图4-55所示。

```
[root@localhost root]# which halt
/sbin/halt
```

图4-55

❷ 如果给定的指令设置了命令别名，则which指令还可以显示命令别名的设置，在命令行中输入下面命令：

[root@ localhost root]# which cp

按回车键后,即可显示cp指令的绝对路径和命令别名,效果如图4-56所示。

```
[root@localhost root]# which cp
alias cp='cp -i'
        /bin/cp
```

图4-56

命令16　locate/slocate命令

▣ 命令功能

locate/slocate命令用来查找文件或目录。

▣ 命令语法

locate/slocate (选项)(参数)

▣ 选项说明

- –d<目录>或––database=<目录>:指定数据库所在的目录;
- –u:更新slocate数据库;
- ––help:显示帮助;
- ––version:显示版本信息。

▣ 参数说明

- 查找字符串:要查找的文件名中含有的字符串。

实例1　查找文件路径

▶ 案例表述

查找文件路径。

▶ 案例实现

在命令行中输入下面命令:

[root@ localhost root]# locate rmdir

按回车键后,即可查找文件名中含有rmdir关键字的所有文件的绝对路径,效果如图4-57所示。

```
[root@localhost root]# locate rmdir
/usr/lib/perl5/5.8.0/i386-linux-thread-multi/auto/POSIX/rmdir.al
/usr/share/doc/bash-2.05b/loadables/rmdir.c
/usr/share/doc/HTML/en/kdevelop/reference/C/MAN/rmdir.htm
/usr/share/man/man1/rmdir.1.gz
/usr/share/man/man2/rmdir.2.gz
/bin/rmdir
```

图4-57

实例2　统计符合条件的文件数

案例表述

使用locate指令的“-c”选项可以统计符合条件的文件的总数。

案例实现

在命令行中输入下面命令：

```
[root@localhost ]# locate –c gcc
```

按回车键后，即可统计匹配的文件数目，效果如图4-58所示。

```
/usr/share/info/gccint.info-5.gz
/usr/share/info/gccint.info-6.gz
/usr/share/info/gccint.info-7.gz
/usr/share/info/gccint.info-8.gz
/usr/share/info/gccint.info-9.gz
/usr/share/info/gccint.info.gz
/usr/share/man/man1/gcc.1.gz
/usr/share/ghostscript/Resource/CMap/HKgccs-B5-H
/usr/share/ghostscript/Resource/CMap/HKgccs-B5-V
/usr/share/ghostscript/Resource/ac14/CMap/HKgccs-B5-H
/usr/share/ghostscript/Resource/ac14/CMap/HKgccs-B5-V
/usr/share/xpdf/chinese-traditional/CMap/HKgccs-B5-H
/usr/share/xpdf/chinese-traditional/CMap/HKgccs-B5-V
/usr/X11R6/bin/gccmakedep
/usr/X11R6/man/man1/gccmakedep.1x.gz
/usr/src/linux-2.4.20-8/arch/arm/lib/gcclib.h
/usr/src/linux-2.4.20-8/arch/arm/nwfpe/ARM-gcc.h
/usr/src/linux-2.4.20-8/drivers/acpi/include/platform/acgcc.h
/usr/src/linux-2.4.20-8/include/asm-mips/gcc
/usr/src/linux-2.4.20-8/include/asm-mips/gcc/sgidefs.h
/usr/src/linux-2.4.20-8/include/asm-mips64/gcc
/usr/src/linux-2.4.20-8/include/asm-mips64/gcc/sgidefs.h
/lib/libgcc_s-3.2.2-20030225.so.1
/lib/libgcc_s.so.1
```

图4-58

命令17　lsattr命令

命令功能

lsattr命令用于查看文件的第二扩展文件系统属性。

命令语法

lsattr(选项)(参数)

选项说明

- -R:递归的操作方式；
- -V：显示指令的版本信息；
- -a：列出目录中的所有文件，包括隐藏文件。

参数说明

- 文件：指定显示文件系统属性的文件名。

实例1　查看磁盘的属性

▶ 案例表述

使用lsattr指令的"-l"选项，可以查看rmt0 磁带设备的当前属性值。

▶ 案例实现

在命令行中输入下面命令：

[root@localhost ~]$ lsattr –l rmt0 -E

按回车键后，即可统计匹配的文件数目，效果如图4-59所示。

```
[root@localhost ~]$ lsattr -l rmt0 -E
mode              yes User DEVICE BUFFERS during writes    Ture
block_size       1024 BLOCK size (0=variable length)       Ture
extmf             yes User EXTENDED file mrkes             Ture
ret                no RETENSION on tape change or reset    Ture
density_set_1      37 DENSITY setting #1                   Ture
density_set_2      36 DENSITY setting #2                   Ture
compress          yes Use data COMPRESSION                 Ture
size_in_mb      12000 Siz in Megabytes                     False
```

图4-59

第5章

文件查找与比较

在查询系统档案时，通常不大使用find指令，因为速度慢。但是，不可否认，find指令的查询功能很强大。

命令1 find命令

命令功能
find命令用来在指定目录下查找文件。

命令语法
find (选项)(参数)

选项说明
- −amin<分钟>：查找在指定时间曾被存取过的文件或目录，单位以分钟计算；
- −anewer<参考文件或目录>：查找其存取时间较指定文件或目录的存取时间更接近现在的文件或目录；
- −atime<24小时数>：查找在指定时间曾被存取过的文件或目录，单位以24小时计算；
- −cmin<分钟>：查找在指定时间之时被更改的文件或目录；
- −cnewer<参考文件或目录>：查找其更改时间较指定文件或目录的更改时间更接近现在的文件或目录；
- −ctime<24小时数>：查找在指定时间之时被更改的文件或目录，单位以24小时计算；
- −daystart：从本日开始计算时间；
- −depth：从指定目录下最深层的子目录开始查找；
- −expty：寻找文件大小为0 Byte的文件，或目录下没有任何子目录或文件的空目录；
- −exec<执行指令>：假设find指令的回传值为True，就执行该指令；
- −false：将find指令的回传值皆设为False；
- −fls<列表文件>：此参数的效果和指定"−ls"参数类似，但会把结果保存为指定的列表文件；
- −follow：排除符号连接；
- −fprint<列表文件>：此参数的效果和指定"−print"参数类似，但会把结果保存成指定的列表文件；
- −fprint0<列表文件>：此参数的效果和指定"−print0"参数类似，但会把结果保存成指定的列表文件；
- −fprintf<列表文件><输出格式>：此参数的效果和指定"−printf"参数类似，但会把结果保存成指定的列表文件；
- −fstype<文件系统类型>：只寻找该文件系统类型下的文件或目录；
- −gid<群组识别码>：查找符合指定之群组识别码的文件或目录；
- −group<群组名称>：查找符合指定之群组名称的文件或目录；

- –help或――help：在线帮助；
- –ilname<范本样式>：此参数的效果和指定"–lname"参数类似，但忽略字符大小写的差别；
- –iname<范本样式>：此参数的效果和指定"–name"参数类似，但忽略字符大小写的差别；
- –inum<inode编号>：查找符合指定的inode编号的文件或目录；
- –ipath<范本样式>：此参数的效果和指定"–ipath"参数类似，但忽略字符大小写的差别；
- –iregex<范本样式>：此参数的效果和指定"–regexe"参数类似，但忽略字符大小写的差别；
- –links<连接数目>：查找符合指定的硬连接数目的文件或目录；
- –iname<范本样式>：指定字符串作为寻找符号连接的范本样式；
- –ls：假设find指令的回传值为True，就将文件或目录名称列出到标准输出；
- –maxdepth<目录层级>：设置最大目录层级；
- –mindepth<目录层级>：设置最小目录层级；
- –mmin<分钟>：查找在指定时间曾被更改过的文件或目录，单位以分钟计算；
- –mount：此参数的效果和指定"–xdev"相同；
- –mtime<24小时数>：查找在指定时间曾被更改过的文件或目录，单位以24小时计算；
- –name<范本样式>：指定字符串作为寻找文件或目录的范本样式；
- –newer<参考文件或目录>：查找其更改时间较指定文件或目录的更改时间更接近现在的文件或目录；
- –nogroup：找出不属于本地主机群组识别码的文件或目录；
- –noleaf：不去考虑目录至少需拥有两个硬连接存在；
- –nouser：找出不属于本地主机用户识别码的文件或目录；
- –ok<执行指令>：此参数的效果和指定"–exec"参数类似，但在执行指令之前会先询问用户，若回答"y"或"Y"，则放弃执行指令；
- –path<范本样式>：指定字符串作为寻找目录的范本样式；
- –perm<权限数值>：查找符合指定的权限数值的文件或目录；
- –print：假设find指令的回传值为True，就将文件或目录名称列出到标准输出。格式为每列一个名称，每个名称之前皆有"./"字符串；
- –print0：假设find指令的回传值为True，就将文件或目录名称列出到标准输出。格式为全部的名称皆在同一行；
- –printf<输出格式>：假设find指令的回传值为True，就将文件或目录名称列出到标准输出。格式可以自行指定；

- –prune：不寻找字符串作为寻找文件或目录的范本样式；
- –regex<范本样式>：指定字符串作为寻找文件或目录的范本样式；
- –size<文件大小>：查找符合指定的文件大小的文件；
- –true：将find指令的回传值皆设为True；
- –typ<文件类型>：只寻找符合指定的文件类型的文件；
- –uid<用户识别码>：查找符合指定的用户识别码的文件或目录；
- –used<日数>：查找文件或目录被更改之后在指定时间曾被存取过的文件或目录，单位以日计算；
- –user<拥有者名称>：查找符合指定的拥有者名称的文件或目录；
- –version或—version：显示版本信息；
- –xdev：将范围局限在先行的文件系统中；
- –xtype<文件类型>：此参数的效果和指定"–type"参数类似，差别在于它针对符号连接检查。

参数说明

- 起始目录：查找文件的起始目录。

实例1　显示目录及子目录内容列表

案例表述

不带任何参数的find指令，可以递归地显示当前目录下及其子目录的内容列表。

案例实现

在命令行中输入下面命令：

[root@localhost test]# find

按回车键后，即可显示目录内容列表，效果如图5-1所示。

图5-1

实例2　按文件名查找

案例表述

find指令的"–name"选项以文件名为依据进行查找。

▶ 案例实现

在命令行中输入下面命令：

[root@ localhost root]# find /name httpd

按回车键后，即可按文件名查找并打印文件，效果如图5-2所示。

图5-2

实例3　查找文件并执行相关操作

▶ 案例表述

利用find指令提供的"–exec"选项可以调用外部指令完成对查找到的文件的操作。例如，利用find指令查找内核的"core"文件，并将其删除。

▶ 案例实现

在命令行中输入下面命令：

[root@ localhost root]# find / -name core –print –exec rm –f {} \;

按回车键后，即可查找并删除内核输出的"core"文件，效果如图5-3所示。

图5-3

命令2　grep命令

▶ 命令功能

grep命令按照某种匹配规则（或者匹配模式）搜索指定的文件，并将符合匹配条件的行输出。

▶ 命令语法

grep(选项)(参数)

▶ 选项说明

- –a或––text：不要忽略二进制的数据；
- –A<显示列数>或––after-context=<显示列数>：除了显示符合范本样式的那一列之外，并显示该列之后的内容；
- –b或––byte-offset：在显示符合范本样式的那一列之前，标示出该列第一个字符的位编号；
- –B<显示列数>或––before-context=<显示列数>：除了显示符合范本样式的那一列之外，并显示该列之前的内容；

- -c或—count：计算符合范本样式的列数；
- -C<显示列数>或--context=<显示列数>或-<显示列数>：除了显示符合范本样式的那一列之外，并显示该列之前后的内容；
- -d<进行动作>或--directories=<进行动作>：当指定要查找的是目录而非文件时，必须使用这项参数，否则grep指令将回报信息并停止动作；
- -e<范本样式>或--regexp=<范本样式>：指定字符串作为查找文件内容的范本样式；
- -E或--extended-regexp：将范本样式为延伸的普通表示法来使用；
- -f<范本文件>或--file=<范本文件>：指定范本文件，其内容含有一个或多个范本样式，让grep查找符合范本条件的文件内容，格式为每列一个范本样式；
- -F或--fixed-regexp：将范本样式视为固定字符串的列表；
- -G或--basic-regexp：将范本样式视为普通的表示法来使用；
- -h或--no-filename：在显示符合范本样式的那一列之前，不标示该列所属的文件名称；
- -H或--with-filename：在显示符合范本样式的那一列之前，标示该列所属的文件名称；
- -i或--ignore-case：忽略字符大小写的差别；
- -l或--file-with-matches：列出文件内容符合指定的范本样式的文件名称；
- -L或--files-without-match：列出文件内容不符合指定的范本样式的文件名称；
- -n或--line-number：在显示符合范本样式的那一列之前，标示出该列的列数编号；
- -q或--quiet或—silent：不显示任何信息；
- -r或—recursive：此参数的效果和指定"-d recurse"参数相同；
- -s或--no-messages：不显示错误信息；
- -v或--revert-match：反转查找；
- -V或—version：显示版本信息；
- -w或--word-regexp：只显示全字符合的列；
- -x或--line-regexp：只显示全列符合的列；
- -y：此参数的效果和指定"-i"参数相同；
- --help：在线帮助。

参数说明

- 匹配模式：指定进行搜索的匹配模式；
- 文件：指定要搜索的文件。

实例1　搜索并显示含有指定字符串的行

案例表述

使用grep指令在文件"anaconda-ks.cfg"中搜索含有"network"的行，并显示其内容。

案例实现

在命令行中输入下面命令：

[root@ localhost root]# grep network anaconda-ks.cfg

按回车键后，即可显示目录内容列表，效果如图5-4所示。

```
[root@localhost root]# grep network anaconda-ks.cfg
network --device eth0 --bootproto dhcp
You have new mail in /var/spool/mail/root
```

图5-4

实例2　搜索并显示不含指定字符串的行

案例表述

使用grep这里的"-v"选项，可以实现在指定文件中搜索值得字符串，但是显示不含指定字符串的行。

案例实现

在命令行中输入下面命令：

[root@ localhost root]# grep –v ext3 /etc/fstab

按回车键后，即可搜索并显示不含"ext3"的行，效果如图5-5所示。

图5-5

实例3　使用正则表达式进行搜索

案例表述

grep指令支持正则表达的搜索操作。例如，在文件中搜索以"fs"结尾的行。

案例实现

在命令行中输入下面命令：

[root@ localhost root]# grep –n 'fs$' /proc/filesystems

按回车键后，即可在文件中搜索以"fs"结尾的行，显示行号，效果如图5-6所示。

```
[root@localhost root]# grep -n 'fs$' /proc/filesystems
1:nodev   rootfs
4:nodev   sockfs
5:nodev   tmpfs
7:nodev   pipefs
9:nodev   ramfs
13:nodev          usbdevfs
14:nodev          usbfs
15:nodev          autofs
```

图5-6

实例4 统计匹配的行数

案例表述

使用grep指令的"-c"选项可以统计符合匹配模式的行数。

案例实现

在命令行中输入下面命令：

[root@ localhost root]# grep –c log /etc/httpd/conf/httpd.conf

按回车键后，即可统计文件"httpd.conf"中含有"log"的行数，效果如图5-7所示。

```
[root@localhost root]# grep -c log /etc/httpd/conf/httpd.conf
24
```

图5-7

命令3　cmp命令

命令功能

cmp命令用来比较两个文件是否有差异。当相互比较的两个文件完全一样时，则该指令不会显示任何信息。若发现有所差异，预设会标示出第一个不同之处的字符和列数编号。若不指定任何文件名称或是所给予的文件名为"-"，则cmp指令会从标准输入设备读取数据。

命令语法

cmp(选项)(参数)

选项说明

- –c或--print-chars：除了标明差异处的十进制字码之外，一并显示该字符所对应字符；
- –i<字符数目>或--ignore-initial=<字符数目>：指定一个数目；
- –l或—verbose：标示出所有不一样的地方；
- –s或--quiet或—silent：不显示错误信息；
- –v或—version：显示版本信息；
- --help：在线帮助。

参数说明

- 目录：比较两个文件的差异。

实例1　比较两个二进制文件

案例表述

cmp指令可以比较两个二进制文件。

案例实现

❶ 使用cmp指令比较"ls"指令和"mail"指令，在命令行中输入下面命令：

[root@ localhost root]# cmp /bin/ls /bin/mail

按回车键后，即可比较两个二进制文件，效果如图5-8所示。

```
[root@localhost root]# cmp /bin/ls /bin/mail
/bin/ls /bin/mail differ: byte 26, line 1
```
图5-8

❷ 比较两个相同文件，在命令行中输入下面命令：

[root@ localhost root]# cmp /bin/ls /bin/ls

按回车键后，即可比较同一个文件，因为其内容完全相同，所以没有任何输出信息。

命令4　diff命令

命令功能

diff命令在最简单的情况下，比较给定的两个文件的不同。如果使用"-"代替"文件"参数，则要比较的内容将来自标准输入。

命令语法

diff(选项)(参数)

选项说明

- -<行数>：指定要显示多少行的文本。此参数必须与-c或-u参数一并使用；
- -a或—text：diff预设只会逐行比较文本文件；
- -b或--ignore-space-change：不检查空格字符的不同；
- -B或--ignore-blank-lines：不检查空白行；
- -c：显示全部内容，并标出不同之处；
- -C<行数>或--context<行数>：与执行"-c-<行数>"指令相同；
- -d或—minimal：使用不同的演算法，以较小的单位来做比较；
- -D<巨集名称>或ifdef<巨集名称>：此参数的输出格式可用于前置处理

器巨集；
- –e或–ed：此参数的输出格式可用于ed的script文件；
- –f或–forward-ed：输出的格式类似ed的script文件，但按照原来文件的顺序来显示不同处；
- –H或--speed-large-files：比较大文件时，可加快速度；
- –l<字符或字符串>或--ignore-matching-lines<字符或字符串>：若两个文件在某几行有所不同，而这几行同时都包含了选项中指定的字符或字符串，则不显示这两个文件的差异；
- –i或--ignore-case：不检查大小写的不同；
- –l或—paginate：将结果交由pr程序来分页；
- –n或—rcs：将比较结果以RCS的格式来显示；
- –N或--new-file：在比较目录时，若文件A仅出现在某个目录中，预设会显示：Only in目录：文件A若使用–N参数，则diff会将文件A与一个空白的文件比较；
- –p：若比较的文件为C语言的程序码文件时，显示差异所在的函数名称；
- –P或--unidirectional-new-file 与–N类似，但只有当第二个目录包含了一个第一个目录所没有的文件时，才会将这个文件与空白的文件做比较；
- –q或--brief :仅显示有无差异，不显示详细的信息；
- –r或--recursive:比较子目录中的文件；
- –s或--report-identical-files:若没有发现任何差异，仍然显示信息；
- –S<文件>或--starting-file<文件>:在比较目录时，从指定的文件开始比较；
- –t或--expand-tabs:在输出时，将tab字符展开；
- –T或--initial-tab:在每行前面加上tab字符以便对齐；
- –u,–U<列数>或--unified=<列数>:以合并的方式来显示文件内容的不同；
- –v或—version:显示版本信息；
- –w或--ignore-all-space:忽略全部的空格字符；
- –W<宽度>或--width<宽度>:在使用–y参数时，指定栏宽；
- –x<文件名或目录>或--exclude<文件名或目录>:不比较选项中所指定的文件或目录；
- –X<文件>或--exclude-from<文件>:您可以将文件或目录类型存成文本文件，然后在=<文件>中指定此文本文件；
- –y或--side-by-side:以并列的方式显示文件的异同之处；
- --help:显示帮助；

- --left-column:在使用-y参数时,若两个文件某一行内容相同,则仅在左侧的栏位显示该行内容;
- --suppress-common-lines:在使用-y参数时,仅显示不同之处。

参数说明
- 文件1:指定要比较的第一个文件;
- 文件2:指定要比较的第二个文件。

实例1 比较两个文本文件的不同

案例表述
比较两个文本文件的不同。

案例实现

❶ 使用cat指令显示两个文本文件的内容,显示第一个文本文件的内容,在命令行中输入下面命令:

[root@ localhost root]# cat from-file

按回车键后,即可显示文本文件内容,效果如图5-9所示。

```
[root@localhost root]# cat from-file
cat: from-file: Ã»ÓÐÄÇ,öÎÁ¼Þ»ÒÀ¿Â¼
```

图5-9

❷ 显示第二个文本文件的内容,在命令行中输入下面命令:

[root@ localhost root]# cat to-file

按回车键后,即可显示文本文件内容,效果如图5-10所示。

```
[root@localhost root]# cat to-file
cat: to-file: Ã»ÓÐÄÇ,öÎÁ¼Þ»ÒÀ¿Â¼
```

图5-10

❸ 使用diff比较两个文件的不同,在命令行中输入下面命令:

[root@ localhost root]# diff from-file to-file

按回车键后,即可比较两个文件的不同,并用默认格式详细显示其不同,效果如图5-11所示。

```
[root@localhost root]# diff from-file to-file
diff: from-file: Ã»ÓÐÄÇ,öÎÁ¼Þ»ÒÀ¿Â¼
diff: to-file: Ã»ÓÐÄÇ,öÎÁ¼Þ»ÒÀ¿Â¼
```

图5-11

❹ 使用上下文的格式显示两个文件的不同,在命令行中输入下面命令:

[root@ localhost root]# diff –c from-file to-file

按回车键后,即可比较两个文件的不同,并用上下文格式显示其详细不同,效果如图5-12所示。

```
[root@localhost root]# diff -c from-file to-file
diff: from-file: Ã»ÓÐAÇ,öÎÁ¼þ»òÀ¿Â¼
diff: to-file: Ã»ÓÐAÇ,öÎÁ¼þ»òÀ¿Â¼
```

图5-12

❺ 使用"side by side"的格式显示两个文件的不同，在命令行中输入下面命令：

[root@ localhost root]# diff –y from-file to-file

按回车键后，即可比较两个文件的不同，并用"side by side"格式显示其详细不同，效果如图5-13所示。

```
[root@localhost root]# diff -y from-file to-file
diff: from-file: Ã»ÓÐAÇ,öÎÁ¼þ»òÀ¿Â¼
diff: to-file: Ã»ÓÐAÇ,öÎÁ¼þ»òÀ¿Â¼
```

图5-13

实例2 比较两个目录下的文件的不同

案例表述

比较两个目录下的文件的不同。

案例实现

❶ 使用diff指令可以批量比较两个目录下的文件，使用ls指令显示目录列表，在命令行中输入下面命令：

[root@ localhost root]# ls dir1/ dir2/

按回车键后，即可同时显示两个目录列表，效果如图5-14所示。

```
[root@localhost root]# ls dir1/ dir2/
ls: dir1/: Ã»ÓÐAÇ,öÎÁ¼þ»òÀ¿Â¼
ls: die2/: Ã»ÓÐAÇ,öÎÁ¼þ»òÀ¿Â¼
```

图5-14

❷ 使用diff指令比较两个目录下文件的不同，在命令行中输入下面命令：

[root@ localhost root]# diff dir1/ dir2/

按回车键后，即可批量比较两个目录下的同名文件的不同，效果如图5-15所示。

```
[root@localhost root]# diff dir1/ dir2/
diff: dir1/: Ã»ÓÐAÇ,öÎÁ¼þ»òÀ¿Â¼
diff: dir2/: Ã»ÓÐAÇ,öÎÁ¼þ»òÀ¿Â¼
```

图5-15

命令5 diff3命令

命令功能

diff3命令用于比较3个文件，将3个文件的不同的地方显示到标准输出。

命令语法

diff3(选项)(参数)

选项说明

- -a：把所有的文件都当做文本文件按照行为单位进行比较，即给定的文件不是文本文件；
- -A：合并第2个文件和第3个文件之间的不同到第1个文件中，有冲突内容用括号括起来；
- -B：与选项"-A"功能相同，但是不显示冲突的内容；
- -e/--ed：生成一个"ed"脚本，用于将第2个文件和第3个文件之间的不同合并到第1个文件中；
- --easy-only：除了不显示互相重叠的变化，与选项"-e"的功能相同；
- -i：为了和system V系统兼容，在"ed"脚本的最后生成"w"和"q"命令。此选项必须和选项"-AeExX3"连用，但是不能和"-m"连用；
- --initial-tab：在正常格式的行的文本前，输出一个TAB字符而非两个空白字符。此选项将导致在行中TAB字符的对齐方式看上去规范。

参数说明

- 文件1：指定要比较的第1个文件；
- 文件2：指定要比较的第2个文件；
- 文件3：指定要比较的第3个文件。

实例1　比较3个文件的不同

案例表述

比较三个文件的不同。

案例实现

❶ 分别显示3个文本文件的内容，显示第1个文本文件的内容，在命令行中输入下面命令：

[root@ localhost root]# cat mine

按回车键后，即可显示文本文件内容，效果如图5-16所示。

```
[root@localhost root]# cat mine
cat: mine: Ã»ÓÐÄÇ¸öÎÄ¼þ»òÄ¿Â¼
```

图5-16

❷ 显示第2个文本文件的内容，在命令行中输入下面命令：

[root@ localhost root]# cat older

按回车键后，即可显示文本文件内容，效果如图5-17所示。

```
[root@localhost root]# cat older
cat: older: Ã»ÓÐÄÇ‚öÎÄ¼þ»òÄ¿Â¼
```

图5-17

3 显示第3个文本文件的内容,在命令行中输入下面命令:

[root@ localhost root]# cat yours

按回车键后,即可显示文本文件内容,效果如图5-18所示。

```
[root@localhost root]# cat yours
cat: yours: Ã»ÓÐÄÇ‚öÎÄ¼þ»òÄ¿Â¼
```

图5-18

4 使用diff3指令比较3个文件,在命令行中输入下面命令:

[root@ localhost root]# diff3 mine older yours

按回车键后,即可比较3个文件,效果如图5-19所示。

```
[root@localhost root]# diff3 mine older yours
diff3: mine: Ã»ÓÐÄÇ‚öÎÄ¼þ»òÄ¿Â¼
```

图5-19

第 6 章

文件过滤、分割与合并

在Linux下文件分割可以通过split命令来实现,可以指定按行数分割和按大小分割两种模式。Linux下文件合并可以通过cat命令来实现,非常简单。

命令1 col命令

命令功能
col命令是一个标准输入文本过滤器,它从标注输入设备的读取文本内容,并把内容显示到标注输出设备。

命令语法
col(选项)

选项说明
- –b:过滤掉所有的控制字符,包括RLF和HRLF;
- –f:滤除RLF字符,但允许将HRLF字符呈现出来;
- –x:以多个空格字符来表示跳格字符;
- –l<缓冲区列数>:预设的内存缓冲区有128列,用户可以自行指定缓冲区的大小。

实例1 过滤控制字符

案例表述

过滤控制字符。

案例实现

① 使用col指令过滤掉文本文件"file1.txt"中包含有控制字符,使用vi打开文件"file1.txt",在命令行中输入下面命令:

[root@hn]# vi file1.txt

按回车键后,即可打开文本文件,效果如图6-1所示。

图6-1

② 使用col指令过滤控制字符,在命令行中输入下面命令:

[root@ localhost root]# cat fil1.txt | col > file2.txt

按回车键后,即可过滤文件"file1.txt"中控制字符,并将结果保存到文件

"fil2.txt"中,效果如图6-2所示。

```
[root@localhost root]# cat fil1.txt |  col >file2.txt
cat: fil1.txt: Ã»ÔÐÀÇ,oÎÁ¼þ»òÀ¿Â¼
```

图6-2

③ 使用vi打开文件"file2.txt",在命令行中输入下面命令:

[root@hn]# vi file2.txt

按回车键后,即可打开文本文件,效果如图6-3所示。

图6-3

命令2 colrm命令

命令功能

colrm命令用于删除文件中的指定列。

命令语法

colrm(参数)

参数说明

- 起始列号:指定要删除的起始列;
- 结尾列号:指定要删除的结尾列。

实例1 删除文件中的指定列

案例表述

删除文件中的指定列。

案例实现

① 使用cat指令显示文件"/etc/fstab"的内容,在命令行中输入下面命令:

[root@ localhost root]# cat /etc/fstab

按回车键后,即可显示文本文件内容,效果如图6-4所示。

```
[root@localhost root]# cat /etc/fstab
LABEL=/                 /                       ext3    defaults        1 1
LABEL=/boot             /boot                   ext3    defaults        1 2
none                    /dev/pts                devpts  gid=5,mode=620  0 0
none                    /proc                   proc    defaults        0 0
none                    /dev/shm                tmpfs   defaults        0 0
/dev/sda3               swap                    swap    defaults        0 0
/dev/cdrom              /mnt/cdrom              udf,iso9660 noauto,owner,kudzu,r
o 0 0
/dev/fd0                /mnt/floppy             auto    noauto,owner,kudzu 0 0
```

图6-4

❷ 删除25列之后的所有内容，在命令行中输入下面命令：

```
[root@ localhost root ]# colrm 25 < /etc/fstab
```

按回车键后，即可删除指定25列后的所有内容，效果如图6-5所示。

```
[root@localhost root]# colrm 25 < /etc/fstab
LABEL=/
LABEL=/boot
none
none
none
/dev/sda3
/dev/cdrom
/dev/fd0
```

图6-5

❸ 删除25列和48列之间的所有内容，在命令行中输入下面命令：

```
[root@ localhost root ]# colrm 25 48 < /etc/fstab
```

按回车键后，即可显示指定范围的内容，效果如图6-6所示。

```
[root@localhost root]# colrm 25 48 < /etc/fstab
LABEL=/                 ext3    defaults        1 1
LABEL=/boot             ext3    defaults        1 2
none                    devpts  gid=5,mode=620  0 0
none                    proc    defaults        0 0
none                    tmpfs   defaults        0 0
/dev/sda3               swap    defaults        0 0
/dev/cdrom              udf,iso9660 noauto,owner,kudzu,ro 0 0
/dev/fd0                auto    noauto,owner,kudzu 0 0
```

图6-6

命令3 uniq命令

命令功能

uniq命令用于报告或忽略文件中的重复行。

命令语法

uniq(选项)(参数)

选项说明

- -c或—count：在每列旁边显示该行重复出现的次数；
- -d或--repeated：仅显示重复出现的行列；
- -f<栏位>或--skip-fields=<栏位：忽略比较指定的栏位；
- -s<字符位置>或--skip-chars=<字符位置>：忽略比较指定的字符；
- -u或—unique：仅显示出一次的行列；

- −w<字符位置>或−−check−chars=<字符位置>：指定要比较的字符；
- −−help：显示帮助；
- −−version：显示版本信息。

参数说明

- 输入文件：指定要去除的重复行文件。如果不指定此项，则从标准读取数据；
- 输出文件：指定将去除重复行后的内容要写入的输出文件。如果不指定此选项，则将内容显示到标准输出设备（显示终端）。

实例1　删除有序文件的重复行

案例表述

删除有序文件的重复行。

案例实现

1 uniq指令被用来去除文件中的指定行，但是要求输入文件必须是有序的，显示有序文件的内容，在命令行中输入下面命令：

[root@ localhost root]# cat chengji

按回车键后，即可显示文件chengji的内容，效果如图6-7所示。

图6-7

2 使用uniq去除重复的行，在命令行中输入下面命令：

[root@ localhost root]# uniq chengji

按回车键后，即可去除文件中的重复行，效果如图6-8所示。

图6-8

3 使用uniq指令的"-c"选项，可以统计重复行的出现的次数，在命令行中输入下面命令：

[root@ localhost root]# uniq –c chengji

按回车键后，即可删除重复行，并显示重复行出现的次数，效果如图6-9所示。

图6-9

4 如果希望将uniq指令的运行结果保存到另外的文件，则可以增加"输出文件"参数，以便将其运行结果保存到"输出文件"中，在命令行中输入下面命令：

[root@ localhost root]# uniq –c chengji chengji-uniq

按回车键后,即可将uniq的输出信息保存到文件"chengji-uniq",效果如图6-10所示。

```
[root@localhost root]# uniq -c chengji chengji-uniq
uniq: chengji: Ã»ÓÐÄÇ,öÎÄ¼þ»òÄ¿Â¼
```

图6-10

❺ 使用cat指令显示文件"chengji-uniq"的内容,在命令行中输入下面命令:

[root@ localhost root]# cat chengji-uniq

按回车键后,即可显示文本文件内容,效果如图6-11所示。

```
[root@localhost root]# cat chengji-uniq
cat: chengji-uniq: Ã»ÓÐÄÇ,öÎÄ¼þ»òÄ¿Â¼
```

图6-11

实例2 仅显示重复行内容

案例表述

仅显示重复行的内容。

案例实现

❶ 显示有序文件的内容,在命令行中输入下面命令:

[root@ localhost root]# cat chengji

按回车键后,即可显示文本文件chengji的内容,效果如图6-12所示。

```
[root@localhost root]# cat chengji
cat: chengji: Ã»ÓÐÄÇ,öÎÄ¼þ»òÄ¿Â¼
```

图6-12

❷ 使用uniq指令的"-d"选项仅显示文件"chengji"中的重复行的内容,在命令行中输入下面命令:

[root@ localhost root]# uniq –d chengji

按回车键后,即可仅显示重复行的内容,效果如图6-13所示。

```
[root@localhost root]# uniq -d chengji
uniq: chengji: Ã»ÓÐÄÇ,öÎÄ¼þ»òÄ¿Â¼
```

图6-13

实例3 uniq指令与其他指令的整合

案例表述

uniq指令可以利用管道与其他指令进行整合,以方便命令行的操作。

案例实现

❶ 无序文件无法直接使用uniq指令删除重复行,可以利用sort指令进行排序后再删除重复行,显示无序文件内容,在命令行中输入下面命令:

[root@ localhost root]# cat test

按回车键后，即可显示无序文件test的内容，效果如图6-14所示。

```
[root@localhost root]# cat test
cat: test: ÊÇÒ»¸öÄ¿Â¼
```
图6-14

② 使用管道功能将sort指令和uniq指令整合应用，以删除文件"test"中的重复内容，在命令行中输入下面命令：

[root@ localhost root]# sort test | uniq -c

按回车键后，即可删除无序文件test中的重复行，效果如图6-15所示。

```
[root@localhost root]# sort test | uniq -c
sort: read failed: test: ÊÇÒ»¸öÄ¿Â¼
```
图6-15

命令4　csplit命令

命令功能

csplit命令用于将一个大文件分割成小的碎片，并且将分割后的每个碎片保存成一个文件。碎片文件的命名类似"xx00"，"xx01"。

命令语法

csplit(选项)(参数)

选项说明

- −b<输出格式>或−−suffix−format=<输出格式>：预设的输出格式其文件名称为xx00,xx01等，用户可以通过改变<输出格式>来改变输出的文件名；
- −f<输出字首字符串>或−−prefix=<输出字首字符串>：预设的输出字首字符串其文件名为xx00,xx01等，如果指定输出字首字符串为"hello"，则输出的文件名称会变成hello00,hello01……
- −k或−−keep−files：保留文件，就算发生错误或中断执行，也不能删除已经输出保存的文件；
- −n<输出文件名位数>或−−digits=<输出文件名位数>：预设的输出文件名位数其文件名称为xx00,xx01……如果用户指定输出文件名位数为"3"，则输出的文件名称会变成xx000,xx001等；
- −q或−s或−−quiet或—silent：不显示指令执行过程；
- −z或−−elide−empty−files：删除长度为0 Byte文件；
- −−help：在线帮助；
- −−version：显示版本信息。

参数说明

- 文件：指定要分割的原文件；
- 模式：指定分割文件时采用的匹配模式。

实例1　从指定行号处分割文件

案例表述

从指定行号处分割文件。

案例实现

1 csplit指令的文件分割模式，最简单的就是基于行号将文件分割，在命令行中输入下面命令：

[root@ localhost root]# csplit httpd.conf 200

按回车键后，即可在200行处将文件"httpd.conf"分割为两个文件，效果如图6-16所示。

图6-16

2 使用ls指令查看生成的碎片文件，在命令行中输入下面命令：

[root@ localhost root]# ls

按回车键后，即可显示当前目录列表，效果如图6-17所示。

图6-17

实例2　自定义输出文件名

案例表述

自定义输出文件名。

案例实现

1 csplit指令的"-b"选项和"-f"可以用来设置分割后生成的文件的名称，在命令行中输入下面命令：

[root@ localhost root]# csplit –b %05d –f piece.conf 200

按回车键后，即可自定义输出文件名称，效果如图6-18所示。

图6-18

2 使用ls指令查看生成的碎片文件，在命令行中输入下面命令：

```
[root@ localhost root ]# ls
```

按回车键后，即可显示当前目录列表，效果如图6-19所示。

```
[root@localhost root]# ls
allto              dock.cfg    file4  file9                 myfstab          uccg.cfg
anaconda-ks.cfg    file1       file5  install.log           my_install.log
andme              file2       file6  install.log.syslog    newfile
demolink           file2.txt   file7  kct.cfg               test
dina               file3       file8  myfile                testfile
```

图6-19

实例3　指定文件分割模式

案例表述

指定文件分割模式。

案例实现

1 csplit指令可以使用模式灵活的设置分割文件的具体动作，在命令行中输入下面命令：

```
[root@ localhost root ]# csplit –n 6 httpd.conf 100{5}
```

按回车键后，即可在第100行处，将文件分割为5份，效果如图6-20所示。

```
[root@localhost root]# csplit -n 6 httpd.conf 100{5}
csplit: httpd.conf: Ã»ÓÐÄÇ,öÎÄ¼þ»òÄ¿Â¼
```

图6-20

2 使用ls指令查看生成的碎片文件，在命令行中输入下面命令：

```
[root@hn conf]# ls
```

按回车键后，即可显示当前目录列表，效果如图6-21所示。

```
[root@localhost root]# ls
allto              dock.cfg    file4  file9                 myfstab          uccg.cfg
anaconda-ks.cfg    file1       file5  install.log           my_install.log
andme              file2       file6  install.log.syslog    newfile
demolink           file2.txt   file7  kct.cfg               test
dina               file3       file8  myfile                testfile
```

图6-21

命令5　wc命令

命令功能

wc命令用来计算数字。利用wc指令我们可以计算文件的Byte数、字数或是列数，若不指定文件名称，或是所给予的文件名为“-”，则wc指令会从标准输入设备读取数据。

命令语法

wc(选项) (参数)

选项说明

- -c或--bytes或—chars：只显示Bytes数；

- –l或—lines：只显示列数；
- –w或—words：只显示字数；
- ––help：在线帮助；
- ––version：显示版本信息。

参数说明

- 文件：需要统计的文件列表。

实例1　统计单个文件的行数、单词数和字节数

案例表述

wc指令被用来统计指定文件的行数、单词数和字节数。

案例实现

在命令行中输入下面命令：

[root@ localhost root]# wc /etc/httpd/conf/httpd.conf

按回车键后，即可统计httpd.conf文件，效果如图6-22所示。

```
[root@localhost root]# wc /etc/httpd/conf/httpd.conf
   1040    5051   34928 /etc/httpd/conf/httpd.conf
```

图6-22

实例2　对多个文件进行统计

案例表述

wc指令支持一次统计多个文件。

案例实现

例如要对"/etc"目录下的以".conf"结尾的配置文件进行统计，在命令行中输入下面命令：

[root@ localhost root]# wc /etc*.conf

按回车键后，即可对多个文件进行统计，效果如图6-23所示。

```
[root@localhost root]# wc /etc*.conf
wc: /etc*.conf: Ã»ÓÐÄÇ¸öÎÄ¼þ»òÄ¿Â¼
```

图6-23

实例3　wc指令与管道符号连用

案例表述

wc指令经常和管道符号连用以实现统计前指令的输出结果的目的。

案例实现

在命令行中输入下面命令：

[root@ localhost root]# ps –aux | grep httpd | wc -l

按回车键后，wc指令与管道连用，效果如图6-24所示。

```
[root@localhost root]# ps -aux | grep httpd | wc -l
     1
```

图6-24

命令6 sort命令

命令功能
sort命令将文件进行排序，并将排序结果输出的标准输出设备。

命令语法
sort(选项)(参数)

选项说明
- –b：忽略每行前面开始出的空格字符；
- –c：检查文件是否已经按照顺序排序；
- –d：排序时，处理英文字母、数字及空格字符外，忽略其他的字符；
- –f：排序时，将小写字母视为大写字母；
- –i：排序时，除了040至176之间的ASCII字符外，忽略其他的字符；
- –m：将几个排序好的文件进行合并；
- –M：将前面3个字母依照月份的缩写进行排序；
- –n：依照数值的大小排序；
- –o<输出文件>：将排序后的结果存入指定的文件；
- –r：以相反的顺序来排序；
- –t<分隔字符>：指定排序时所用的栏位分隔字符；
- +<起始栏位>–<结束栏位>：以指定的栏位来排序，范围由起始栏位到结束栏位的前一栏位；
- --help：显示帮助；
- --version：显示版本信息。

参数说明
- 文件：指定待排序的文件列表。

实例1 排序文件

案例表述
排序文件。

案例实现
① 使用cat指令显示未排序的文件内容，在命令行中输入下面命令：

[root@ localhost root]# cat /etc/fstab

按回车键后，即可显示未排序的文本文件内容，效果如图6-25所示。

```
[root@localhost root]# cat /etc/tstab
cat: /etc/tstab: Â»ÓÐAÇ,õÎÂ¼p»ÒÁ¿Â¼
```

图6-25

② 使用sort指令排序文件，在命令行中输入下面命令：

[root@ localhost root]# sort /etc/fstab

按回车键后，即可对文件进行增序排序，效果如图6-26所示。

图6-26

命令7 join命令

命令功能

join命令用来将两个文件中，指定栏位内容相同的行连接起来。

命令语法

join(选项)(参数)

选项说明

- -a<1或2>：除了显示原来的输出内容之外，还显示指令文件中没有相同栏位的行；
- -e<字符串>：若[文件1]与[文件2]中找不到指定的栏位，则在输出中填入选项中的字符串；
- -i或--igore-case：比较栏位内容时，忽略大小写的差异；
- -o<格式>：按照指定的格式来显示结果；
- -t<字符>：使用栏位的分隔字符；
- -v<1或2>：跟-a相同，但是只显示文件中没有相同栏位的行；
- -1<栏位>：连接[文件1]指定的栏位；
- -2<栏位>：连接[文件2]指定的栏位；
- --help：显示帮助；
- --version：显示版本信息。

参数说明

- 文件1：要进行合并操作的第1个文件参数；

- 文件2：要进行合并操作的第2个文件参数。

实例1　合并文件中的相同字段

案例表述

合并文件中的相同字段。

案例实现

① 使用cat指令显示两个文本文件的内容，在命令行中输入下面命令：

[root@ localhost ~]$ cat math_cn.txt

按回车键后，即可显示math文件的内容，效果如图6-27所示。

```
[root@localhost ~]$ cat math_cn.txt
cat: math_cn.txt: Â»ÓÐÃÇ,öÎÁ¼þ»òÄÁÂ¼
```

图6-27

② 显示"english"文件的内容，在命令行中输入下面命令：

[root@ localhost ~]$ cat math_en.txt

按回车键后，即可显示english文件内容，效果如图6-28所示。

```
[root@localhost ~]$ cat math_en.txt
cat: math_en.txt: Â»ÓÐÃÇ,öÎÁ¼þ»òÄÁÂ¼
```

图6-28

③ 使用sort指令对两个文件第一个字段排序，在命令行中输入下面命令：

[root@ localhost root]# sort math > math.new

[root@ localhost root]# sort match > match.new

按回车键后，即可排序文件，效果如图6-29所示。

```
[root@localhost root]# sort math >math.new
[root@localhost root]# sort match >match.new
```

图6-29

④ 使用"join"指令合并文件"math.new"和"match.new"中的第一个字段，在命令行中输入下面命令：

[root@ localhost root]# join math.new match.new

按回车键后，即可合并两个文件的第一个字段，效果如图6-30所示。

```
[root@localhost root]# join math.new match.new
[root@localhost root]#
```

图6-30

命令8　unexpand命令

命令功能

unexpand命令用于将给定文件中的空白字符（space）转换为制表符

（TAB），并把转换结果显示在标准输出设备（显示终端）。

命令语法

unexpand(选项)(参数)

选项说明

- -a或--all:转换文件中所有的空白字符；
- --first-only：仅转换开头的空白字符；
- -t<N>：指定TAB所代表的N个（N为整数）字符数，默认N值是8；
- --help：显示帮助；
- --version：显示版本信息。

参数说明

- 文件：指定要转换空白为TAB的文件列表。

实例1　将文件中的空白转换为TAB

案例表述

如果在文本文件中有太多的空白字符，将会影响阅读和打印。为了方便阅读和打印，可以使用unexpend指令将多余的空白字符给转换为TAB。

案例实现

❶ 显示有太多空白而不便于阅读的文件内容，在命令行中输入下面命令：

```
[root@ localhost root ]# cat test.txt
```

按回车键后，即可显示文本文件内容，效果如图6-31所示。

```
[root@localhost root]# cat test.txt
cat: test.txt: Ã»ÓÐÄÇ,öÎÄ¼þ»òÄ¿Â¼
```

图6-31

❷ 为了使文件“test.txt”的内容更加紧凑，使用unexpend将多余的空字符转换为TAB，在命令行中输入下面命令：

```
[root@ localhost root ]# unexpand –t 60 test.txt
```

按回车键后，即可将文件中的连续60个空白字符转换为一个制表符，效果如图6-32所示。

```
[root@localhost root]# unexpand -t 60 test.txt
unexpand: test.txt: Ã»ÓÐÄÇ,öÎÄ¼þ»òÄ¿Â¼
```

图6-32

命令9　tr命令

命令功能

tr命令用于从标准输入中转换和删除指定的字符，将结果送到标准输出。

命令语法

tr(选项)(参数)

选项说明

- -c或--complerment：取代所有不属于第一字符集的字符；
- -d或--delete：删除所有属于第一字符集的字符；
- -s或--squeeze-repeats：把连续重复的字符以单独一个字符表示；
- -t或--truncate-set1：先删除第一字符集较第二字符集多出的字符；
- --help：在线帮助；
- --version：显示版本信息。

参数说明

- 字符集1：指定要转换或删除的原字符集。当执行转换操作时，必须使用参数"字符集2"指定转换的目标字符集。但执行删除操作时，不需要参数"字符集2"；
- 字符集2：指定要转换成的目标字符集。

实例1 转换特定字符

案例表述

使用tr指令进行字符转换时，必须同时使用"字符集1"（表示要转换的"原字符集"）和"字符集2"（表示要转换的"目标字符集"）两个参数。

案例实现

❶ 在转换前使用cat指令显示原文件的内容，在命令行中输入下面命令：

[root@ localhost root]# cat /etc/fstab

按回车键后，即可显示文本文件内容，效果如图6-33所示。

图6-33

❷ 使用tr指令转换字符，在命令行中输入下面命令：

[root@ localhost root]# tr dev xyz < /etc/fstab

按回车键后，即可转换文件中的指定字符，效果如图6-34所示。

图6-34

实例2　转换大小写

案例表述

转换大小写实现将文件"/etc/hosts"中所有小写字符转换为大写字符。

案例实现

1 使用cat指令显示文件的内容，在命令行中输入下面命令：

[root@ localhost root]# cat /etc/hosts

按回车键后，即可显示文本文件内容，效果如图6-35所示。

```
[root@localhost root]# cat /etc/hosts
# Do not remove the following line, or various programs
# that require network functionality will fail.
127.0.0.1              localhost.localdomain localhost
```

图6-35

2 使用tr指令将文件内容转换为大写字符，在命令行中输入下面命令：

[root@ localhost root]# tr a-z A-Z < /etc/hosts

按回车键后，即可将小写字符转换为大写字符，效果如图6-36所示。

```
[root@localhost root]# tr a-z A-Z < /etc/hosts
# DO NOT REMOVE THE FOLLOWING LINE, OR VARIOUS PROGRAMS
# THAT REQUIRE NETWORK FUNCTIONALITY WILL FAIL.
127.0.0.1              LOCALHOST.LOCALDOMAIN LOCALHOST
```

图6-36

实例3　数字转换

案例表述

将文件"test.txt"中的数字0～9反序转换为9～0。

案例实现

1 使用cat指令显示文件的内容，在命令行中输入下面命令：

[root@ localhost root]# cat test.txt

按回车键后，即可显示文本文件内容，效果如图6-37所示。

```
[root@localhost root]# cat test.txt
cat: test.txt: Ã»ÓÐÄÇ¸öÎÄ¼þ»òÄ¿Â¼
```

图6-37

2 使用te指令转换数字，在命令行中输入下面命令：

[root@ localhost root]# tr [0-9] [9876543210] < test.txt

按回车键后，即可转换数字，效果如图6-38所示。

```
[root@localhost root]# tr [0-9] [9876543210] < test.txt
-bash: test.txt: Ã»ÓÐÄÇ¸öÎÄ¼þ»òÄ¿Â¼
```

图6-38

实例4　删除指定字符

案例表述
删除文件"help.txt"中指定字符。

案例实现
① 使用cat指令显示文件的内容，在命令行中输入下面命令：

[root@ localhost root]# cat help.txt

按回车键后，即可显示文本文件内容，效果如图6-39所示。

```
[root@localhost root]# cat help.txt
cat: help.txt: Â»ÓÐÄÇ,öÎÀ¼þ»òÄ¿Â¼
```
图6-39

② 使用tr指令的"-d"选项删除文件中的指定字符，在命令行中输入下面命令：

[root@ localhost root]# tr –d Linux < help.txt

按回车键后，即可显示文件中的指定字符，效果如图6-40所示。

```
[root@localhost root]# tr -d linux < help.txt
-bash: help.txt: Â»ÓÐÄÇ,öÎÀ¼þ»òÄ¿Â¼
```
图6-40

实例5　利用tr进行格式优化

案例表述
利用tr进行格式优化，使环境变量"$PATH"输出更加易读。

案例实现
在命令行中输入下面命令：

[root@ localhost root]# echo $PASH | tr "：" "\n"

按回车键后，即可用换行符替换冒号，效果如图6-41所示。

```
[root@localhost root]# echo $PASH | tr ":" "\n"
```
图6-41

命令10　tee命令

命令功能
tee命令从标注输入读取数据，将其保存到指令的文件列表中或者送达到标准输出设备。

命令语法
tee(选项)(参数)

选项说明

- –a或--append:附加到已有文件的后面,而非覆盖它;
- -i-i或--ignore-interrupts:忽略中断信号;
- --help:在线帮助;
- --version:显示版本信息。

参数说明

- 文件列表:指定要保持内容的文件列表。

实例1 保存文件的多个副本

案例表述

使用tree指令实现保存文件的多个副本。

案例实现

在命令行中输入下面命令:

[root@ localhost root]# cat /etc/fstab | tee fil1 fil2 fil3 fil4

按回车键后,即可将文件/etc/fstab保存4个副本,效果如图6-42所示。

图6-42

命令11 tac命令

命令功能

tac命令用于将文件已行为单位的反序输出,即第一行最后显示,最后一行先显示。

命令语法

tac(选项)(参数)

选项说明

- –a或—append:将内容追加到文件的末尾;
- -i或—ignore-interrupts:忽略中断信号;
- --help:在线帮助;
- --version:显示版本信息。

参数说明

- 文件列表:指定要保存内容的文件列表。

实例1　以行为单位反序显示文件内容

案例表述

以行为单位反序显示文件内容。

案例实现

1 使用cat指令正序显示文件“/etc/fstab”，在命令行中输入下面命令：

```
[root@ localhost root ]# cat /etc/fstab
```

按回车键后，即可正序显示文件内容，效果如图6-43所示。

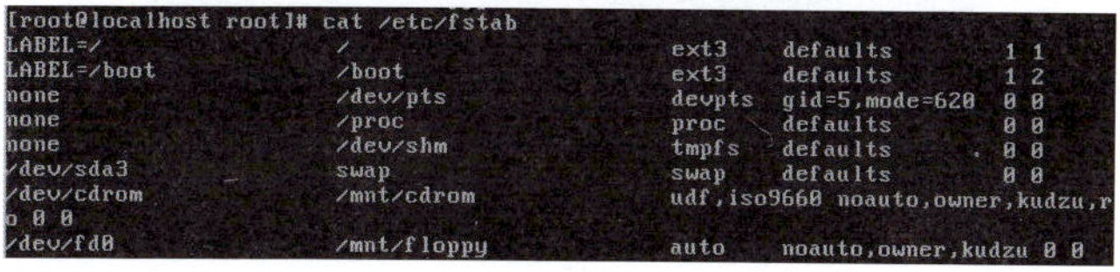

```
[root@localhost root]# cat /etc/fstab
LABEL=/                 /                       ext3    defaults        1 1
LABEL=/boot             /boot                   ext3    defaults        1 2
none                    /dev/pts                devpts  gid=5,mode=620  0 0
none                    /proc                   proc    defaults        0 0
none                    /dev/shm                tmpfs   defaults        0 0
/dev/sda3               swap                    swap    defaults        0 0
/dev/cdrom              /mnt/cdrom              udf,iso9660 noauto,owner,kudzu,r
o 0 0
/dev/fd0                /mnt/floppy             auto    noauto,owner,kudzu 0 0
```

图6-43

2 使用cat指令正序将文件“/etc/fstab”以行为单位反序输出，在命令行中输入下面命令：

```
[root@ localhost root ]# tac /etc/fstab
```

按回车键后，即可以行为单位反序显示文件内容，效果如图6-44所示。

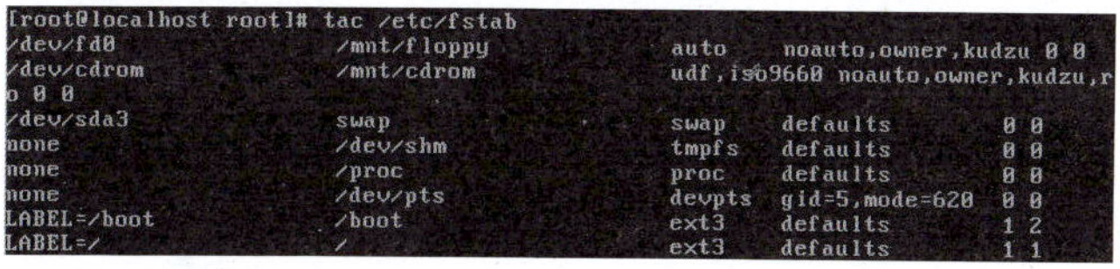

```
[root@localhost root]# tac /etc/fstab
/dev/fd0                /mnt/floppy             auto    noauto,owner,kudzu 0 0
/dev/cdrom              /mnt/cdrom              udf,iso9660 noauto,owner,kudzu,r
o 0 0
/dev/sda3               swap                    swap    defaults        0 0
none                    /dev/shm                tmpfs   defaults        0 0
none                    /proc                   proc    defaults        0 0
none                    /dev/pts                devpts  gid=5,mode=620  0 0
LABEL=/boot             /boot                   ext3    defaults        1 2
LABEL=/                 /                       ext3    defaults        1 1
```

图6-44

命令12　spell命令

命令功能

spell命令对文件进行拼写检查，并把拼写错误的单词输出。

命令语法

spell(参数)

参数说明

- 文件：指定需要进行拼写检查的文件。

实例1　对文件进行拼写检查

案例表述

对文件进行拼写检查。

案例实现

在命令行中输入下面命令：

[root@ localhost root]# spell /etc/fstab

按回车键后，即可对文件/etc/fstab进行拼写检查，效果如图6-45所示。

图6-45

命令13 paste命令

命令功能

paste命令用于将多个文件按照列队列进行合并。

命令语法

paste(选项)(参数)

选项说明

- −d<间隔字符>或−−delimiters=<间隔字符>：用指定的间隔字符取代跳格字符；
- −s或—serial：串列进行而非平行处理；
- −−help：在线帮助；
- −−version：显示帮助信息。

参数说明

- 文件列表：指定需要合并的文件列表。

实例1　合并两个文件

案例表述

合并两个文件。

案例实现

❶ 使用cat指令显示两个独立的文件，在命令行中输入下面命令：

[root@ localhost root]# cat test1.txt

按回车键后,即可显示文本文件内容,效果如图6-46所示。

```
[root@localhost root]# cat test1.txt
cat: test1.txt: Ã»ÓÐÄÇ,öÎÂ¼þ»òÄ¿Â¼
```

图6-46

2 显示第二个文件内容,在命令行中输入下面命令:

[root@ localhost root]# cat test2.txt

按回车键后,即可显示文件内容,效果如图6-47所示。

```
[root@localhost root]# cat test2.txt
cat: test2.txt: Ã»ÓÐÄÇ,öÎÂ¼þ»òÄ¿Â¼
```

图6-47

3 使用paste指令合并文件"test.txt"和"test2.txt",在命令行中输入下面命令:

[root@ localhost root]# paste test1.txt test2.txt

按回车键后,即可合并两个文件,效果如图6-48所示。

```
[root@localhost root]# paste test1.txt  test2.txt
paste: test1.txt: Ã»ÓÐÄÇ,öÎÂ¼þ»òÄ¿Â¼
```

图6-48

命令14 look命令

命令功能

look命令用于显示文件中以指定字符串开头的任意行。

命令语法

look(选项)(参数)

选项说明

- –a:使用另一个字典文件web2,该文件也位于/usr/dict目录下;
- –d:只对比英文字母和数字,其余一概忽略不予比对;
- –f:忽略字符大小写差别;
- –t<字尾字符串>:设置字尾字符串。

参数说明

- 字符串:指定要查找的字符串;
- 文件:指定要查找的目标文件。

实例1 显示以指定字符串开头的行

案例表述

显示以指定字符串开头的行。

案例实现

❶ look指令要求文件是有序的，本例中使用sort指令对文件进行排序后，再使用look指令显示指定字符串开头的行，在命令行中输入下面命令：

[root@ localhost root]# sort –d /etc/httpd/conf/httpd.conf > test

按回车键后，即可以字典排序文件，将结果保存到文件text中，效果如图6-49所示。

```
[root@localhost root]# sort -d /etc/httpd/conf/httpd.conf > test
-bash: test: ÊÇÒ»¸ö¸ÄĿ¼
```

图6-49

❷ 使用look指令显示文件"test"中以"max"开头的行，在命令行中输入下面命令：

[root@ localhost root]# look max text

按回车键后，即可在"test"文件中查询以"max"开头的行并显示查询结果，效果如图6-50所示。

```
[root@localhost root]# look max text
look: text: Ã»ÓÐÕâ¸öÎÄ¼þ»òÄ¿Â¼
```

图6-50

实例2　查字典

案例表述

随look指令分发的有两个字典文件"/uer/share/dict/words"和"/usr/share/dict/words"，当不指定文件参数时将使用字典文件，本例正使用默认的字段文件"/usr/share/dict/words"。

案例实现

使用cat指令正序显示文件"/etc/fstab"，在命令行中输入下面命令：

[root@ localhost root]# look party

按回车键后，即可从字典文件"/usr/share/dict/words"中查找以"party"开头的单词，效果如图6-51所示。

```
[root@localhost root]# look party
party
```

图6-51

命令15　ispell命令

命令功能

ispell命令用于检查文件中出现的拼写错误。

命令语法

ispell(参数)

参数说明

- 文件：指定要进行拼写检查的文件。

实例1 对文件拼写检查并纠正错误

案例表述

对文件拼写检查并纠正错误。

案例实现

① 使用ispell检查文件拼写错误，在命令行中输入下面命令：

[root@hn]# ispell install.log

按回车键后，即可对文件install.log进行拼写检查，效果如图6-52所示。

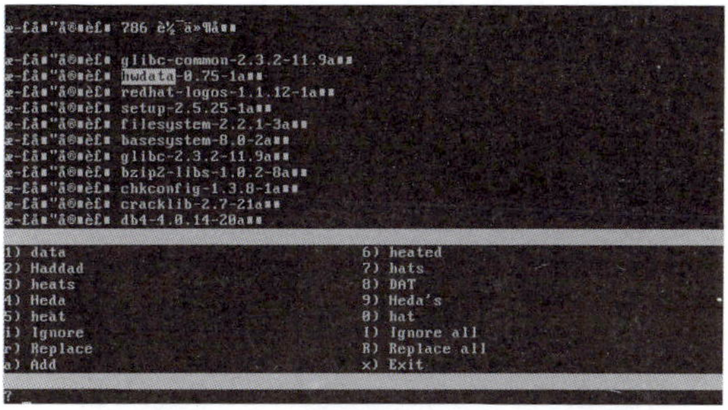

图6-52

② 在"？"后输入"2"，将"libgcc"纠正为"Lubbock"输出信息如图6-53所示。

图6-53

命令16 fold命令

命令功能

fold命令用于控制文件内容输出时所占用的屏幕宽度。

命令语法

fold(选项)(参数)

选项说明

- –b或—bytes：以Byte为单位计算列宽，而非采用行数编号为单位；

- –s或—spaces：以空格字符作为换列点；
- –w<每列行数>或--width<每列行数>：设置每列的最大行数；
- --help：在线帮助；
- --version：显示版本信息。

参数说明

- 文件：指定要显示内容的文件。

实例1　设置文件显示的行宽

案例表述

用fold指令修改文件显示时的行宽。

案例实现

在命令行中输入下面命令：

[root@hn]# fold –w 20 /etc/fstab

按回车键后，即可指定行宽为20，效果如图6-54所示。

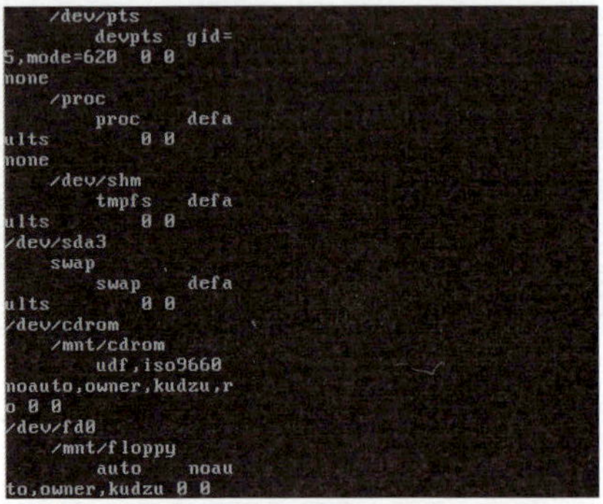

图6-54

命令17　fmt命令

命令功能

fmt命令读取文件的内容，根据选项的设置对文件格式进行简单的优化处理，并将结果送到标准输出设备。

命令语法

fmt(选项)(参数)

选项说明

- –c或--crown-margin：每段前两列缩排；

- –p<列起始字符串>或–prefix=<列起始字符串>：仅合并含有指定字符串的列，通常运用在程序语言的注解方面；
- –s或––split-only：只拆开字数超出每列字符数的列，但不合并字数不足每列字符数的列；
- –t或––tagged-paragraph：每列前两列缩排，但第1列和第2列的缩排格式不同；
- –u或––uniform-spacing：每个字符之间都以一个空格字符间隔，每个句子之间则两个空格字符分隔；
- –w<每列字符数>或––width=<每列字符数>或–<每列字符数>：设置每列的最大字符数；
- ––help：在线帮助；
- ––version：显示版本信息。

参数说明

- 指定要优化格式的文件。

实例1 设置文件的显示格式

案例表述

fmt指令可以设置文件的显示格式。例如可以使用fmt指令"–u"选项压缩空格字符。

案例实现

❶ 使用cat指令显示格式，在命令行中输入下面命令：

[root@ localhost root]# cat /etc/fstab

按回车键后，即可显示文件内容，效果如图6-55所示。

图6-55

❷ 使用fmt指令压缩文件中的空格，在命令行中输入下面命令：

[root@ localhost root]# fmt –u /etc/fstab

按回车键后，即可压缩文件中的多余空格，效果如图6-56所示。

图6-56

命令18　expand命令

命令功能

expand命令用于将文件的制表符（TAB）转换为空白字符（space），将结果显示到标准输出设备。

命令语法

expand(选项)(参数)

选项说明

- –t<数字>：指定制表符所代表的空白字符的个数，而不使用默认的8。

参数说明

- 文件：指定要转换制表符为空白的文件。

实例1　将文件中的TAB转换为空白

案例表述

将文件中的TAB转换为空白。

案例实现

① 显示原文件内容，在命令行中输入下面命令：

[root@ localhost root]# cat test.txt

按回车键后，即可显示文件内容，效果如图6-57所示。

```
[root@localhost root]# cat test.txt
cat: test.txt: Ã»ÓÐÀÇ,ôîÂ¼þ»òÀÇÂ¼
```
图6-57

② 将文件中TAB转换为空白，在命令行中输入下面命令：

[root@ localhost root]# expand –t 15 test.txt

按回车键后，即可转换文件中的TAB为空白，且一个TAB代表15个空白字符，效果如图6-58所示。

```
[root@localhost root]# expand -t 15 test.txt
expand: test.txt: Ã»ÓÐÀÇ,ôîÂ¼þ»òÀÇÂ¼
```
图6-58

命令19　comm命令

命令功能

comm命令以行为单位比较两个文件，并将比较结果显示到标注输出。

命令语法

comm(选项)(参数)

选项说明

- –1:不显示在第一个文件出现的内容;
- –2:不显示在第二个文件中出现的内容;
- –3:不显示同事在两个文件中都出现的内容。

参数说明

- 文件1：指定要比较的第一个有序文件;
- 文件2：指定要比较的第二个有序文件。

实例1　比较两个文件

案例表述

比较两个文件。

案例实现

❶ 使用cat指令正序显示两个文件内容，显示第一个文件"math"的内容，在命令行中输入下面命令：

[root@ localhost root]# cat math

按回车键后，即可显示文件内容，效果如图6-59所示。

❷ 显示第二个文件"match"的内容，在命令行中输入下面命令：

[root@ localhost root]# cat match

按回车键后，即可显示文件内容，效果如图6-60所示。

```
[root@localhost root]# cat math
1 yiyue
2 eryue
3 sanyue
4 siyue
5 wuyue
```

```
[root@localhost root]# cat match
6 liuyue
7 qiyue
8 bayue
9 jiuyue
```

图6-59　　　　　　　　　　　　图6-60

❸ 使用sort指令比较有序文件"math"和"english"，在命令行中输入下面命令：

[root@ localhost root]# sort math > math.sorted

[root@ localhost root]# sort match > match.sorted

按回车键后，即可排序两个文件，效果如图6-61所示。

```
[root@localhost root]# sort math > math.sorted
[root@localhost root]# sort match >match.sorted
```

图6-61

❹ 使用comm指令比较有序文件"mash.sorted"和"english.sorted"，在命

令行中输入下面命令:

[root@ localhost root]# comm match.sorted math.sorted

按回车键后,即可比较有序文件,效果如图6-62所示。

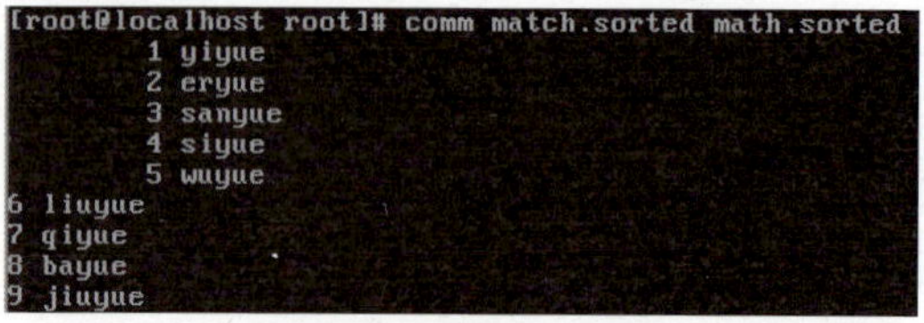

图6-62

❺ 使用适当的选项可以控制输出的内容,例如使用"-1 -2"选项可以只显示在两个文件中同时出现的行,在命令行中输入下面命令:

[root@ localhost root]# comm -1 match.sorted math.sorted

按回车键后,即可比较两个有序文件,只显示在两个文件中都出现的内容,效果如图6-63所示

图6-63

命令20 diffstat命令

命令功能

diffstat命令用来显示diff命令的输出信息的柱状图,用以显示diff命令比较两个文件的不同统计信息。

命令语法

diffstat(选项)(参数)

选项说明

- –n<文件名长度>:指定文件名长度,指定的长度必须大于或等于所有文件中最长的文件名;
- –p<文件名长度>:与–n参数相同,但此处的<文件名长度>包括了文件的路径;
- –w:指定输出时栏位的宽度;
- –V:显示版本信息。

参数说明

- 文件:指定保存有diff指令的输出信息文件。

实例1　显示diff输出的统计信息

案例表述

显示diff输出的统计信息。

案例实现

1 使用diff指令比较两个文件的不同，并将diff指令的输出信息保存到指定文件中，在命令行中输入下面命令：

```
[root@localhost root ]# diff –c from-file to-file > diff-out
```

按回车键后，即可将两个文件的不同和结果保存到文件“diff-out”中，效果如图6-64所示。

```
[root@localhost root]# diff -c from-file to-file > diff-out
diff: from-file: Ã»ÓÐÄÇ,öÎÄ¼þ»òÄ¿Â¼
diff: to-file: Ã»ÓÐÄÇ,öÎÄ¼þ»òÄ¿Â¼
```

图6–64

2 使用cat指令显示文件“diff-out”的内容，在命令行中输入下面命令：

```
[root@localhost root ]# cat diff-out
```

按回车键后，即可显示文本文件，效果如图6-65所示。

```
[root@localhost root]# cat diff-out
```

图6–65

3 使用diffstat指令统计diff指令的比较结果，在命令行中输入下面命令：

```
[root@localhost root ]# diffstat diff-out
```

按回车键后，即可统计diff指令的输出信息，效果如图6-66所示。

```
[root@localhost root]# diffstat diff-out
 0 files changed
```

图6–66

实例2　统计Linux内核补丁程序的操作记录

案例表述

统计Linux内核补丁程序的操作记录。

案例实现

1 使用wget指令显示在Linux核心2.6.0的补丁程序，在命令行中输入下面命令：

```
[root@localhost root]# wget http://www.kernel.org.pub.Linux/v2.6.0.bz2
```

按回车键后，即可下载内核补丁，效果如图6-67所示。

```
[root@localhost root]# wget http://www.kernel.org.pub.linux/v2.6.0.bz2
--11:13:32--  http://www.kernel.org.pub.linux/v2.6.0.bz2
           => `v2.6.0.bz2'
Resolving www.kernel.org.pub.linux... failed: Host not found.
```

图6–67

❷ 使用bzip2指令解压缩内核补丁程序,在命令行中输入下面命令:

[root@localhost root]# bzip2 –d patch-2.6.0.bz2

按回车键后,即可解压缩补丁程序,效果如图6-68所示。

```
[root@localhost root]# bzip2 -d patch-2.6.0.bz2
bzip2: Can't open input file patch-2.6.0.bz2: No such file or directory.
```

图6-68

❸ 使用diffstat指令统计补丁程序所要完成的文件修改操作,在命令行中输入下面命令:

[root@localhost root]# diffstat patch-2.6.0

按回车键后,即可统计补丁程序需完成的操作,效果如图6-69所示。

```
[root@localhost root]# diffstat patch-2.6.0
patch-2.6.0: No such file or directory
```

图6-69

命令21　printf命令

命令功能

printf命令格式化并输出结果到标准输出。

命令语法

printf(选项)(参数)

选项说明

- --help:在线帮助;
- --version:显示版本信息。

参数说明

- 输出格式:指定数据输出时的格式;
- 输出字符串:指定要输出的数据。

实例1　格式化输出

案例表述

使用printf指令格式化输出信息。

案例实现

在命令行中输入下面命令:

[root@localhost root]# printf "%s\n%s\n%s\n" "Hello." "My Name Is Linux." "I'm an operation system"

按回车键后,即可格式化输出字符串,效果如图6-70所示。

```
[root@localhost ~]$ prints"%s\n%s\n%s\n""hello.""my name is linux.""I'm an opera
tion system"
Hello
My Name Is Linux
I'm an operation system
```

图6-70

命令22　pr命令

命令功能

pr命令用来将文本文件转换成适合打印的格式，它可以把较大的文件分割成多个页面进行打印，并为每个页面添加标题。

命令语法

pr(选项)(参数)

选项说明

- –h<标题>：为页指定标题；
- –l<行数>：指定每页的行数。

参数说明

- 文件：需要转换格式的文件。

实例1　格式化文本内容

案例表述

格式化文本内容。

案例实现

❶ 使用pr指令格式化文件"/etc/fstab"，并将结果保存到文件"print_friend"中，在命令行中输入下面命令：

[root@localhost root]# pr /eyc/fstab > print_friend

按回车键后，即可转换格式并保存到指定文件中，效果如图6-71所示。

```
[root@localhost root]# pr /eyc/fstab > print friend
pr: /eyc/fstab: Ã»ÓÐÄÇ¸öÎÄ¼þ»òÄ¿Â¼
pr: friend: Ã»ÓÐÄÇ¸öÎÄ¼þ»òÄ¿Â¼
```

图6-71

❷ 由于文件"/etc/fstab"的内容较少，所以只有一页，生成的文件"print_friend"中共有66行，使用wc指令统计此文件的行数，在命令行中输入下面命令：

[root@localhost root]# wc –l print_friend

按回车键后，即可统计文件行数，效果如图6-72所示。

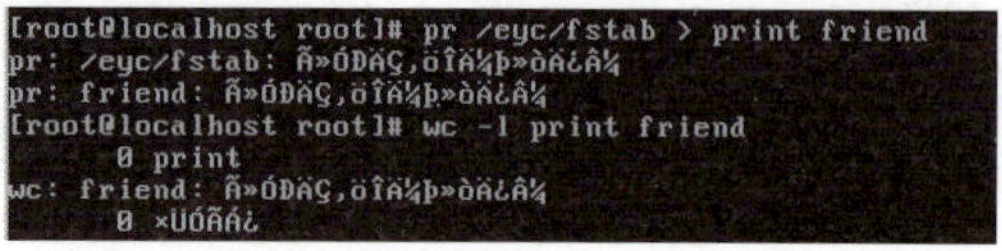

```
[root@localhost root]# pr /eyc/fstab > print friend
pr: /eyc/fstab: Ã»ÓÐÄÇ,öÎÄ¼þ»òÄ¿Â¼
pr: friend: Ã»ÓÐÄÇ,öÎÄ¼þ»òÄ¿Â¼
[root@localhost root]# wc -l print friend
      0 print
wc: friend: Ã»ÓÐÄÇ,öÎÄ¼þ»òÄ¿Â¼
      0 ×ÜÓÃÂ¿
```

图6-72

命令23 rev命令

命令功能

rev命令将文件中的每行内容以字符为单位反序输出，即第一个字符最后输出，最后一个字符最先输出，依次类推。

命令语法

rev(参数)

参数说明

文件：指定要反序显示内容的文件。

实例1 以字符为单位反序输出每行的内容

案例表述

以字符为单位反序输出每行的内容。

案例实现

1 使用cat指令正序显示“/etc/fstab”的内容，在命令行中输入下面命令：

```
[root@localhost root ]# cat /etc/fstab
```

按回车键后，即可正序显示文件内容，效果如图6-73所示。

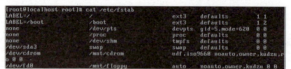

```
[root@localhost root]# cat /etc/fstab
LABEL=/                 /                       ext3    defaults        1 1
LABEL=/boot             /boot                   ext3    defaults        1 2
none                    /dev/pts                devpts  gid=5,mode=620  0 0
none                    /proc                   proc    defaults        0 0
none                    /dev/shm                tmpfs   defaults        0 0
/dev/sda3               swap                    swap    defaults        0 0
/dev/cdrom              /mnt/cdrom              udf,iso9660 noauto,owner,kudzu,r
o 0 0
/dev/fd0                /mnt/floppy             auto    noauto,owner,kudzu 0 0
```

图6-73

2 使用rev指令反序输出文件内容，在命令行中输入下面命令：

```
[root@ localhost root ]# rev /etc/fstab
```

按回车键后，即可反序输出每行的内容，效果如图6-74所示。

```
[root@localhost root]# rev /etc/fstab
1 1        stluafed    3txe                       /                   /=LEBAL
2 1        stluafed    3txe                   toob/               toob/=LEBAL
0 0  026=edom,5=dig  stpved               stp/ved/                    enon
0 0        stluafed    corp                   corp/                    enon
0 0        stluafed   sfpmt               mhs/ved/                    enon
0 0        stluafed    paws                   paws                3ads/ved/
0 0 or,uzduk,renwo,otuaon 0669osi,fdu              mordc/tnm/              mordc
/ved/
0 0 uzduk,renwo,otuaon    otua             yppolf/tnm/             0df/ved/
```

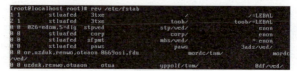

图6-74

第 7 章

文件传输

在Linux 环境中有多种方式可以实现不同主机之间的文件传输或同步。在不同的场景下,选择合适的方法进行传输会大大提高工作效率以及质量。本章通过总结 Linux 环境下常用的几种文件传输方法,结合具体使用实例讲解这些方法的优缺点。

命令1 ftp命令

命令功能
ftp命令用来设置文件系统相关功能。

命令语法
ftp(选项)(参数)

选项说明
- –d:详细显示指令执行过程，便于排错或分析程序执行的情形；
- –i:关闭互动模式，不询问任何问题；
- –g:关闭本地主机文件名称支持特殊字符的扩充特性；
- –n:不使用自动登录；
- –v:显示指令执行过程。

参数说明
- 主机：指定要连接的FTP服务器的主机名或IP地址。

实例1　ftp指令的内部指令的基本应用

案例表述
ftp指令的内部指令的基本应用。

案例实现

❶ ftp内部指令必须在ftp提示符下完成，如果要进入ftp指令的命令行提示符，在命令行中输入下面命令：

[root@localhost root]# ftp

按回车键后，即可进入ftp提示符，效果如图7-1所示。

```
[root@localhost root]# ftp
ftp> _
```

图7-1

❷ 通过help命令获取ftp指令的内部命令列表，在命令行中输入下面命令：

ftp > help

按回车键后，即可获取所有命令列表，效果如图7-2所示。

❸ 可以使用help目录来获取内部命令的帮助信息，在命令行中输入下面命令：

ftp > help rename

按回车键后，即可获取某个内部命令的帮助，效果如图7-3所示。

```
ftp> help
Commands may be abbreviated.  Commands are:

!               debug           mdir            sendport        site
$               dir             mget            put             size
account         disconnect      mkdir           pwd             status
append          exit            mls             quit            struct
ascii           form            mode            quote           system
bell            get             modtime         recv            sunique
binary          glob            mput            reget           tenex
bye             hash            newer           rstatus         tick
case            help            nmap            rhelp           trace
cd              idle            nlist           rename          type
cdup            image           ntrans          reset           user
chmod           lcd             open            restart         umask
close           ls              prompt          rmdir           verbose
cr              macdef          passive         runique         ?
delete          mdelete         proxy           send
```

图7-2

```
ftp> help rename
rename          rename file
```

图7-3

命令2　ncftp命令

命令功能

ncftp命令是增强的FTP工具，比传统的FTP指令更加强大。

命令语法

ncftp(选项)(参数)

选项说明

- -u：指定登录FTP服务器时使用的用户名；
- -p：指定登录FTP服务器时使用的密码；
- -P：如果FTP服务器没有使用默认的TCP协议的21端口，则使用此选项指定FTP服务器的端口号。

参数说明

- FTP服务器：指定远程FTP服务器的IP地址或主机名。

实例1　从FTP服务器上下载文件

案例表述

从FTP服务器上下载文件。

案例实现

❶ 因特网上有很多支持匿名登录的FTP服务器，使用ncftp指令匿名连接FTP服务器，ftp的IP地址为192.168.2.9在命令行中输入下面命令：

```
[root@localhost root ]# ftp 192.168.2.9
```

按回车键后，即可匿名登录FTP服务器，效果如图7-4所示。

图7-4

② ncftp指令支持标准的FTP协议规定的所有内部指令，使用"help"可以显示所有的ncftp指令支持的内部指令，在命令行中输入下面命令：

```
ncftp / > help
```

按回车键后，即可显示ncftp指令的内部指令，效果如图7-5所示。

```
ncftp / > help
Commands may be abbreviate. 'help showall' shows hidden and unsupported
commands.  'help <command>' gives a brief description of <command>.
ascii   cat   help   lpage   open   quit   show
```

图7-5

命令3　rcp命令

命令功能

rcp命令使在两台Linux主机之间的文件复制操作更简单。通过适当的配置，在两台Linux主机之间复制文件而无需输入密码，就像本地文件复制一样简单。

命令语法

rcp(选项)(参数)

选项说明

- −p：保留源文件或目录的属性，包括拥有者、所属群组、权限与时间；
- −r：递归处理，将指定目录下的文件与子目录一并处理。
- −x：加密两台Linux主机间传送的所有信息。
- −D:指定远程服务器的端口号。

参数说明

- 源文件：指定要复制的源文件。源文件可以有多个。

实例1　使用普通用户在两台主机间复制文件

案例表述

使用普通用户在两台主机间复制文件。

案例实现

① 本例中使用两台Linux主机，一台充当rsh-server服务器，另一台运行rcp指令充当客户端，在服务器和客户端Linux主机的"/etc/fstab"文件中分别添加IP和主机名对应关系，在命令行中输入下面命令：

[root@localhost root]# echo 192.168.0.1 test_ >>/etc/hosts
[root@localhost root]# echo 192.168.0.2 test_ >> /etc/hosts

按回车键后，即可设置IP和主机名对应的关系。

② 在服务器上激活并启动rsh服务器功能，将文件"/etc/xinetd.d/rsh"中的"disable=yes"改为"disable=no"，然后重新启动计算机使配置文件生效。另外还要确保开机时自动启动xinetd服务，因为rsh服务器时由xinetd服务器进行管理的。

③ 在服务器和客户端Linux主机中分别创建普通用户"rcp_text"，在命令行中输入下面命令：

[root@localhost root]# useradd rcp_test

按回车键后，即可创建rcp_text用户。

④ 在服务器上创建"/home/rcp_test/.rhosts"文件，在命令行中输入下面命令：

[root@localhost]# echo test_client rcp_test > /home/rcp_test/.rhosts

⑤ 在客户端主机上以"rcp_text"身份登录，并执行rcp指令进行远程复制，在命令行中输入下面命令：

[rcp_test@localhost rcp_test]$ /usr/bin/rcp file1 test_server:/home/rcp_test/file1

命令4 scp命令

命令功能
scp命令以加密的方式在本地主机和远程主机之间复制文件。

命令语法
scp(选项)(参数)

选项说明
- –1：使用ssh协议版本1；
- –2：使用ssh协议版本2；
- –4：使用ipv4；
- –6：使用ipv6；
- –B：以批处理模式运行；
- –C：使用压缩；

- -F：指定ssh配置文件；
- -l：指定宽带限制；
- -o：指定使用的ssh选项；
- -P:指定远程主机的端口号；
- -p：保留文件的最后修改时间，最后访问时间和权限模式；
- -q：不显示复制进度；
- -r：以递归方式复制。

参数说明

- 源文件：指定要复制的源文件。
- 目标文件：目标文件。格式为“user@host:filename”(文件名为目标文件的名称)。

实例1　复制本地文件到远程主机

案例表述

使用scp指令将本地主机上的文件复制到远程主机。

案例实现

在命令行中输入下面命令：

```
[root@localhost root ]# scp anaconda-ks.cfg root@192.168.2.9:/root/demo file
```

按回车键后，即可本地文件复制到远程主机，效果如图7-6所示。

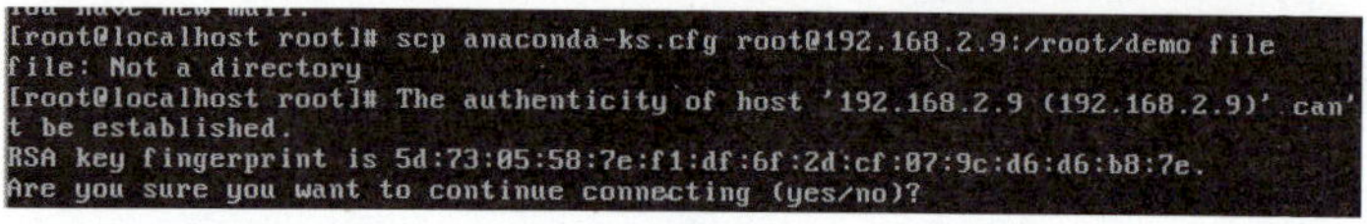

```
[root@localhost root]# scp anaconda-ks.cfg root@192.168.2.9:/root/demo file
file: Not a directory
[root@localhost root]# The authenticity of host '192.168.2.9 (192.168.2.9)' can'
t be established.
RSA key fingerprint is 5d:73:05:58:7e:f1:df:6f:2d:cf:07:9c:d6:d6:b8:7e.
Are you sure you want to continue connecting (yes/no)?
```

图7-6

实例2　在两台主机之间复制文件

案例表述

在两台主机之间复制文件。

案例实现

在命令行中输入下面命令：

```
[root@localhost root ]# scp  root@202.102.240.88:/root/install.logroot@61
.163.231.200:/root/test
```

按回车键后，即可在两台远程主机之间复制文件，效果如图7-7所示。

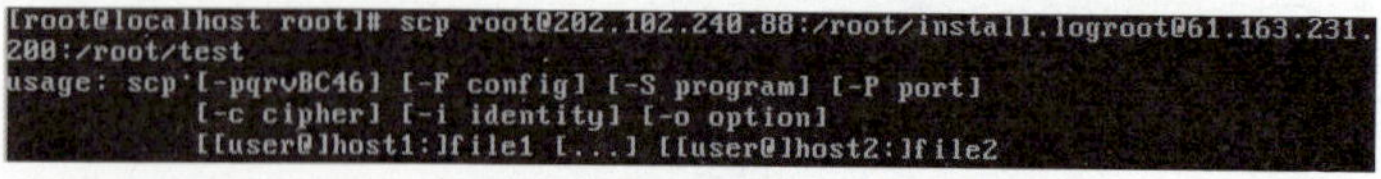

```
[root@localhost root]# scp root@202.102.240.88:/root/install.logroot@61.163.231.
200:/root/test
usage: scp [-pqrvBC46] [-F config] [-S program] [-P port]
           [-c cipher] [-i identity] [-o option]
           [[user@]host1:]file1 [...] [[user@]host2:]file2
```

图7-7

命令5 tftp命令

命令功能
tftp命令用在本机和tftp服务器之间使用TFTP协议传输文件。

命令语法
tftp(选项)(参数)

选项说明
- –c：指定与tftp服务器连接成功后，立即要执行的指令；
- –m：指定文件传输模式。可以是ASCII或者Binary；
- –v：显示指令详细执行过程；
- –V:显示指令版本信息。

参数说明
- 主机：指定tftp要联机的tftp服务器的IP地址或主机名。

实例1　用tftp指令向tftp服务器上传与下载文件

案例表述

用tftp指令向tftp服务器上传与下载文件。

案例实现

❶ 在tftp服务器上启动tftp服务。将文件"/etc/xinetd.d/tftp"中的"disadle=yes"改为"disadle=no"然后重新启动计算机使配置文件生效，另外还要确保开机时自动启动xinetd服务，因为tftp服务器时由xinetd服务器进行管理的，显示文件"/etc/xinetd.d/tftp"修改后的内容，在命令行中输入下面命令：

[root@localhost root]# cat /etc/xinetd.d/tftp

按回车键后，即可显示文件内容，效果如图7-8所示。

图7-8

❷ 在本地主机上使用tftp指令连接远程tftp服务器，在命令行中输入下面命令：

[root@localhost root]# tftp 202.102.240.88

按回车键后，即可连接tftp，效果如图7-9所示。

图7-9

❸ 在提示符下输出tftp指令的内部命令help以显示tftp的所有内部命令，在命令行中输入下面命令：

tftp> help

按回车键后,即可显示tftp内置命令的帮助信息,效果如图7-10所示。

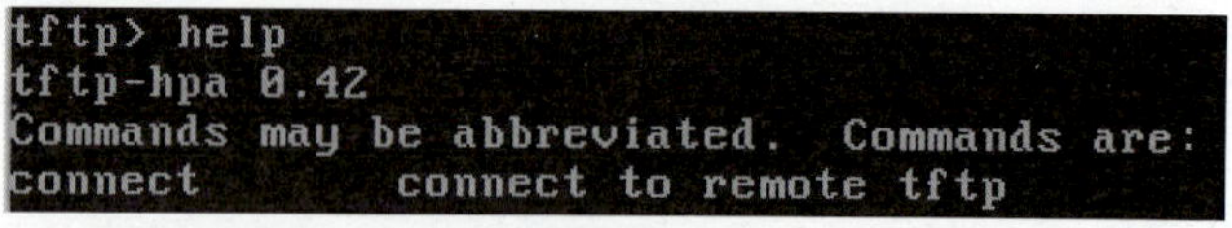

```
tftp> help
tftp-hpa 0.42
Commands may be abbreviated.  Commands are:
connect         connect to remote tftp
```

图7-10

❹ 使用get命令从tftp服务器上下载文件,在命令行中输入下面命令:

tftp> get elm-2.5.8-6.i386.rpm

按回车键后,即可从tftp下载文件,此命令没有任何输出信息。

❺ 上传文件到tftp服务器,在命令行中输入下面命令:

tftp> put vsftpd-2.0.7.tar.gz demo

按回车键后,即可上传文件到tftp服务器,并覆盖掉demo文件。

❻ 使用quit命令退出tftp指令,在命令行中输入下面命令:

tftp> quit

按回车键后,即可退出tftp。

第 8 章

文件压缩与解压缩

对许多用户来说，在DOS和Windows环境下利用工具软件ARJ、Winzip等，压缩或解压文件是比较容易的事。但是，在Linux中如何对文件进行压缩与解压呢？本章将介绍压缩与解压文件的几种方法与技巧，希望对读者有一定帮助。

命令1 tar命令

命令功能

tar命令是Linux下的归档实用工具,用来打包和备份。

命令语法

tar(选项)(参数)

选项说明

- −A或−−catenate:新增文件到已存在的备份文件;
- −c或−−create:建立新的备份文件;
- −x或−−extract或−−get:从备份文件中还原文件;
- −t或−−list:列出备份文件的内容;
- −z或−−gzip或−−ungzip:通过gzip指令处理备份文件;
- −Z或−−compress或−−uncompress:通过compress指令处理备份文件;
- −f<备份文件>或−−file=<备份文件>:指定备份文件;
- −v或−−verbose:显示指令执行过程;
- −p或−−same−permissions:用原来的文件权限还原文件;
- −P或−−absolute−names:文件名使用绝对名称,不移除文件名称前的"/"号;
- −N<日期格式>或−−newer=<日期时间>:只将较指定日期更新的文件保存到备份文件里;
- −−exclude=<范本样式>:排除符合范本样式的文件。

参数说明

- 文件或目录:指定要打包的文件或目录列表。

实例1 打包目录

案例表述

使用tar指令可以将整个目录下的所有文件与子目录打包到一个tar包中。

案例实现

在命令行中输入下面命令:

[root@hn]# tar –cvf boot.tar /boot

按回车键后,即可打包/boot目录下的所有内容,效果如图8-1所示。

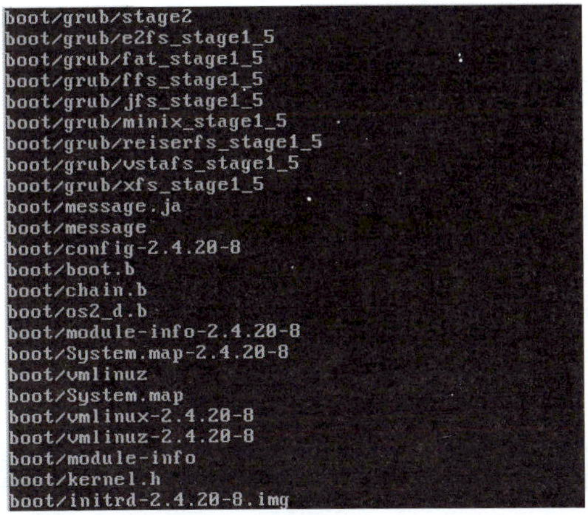

```
boot/grub/stage2
boot/grub/e2fs_stage1_5
boot/grub/fat_stage1_5
boot/grub/ffs_stage1_5
boot/grub/jfs_stage1_5
boot/grub/minix_stage1_5
boot/grub/reiserfs_stage1_5
boot/grub/vstafs_stage1_5
boot/grub/xfs_stage1_5
boot/message.ja
boot/message
boot/config-2.4.20-8
boot/boot.b
boot/chain.b
boot/os2_d.b
boot/module-info-2.4.20-8
boot/System.map-2.4.20-8
boot/vmlinuz
boot/System.map
boot/vmlinux-2.4.20-8
boot/vmlinuz-2.4.20-8
boot/module-info
boot/kernel.h
boot/initrd-2.4.20-8.img
```

图8–1

实例2　打包文件

案例表述

本例将演示打包“/etc”目录下以“host”开头的文件。

案例实现

在命令行中输入下面命令：

```
[root@ localhost ]# tar –cvf test.tar /etc/host*
```

按回车键后，即可打包目录下以host开头的文件，效果如图8-2所示。

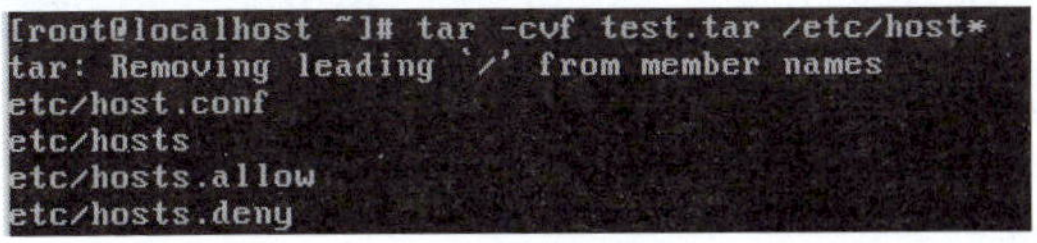

```
[root@localhost ~]# tar -cvf test.tar /etc/host*
tar: Removing leading `/' from member names
etc/host.conf
etc/hosts
etc/hosts.allow
etc/hosts.deny
```

图8–2

实例3　打包并用gzip压缩

案例表述

使用tar指令的“z”选项，在创建打包文件时，可以自动将其压缩为gzip格式压缩文件。

案例实现

在命令行中输入下面命令：

```
[root@hn ]# tar –czf etc.tar.gz /etc/
```

按回车键后，即可打包打包并压缩为gzip文件，本例中没有使用“v”选项，所有不会显示打包过程。

实例4 打包并使用compress压缩

案例表述

使用tar指令的"z"选项,在创建打包文件时,可以自动将其压缩为compress格式的压缩文件。

案例实现

在命令行中输入下面命令:

[root@hn]# tar –czf etc.tar.z /etc/

按回车键后,即可打包并压缩为compress格式,本例中没有使用"v"选项,所有不会显示打包过程。

实例5 打包并使用bzip2压缩

案例表述

使用tar指令的"j"选项,在创建打包文件时,可以自动将其压缩为bzip2格式的压缩文件。

案例实现

在命令行中输入下面命令:

[root@hn]# tar –cjf etc.tar.gz /etc/

按回车键后,即可打包并压缩为bzip2格式,本例中没有使用"v"选项,所有不会显示打包过程。

实例6 显示tar包中的文件

案例表述

显示tar包中的文件。

案例实现

❶ 使用tar指令的"t"选项,可以显示tar包中的文件列表,在命令行中输入下面命令:

[root@ localhost root]# tar –tf root.tar

按回车键后,即可显示tar包中的文件列表,效果如图8-3所示。

```
[root@localhost root]# tar -tf root.tar
tar: root.tar: Cannot open: Ã»ÓÐÄÇ¸öÎÄ¼þ»òÄ¿Â¼
tar: Error is not recoverable: exiting now
```

图8-3

❷ 使用"tv"选项可以显示tar包中文件的详细信息,在命令行中输入下面命令:

[root@ localhost root]# tar –tvf root.tar

按回车键后,即可显示tar包中的文件详细信息,效果如图8-4所示。

```
[root@localhost root]# tar -tvf root.tar
tar: root.tar: Cannot open: Á»ÓÐÄÇ,öÎ¼þòÁ¿Â¼
tar: Error is not recoverable: exiting now
```

图8-4

实例7 显示压缩后的tar包中文件

▶ 案例表述

使用"z"、"Z"和"j"选项,可以分别显示经gzip、compress和bzip2压缩过的tar包。

▶ 案例实现

例如,显示bzip2压缩过的tar包,在命令行中输入下面命令:

[root@ localhost root]# tar –tjf boot.tar.bz2

按回车键后,即可显示bzip2压缩过的tar包内的文件,效果如图8-5所示。

```
[root@localhost root]# tar -tjf boot.tar.bz2
tar (child): boot.tar.bz2: Cannot open: Á»ÓÐÄÇ,öÎ¼þòÁ¿Â¼
tar (child): Error is not recoverable: exiting now
tar: Child returned status 2
tar: Error exit delayed from previous errors
```

图8-5

实例8 解开tar包

▶ 案例表述

本例将演示解开压缩包的过程。

▶ 案例实现

在命令行中输入下面命令:

[root@ localhost ~]$ tar –xvf bak.tar

按回车键后,即可在当前目录下解开tar包,效果如图8-6所示。

```
[root@localhost ~]$ tar -xvf bak.tar
etc/passwd
etc/shadow
etc/group
etc/fstab
```

图8-6

实例9 解开压缩过的tar包

▶ 案例表述

经gzip、compress和bzip2压缩过的tar包。可以使用"z"、"Z"和"j"选项直接解压缩和解包。

▶ 案例实现

例如解压compress压缩过的tar包,在命令行中输入下面命令:

```
[root@ localhost ~]$ tar –zxvf bak.tar.Z
```

按回车键后，即可解压缩包一步完成，效果如图8-7所示。

```
[root@localhost ~]$ tar -zxvf bak.tar.Z
etc/passwd
etc/shadow
etc/group
etc/fstab
```

图8-7

命令2 gzip命令

命令功能

gzip命令用来压缩文件。gzip是个使用广泛的压缩程序，文件经它压缩过后，其名称后面会多出“.gz”的扩展名。

命令语法

gzip(选项)(参数)

选项说明

- –a或—ascii：使用ASCII文字模式；
- –d或--decompress或----uncompress：解开压缩文件；
- –f或—force：强行压缩文件。不理会文件名称或硬连接是否存在以及该文件是否为符号连接；
- –h或—help：在线帮助；
- –l或—list：列出压缩文件的相关信息；
- –L或—license：显示版本与版权信息；
- –n或--no–name：压缩文件时，不保存原来的文件名称及时间戳记；
- –N或—name：压缩文件时，保存原来的文件名称及时间戳记；
- –q或—quiet：不显示警告信息；
- –r或—recursive：递归处理，将指定目录下的所有文件及子目录一并处理；
- –S<压缩字尾字符串>或----suffix<压缩字尾字符串>：更改压缩字尾字符串；
- –t或—test：测试压缩文件是否正确无误；
- –v或—verbose：显示指令执行过程；
- –V或—version：显示版本信息；
- –<压缩效率>：压缩效率是一个介于1～9的数值，预设值为“6”，指定愈大的数值，压缩效率就会愈高；
- --best：此参数的效果和指定“–9”参数相同；

- --fast：此参数的效果和指定"-1"参数相同。

参数说明
- 文件列表：指定要压缩的文件列表。

实例1　压缩单个文件

案例表述
本例中使用gzip指令单独压缩文件。

案例实现
在命令行中输入下面命令：

[root@ localhost root]# gzip –v tar.tar

按回车键后，即可压缩打包文件tar.tar，并显示运行的详细信息，效果如图8-8所示。

```
[root@localhost root]# gzip -v tar.tar
tar.tar:         -25.0% -- replaced with tar.tar.gz
[root@localhost root]#
```

图8-8

实例2　指定压缩文件的后缀

案例表述
使用gzip指令的"-S"选项可以设置新生成的压缩文件的后缀。

案例实现
在命令行中输入下面命令：

[root@ localhost ~]$ gzip –S .gzip –v etc.tar

按回车键后，即可压缩文件，并设置压缩文件的后缀为.gzip，效果如图8-9所示。

```
[root@localhost ~]$ gzip -S .gzip -v etc.tar
etc.tar:         88.0% -- replaced with etc.tar.gzip
```

图8-9

实例3　显示压缩文件信息

案例表述
本例显示当前目录下的所有压缩文件的信息。

案例实现
在命令行中输入下面命令：

[root@ localhost root]# gzip –l

按回车键后，即可显示当前目录下所有压缩文件的详细信息，效果如图8-10所示。

```
[root@localhost root]# gzip -l
```

图8-10

命令3 gunzip命令

命令功能
gunzip命令用来解压缩文件。

命令语法
gunzip (选项)(参数)

选项说明
- -a或—ascii：使用ASCII文字模式；
- -c或--stdout或--to-stdout：把解压后的文件输出到标准输出设备；
- -f或-force：强行解开压缩文件，不理会文件名称或硬连接是否存在以及该文件是否为符号连接；
- -h或—help：在线帮助；
- -l或—list：列出压缩文件的相关信息；
- -L或—license：显示版本与版权信息；
- -n或--no-name：解压缩时，若压缩文件内含有原来的文件名称及时间戳记，则将其忽略不予处理；
- -N或—name：解压缩时，若压缩文件内含有原来的文件名称及时间戳记，则将其回存到解开的文件上；
- -q或—quiet：不显示警告信息；
- -r或—recursive：递归处理，将指定目录下的所有文件及子目录一并处理；
- -S<压缩字尾字符串>或--suffix<压缩字尾字符串>：更改压缩字尾字符串；
- -t或—test：测试压缩文件是否正确无误；
- -v或—verbose：显示指令执行过程；
- -V或—version：显示版本信息。

参数说明
- 文件列表：指定要解压缩的压缩包。

实例1 解压缩.gz文件

案例表述
本例使用gzip指令解压缩常规的".gz"压缩包。

◀ 第8章 文件压缩与解压缩 ▶

案例实现

在命令行中输入下面命令:

[root@ localhost root]# gunzip –v anaconda-ks.cfg.gz

按回车键后,即可解压缩标准后缀的压缩文件,效果如图8-11所示。

```
[root@localhost root]# gunzip -v anaconda-ks.cfg.gz
gunzip: anaconda-ks.cfg.gz: No such file or directory
```

图8-11

实例2 解压缩非标准后缀的压缩文件

案例表述

解压缩非标准后缀的压缩文件。

案例实现

① 如果使用gzip解压缩非标准的压缩文件,gzip指令将给出出错信息,在命令行中输入下面命令:

[root@ localhost ~]$ gunzip –v etc.tar.gzip

按回车键后,即可解压缩非标准后缀的压缩文件,效果如图8-12所示。

```
[root@localhost ~]$ gunzip -v etc.tar.gzip
gunzip: etc.tar.gzip: unknow suffix -- ignored
```

图8-12

② 使用gzip指令的"-S"选项指定压缩文件的后缀,在命令行中输入下面命令:

[root@ localhost ~]$ gunzip –S .gzip –v etc.tar.gzip

按回车键后,即可解压缩非标准后缀的压缩文件,使用-v指定压缩文件后缀,-v显示指令的详细执行过程,效果如图8-13所示。

```
[root@localhost ~]$ gunzip -S .gzip -v etc.tar.gzip
etc.tar.gzip:           88.0% -- replaced with etc.tar
```

图8-13

命令4 bzip2命令

命令功能

bzip2命令用于创建和管理(包扩解压缩)".bz2"格式的压缩包。

命令语法

bzip2 (选项)(参数)

选项说明

- –c或——stdout:将压缩与解压缩的结果送到标准输出;

Linux | 153

- -d或—decompress：执行解压缩；
- -f或—force：bzip2在压缩或解压缩时，若输出文件与现有文件同名，预设不会覆盖现有文件。若要覆盖，请使用此参数；
- -h或—help：显示帮助；
- -k或—keep：bzip2在压缩或解压缩后，会删除原始的文件。若要保留原始文件，请使用此参数；
- -s或—small：降低程序执行时内存的使用量；
- -t或—test：测试.bz2压缩文件的完整性；
- -v或—verbose：压缩或解压缩文件时，显示详细的信息；
- -z或—compress：强制执行压缩；
- -V或—version：显示版本信息；
- --repetitive-best：若文件中有重复出现的资料时，可利用此参数提高压缩效果；
- --repetitive-fast：若文件中有重复出现的资料时，可利用此参数加快执行速度。

参数说明

- 文件：指定要压缩的文件。

实例1　压缩单个文件

案例表述

压缩单个文件。

案例实现

1 bzip指令针对单个文件进行压缩，压缩后文件名以“.bz2”为后缀，并且将删除原文件。使用bzip2指令压缩单个文件，在命令行中输入下面命令：

```
[root@ localhost root]# bzip2 install.log
```

按回车键后，即可解压缩压缩install.log文件，效果如图8-14所示。

```
[root@localhost root]# bzip2 install.log
[root@localhost root]# _
```

图8-14

2 使用ls指令查看压缩后的文件，在命令行中输入下面命令：

```
[root@ localhost root]# ls
```

按回车键后，即可显示目录列表，效果如图8-15所示。

```
[root@localhost root]# ls
allto            english.new      file2      file9                my_install.log
anaconda-ks.cfg  english.sorted   file2.txt  install.log          newfile
andme            etc.tar.z        file3      install.log.syslog   print
boot.tar         fil1             file4      kct.cfg              test
demolink         fil2             file5      math.new             testfile
diff-out         fil3             file6      math.sorted          test.tar
dina             fil4             file7      myfile               uccg.cfg
dock.cfg         file1            file8      myfstab              z
```

图8-15

实例2 显示压缩比率

▶ 案例表述

使用bzip2指令的"–v"选项，可以在压缩的同时显示压缩比率。

▶ 案例实现

bzip指令针对单个文件进行压缩，压缩后文件名以".bz2"为后缀，并且将删除原文件。使用bzip2指令压缩单个文件，在命令行中输入下面命令：

[root@ localhost root]# bzip2 –v messages1

按回车键后，即可显示压缩过程的详细信息，效果如图8-16所示。

图8-16

实例3 一次压缩多个文件

▶ 案例表述

一次压缩多个文件。

▶ 案例实现

① 如果需要压缩的文件较多，可以借助shell中的通配符使操作简化。首先，使用ls指令显示目录列表，在命令行中输入下面命令：

[root@ localhost root]# ls

按回车键后，即可显示目录列表，效果如图8-17所示。

图8-17

② 使用通配符压缩所有文件，在命令行中输入下面命令：

[root@hn test]# bzip2 –v *

按回车键后，即可压缩目录下的所有文件，效果如图8-18所示。

图8-18

3 使用ls指令显示压缩后的文件列表，在命令行中输入下面命令：

```
[root@ localhost root]# ls
```

按回车键后，即可显示压缩后的目录列表，效果如图8-19所示。

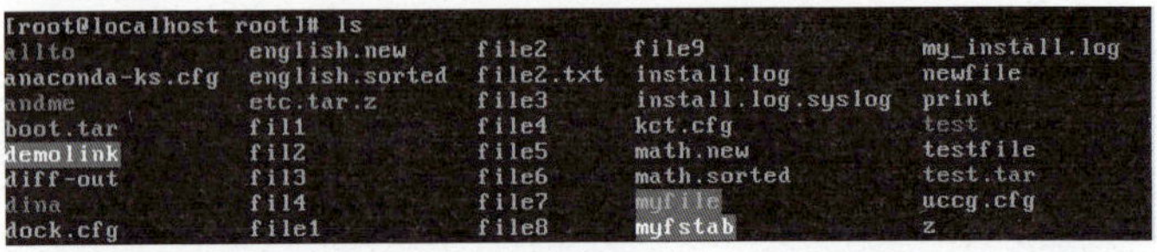

```
[root@localhost root]# ls
allto            english.new     file2      file9              my_install.log
anaconda-ks.cfg  english.sorted  file2.txt  install.log        newfile
andme            etc.tar.z       file3      install.log.syslog print
boot.tar         fil1            file4      kct.cfg            test
demolink         fil2            file5      math.new           testfile
diff-out         fil3            file6      math.sorted        test.tar
dina             fil4            file7      myfile             uccg.cfg
dock.cfg         file1           file8      myfstab            z
```

图8-19

实例4 压缩打包文件

案例表述

压缩打包文件。

案例实现

1 在进行系统文件的备份时，先使用tar指令将要备份的文件到一个tar包中，再使用bzip2进行压缩。使用tar打包文件，在命令行中输入下面命令：

```
[root@ localhost root]# tar –cf etc.tar /etc/
```

按回车键后，即可将/etc目录下的所有子目录和文件打包为单一文件etc.tar，效果如图8-20所示。

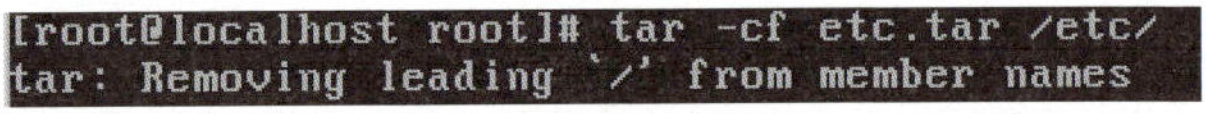

```
[root@localhost root]# tar -cf etc.tar /etc/
tar: Removing leading `/' from member names
```

图8-20

2 使用bzip2指令压缩tar包，在命令行中输入下面命令：

```
[root@ localhost root]# bzip2 etc.tar
```

按回车键后，即可压缩tar包，效果如图8-21所示。

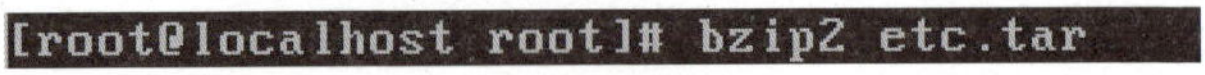

```
[root@localhost root]# bzip2 etc.tar
```

图8-21

命令5 bunzip2命令

命令功能

bunzip2命令解压缩由bzip2指令创建的“.bz2”压缩包。

命令语法

bunzip2 (选项)(参数)

选项说明

- –f或––force：解压缩时，若输出的文件与现有文件同名时，预设不会覆盖现有的文件；
- –k或--keep：在解压缩后，预设会删除原来的压缩文件。若要保留压缩文件，请使用此参数；
- –s或--small：降低程序执行时，内存的使用量；
- –v或--verbose：解压缩文件时，显示详细的信息；
- –l,--license,–V或--version：显示版本信息。

参数说明
- .bz2压缩包：指定需要解压缩的.bz2压缩包。

实例1　解压单个".bz2"压缩包

案例表述
解压单个".bz2"压缩包。

案例实现
① 使用bunzip2指令解压缩单个".bz2"文件，在命令行中输入下面命令：

[root@localhost]# bunzip2 install.log.bz2

按回车键后，即可解压缩.bz2文件，此命令没有任何输出信息。

② 使用bunzip2指令的"-k"选项，可以在解压缩完成后，保留压缩文件，在命令行中输入下面命令：

[root@localhost]# bunzip2 –k install.log.bz2

按回车键后，即可解压缩后，不删除原压缩文件。

实例2　解压缩多个".bz2"压缩包

案例表述
压缩打包文件。

案例实现
① 首先，使用ls指令显示所有的".bz2"压缩文件，在命令行中输入下面命令：

[root@ localhost root]# ls

按回车键后，即可显示.bz2压缩文件，效果如图8-22所示。

图8-22

2 使用通配符“*”，解压缩所有文件，在命令行中输入下面命令：

```
[root@hn test ]# bunzip2 –v *
```

按回车键后，即可解压缩目录下的所有.bz2压缩文件，效果如图8-23所示。

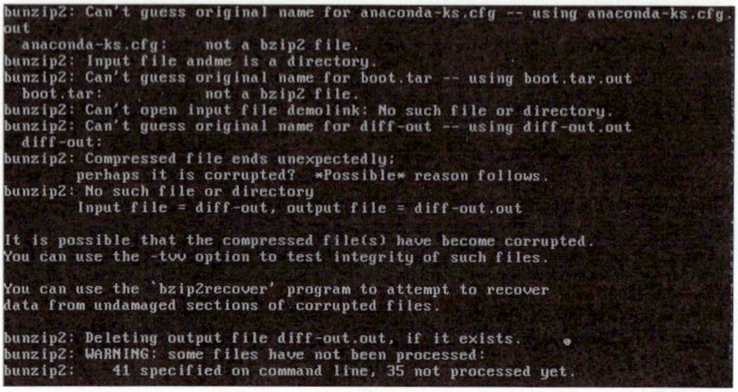

```
bunzip2: Can't guess original name for anaconda-ks.cfg -- using anaconda-ks.cfg.
out
  anaconda-ks.cfg:     not a bzip2 file.
bunzip2: Input file andme is a directory.
bunzip2: Can't guess original name for boot.tar -- using boot.tar.out
  boot.tar:            not a bzip2 file.
bunzip2: Can't open input file demolink: No such file or directory.
bunzip2: Can't guess original name for diff-out -- using diff-out.out
  diff-out:
bunzip2: Compressed file ends unexpectedly;
        perhaps it is corrupted?  *Possible* reason follows.
bunzip2: No such file or directory
        Input file = diff-out, output file = diff-out.out

It is possible that the compressed file(s) have become corrupted.
You can use the -tvv option to test integrity of such files.

You can use the `bzip2recover' program to attempt to recover
data from undamaged sections of corrupted files.

bunzip2: Deleting output file diff-out.out, if it exists.
bunzip2: WARNING: some files have not been processed:
bunzip2:    41 specified on command line, 35 not processed yet.
```

图8-23

命令6 compress命令

命令功能

compress命令使用“Lempress-Ziv”编码压缩数据文件。

命令语法

compress (选项)(参数)

选项说明

- –f：不提示用户，强制覆盖掉目标文件；
- –c：将结果送到标准输出，无文件被改变；
- –r：递归的操作方式。

参数说明

- 文件：指定要压缩的文件列表。

实例1 压缩文件

案例表述

压缩文件。

案例实现

1 首先，使用ls指令查看压缩前文件的详细信息，在命令行中输入下面命令：

```
[root@ localhost root]# ls -l
```

按回车键后，即可显示文件详细信息，效果如图8-24所示。

```
[root@localhost root]# ls -l
×üõââê 68
-rw-r--r--    1 root      root          986  4õâ 27 23:41 anaconda-ks.cfg
-rw-r--r--    1 root      root        49492  4õâ 27 23:40 install.log
-rw-r--r--    1 root      root         7113  4õâ 27 23:40 install.log.syslog
```

图8-24

2 使用compress压缩文件"fstab"和"passwd",在命令行中输入下面命令:

[root@ localhost root]# Compress fstab passwd

按回车键后,即可压缩指定的文件,效果如图8-25所示。

```
[root@localhost root]# compress fstab passwd
fstab: No such file or directory
passwd: No such file or directory
```

图8-25

3 再次使用ls指令查看压缩后文件的详细信息,在命令行中输入下面命令:

[root@ localhost root]# ls -l

按回车键后,即可显示文件详细信息,效果如图8-26所示。

```
[root@localhost root]# ls -l
×üõââê 68
-rw-r--r--    1 root      .root         986  4õâ 27 23:41 anaconda-ks.cfg
-rw-r--r--    1 root      root        49492  4õâ 27 23:40 install.log
-rw-r--r--    1 root      root         7113  4õâ 27 23:40 install.log.syslog
```

图8-26

命令7 uncompress命令

命令功能

uncompress命令用来解压缩由compress命令压缩后生产的".Z"压缩包。

命令语法

uncompress (选项)(参数)

选项说明

- –f:不提示用户,强制覆盖掉目标文件;
- –c:将结果送到标准输出,无文件被改变;
- –r:递归的操作方式。

参数说明

- 文件:指定要压缩的".Z"压缩包。

实例1 解压缩.Z文件

案例表述

解压缩.Z文件。

案例实现

① 使用ls指令查看压缩前文件的详细信息，在命令行中输入下面命令：

[root@ localhost root]# ls -l

按回车键后，即可显示文件详细信息，效果如图8-27所示。

图8-27

② 使用uncompress指令解压缩文件，在命令行中输入下面命令：

[root@ localhost root]# uncompress etc.tar.Z

按回车键后，即可接压缩etc.tar.Z，效果如图8-28所示。

图8-28

③ 再次使用ls指令查看压缩后文件的选项信息，在命令行中输入下面命令：

[root@ localhost root]# ls -l

按回车键后，即可显示文件的详细信息，效果如图8-29所示。

图8-29

命令8　zip命令

命令功能

zip命令可以用来解压缩文件，或者对文件进行打包操作。zip是个使用广泛的压缩程序，文件经它压缩后会另外产生具有".zip"扩展名的压缩文件。

命令语法

zip(选项)(参数)

选项说明

- -A：调整可执行的自动解压缩文件；
- -b<工作目录>：指定暂时存放文件的目录；
- -c：替每个被压缩的文件加上注释；
- -d：从压缩文件内删除指定的文件；
- -D：压缩文件内不建立目录名称；

- –f：此参数的效果和指定"–u"参数类似，但不仅更新既有文件，如果某些文件原本不存在于压缩文件内，使用本参数会一并将其加入压缩文件中；
- –F：尝试修复已损坏的压缩文件；
- –g：将文件压缩后附加在已有的压缩文件之后，而非另行建立新的压缩文件；
- –h：在线帮助；
- –i<范本样式>：只压缩符合条件的文件；
- –j：只保存文件名称及其内容，而不存放任何目录名称；
- –J：删除压缩文件前面不必要的数据；
- –k：使用MS–DOS兼容格式的文件名称；
- –l：压缩文件时，把LF字符置换成LF+CR字符；
- –ll：压缩文件时，把LF+CR字符置换成LF字符；
- –L：显示版权信息；
- –m：将文件压缩并加入压缩文件后，删除原始文件，即把文件移到压缩文件中；
- –n<字尾字符串>：不压缩具有特定字尾字符串的文件；
- –o：以压缩文件内拥有最新更改时间的文件为准，将压缩文件的更改时间设成和该文件相同；
- –q：不显示指令执行过程；
- –r：递归处理，将指定目录下的所有文件和子目录一并处理；
- –S：包含系统和隐藏文件；
- –t<日期时间>：把压缩文件的日期设成指定的日期；
- –T：检查备份文件内的每个文件是否正确无误；
- –u：更换较新的文件到压缩文件内；
- –v：显示指令执行过程或显示版本信息；
- –V：保存VMS操作系统的文件属性；
- –w：在文件名称里假如版本编号，本参数仅在VMS操作系统下有效；
- –x<范本样式>：压缩时排除符合条件的文件；
- –X：不保存额外的文件属性；
- –y：直接保存符号连接，而非该连接所指向的文件，本参数仅在UNIX之类的系统下有效；
- –z：替压缩文件加上注释；
- –$：保存第一个被压缩文件所在磁盘的卷册名称；
- –<压缩效率>：压缩效率是一个介于1～9的数值。

参数说明

- zip压缩包：指定要创建的zip压缩包；
- 文件列表：指定要压缩的文件列表。

实例1　创建zip压缩包

案例表述

使用zip指令将多个文件打包压缩成一个压缩包。

案例实现

在命令行中输入下面命令：

> [root@hn /]# zip root /root/*

按回车键后，即可将/root目录下的文件添加到压缩包root.zip中，效果如图8-30所示。

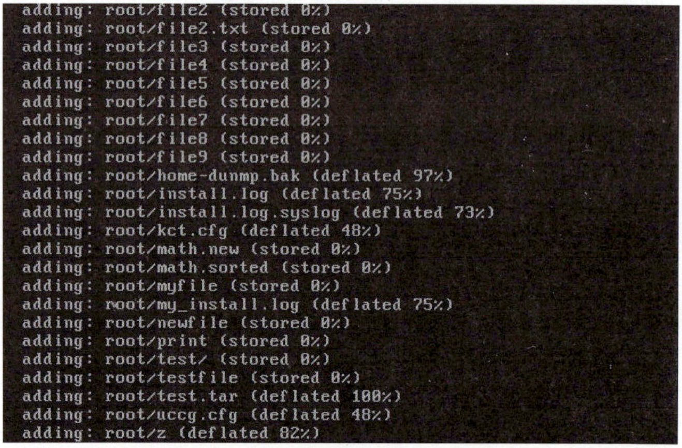

图8-30

命令9　unzip命令

命令功能

unzip命令用于解压缩由zip命令压缩的".zip"压缩包。

命令语法

unzip(选项)(参数)

选项说明

- −c:将解压缩的结果显示到屏幕上，并对字符做适当的转换；
- −f:更新现有的文件；

- –l:显示压缩文件内所包含的文件；
- –p:与–c参数类似，会将解压缩的结果显示到屏幕上，但不会执行任何的转换；
- –t:检查压缩文件是否正确；
- –u:与–f参数类似，但是除了更新现有的文件外，也会将压缩文件中的其他文件解压缩到目录中；
- –v:执行时显示详细的信息；
- –z:仅显示压缩文件的备注文字；
- –a:对文本文件进行必要的字符转换；
- –b:不要对文本文件进行字符转换；
- –C:压缩文件中的文件名称区分大小写；
- –j:不处理压缩文件中原有的目录路径；
- –L:将压缩文件中的全部文件名改为小写；
- –M:将输出结果送到more程序处理；
- –n:解压缩时不要覆盖原有的文件；
- –o:不必先询问用户，unzip执行后覆盖原有文件；
- –P<密码>:使用zip的密码选项；
- –q:执行时不显示任何信息；
- –s:将文件名中的空白字符转换为底线字符；
- –V:保留VMS的文件版本信息；
- –X:解压缩时同时回存文件原来的UID/GID；
- –d<目录>:指定文件解压缩后所要存储的目录；
- –x<文件>:指定不要处理.zip压缩文件中的哪些文件；
- –Z:unzip –Z等于执行zipinfo指令。

参数说明

- 压缩包：指定要解压的".zip"压缩包。

实例1 解压缩.zip压缩包

案例表述

使用unzip指令解压缩指定的".zip"文件。

案例实现

在命令行中输入下面命令：

[root@hn test]# unzip –v root .zip

按回车键后，即可解压缩root.zip压缩包，-v显示详细的解压缩过程，效果如图8-31所示。

```
       0  Stored        0   0%  04-24-12 09:52  00000000  root/file4
       0  Stored        0   0%  04-24-12 09:52  00000000  root/file5
       0  Stored        0   0%  04-24-12 09:52  00000000  root/file6
       0  Stored        0   0%  04-24-12 09:52  00000000  root/file7
       0  Stored        0   0%  04-24-12 09:52  00000000  root/file8
       0  Stored        0   0%  04-24-12 09:52  00000000  root/file9
  563200  Defl:N    18281  97%  04-26-12 16:09  4884783d  root/home-dunmp.bak
   27400  Defl:N     6937  75%  04-23-12 18:23  206470f7  root/install.log
    4139  Defl:N     1114  73%  04-23-12 18:23  3d1d237f  root/install.log.syslo
g
    1618  Defl:N      843  48%  04-23-12 18:25  987a743f  root/kct.cfg
       0  Stored        0   0%  04-26-12 09:20  00000000  root/math.new
       0  Stored        0   0%  04-26-12 11:03  00000000  root/math.sorted
       0  Stored        0   0%  04-24-12 09:49  00000000  root/myfile
   27400  Defl:N     6937  75%  04-23-12 18:23  206470f7  root/my_install.log
       0  Stored        0   0%  04-24-12 09:52  00000000  root/newfile
       0  Stored        0   0%  04-26-12 11:31  00000000  root/print
       0  Stored        0   0%  04-24-12 17:02  00000000  root/test/
       0  Stored        0   0%  04-24-12 17:07  00000000  root/testfile
   10240  Defl:N       27 100%  04-26-12 15:24  271dde9a  root/test.tar
    1618  Defl:N      843  48%  04-23-12 18:25  987a743f  root/uccg.cfg
12328960  Defl:N  2276564  82%  04-26-12 15:25  52dd2c6e  root/z
--------          -------  ---                            -------
38833978         14475815  63%                            42 files
```

图8-31

实例2　显示解压缩包内的文件信息

案例表述

使用unzip指令的“–l”选项可以显示压缩包内文件的详细信息。

案例实现

在命令行中输入下面命令：

```
[root@ localhost boot]# unzip –l root .zip
```

按回车键后，即可显示压缩包内的文件的详细信息，效果如图8-32所示。

```
[root@localhost boot]# unzip -l root .zip
Archive:  root.zip
  Length      Date    Time    Name
 --------     ----    ----    ----
 --------                     -------
        0                     0 files
```

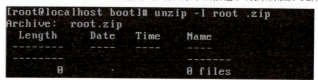

图8-32

命令10　arj命令

命令功能

arj命令是“.arj”格式的压缩文件的管理器，用于创建和管理“.arj”压缩包。

命令语法

arj(参数)

参数说明

- 操作指令：对“.arj”压缩包执行的操作指令。
- 压缩包名称：指定要操作的arj压缩包名称。

实例1 创建arj压缩包

案例表述

创建arj压缩包，显示压缩包中文件列表。

案例实现

1 使用arj指令中的“a”命令可以创建压缩包，并把指定的文件添加到压缩包中。将具体的文件添加到压缩包中。命令行中输入下面命令：

```
[root@ localhost ~ ]$ arj a system-log /var/log/secure  /var/log/messages   /var/log/wtmp
```

按回车键后，即可将个文件添加到压缩包system-log.arj中，效果如图8-33所示。

```
[root@localhost ~]$ arj a system-log /var/log/secure /var/log/message /var/log/w
tmp
ARJ32 v 3.10, Copyright (c) 2006_2014, ARJ Software Russia. [17 may 2012]
Creating archive :  system-log.arj
Adding     /var/log/secure              68.5%
Adding     /var/log/message             100.0%
Adding     /var/log/wtmp              . 4.0%
```

图8–33

2 使用arj指令中的“l”命令可以显示压缩包中的文件列表。命令行中输入下面命令：

```
[root@ localhost ~ ]$ arj l system-log.arj
```

按回车键后，即可显示压缩包中的文件列表，效果如图8-34所示。

```
[root@localhost ~]$ arj l system-log.arj
ARJ32 v 3.10, Copyright (c) 2006_2014, ARJ Software Russia. [17 may 2012]
Processing archive: system-log.arj
Archive created :2012-4-12 08:35:45, modified: 2012-4-12 08:35:45
Filename            Original Compressed Ratio DateTime modified Attributes/GUA B
MPGS
--------- ----------- ----------- -------------
secure  311 213 0.685 12-4-12 08:30:45 -rw---- ---- +1
message 43 43 1.000 12-4-12   07:56:32 -rw---- ---- +10
wtmp   77592 3092 0.040 12-4-12 07:32:43 -rw-rw-r- -- +1
---------- --------- ----------- -----------
      3 files          78306      3348    0.043
```

图8–34

3 上面的输出信息仅显示了压缩包中文件的基本信息。如果希望得到更详细的信息需要使用“v”命令，在命令行中输入下面命令：

```
[root@ localhost ~ ]$ arj vsystem-log.arj
```

按回车键后，即可显示arj压缩包中的文件的详细信息列表，效果如图8-35所示。

```
[root@localhost ~]$ arj v system-log.arj
ARJ32 v 3.10, Copyright (c) 2006_2014, ARJ Software Russia. [17 may 2012]
Processing archive: system-log.arj
Archive created :2012-4-12 08:35:45, modified: 2012-4-12 08:35:45
Filename            Original Compressed Ratio DateTime modified Attributes/GUA B
MPGS
--------- ----------- ----------- -------------
001) var/log/secure
 11 UNIX  311 213 0.685 12-4-12 08:30:45 -rw---- ---- +1
                        DTA    12-4-12 09:12:36
  .......
   ---------- --------- ----------- -----------
        3 files          78306      3348    0.043
```

图8–35

实例2 压缩整个目录

案例表述

压缩整个目录，忽略文件路径。

案例实现

① 将整个目录下的所有文件都加入压缩包。在命令行中输入下面命令：

[root@hn]# arj a –e root*

按回车键后，即可将/root目录下的所有文件压缩。不保留文件的原始路径。

② 使用"v"命令显示压缩包中文件列表的详细信息。命令行中输入下面命令：

[root@ localhost boot]# arj v root.arj

按回车键后，即可显示压缩包中的文件的详细信息列表，效果如图8-36所示。

```
[root@localhost boot]# arj v root.arj
-bash: arj: command not found
```

图8-36

命令11 unarj命令

命令功能

unarj命令用来解压缩由arj命令创建的压缩包。

命令语法

unarj(选项)(参数)

选项说明

- e：解压缩.arj文件；
- l：显示压缩文件内所包含的文件；
- t：检查压缩文件是否正确；
- x：解压缩时保留原有的路径。

参数说明

- .arj压缩包：指定要解压缩的.arj压缩包。

实例1 解压缩.arj文件

案例表述

使用unarj指令的"e"命令完成对".arj"文件的解压缩。

案例实现

在命令行中输入下面命令：

```
[root@localhost ~ ]$ unarj e root.arj
```

按回车键后，即可解压缩.arj压缩包，效果如图8-37所示。

```
[root@localhost ~]$ unarj e root.arj
ARJ32 v 3.10, Copyright (c) 2006-2014, ARJ Software Russia. [11 may 2011]
......
Extracting install.log.syslog                    OK
     4 file(s)
```

图8-37

实例2 解压缩文件并保持原始路径

案例表述

解压缩文件并保持原始路径。

案例实现

1 使用arj指令的“v”命令显示压缩包中文件的原始路径信息，在命令行中输入下面命令：

```
[root@localhost ~ ]$ arj v etc.arj
```

按回车键后，即可显示压缩包内的文件的详细信息，效果如图8-38所示。

```
[root@localhost ~]$ arj v etc.arj
ARJ32 v 3.10, Copyright (c) 2006-2014, ARJ Software Russia. [11 may 2011]
......
002) etc/passwd
 11   UNIX             2186           858 0.392 11-05-11  18:20:43
                                      -rw--r--r-- ---    +1
                                       DTA     11-06-12  08:45:30
                                       DTC     11-05-20  18:20:43
-------------- --------------- ----------- --------------
    2 files             2642        999          0.378
```

图8-38

2 使用unarj指令的“x”选项，在解压的同时创建文件的原始路径，在命令行中输入下面命令：

```
[root@localhost ~ ]$ arj x etc.arj
```

按回车键后，即可加压缩文件，并创建etc目录，效果如图8-39所示。

```
[root@localhost ~]$ arj x etc.arj
etc/fstab, Create thi directory?  y
Extracting etc/fstab                    OK
Extracting etc/passwd                   OK
     2 file(s)
```

图8-39

命令12 bzcat命令

命令功能

bzcat命令解压缩指定的.bz2文件，并显示解压缩后的文件内容。保留原压缩文件，并且不生成解压缩后的文件。

命令语法

bzcat(参数)

参数说明

- .bz2压缩文件：指定要显示内容的.bz2压缩文件。

实例1　显示.bz2压缩包中文件内容

案例表述

显示.bz2压缩包文件的内容。

案例实现

① 使用file指令探测要显示内容的文件的类型，在命令行中输入下面命令：

[root@ localhost root]# file fstab.bz2

按回车键后，即可显示文件fstab.bz2的文件类型，效果如图8-40所示。

② 使用bzcat指令显示压缩包的内容，在命令行中输入下面命令：

[root@hn]# bzcat install.log.bz2

按回车键后，即可显示压缩包中的文件内容，效果如图8-41所示。

图8-40

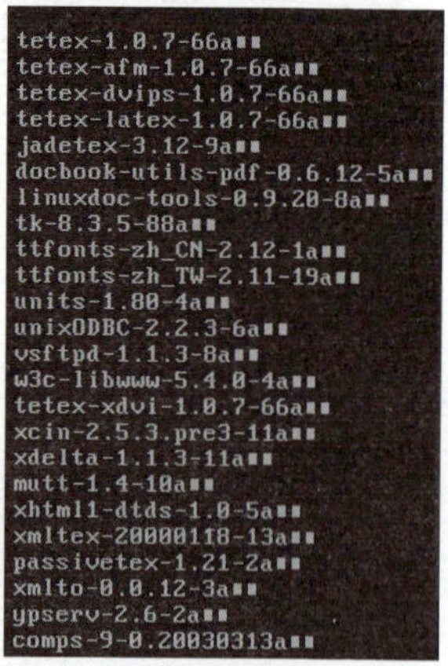

图8-41

命令13　bzcmp命令

命令功能

bzcmp命令在不真正解压缩.bz2压缩包的情况下，比较两个压缩包中的文件，省去了解压缩后再调用cmp命令的过程。

第8章 文件压缩与解压缩

命令语法
bzcmp(参数)

参数说明
- 文件1：指定要比较的第一个.bz2压缩包；
- 文件2：指定要比较的第二个.bz2压缩包。

实例1 比较两个.bz2压缩包中文件的不同

案例表述
本例中使用bzcmp指令比较.bz2压缩包"fstab.bz2"和"fstab.bak.bz2"中的文件。

案例实现
❶ 使用bzcat显示压缩包"fstab.bz2"中的文件内容，在命令行中输入下面命令：

[root@hn]# bzcat fstab.bz2

按回车键后，即可显示压缩包内的文件内容，效果如图8-42所示。

❷ 使用bzcat显示压缩包"fstab.bak.bz2"中的文件内容，在命令行中输入下面命令：

[root@hn]# bzcat fstab.bak.bz2

按回车键后，即可显示压缩包中文件的内容，效果如图8-43所示。

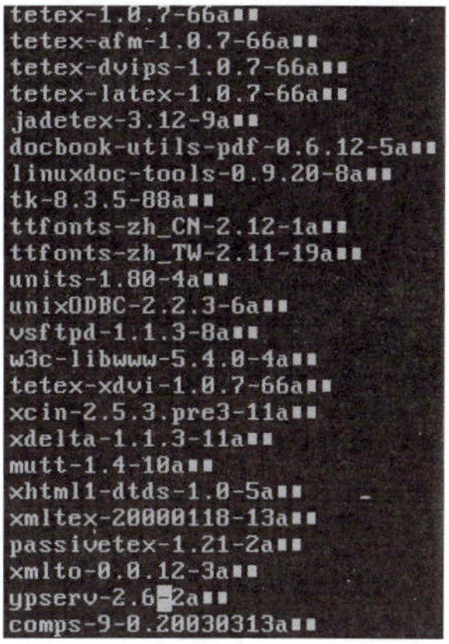

图8-42 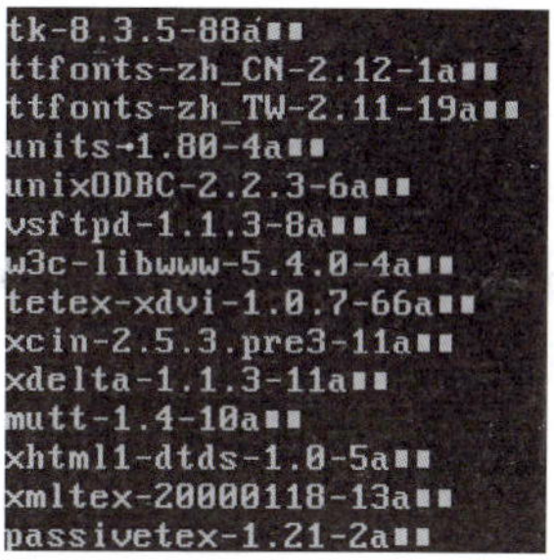   图8-43

❸ 使用bzcmp指令比较两个压缩包，在命令行中输入下面命令：

[root@hn]# bzcmp fstab.bz2 fstab.bak.bz2

按回车键后，即可比较两个压缩包中文件的不同，效果如图8-44所示。

Linux | 169

```
ttfonts-zh_CN-2.12-1a
ttfonts-zh_TW-2.11-19a
units-1.00-4a
unixODBC-2.2.3-6a
vsftpd-1.1.3-8a
w3c-libwww-5.4.0-4a
tetex-xdvi-1.0.7-66a
xcin-2.5.3.pre3-11a
xdelta-1.1.3-11a
mutt-1.4-10a
xhtml1-dtds-1.0-5a
xmltex-20000118-13a
passivetex-1.21-2a
xmlto-0.0.12-3a
ypserv-2.6-2a
comps-9-0.20030313a
```

图8-44

命令14 bzdiff命令

命令功能

bzdiff命令用于直接比较两个".bz2"压缩包中文件的不同,省去了解压缩后再调用diff命令的过程。

命令语法

bzdiff(参数)

参数说明

- 文件1:指定要比较的第一个.bz2压缩包;
- 文件2:指定要比较的第二个.bz2压缩包。

实例1 比较压缩包内文件的不同

案例表述

本例中使用bzdiff指令比较.bz2压缩包"fstab.bz2"和"fstab.bak.bz2"中的文件。

案例实现

❶ 使用bzcat显示压缩包"fstab.bz2"中的文件内容,在命令行中输入下面命令:

[root@hn]# bzcat fstab.bz2

按回车键后,即可显示压缩包内的文件内容,效果如图8-45所示。

❷ 使用bzcat显示压缩包"fstab.bak.bz2"中的文件内容,在命令行中输入下面命令:

[root@hn]# bzcat fstab.bak.bz2

按回车键后,即可显示压缩包中文件的内容,效果如图8-46所示。

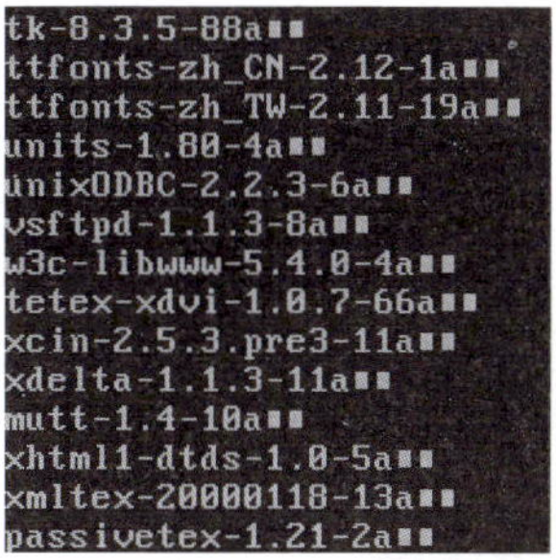

图8-45 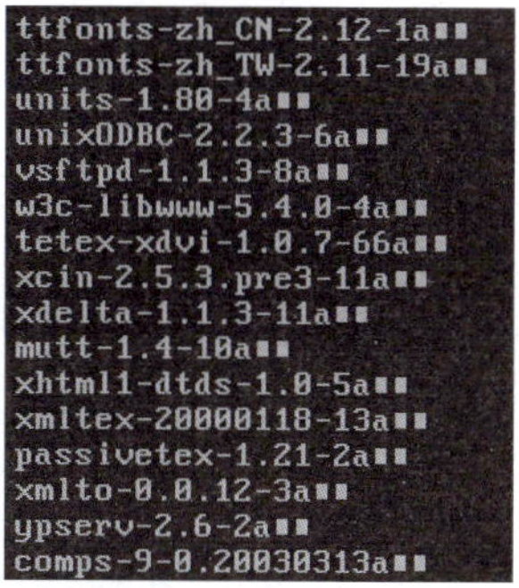　　　　　　图8-46

❸ 使用bzdiff指令比较两个压缩包,在命令行中输入下面命令:

[root@hn]# bzdiff fstab.bz2 fstab.bak.bz2

按回车键后,即可比较两个压缩包中文件的不同,效果如图8-47所示。

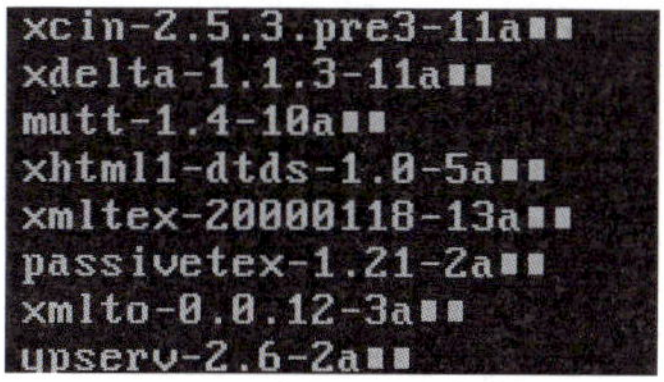

图8-47

命令15　bzgrep命令

命令功能

bzgrep命令使用正则表达式搜索".bz2"压缩包中文件,将匹配的行显示到标注输出。

命令语法

bzgrep(参数)

参数说明

- 搜索模式:指定要搜索的模式;
- .bz2文件:指定要搜索的.bz2压缩包。

实例1　在.bz2压缩包中搜索匹配模式的行

案例表述

本例中,将使用bzgrep指令直接在".bz2"压缩包中搜索文件中匹配模式的行,并显示匹配的行。

▶ 案例实现

❶ 使用bzcat显示压缩包"fstab.bz2"中的文件内容,在命令行中输入下面命令:

[root@hn]# bzcat fstab.bz2

按回车键后,即可显示压缩包内的文件内容,效果如图8-48所示。

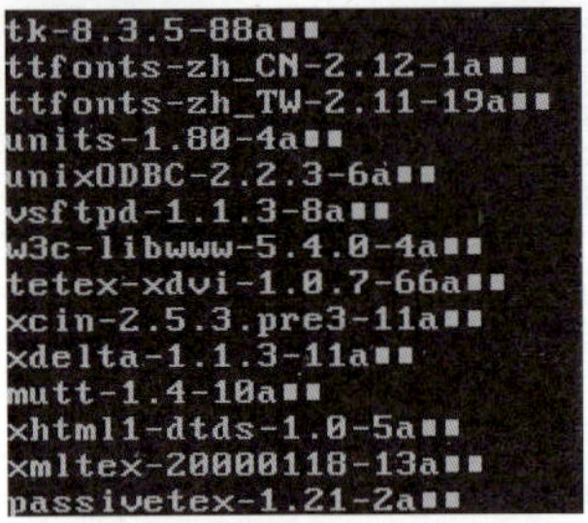

图8-48

❷ 使用bzcat在压缩包"fstab.bz2"中搜索含有"defaults"的行,在命令行中输入下面命令:

[root@ localhost root]# bzgrep defaults fstab.bz2

按回车键后,即可在压缩包"fstab.bz2"中搜索含有"defaults"的行,效果如图8-49所示。

图8-49

命令16 bzip2recover命令

命令功能

bzip2recover命令可用于恢复被破坏的".bz2"压缩包中的文件。

命令语法

bzip2recover(参数)

参数说明

- 文件:指定要恢复数据的.bz2压缩包。

实例1 恢复.bz2压缩包中的文件

▶ 案例表述

使用bzip2recover尝试恢复被破坏的".bz2"压缩包中的文件。

案例实现

在命令行中输入下面命令：

```
[root@ localhost root ]# bzip2recover fstab.bz2
```

按回车键后，即可尝试恢复被破坏的压缩包中的文件，效果如图8-50所示。

```
[root@localhost root]# bzip2recover fstab.bz2
bzip2recover 1.0.2: extracts blocks from damaged .bz2 files.
bzip2recover: searching for block boundaries ...
```

图8-50

命令17　bzmore命令

命令功能

bzmore命令用于查看bzip2压缩过的文本文件的内容，当一屏显示不下时可以实现分屏显示。

命令语法

bzmore(参数)

参数说明

- 文件：指定要分屏显示的.bz2压缩包。

实例1　分屏查看压缩包中的文件

案例表述

本例中使用bzmore指令查看“.bz2”类型的文件“https.conf.bz2”,源文件“httpd.conf”内容较长，可以实现分页显示。

案例实现

在命令行中输入下面命令：

```
[root@hn ]# bzmore install.log.bz2
```

按回车键后，即可分屏显示压缩包中的文件，效果如图8-51所示。

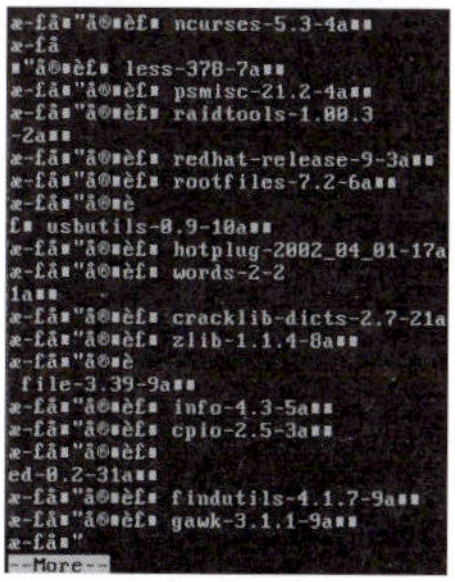

图8-51

命令18 bzless命令

命令功能

bzless命令是增强的".bz2"压缩包查看器，bzless比bzmore命令功能更加强大。

命令语法

bzless(参数)

参数说明

- 文件：指定要分屏显示的.bz2压缩包。

实例1 分屏查看压缩包中的文件

案例表述

本例中使用bzless指令查看".bz2"类型的文件"newfil.bz2"，源文件"httpd.conf"内容较长，可以实现分页显示。

案例实现

在命令行中输入下面命令：

[root@hn]# bzless install.bz2

按回车键后，即可分屏显示压缩包中的文件，效果如图8-52所示。

图8-52

命令19 zipinfo命令

命令功能

zipinfo命令用来列出压缩文件信息。

命令语法

zipinfo(选项)(参数)

选项说明

- –1：只列出文件名称；
- –2：此参数的效果和指定"–1"参数类似，但可搭配"–h"，"–t"和"–z"参数使用；
- –h：只列出压缩文件的文件名称；
- –l：此参数的效果和指定"–m"参数类似，但会列出原始文件的大小而非每个文件的压缩率；
- –m：此参数的效果和指定"–s"参数类似，但多会列出每个文件的压缩率；
- –M：若信息内容超过一个画面，则采用类似more指令的方式列出信息；
- –s：用类似执行"ls –l"指令的效果列出压缩文件内容；
- –t：只列出压缩文件内所包含的文件数目，压缩前后的文件大小及压缩率；
- –T：将压缩文件内每个文件的日期时间用年，月，日，时，分，秒的顺序列出；
- –v：详细显示压缩文件内每一个文件的信息；
- –x<范本样式>：不列出符合条件的文件的信息；
- –z：如果压缩文件内含有注释，就将注释显示出来。

参数说明

- 文件：指定zip格式的压缩包。

实例1 显示zip压缩包细节信息

案例表述

显示zip压缩包细节信息。

案例实现

在命令行中输入下面命令：

[root@ localhost root]#zipinfo install.bz2

按回车键后，即可显示压缩包细节信息，效果如图8-53所示。

```
[root@localhost root]# zipinfo install.bz2
[install.bz2]
  End-of-central-directory signature not found.  Either this file is not
  a zipfile, or it constitutes one disk of a multi-part archive.  In the
  latter case the central directory and zipfile comment will be found on
  the last disk(s) of this archive.
```

图8-53

实例2 显示压缩包内文件列表

案例表述

使用zipinfo指令的"–l"选项，可以仅列出zip压缩包内的文件。

案例实现

1 在命令行中输入下面命令:

[root@ localhost ~]$ zipinfo - install.zip

按回车键后,即可仅显示压缩包内文件列表,效果如图8-54所示。

```
[root@localhost ~]$ zipinfo -1 root.zip
root/anaconda-ks.cfg
......
root/test
```

图8-54

2 使用"-2"选项显示压缩包中文件列表时,结合"-h"和"-t"选项显示标题头和汇总信息,在命令行中输入下面命令:

[root@ localhost ~]$ zipinfo -2 –h –t install.zip

按回车键后,即可显示文件列表,并显示标题头和汇总信息,效果如图8-55所示。

```
[root@localhost ~]$ zipinfo -2 -h -t root.zip
Archive: root.zip  15211 bytes  5 files
root/anaconda-ks.cfg
......
5 files, 53473 bytes uncompressed, 14475 bytes compressed 72.9%
```

图8-55

实例3 显示压缩文件的冗长信息

案例表述

使用zipinfo的"–v"选项显示压缩文件更加全面的信息。

案例实现

在命令行中输入下面命令:

[root@ localhost ~]$ zipinfo –v fstab.zip

按回车键后,即可显示压缩包更加详细的信息,效果如图8-56所示。

```
[root@localhost ~]$ zipinfo -v fstab.zip
Archive: root.zip  15211 bytes 1 files
......
 The central-directory extra field contains:
 - A subfield with ID 0x5445 (universal time) and 5 data bytes
 There is no file comment.
```

图8-56

命令20 zipsplit命令

命令功能

zipsplit命令用于将较大的"zip"压缩包分割成过个较小的"zip"压缩包。

命令语法

zipsplit(选项)(参数)

选项说明

- –n：指定分割后每个zip文件的大小；
- –t：报告将要产生的较小的zip文件的大小；
- –b：指定分割后的zip文件的存放位置。

参数说明

- 文件：指定要分割的zip压缩包。

实例1 分割较大的zip压缩包

案例表述

分割较大的zip压缩包。

案例实现

1 显示要分割的"zip"压缩包的详细信息,在命令行中输入下面命令:

[root@ localhost root]# ls -l

按回车键后,即可显示文件详细信息,效果如图8-57所示。

```
[root@localhost root]# ls -l
×ÜÔÃÁ¿ 68
-rw-r--r--   1 root     root          986 4ôÂ 27 23:41 anaconda-ks.cfg
-rw-r--r--   1 root     root        49492 4ôÂ 27 23:40 install.log
-rw-r--r--   1 root     root         7113 4ôÂ 27 23:40 install.log.syslog
```

图8-57

2 使用zipsplit指令将948KB的zip压缩包"rtc.zip"分割,在命令行中输入下面命令:

[root@ localhost root]# zipsplit –n 600 etc.zip

按回车键后,以600KB为单位分割zip压缩包。效果如图8-58所示。

```
[root@localhost root]# zipsplit -n 600 etc.zip
zipsplit warning: missing end signature--probably not a zip file (did you
zipsplit warning: remember to use binary mode when you transferred it?)
zipsplit error: Zip file structure invalid (etc.zip)
[root@localhost root]#
```

图8-58

3 使用ls指令查看分割后文件的详细信息,在命令行中输入下面命令:

[root@ localhost root]# ls -l

按回车键后,即可显示文件的详细信息。效果如图8-59所示。

```
[root@localhost root]# ls -l
×ÜÔÃÁ¿ 68
-rw-r--r--   1 root     root          986 4ôÂ 27 23:41 anaconda-ks.cfg
-rw-r--r--   1 root     root        49492 4ôÂ 27 23:40 install.log
-rw-r--r--   1 root     root         7113 4ôÂ 27 23:40 install.log.syslog
```

图8-59

命令21 zfore命令

命令功能
zfore命令强制为gzip格式的压缩文件添加".gz"后缀。

命令语法
zfore(参数)

参数说明
- 文件列表：指定要添加".gz"后缀的gzip压缩文件。

实例1 为gzip格式的文件添加".gz"后缀

案例表述

为gzip格式的文件添加".gz"后缀。

案例实现

① 使用file指令显示当前目录下的文件的格式，在命令行中输入下面命令：

[root@ localhost root]# file *

按回车键后，即可探测当前目录下所有非隐藏文件的类型，效果如图8-60所示。

```
[root@localhost root]# file *
anaconda-ks.cfg:      ASCII English text
install.log:          UTF-8 Unicode text
install.log.syslog:   UTF-8 Unicode text
```

图8-60

② 使用zforce指令强制为gzip格式的文件添加".gz"后缀，在命令行中输入下面命令：

[root@ localhost root]# zforce *

按回车键后，将当前目录下的所有gzip格式文件添加".gz"后缀。效果如图8-61所示。

```
[root@localhost root]# zforce *
```

图8-61

③ 使用ls指令显示当前目录下的文件名的变化，在命令行中输入下面命令：

[root@ localhost root]# ls

按回车键后，即可显示当前目录列表。效果如图8-62所示。

```
[root@localhost root]# ls
anaconda-ks.cfg  install.log  install.log.syslog
```

图8-62

命令22 znew命令

命令功能
znew命令用于将使用compress命令压缩的".Z"压缩包重新转化为使用gzip命令压缩的".gz"压缩包。

命令语法
znew(选项)(参数)

选项说明
- –f：强制执行转换操作，即是目标".gz"已经存在；
- –t：删除原文件前测试新文件；
- –v：显示文件名和每个文件的压缩比；
- –9：使用优化的压缩比，速度较慢；
- –P：使用管道完成转换操作，以降低磁盘空间使用；
- –K：当".Z"文件比".gz"文件小时，保留".Z"文件。

参数说明
- 文件：指定compress指令压缩生成的".Z"压缩包。

实例1 将.Z文件转换为".gz"文件

案例表述
将".Z"文件转换为".gz"文件。

案例实现

❶ 使用ls指令查看compress指令生成的".Z"压缩包，在命令行中输入下面命令：

[root@ localhost root]# ls -l

按回车键后，即可显示文件详细信息，效果如图8-63所示。

图8-63

❷ 使用znew指令将".Z"文件转换为".gz"压缩格式，在命令行中输入下面命令：

[root@ localhost root localhost root]# znew etc.tar.Z

按回车键后，即可转换".Z"压缩包为".gz"格式压缩包。

❸ 使用ls指令查看".gz"压缩包的信息,在命令行中输入下面命令:

[root@ localhost root]# ls -l

按回车键后,即可查看".gz"文件的详细信息。效果如图8-64所示。

```
[root@localhost root]# ls -l
×ÜôñÁ¿ 68
-rw-r--r--    1 root    root        986  4ôÂ 27 23:41 anaconda-ks.cfg
-rw-r--r--    1 root    root       49492 4ôÂ 27 23:40 install.log
-rw-r--r--    1 root    root        7113 4ôÂ 27 23:40 install.log.syslog
```

图8-64

命令23 zcat命令

命令功能

zcat命令用于不真正解压缩文件,就能显示压缩包中文件的内容的场合。

命令语法

zcat(选项)(参数)

选项说明

- –S:指定gizp格式的压缩包的后缀。当后缀不是标准压缩包后缀时使用此选项;
- –c:将文件内容写到标注输出,保留原文件;
- –d:执行解压缩操作;
- –l:显示压缩包中文件的列表;
- –L:显示软件许可信息;
- –q:禁用警告信息;
- –r:在目录上执行递归操作;
- –t:测试压缩文件的完整性;
- –V:显示指令的版本信息;
- –l:更快的压缩速度;
- –9:更高的压缩比

参数说明

- 文件:指定要显示其中文件内容的压缩包。

实例1 显示压缩包中文件的内容

▶ 案例表述

使用zcat指令显示压缩包中文本文件的内容。

▶ 案例实现

在命令行中输入下面命令:

[root@ localhost root]# zcat fstab.gz

按回车键后,即可显示压缩包文件的内容,效果如图8-65所示。

```
[root@localhost root]# zcat fstab.gz
zcat: fstab.gz: not in gzip format
[root@localhost root]#
```
图8-65

命令24　gzexe命令

命令功能

gzexe命令用来压缩可执行文件,压缩后的文件仍然为可执行文件,在执行时进行自动解压缩。

命令语法

gzexe(选项)(参数)

选项说明

- −d:解压缩被gzexe压缩过的可执行文件。

参数说明

- 文件:指定需要压缩的可执行文件。

实例1　压缩可执行程序

案例表述

压缩可执行程序。

案例实现

❶ 使用gzexe指令压缩可执行文件,在命令行中输入下面命令:

[root@ localhost root]# gzexe /usr/bin/quota

按回车键后,即可压缩可执行文件quota,效果如图8-66所示。

```
[root@localhost root]# gzexe /usr/bin/quota
/usr/bin/quota:    57.2%
```
图8-66

❷ 使用file指令探测新生产的quota文件的类型,在命令行中输入下面命令:

[root@ localhost root]# file /usr/bin/quota

按回车键后,即可探测quota的文件类型,效果如图8-67所示。

```
[root@localhost root]# file /usr/bin/quota
/usr/bin/quota: Bourne shell script text executable
```

图8-67

❸ 使用head指令显示quota文件的前13行内容,在命令行中输入下面命令:

[root@ localhost root]# head –n 13 /usr/bin/quota

按回车键后,即可显示quota文件的前13行内容。效果如图8-68所示。

```
[root@localhost root]# head -n 13 /usr/bin/quota
#!/bin/sh
skip=14
tmpdir=`/bin/mktemp -d ${TMPDIR:-/tmp}/gzexe.XXXXXXXXX` || exit 1
prog="${tmpdir}/`echo \"$0\" | sed 's|^.*/||'`"
if /usr/bin/tail +$skip "$0" | "/bin"/gzip -cd > "$prog"; then
  /bin/chmod 700 "$prog"
  trap '/bin/rm -rf $tmpdir; exit $res' EXIT
  "$prog" ${1+"$@"}; res=$?
else
  echo "Cannot decompress $0"
  /bin/rm -rf $tmpdir
  exit 1
fi; exit $res
```

图8-68

第 9 章

文件备份、归档与恢复

Linux是一个稳定而可靠的环境。但是任何计算系统都有无法预料的事件，比如硬件故障。拥有关键配置信息的可靠备份是任何负责任的管理计划的组成部分。在Linux中可以通过各种各样的方法来执行备份。

命令1　cpio命令

命令功能
cpio命令用来复制文件到归档包中，或者从归档包中复制文件。

命令语法
cpio (选项)

选项说明

- -0或--null：接受新增列控制字符，通常配合find指令的"-print0"参数使用；
- -a或--reset-access-time：重新设置文件的存取时间；
- -A或--append：附加到已存在的备份档中，且这个备份档必须存放在磁盘上，而不能放置于磁带机里；
- -b或--swap：此参数的效果和同时指定"-sS"参数相同；
- -B：将输入/输出的区块大小改成5210 Bytes；
- -c：使用旧ASCII备份格式；
- -C<区块大小>或--io-size=<区块大小>：设置输入/输出的区块大小，单位是Byte；
- -d或--make-directories：如有需要cpio会自行建立目录；
- -E<范本文件>或--pattern-file=<范本文件>：指定范本文件，其内含有一个或多个范本样式，让cpio解开符合范本条件的文件，格式为每列一个范本样式；
- -f或--nonmatching：让cpio解开所有不符合范本条件的文件；
- -F<备份档>或--file=<备份档>：指定备份档的名称，用来取代标准输入或输出，也能借此通过网络使用另一台主机的保存设备存取备份档；
- -H<备份格式>：指定备份时欲使用的文件格式；
- -i或--extract：执行copy-in模式，还原备份档；
- -I<备份档>：指定备份档的名称，用来取代标准输入，也能借此通过网络使用另一台主机的保存设备读取备份档；
- -k：此参数将忽略不予处理，仅负责解决cpio不同版本间的兼容性问题；
- -l或--link：以硬连接的方式取代复制文件，可在copy-pass模式下运用；
- -L或--dereference：不建立符号连接，直接复制该连接所指向的原始文件；
- -m或preserve-modification-time：不去更换文件的更改时间；
- -M<回传信息>或--message=<回传信息>：设置更换保存媒体的信息；
- -n或--numeric-uid-gid：使用"-tv"参数列出备份档的内容时，若再加上参数"-n"，则会以用户识别码和群组识别码替代拥有者和群组名称列出文件清单；

- -o或--create：执行copy-out模式，建立备份档；
- -O<备份档>：指定备份档的名称，用来取代标准输出，也能借此通过网络使用另一台主机的保存设备存放备份档；
- -p或--pass-through：执行copy-pass模式，略过备份步骤，直接将文件复制到目的目录；
- -r或--rename：当有文件名称需要更动时，采用互动模式；
- -R<拥有者><:/.><所属群组>或----owner<拥有者><:/.><所属群组>　在copy-in模式还原备份档，或copy-pass模式复制文件时，可指定这些备份，复制的文件的拥有者与所属群组；
- -s或--swap-bytes：交换每对字节的内容；
- -S或--swap-halfwords：交换每半个字节的内容；
- -t或--list：将输入的内容呈现出来；
- -u或--unconditional：置换所有文件，不论日期时间的新旧与否，皆不予询问而直接覆盖；
- -v或--verbose：详细显示指令的执行过程；
- -V或--dot：执行指令时，在每个文件的执行程序前面加上"."号；
- --block-size=<区块大小>：设置输入/输出的区块大小，假如设置数值为5，则区块大小为2500，若设置成10，则区块大小为5120，依次类推；
- --force-local：强制将备份档存放在本地主机；
- --help：在线帮助；
- --no-absolute-filenames：使用相对路径建立文件名称；
- --no-preserve-owner：不保留文件的拥有者，谁解开了备份档，那些文件就归谁所有；
- --only-verify-crc：当备份档采用CRC备份格式时，可使用这项参数检查备份档内的每个文件是否正确无误；
- --quiet：不显示复制了多少区块；
- --sparse：倘若一个文件内含大量的连续0字节，则将此文件存成稀疏文件；
- --version：显示版本信息。

实例1　备份etc目录

▶ 案例表述

使用cpio指令备份/etc目录。

▶ 案例实现

在命令行中输入下面命令：

[root@localgost]# find /etc print | cpio –o > etc.bak

按回车键后，即可备份etc目录下的所有文件，效果如图9-1所示。

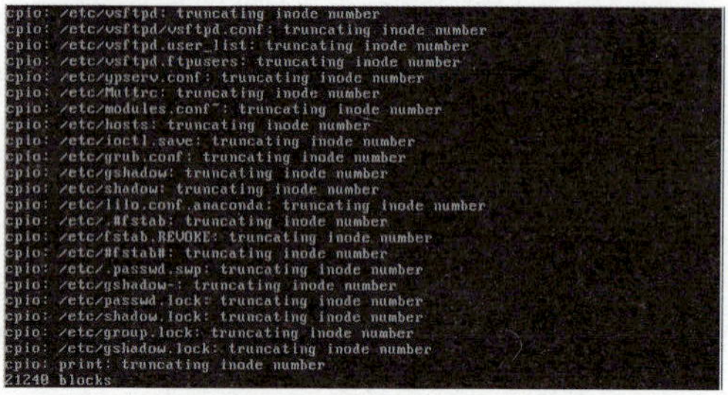

图9-1

命令2　dump命令

命令功能
dump命令用于备份ext2或者ext3文件系统。

命令语法
dump(选项)(参数)

选项说明
- −0123456789：备份的层级；
- −b<区块大小>：指定区块的大小，单位为KB；
- −B<区块数目>：指定备份卷册的区块数目；
- −c：修改备份磁带预设的密度与容量；
- −d<密度>：设置磁带的密度。单位为BPI；
- −f<设备名称>：指定备份设备；
- −h<层级>：当备份层级等于或大于指定的层级时，将不备份用户标示为"nodump"的文件；
- −n：当备份工作需要管理员介入时，向所有"operator"群组中的使用者发出通知；
- −s<磁带长度>：备份磁带的长度，单位为英尺；
- −T<日期>：指定开始备份的时间与日期；
- −u：备份完毕后，在/etc/dumpdates中记录备份的文件系统、层级、日期与时间等；
- −w：与−W类似，但仅显示需要备份的文件；
- −W：显示需要备份的文件及其最后一次备份的层级、时间与日期。

参数说明
- 备份源：指定要备份的文件、目录或者文件系统。

实例1 备份目录

▶ 案例表述

使用dump指令备份指定目录。

▶ 案例实现

❶ 在命令行中输入下面命令：

[root@ localhost root]# dump –f home-dump.bak /home/

按回车键后，即可备份/home目录，效果如图9-2所示。

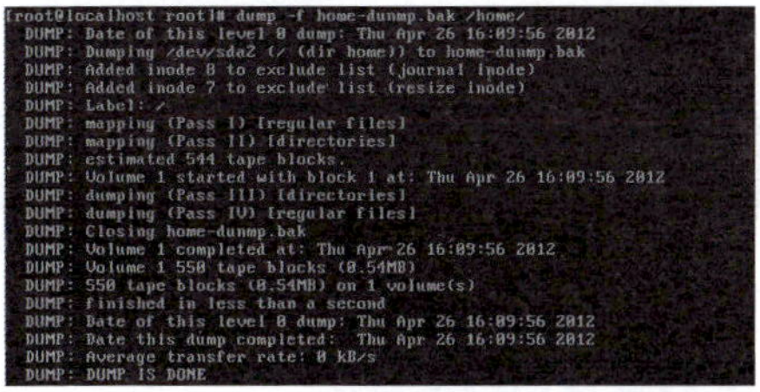

图9-2

❷ 使用restore指令查看dump生成的备份中的内容列表，在命令行中输入下面命令：

[root@hn test]# restore –tf home-dump.bak

按回车键后，即可查看备份中的内容列表，效果如图9-3所示。

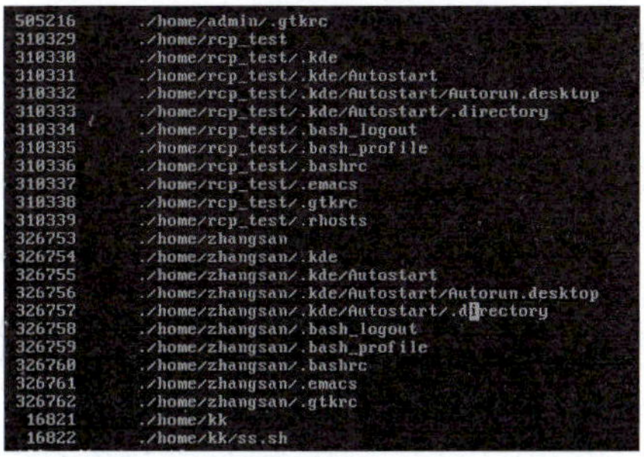

图9-3

实例2 备份文件系统

▶ 案例表述

使用dump指令进行完全备份。

▶

❶ 在命令行中输入下面命令：

[root@ localhost root]# dump -0u –f /bak/sdc1.bak /dev/sdc1

按回车键后，即可完全备份/dev/sdc1文件系统，效果如图9-4所示。

```
[root@localhost ~]$ dump -0u -f /bak/sdc1. bak /dev/sdc1
 DUMP: Date of this level 0 dump: Mon Jul 6 17:00:56 2012
 DUMP: Dumping /dev/sdc1 (/acccesslog) to sdc1.bak
 ......
 DUMP:Average transfer rate : 7568 kb/s
 DUMP: DUMP is DONE
```

图9-4

2 在目录“/accesslog”中复制几个文件后对文件系统进行增量备份，在命令行中输入下面命令：

```
[root@ localhost root]# dump -0u –f /bak/sdc1.bak1 /dev/sdc1
```

按回车键后，即可增量备份/dev/sdc1文件系统，效果如图9-5所示。

```
[root@localhost ~]$ dump -0u -f /bak/sdc1. bak /dev/sdc1
 DUMP: Date of this level 0 dump: Mon Jul 6 17:00:56 2012
 DUMP: Dumping /dev/sdc1 (/acccesslog) to sdc1.bak
 ......
 DUMP:Average transfer rate : 7568 kb/s
 DUMP: DUMP is DONE
```

图9-5

命令3 restore命令

命令功能

restore命令是dump命令的逆过程，用于还原dump命令生成的备份文件。

命令语法

restore (选项)

选项说明

- –b<区块大小>：设置区块大小，单位是Byte；
- –c：不检查倾倒操作的备份格式，仅准许读取使用旧格式的备份文件；
- –C：使用对比模式，将备份的文件与现行的文件相互对比；
- –D<文件系统>：允许用户指定文件系统的名称；
- –f<备份文件>：从指定的文件中读取备份数据，进行还原操作；
- –h：仅解除目录而不包括与该目录相关的所有文件；
- –i：使用互动模式，在进行还原操作时，restore指令将依序询问用户；
- –m：解开符合指定的inode编号的文件或目录而非采用文件名称指定；
- –r：进行还原操作；
- –R：全面还原文件系统时，检查应从何处开始进行；
- –s<文件编号>：当备份数据超过一卷磁带时，用户可以指定备份文件的编号；
- –t：指定文件名称，若该文件已存在备份文件中，则列出它们的名称；
- –v：显示指令执行过程；
- –x：设置文件名称，且从指定的存储媒体里读入它们，若该文件已存在在备份文件中，则将其还原到文件系统内；

- –y：不询问任何问题，一律以同意回答并继续执行指令。

实例1　完全还原

▶ 案例表述

本例演示备份和还原"/boot"文件系统的过程。

▶ 案例实现

1 首先，使用dump指令备份"/boot"文件系统，在命令行中输入下面命令：

[root@ localhost root]# dump –f boot-dump.bak /boot/

按回车键后，即可备份boot文件系统，效果如图9-6所示。

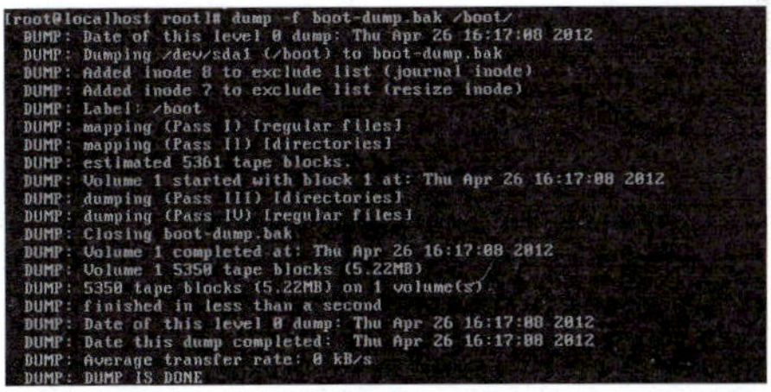

图9-6

2 使用rm指令删除"/boot"目录下的内容，在命令行中输入下面命令：

[root@ localhost root]# rm –rf /boot/*

按回车键后，即可强制删除"/boot"目录下所有内容，效果如图9-7所示。

3 切换到"/boot"目录并使用restore指令还原"/boot"目录，在命令行中输入下面命令：

[root@hn test]# cd /boot

[root@hn root]# restore –tf boot-dump.bak

按回车键后，即可切换到/boot目录并还原"/boot"目录。

4 使用ls指令查看"/boot"的内容列表，在命令行中输入下面命令：

[root@ localhost root]# ls -1

按回车键后，即可目录列表，效果如图9-8所示。

图9-7

图9-8

实例2　交互式还原

▶ 案例表述

当文件系统中的部分文件被破坏时，就没有必要进行完全还原，使用选择性还原更为合适。本例演示restore指令的交互式还原指定文件的操作过程。

案例实现

1 首先，使用rm指令删除"/boot"目录下的若干文件，在命令行中输入下面命令：

[root@ localhost root]# rm –f /boot/initrd-2.6.18.92.e15.img /boot/vmlinuz-2.6.18-92.e15

按回车键后，即可强制删除文件，效果如图9-9所示。

图9-9

2 切换到"/boot"目录，然后使用restore指令的"-i"选项进入交互式模式，还原文件，在命令行中输入下面命令：

[root@ localhost root]# restore –if /root/test/boot-dump.bak

按回车键后，即可进入交互式模式，效果如图9-10所示。

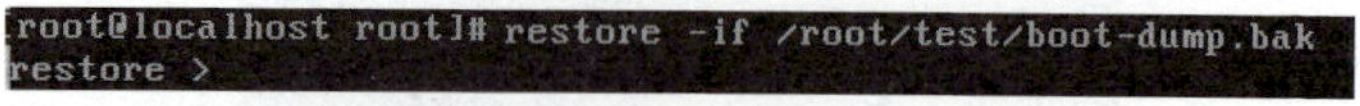

图9-10

3 使用"help"命令显示restore指令的帮助信息，在命令行中输入下面命令：

restore > help

按回车键后，即可显示交互模式的可以命令，效果如图9-11所示。

4 在"restore>"提示符下输入"ls"命令，查看备份中的文件列表，在命令行中输入下面命令：

restore > ls

按回车键后，即可显示备份中的文件列表，效果如图9-12所示。

图9-11 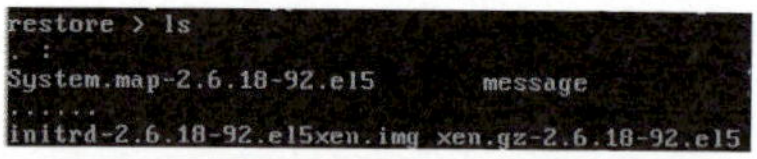　　　　　　　　　图9-12

5 使用"add"命令标记需要还原的文件，在命令行中输入下面命令：

restore > add vmlinuz-2.6.18-92.e15
restore > add initrd-2.6.18-92.e15.img

按回车键后，即可指定需要还原的文件。

6 使用"ls"命令查看时，会发现需要还原的文件前面加上了"*"，在命令行中输入下面命令：

restore > ls

按回车键后，即可显示备份中的文件列表，效果如图9-13所示。

图9-13

第2篇 Linux系统管理指令

第10章

系统关机与重新启动

Linux操作系统与其他操作系统一样,在Linux系统下用户的数据和程序也是以文件的形式保存的。所以在使用Linux的过程中,是经常要对文件与目录进行操作的。

命令1　ctrlaltdel命令

命令功能
ctrlaltdel命令用来设置组合键"Ctrl+Alt+Del"的功能。

命令语法
ctrlaltdel (参数)

参数说明
- Hard：当按下组合键"Ctrl+Alt+Del"时，立即执行重新启动操作系统，而不是先调用sync系统调用和其他的关机标准操作。
- Soft：当按下组合键"Ctrl+Alt+Del"时，首先向init进程发送SIGINT（interrupt）信号。由init进程处理关机操作。

实例1　设置组合键"ctrl+alt+del"的功能

案例表述

为了使用户按下组合键"Ctrl+Alt+Del"时，调用安全的重启操作系统的操作，需要使用"soft"参数。

案例实现

在命令行中输入下面命令：

[root@localhost root]# ctrlaltdel soft

按回车键后，即可设置组合键"Ctrl+Alt+Del"的功能。

图10-1

命令2　halt命令

命令功能
halt命令用来关闭正在运行的Linux操作系统。

命令语法
halt(选项)

选项说明
- -d：不要在wtmp中记录；
- -f：不论目前的runlevel为何，不调用shutdown即强制关闭系统；
- -i：在halt之前，关闭全部的网络界面；
- -n：halt前，不用先执行sync；
- -p：halt之后，执行poweroff；

- –w：仅在wtmp中记录，而不实际结束系统。

实例1　关闭操作系统并切断电源

案例表述

如果希望在关闭操作系统后切断系统的电源，可以使用halt指令的"–p"选项。

案例实现

在命令行中输入下面命令：

[root@localhost root]# halt -p

按回车键后，即可关闭操作系统并切断电源，效果如图10-2所示。

图10-2

命令3　poweroff命令

命令功能

poweroff命令用来关闭计算机操作系统并且切断系统电源。

命令语法

poweroff(选项)

选项说明

- –n：关闭操作系统时不执行sync操作；
- –w：不真正关闭操作系统，仅在日志文件"/var/log/wtmp"中；
- –d：关闭操作系统时，不将操作写入日志文件"/var/log/wtmp"中添加相应的记录；
- –f：强制关闭操作系统；
- –i：关闭操作系统之前关闭所有的网络接口；
- –h：关闭操作系统之前将系统中所有的硬件设置为备用模式。

实例1　安全的关闭系统

案例表述

在使用poweroff指令关闭计算机时，为了安全起见，可以使用"–h"选项在关闭系统前将系统中所有的硬件设备设置为备用模式。

▶ 案例实现

在命令行中输入下面命令：

[root@localhost root]# poweroff -h

按回车键后，即可安全地关闭计算机，效果如图10-3所示。

图10-3

命令4　reboot命令

命令功能

reboot命令用来重新启动正在运行的Linux操作系统。

命令语法

reboot(选项)

选项说明

- –d：重新开机时不把数据写入记录文件/var/tmp/wtmp。本参数具有"–n"参数的效果；
- –f：强制重新开机，不调用shutdown指令的功能；
- –i：在重开机之前，先关闭所有网络界面；
- –n：重开机之前不检查是否有未结束的程序；
- –w：仅做测试，并不真正将系统重新开机，只会把重开机的数据写入/var/log目录下的wtmp记录文件。

实例1　重新启动Linux操作系统

▶ 案例表述

在使用reboot指令重新启动操作系统时，为了保证操作系统重新启动的过程中不会有网络用户登录系统，可以使用reboot指令的"–i"选项，在重新启动操作系统之前关闭所有的网络接口。

▶ 案例实现

在命令行中输入下面命令：

[root@localhost root]# reboot -i

按回车键后，即可重新启动Linux操作系统，效果如图10-4所示。

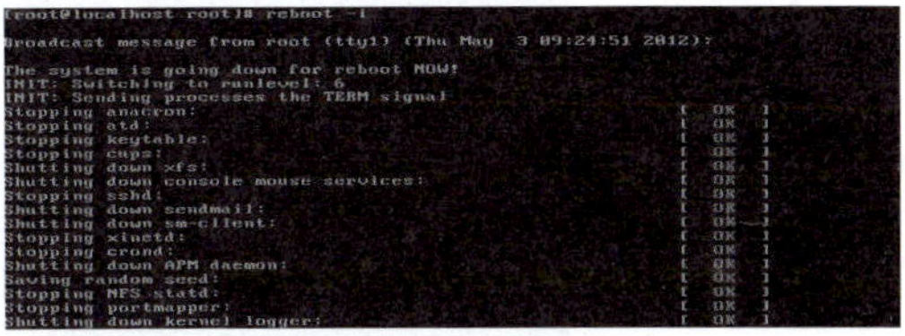

```
[root@localhost root]# reboot -i

Broadcast message from root (tty1) (Thu May  3 09:24:51 2012):

The system is going down for reboot NOW!
INIT: Switching to runlevel: 6
INIT: Sending processes the TERM signal
Stopping anacron:                                          [  OK  ]
Stopping atd:                                              [  OK  ]
Stopping keytable:                                         [  OK  ]
Stopping cups:                                             [  OK  ]
Shutting down xfs:                                         [  OK  ]
Shutting down console mouse services:                      [  OK  ]
Stopping sshd:                                             [  OK  ]
Shutting down sendmail:                                    [  OK  ]
Shutting down sm-client:                                   [  OK  ]
Stopping xinetd:                                           [  OK  ]
Stopping crond:                                            [  OK  ]
Shutting down APM daemon:                                  [  OK  ]
Saving random seed:                                        [  OK  ]
Stopping NFS statd:                                        [  OK  ]
Stopping portmapper:                                       [  OK  ]
Shutting down kernel logger:                               [  OK  ]
```

图10-4

命令5 shutdown命令

命令功能

shutdown命令用来系统关机指令。shutdown指令可以关闭所有程序，并依用户的需要，进行重新开机或关机的动作。

命令语法

shutdown(选项)(参数)

选项说明

- –c：当执行“shutdown –h 11:50”指令时，只要按+键就可以中断关机的指令；
- –f：重新启动时不执行fsck；
- –F：重新启动时执行fsck；
- –h：将系统关机；
- –k：只是送出信息给所有用户，但不会实际关机；
- –n：不调用init程序进行关机，而由shutdown自己进行；
- –r：shutdown之后重新启动；
- –t<秒数>：送出警告信息和删除信息之间要延迟多少秒。

参数说明

- [时间]：设置多久时间后执行shutdown指令；
- [警告信息]：要传送给所有登入用户的信息。

实例1 立即重新启动计算机

案例表述

使用shutdown指令的“–r”选项可以实现重启Linux操作系统的功能。

案例实现

在命令行中输入下面命令：

```
[root@localhost root ]# shutdown –r now
```

按回车键后，即可立刻重新启动系统，效果如图10-5所示。

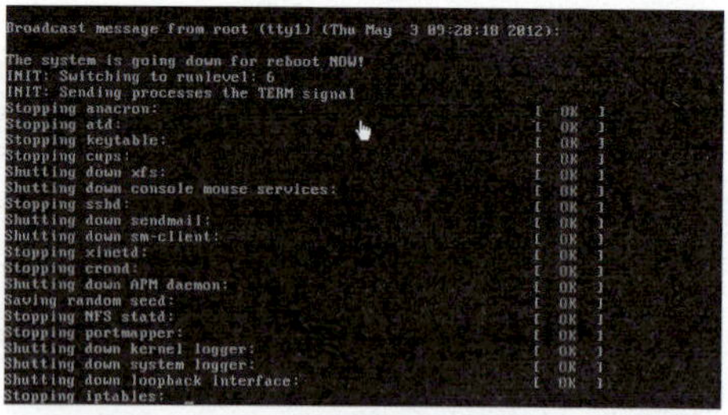

图10-5

实例2　立即关闭计算机

▶ 案例表述

使用shutdown指令的"–n"选项可以实现关闭Linux操作系统的功能。

▶ 案例实现

在命令行中输入下面命令：

[root@localhost ~]$ shutdown –h now

按回车键后，即可立刻关闭系统，效果如图10-6所示。

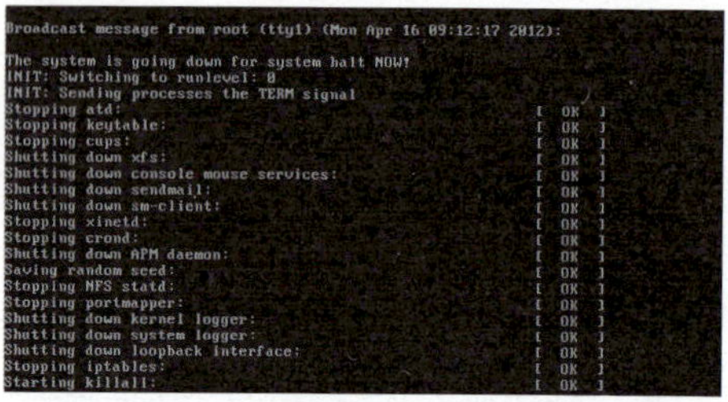

图10-6

实例3　10分钟后关闭系统

▶ 案例表述

使用shutdown指令可以按照时间规划关机或者重启操作。例如，要在10分钟后关闭系统。

▶ 案例实现

在命令行中输入下面命令：

[root@localhost ~]$ shutdown –h +10 "this is a warning information"

按回车键后，10分钟后关闭系统，效果如图10-7所示。

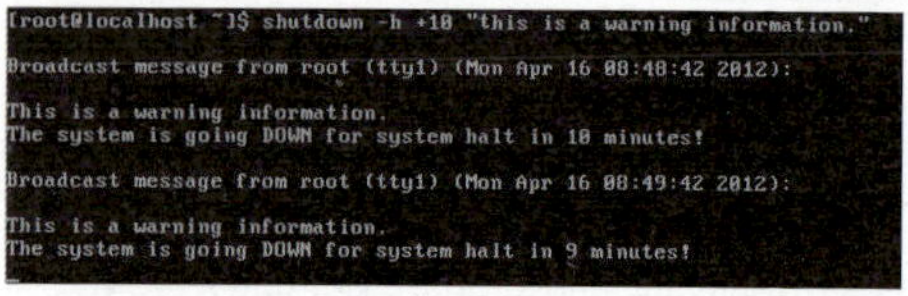

图10-7

第 11 章

用户和工作组管理

用户管理的主要工作就是新建合法的用户账号,设置和管理用户的密码,修改用户账号的属性以及删除已经废弃的用户账号。除了介绍上述内容外,本章还会详细介绍用户和工作组的配置文件、用户、工作组权限及其设定等。

命令1 useradd命令

命令功能

useradd命令用于Linux中创建的新的系统用户。

命令语法

useradd (选项)(参数)

选项说明

- −c<备注>：加上备注文字。备注文字会保存在passwd的备注栏位中；
- −d<登入目录>：指定用户登入时的启始目录；
- −D：变更预设值；
- −e<有效期限>：指定账号的有效期限；
- −f<缓冲天数>：指定在密码过期后多少天即关闭该账号；
- −g<群组>：指定用户所属的群组；
- −G<群组>：指定用户所属的附加群组；
- −m：自动建立用户的登录目录；
- −M：不要自动建立用户的登录目录；
- −n：取消建立以用户名称为名的群组；
- −r：建立系统账号；
- −s<shell>：指定用户登入后所使用的shell；
- −u<uid>：指定用户ID。

参数说明

- 用户名：要创建的用户名。

实例1 创建新用户

▶ 案例表述

使用useradd指令创建新用户

▶ 案例实现

① 在命令行中输入下面命令：

[root@hn]# useradd –s /bin/csh –a /home/newdir user10000

按回车键后，即可创建新用户。

命令2 userdel命令

命令功能

userdel命令用于删除给定的用户，以及与用户相关的文件。

命令语法

userdel (选项)(参数)

选项说明

- –f：强制删除用户，即使用户当前已登录；
- –r：删除用户的同时，删除与用户相关的所有文件。

参数说明

- 用户名：要删除的用户名。

实例1　删除用户

案例表述

使用userdel删除指定用户。

案例实现

使用consoletype指令显示当前终端类型，在命令行中输入下面命令：

[root@hn]# userdel ttt

按回车键后，即可删除用户ttt。

命令3　passwd命令

命令功能

passwd命令用于设置用户的认证信息，包括用户密码、密码过期时间等。

命令语法

passwd (选项)(参数)

选项说明

- –d：删除密码。本参数仅有系统管理者才能使用；
- –f：强制执行；
- –k：设置只有在密码过期失效后，方能更新；
- –l：锁住密码；
- –S：列出密码的相关信息。本参数仅有系统管理者才能使用；
- –u：解开已上锁的账号。

参数说明

- 用户名：需要设置密码的用户名。

实例1　显示用户密码概述信息

案例表述

以"root"用户身份，使用passwd指令的"–S"选项可以显示用户密码信息的简短描述。

▶ 案例实现

在命令行中输入下面命令：

[root@localhost root]# passwd –S root

按回车键后，即可显示用户"root"的密码概要，效果如图11-1所示。

```
[root@localhost root]# passwd -S root
Password set, MD5 crypt.
```

图11-1

实例2 修改用户密码

▶ 案例表述

修改用户密码。

▶ 案例实现

❶ 以"root"用户身份修改普通用户"zhangsan"的密码，在命令行中输入下面命令：

[root@ localhost root]# passwd zhangsan

按回车键后，即可设置用户"zhangsan"的密码，效果如图11-2所示。

❷ 以"user1"身份修改自身密码，在命令行中输入下面命令：

[root@ localhost root]# passwd

按回车键后，即可改变当前用户密码，效果如图11-3所示。

```
[root@localhost root]# passwd zhangsan
Changing password for user zhangsan.
New password:
```

图11-2

```
[root@localhost root]# passwd
Changing password for user root.
New password:
```

图11-3

实例3 脚本中改变用户密码

▶ 案例表述

使用passwd指令的"--stdin"选项，可以实现在脚本中修改用户密码。使用cat指令显示示例脚本文件的内容。

▶ 案例实现

在命令行中输入下面命令：

[root@ localhost root]# cat test.sh

按回车键后，即可显示文本文件内容，效果如图11-4所示。

```
[root@localhost root]# cat test.sh
cat: test.sh: Ã»ÓÐÄÇ‚öÎÄ¼þ»òÄ¿Â¼
```

图11-4

命令4　groupadd命令

命令功能
groupadd命令用于创新工作组，新工作组的信息将被添加到系统文件中。

命令语法
groupadd (选项)(参数)

选项说明
- –g：指定新建工作组的ID；
- –r：创建系统工作组。系统工作组的组ID小于500；
- –K：覆盖配置文件"/etc/login.defs"；
- –o：允许添加组ID号不唯一的工作组。

参数说明
- 组名：指定新建工作组的组名。

实例1　创建新工作组

案例表述

使用groupadd指令创建组ID为200的新工作组"test"。

案例实现

在命令行中输入下面命令：

```
[root@hn ]# groupadd –g 200 test
```

按回车键后，即可创建ID为200的新工作组。

命令5　groupdel命令

命令功能
groupdel命令用于删除给定工作组，本命令要修改的系统文件包括"/etc/group"和"/etc/gshadow"。

命令语法
groupdel (参数)

参数说明
- 组：要删除工作组名。

实例1　删除工作组

案例表述

使用group指令删除"test"工作组。

案例实现

1 在命令行中输入下面命令：

[root@ localhost root]# groupdel test

按回车键后，即可删除test组。

2 当使用groupdel指令用户"moumou"所属的"moumou"组时，系统报错，在命令行中输入下面命令：

[root@ localhost root]# groupdel moumou

按回车键后，即可删除"moumou"工作组，效果如图11-5所示。

```
[root@localhost root]# groupdel moumou
[root@localhost root]#
```
图11-5

命令6 su命令

命令功能
su命令用于切换当前用户身份到其他用户身份。

命令语法
su(选项)(参数)

选项说明

- −c<指令>或−−command=<指令>：执行完指定的指令后，即恢复原来的身份；
- −f或−−fast：适用于csh与tsch，使shell不用去读取启动文件；
- −l或−−login：改变身份时，也同时变更工作目录，以及HOME, SHELL, USER, LOGNAME。此外，也会变更PATH变量；
- −m,−p或−−preserve-environment：变更身份时，不要变更环境变量；
- −s<shell>或−−shell=<shell>：指定要执行的shell；
- −−help：显示帮助；
- −−version：显示版本信息。

参数说明

- 用户：指定要切换身份的目标用户。

实例1 切换用户身份

案例表述
切换用户身份。

案例实现

❶ 从 "root" 用户切换到普通用户身份,在命令行中输入下面命令:

[root@ localhost root]# su zhangsan

按回车键后,即可切换到zhangsan用户身份,效果如图11-6所示。

❷ 从普通用户身份切换到 "root" 用户身份,在命令行中输入下面命令:

[zhangsan@ localhost root]$ su root

按回车键后,即可切换到root用户身份,效果如图11-7所示。

```
[root@localhost root]# su zhangsan
[zhangsan@localhost root]$
```
图11-6

```
[zhangsan@localhost root]$ su root
Password:
[root@localhost root]#
```
图11-7

实例2 以指定用户执行指令

案例表述

使用su指令的 "—session-command" 选项,可以实现以指定用户身份运行指令的效果。

案例实现

❶ 以 "root" 用户身份修改普通用户 "user" 的密码,在命令行中输入下面命令:

[root@ localhost root]# su –session-command='echo $home' user4

按回车键后,即可以用户 "user4" 的身份运行指令,效果如图11-8所示。

```
[root@localhost root]# su -session-command='echo $home' user4
su: user user4 does not exist
```
图11-8

命令7 usermod命令

命令功能

usermod命令用于修改用户的基本信息。

命令语法

usermod (选项)(参数)

选项说明

- –c<备注>:修改用户账号的备注文字;
- –d<登录目录>:修改用户登录时的目录;
- –e<有效期限>:修改账号的有效期限;
- –f<缓冲天数>:修改在密码过期后多少天即关闭该账号;

Linux | 203

- –g<群组>：修改用户所属的群组；
- –G<群组>：修改用户所属的附加群组；
- –l<账号名称>：修改用户账号名称；
- –L：锁定用户密码，使密码无效；
- –s<shell>：修改用户登录后所使用的shell；
- –u<uid>：修改用户ID；
- –U：解除密码锁定。

参数说明

- 登录名：指定要修改信息的用户登录名。

实例1　修改用户宿主目录

案例表述

修改用户宿主目录。

案例实现

1 使用usermod指令的"-d"选项修改用户的宿主目录，在命令行中输入下面命令：

[root@ localhost root]# usermod –d /home/newdir zhangsan

按回车键后，即可修改"zhangsan"用户的宿主目录。

2 使用finger查询"zhangsan"用户的信息，在命令行中输入下面命令：

[root@ localhost root]# finger zhangsan

按回车键后，即可查询用户"zhangsan"基本信息，效果如图11-9所示。

图11-9

命令8　chfn命令

命令功能

chfn命令用来改变finger指令显示的信息。

命令语法

chfn(选项)(参数)

选项说明

- –f<真实姓名>或--full-name<真实姓名>：设置真实姓名；
- –h<家中电话>或--home-phone<家中电话>：设置家中的电话号码；

- -o<办公地址>或--office<办公地址>：设置办公室的地址；
- -p<办公电话>或--office-phone<办公电话>：设置办公室的电话号码；
- -u或--help：在线帮助；
- -v或--version：显示版本信息。

参数说明

- 用户名：指定要改变finger信息的用户名。

实例1　改变用户finger信息

案例表述

改变用户finger信息。

案例实现

1 使用chfn指令在命令行改变用户的finger信息，在命令行中输入下面命令：

```
[root@ localhost root]# chfn –f myfullname –p 1234 –h 5678 –o 13#jiaoxulou zhangsan
```

按回车键后，即可修改用户"zhangsan"的finger信息，效果如图11-10所示。

```
[root@localhost root]# chfn -f myfullname -p 1234 -h 5678 -o 13#jiaoxulou zhangs
an
Changing finger information for zhangsan.
Finger information changed.
```

图11-10

2 使用finger指令显示用户的finger信息，在命令行中输入下面命令：

```
[root@ localhost root]# finger zhangsan
```

按回车键后，即可查询用户"zhangsan"的finger信息，效果如图11-11所示。

```
[root@localhost root]# finger zhangsan
Login: zhangsan                         Name: myfullname
Directory: /home/newdir                 Shell: /bin/bash
Office: 13#jiaoxulou, x1234             Home Phone: x5678
Never logged in.
No mail.
No Plan.
[root@localhost root]# _
```

图11-11

命令9　chsh命令

命令功能

chsh命令用来更换登录系统时使用的shell。

命令语法

chsh(选项)(参数)

选项说明

- -s<shell 名称>或--shell<shell 名称>：更改系统预设的shell环境；

- –l或––list–shells：列出目前系统可用的shell清单；
- –u或––help：在线帮助；
- –v或–version：显示版本信息。

参数说明

- 用户名：要改变默认shell的用户。

实例1　改变默认shell

案例表述

改变默认shell。

案例实现

1 使用chsh指令的"-l"选项显示可用的shell程序列表，在命令行中输入下面命令：

[root@ localhost root]# chsh -l

按回车键后，即可打印系统可用的shell程序列表，效果如图11-12所示。

2 使用chsh指令的"-s"选项，改变当前用户的默认shell程序，在命令行中输入下面命令：

[root@ localhost root]# chsh -s /bin/csh

按回车键后，即可改变用户登录shell程序，效果如图11-13所示。

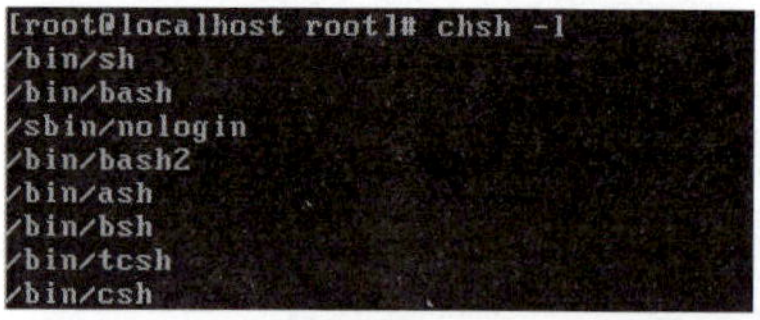

图11-12

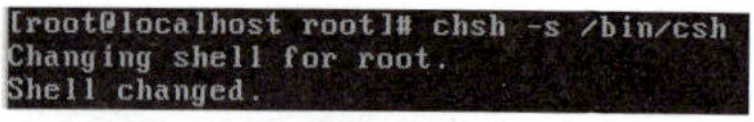

图11-13

命令10　finger命令

命令功能

finger命令用于查找并显示用户信息。

命令语法

finger(选项)(参数)

选项说明

- –l：列出该用户的账号名称、真实姓名、用户专属目录、登录所用的Shell、登录时间、转信地址、电子邮件状态，还有计划文件和方案文件内容；

- -m：排除查找用户的真实姓名；
- -s：列出该用户的账号名称、真实姓名、登录终端机、闲置时间、登录时间以及地址和电话；
- -p：列出该用户的账号名称、真实姓名、用户专属目录、登录所用的Shell、登录时间、转信地址、电子邮件状态，但不显示该用户的计划文件和方案文件内容。

参数说明

- 用户名：指定要查询信息的用户。

实例1　显示用户详细信息

案例表述

显示用户详细信息。

案例实现

1 不带选项和参数的finger指令将显示当前已经登录系统的用户信息，在命令行中输入下面命令：

```
[root@ localhost root]# finger
```

按回车键后，即可显示所有已登录用户信息，效果如图11-14所示。

```
[root@localhost root]# finger
Login     Name        Tty      Idle  Login Time   Office     Office Phone
root      myfullname  tty1           May  3 09:55 13#jiaoxul x1234
root      myfullname  *:0            May  3 09:55 13#jiaoxul x1234
```

图11-14

2 显示指定用户的详细信息，在命令行中输入下面命令：

```
[root@ localhost root]# finger myfullname
```

按回车键后，即可显示用户“myfullname”的详细信息，效果如图11-15所示。

```
[root@localhost root]# finger myfullname
Login: root                                 Name: myfullname
Directory: /root                            Shell: /bin/csh
Office: 13#jiaoxulouzhangsan, x1234         Home Phone: x5678
On since Thu May  3 09:55 (CST) on tty1
On since Thu May  3 09:55 (CST) on :0 (messages off)
No mail.
No Plan.
```

图11-15

命令11　gpasswd命令

命令功能

gpasswd命令是Linux下工作组文件（文件“/etc/group”和“/etc/gshadow”）管理工具。

命令语法

gpasswd (选项)(参数)

选项说明

- –a：向组中添加用户；
- –d：向组中删除用户；
- –A：设置组管理员；
- –M：设置组成员。

参数说明

- 组：指定要管理的工作组。

实例1 管理工作组成员

案例表述

管理工作组成员。

案例实现

1 使用gpasswd指令的"-a"选项向工作组"ttt"中添加"zhangsan"用户，在命令行中输入下面命令：

[root@ localhost root]# gpasswd –a zhangsan ttt

按回车键后，即可将"zhangsan"用户加入"ttt"工作组，效果如图11-16所示。

```
[root@localhost root]# gpasswd -a zhangsan ttt
Adding user zhangsan to group ttt
[root@localhost root]#
```

图11-16

2 使用gpasswd指令的"-d"选项从工作组"ttt"中删除"zhangsan"用户，在命令行中输入下面命令：

[root@ localhost root]# gpasswd –d zhangsan ttt

按回车键后，即可从工作组"ttt"中删除"zhangsan"用户，效果如图11-17所示。

```
[root@localhost root]# gpasswd -d zhangsan ttt
Removing user zhangsan from group ttt
[root@localhost root]#
```

图11-17

命令12　groupmod命令

命令功能

groupmod命令更改群组识别码或名称。

命令语法

groupmod (选项)(参数)

选项说明

- −g <群组识别码>：设置欲使用的群组识别码；
- −o：重复使用群组识别码；
- −n <新群组名称>：设置欲使用的群组名称。

参数说明

- 组名：指定要修改的工作的组名。

实例1　修改工作组的组ID

案例表述

使用groupmod指令的"−g"选项将工作组"ttt"的组ID改为"10000"。

案例实现

在命令行中输入下面命令：

[root@ localhost root]# groupmod –g 10000 ttt

按回车键后，即可改变组ID，效果如图11-18所示。

```
[root@localhost root]# groupmod -g 10000 ttt
[root@localhost root]#
```

图11-18

命令13　groups命令

命令功能

groups命令用来打印指定用户所属的工作组。

命令语法

groups (选项)(参数)

选项说明

- −help：显示命令的帮助信息；
- −−version：显示命令的版本信息。

参数说明

- 用户名：指定要打印所属工作组的用户名；

实例1　打印用户所属组

案例表述

使用groups指令打印"root"用户所属的全部工作组。

案例实现

在命令行中输入下面命令：

[root@ localhost root]# groups root

按回车键后,即可以打印root所属的所有工作组,效果如图11-19所示。

```
[root@localhost root]# groups root
root : root bin daemon sys adm disk wheel
```

图11-19

命令14 pwck命令

命令功能

pwck命令用来验证系统认证文件 "/etc/passwd" 和 "/etc/shadow" 的内容和格式的完整性。

命令语法

pwck(选项)(参数)

选项说明

- -q:仅报告错误信息;
- -s:以用户ID排序文件 "/etc/passwd" 和 "/etc/shadow";
- -r:只读方式运行指令。

参数说明

- 密码文件:指定密码文件的路径;
- 影子文件:指定影子文件的路径。

实例1 检查密码文件

案例表述

使用pwck指令检查系统密码文件的完整性。

案例实现

在命令行中输入下面命令:

[root@ localhost root]# pwck

按回车键后,即可检查密码文件的完整性,效果如图11-20所示。

```
[root@localhost root]# pwck
user adm: directory /var/adm does not exist
user uucp: directory /var/spool/uucp does not exist
user gopher: directory /var/gopher does not exist
user pcap: directory /var/arpwatch does not exist
pwck: no changes
```

图11-20

命令15 grpck命令

命令功能

grpck命令用于验证组文件的完整性，在验证之前，需要先锁定（lock）组文件"/etc/group"和"/etc/gshadow"。

命令语法

grpck(选项)

选项说明

- –r：只读模式；
- –s：排序组ID。

实例1 验证组文件完整性

案例表述

使用grpck的"–r"选项以只读模式验证组文件的完整性。

案例实现

在命令行中输入下面命令：

[root@ localhost root]# grpck -r

按回车键后，即可只读方式验证组文件，效果如图11-21所示。

```
[root@localhost root]# grpck -r
```

图11-21

命令16 logname命令

命令功能

logname命令用来显示用户名称。

命令语法

logname (选项)

选项说明

- ––help：在线帮助；
- ––vesion：显示版本信息。

实例1 shell脚本中使用logname

案例表述

在系统备份脚本中是使用logname指令获得运行脚本的用户身份，使用cat

指令查看备份脚本文件。

▶ 案例实现

在命令行中输入下面命令：

> [root@ localhost root]# cat bacup.sh

按回车键后，即可输出文本文件的内容，效果如图11-22所示。

```
[root@localhost root]# cat bacup.sh
cat: bacup.sh: Ã»ÓÐAÇ,öÎÁ¼þ»òÀ¿Â¼
```

图11-22

命令17　newusers命令

▣ 命令功能

newusers命令用于批处理的方式一次创建多个用户。

▣ 命令语法

newusers (参数)

▣ 参数说明

- 用户文件：指定包含用户信息的文本文件，文件的格式要与"/ect/passwd"相同。

实例1　批处理创建用户

▶ 案例表述

批处理创建用户。

▶ 案例实现

❶ 创建包含用户信息的文本文件。使用cat指令显示文件的内容，在命令行中输入下面命令：

> [root@ localhost root]# cat user-bat

按回车键后，即可显示文本文件内容，效果如图11-23所示。

```
[root@localhost root]# cat user-bat
cat: user-bat: Ã»ÓÐAÇ,öÎÁ¼þ»òÀ¿Â¼
```

图11-23

❷ 使用newusers指令批处理方式创建用户，在命令行中输入下面命令：

> [root@ localhost root]# newusers user-bat

按回车键后，即可批处理创建多个用户，效果如图11-24所示。

```
[root@localhost root]# newusers user-bat
newusers: user-bat: Ã»ÓÐAÇ,öÎÁ¼þ»òÀ¿Â¼
```

图11-24

命令18　chpasswd命令

命令功能
chpasswd命令

命令语法
chpasswd(选项)

选项说明
- –e：输入的密码是加密后的密文；
- –h：显示帮助信息并退出；
- –m：当被支持的密码未被加密时，使用MD5加密代替DES加密。

实例1　批量修改用户密码

案例表述

使用chpasswd指令一次修改多个用户密码。

案例实现

在命令行中输入下面命令：

```
[root@hn ]# chpasswd
Zhangsan:123
ttt:123
```

即可批量修改密码，每一行一个用户，输入用户名和密码，在新的空行中输入Ctrl+D结束输入。

命令19　nologin命令

命令功能
nologin命令可以实现礼貌地拒绝用户登录系统，同时给出信息提示。

命令语法
nologin

实例1　礼貌的拒绝用户登录

案例表述

礼貌地拒绝用户登录。

案例实现

❶ 如果希望拒绝用户"user1"登录系统，首先，需要使用chsh指令将用户

"user1"的默认shell改为"/sbin/nologin",在命令行中输入下面命令:

[root@ localhost root]# chsh –s /sbin/nologin user1

按回车键后,即可禁止user1用户登录,效果如图11-25所示。

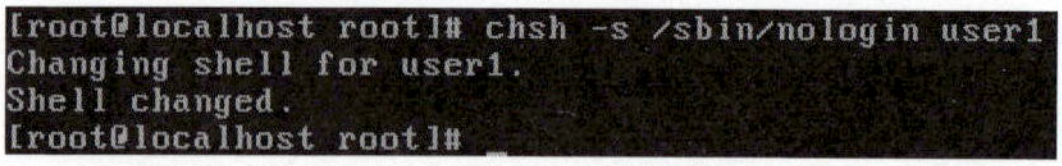

图11-25

❷ 使用su指令切换到"user2"身份,以验证用户"user2"能否登录,在命令行中输入下面命令:

[root@ localhost root]# su user2

按回车键后,即可切换到"user1"身份,效果如图11-26所示。

图11-26

❸ 创建文件"/etc/nologin.txt",以定制拒绝登录时的提示信息,在命令行中输入下面命令:

[root@ localhost root]# echo 'sorry!permission denied!' > /etc/nologin.txt

按回车键后,即可创建"nologin.txt"文件,效果如图11-27所示。

图11-27

❹ 再次使用su指令切换到"user2"身份,以验证自定义提示信息,在命令行中输入下面命令:

[user2@ localhost root]# su user2

按回车键后,即可切换到"user2"身份,效果如图11-28所示。

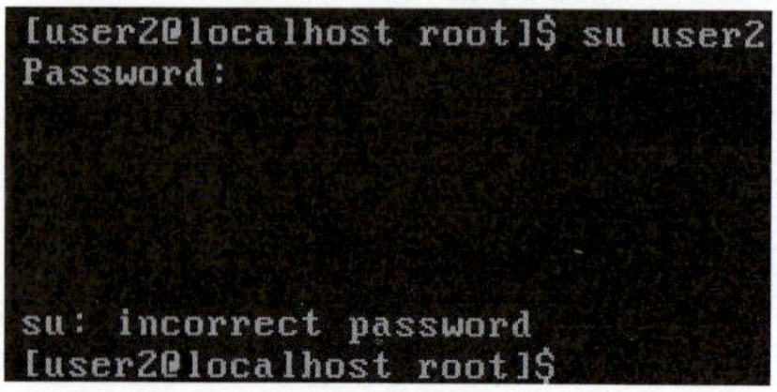

图11-28

命令20 pwconv命令

命令功能

pwconv命令用来开启用户的投影密码。

命令语法

pwconv

实例1　创建用户影子文件

案例表述

使用pwconv指令创建用户影子文件。

案例实现

在命令行中输入下面命令：

[root@hn]# pwconv

即可创建用户影子文件。

命令21　pwunconv命令

命令功能

pwunconv命令用来关闭用户的投影密码。

命令语法

pwunconv

实例1　将密码从shadow文件内回存到passwd文件里

案例表述

执行pwunconv指令可以关闭用户投影密码，它会把密码从shadow文件内回存到passwd文件里。

案例实现

❶ 较新版的Linux系统都把组密码放到了组影子文件"/etc/shadow"中，在组文件中不存放组密码。先是要cat指令查看这两个文件中工作组"ttt"的信息，在命令行中输入下面命令：

[root@localhost root]# cat /etc/passwd | grep ttt ;cat /etc/shadow | grep ttt

按回车键后，即可查看用户文件和影子文件中的"ttt"用户信息，效果如图1-29所示。

```
[root@localhost root]# cat/etc/passwd | grep ttt;cat/etc/gshadow | grep ttt
bash: cat/etc/passwd: Ã»ÓÐÄÇ¸öÎÄ¼þ»òÄ¿Â¼
bash: cat/etc/gshadow: Ã»ÓÐÄÇ¸öÎÄ¼þ»òÄ¿Â¼
```

图11-29

❷ 使用pwunconv指令还原用户密码到用户密码文件"/etc/passwd"中，在命令行中输入下面命令：

[root@ localhost root]# pwunconv

按回车键后,即可还原用户密码到用户密码文件中,效果如图1-30所示。

```
[root@localhost root]# pwunconv
[root@localhost root]#
```

图11-30

❸ 使用cat指令查看用户密码文件中的用户"ttt"信息,在命令行中输入下面命令:

[root@ localhost root]# cat /etc/passwd | grep ttt

按回车键后,即可显示用户密码文件中的"ttt"用户信息,效果如图1-31所示。

```
[root@localhost root]# cat /etc/passwd | grep ttt
ttt:$1$1.5qe.Ad$0/GjuQPSqFubrVT9koYWJ/:504:504::/home/ttt:/bin/bash
[root@localhost root]#
```

图11-31

命令22　grpconv命令

命令功能

grpconv命令用来开启群组的投影密码。

命令语法

grpconv

实例1　创建工作组影子文件

案例表述

使用grpconv指令创建工作组影子文件。

案例实现

在命令行中输入下面命令:

[root@hn]# grpconv

即可创建组影子文件。

命令23　grpunconv命令

命令功能

grpuconv命令用来关闭群组的投影密码。

命令语法

grpuconv

实例1　还原组密码到"group"文件

▶ 案例表述

还原组密码到"group"文件。

▶ 案例实现

① 较新版的Linux系统都把组密码放到了组影子文件"/etc/gshadow"中，在组文件中不存放组密码，首先是要cat指令查看这两个文件中工作组"ttt"的信息，在命令行中输入下面命令：

　　[root@ localhost root]# cat /etc/passwd | grep ttt ;cat /etc/gshadow | grep ttt

按回车键后，即可查看用户文件和影子文件中的"ttt"用户信息，效果如图1-32所示。

```
[root@localhost root]# cat/etc/passwd | grep ttt;cat/etc/gshadow | grep ttt
bash: cat/etc/passwd: Ã»ÓÐÄÇ¸öÎÄ¼þ»òÄ¿¼
bash: cat/etc/gshadow: Ã»ÓÐÄÇ¸öÎÄ¼þ»òÄ¿¼
```

图11-32

② 使用grpunconv指令还原用户密码到用户密码文件"/etc/group"中，在命令行中输入下面命令：

　　[root@ localhost root]# grpunconv

按回车键后，即可还原用户密码到用户密码文件中，效果如图1-33所示。

```
[root@localhost root]# grpunconv
[root@localhost root]#
```

图11-33

③ 使用cat指令查看用户密码文件中的用户"ttt"信息，在命令行中输入下面命令：

　　[root@ localhost root]# cat /etc/group | grep ttt

按回车键后，即可显示用户密码文件中的"ttt"用户信息，效果如图1-34所示。

```
[root@localhost root]# cat /etc/group | grep ttt
ttt:!!:504:
[root@localhost root]#
```

图11-34

读书笔记

第 12 章

文件系统管理

文件系统主要负责文件的管理。每一个文件通常包含两部分的内容，一个是文件的信息，包括文件的权限、文件的所有者、时间参数等；另一个是文件数据。前者放在一个叫inode的结构体中，每个文件的inode的编号都是唯一的；后者放在block区，每个block都有唯一的编号，文件占用一个或多个block。inode译成中文就是索引节点，它用来存放档案及目录的基本信息，包含时间、档名、使用者及群组等，该结构体中有成员指出该文件内容放的block编号是多少，如果一个文件太大，会占用多个block。换句话说，只要找到一个文件的inode结点，就能找到该文件的内容。

命令1　mount命令

命令功能
mount命令用于加载文件系统到指定的加载点。

命令语法
mount(选项)(参数)

选项说明
- –V：显示程序版本；
- –l：显示已加载的文件系统列表；
- –h：显示帮助信息并退出；
- –v：冗长模式，输出指令执行的详细信息；
- –n：加载没有写入文件"/etc/mtab"中的文件系统；
- –r：将文件系统加载为只读模式；
- –a：加载文件"/etc/fstab"中描述的所有文件系统。

参数说明
- 设备文件名：指定要加载的文件系统对应的设备文件名；
- 加载点：指定加载点目录。

实例1　加载文件系统

案例表述

加载文件系统。

案例实现

❶ 使用mount指令加载光驱，在命令行中输入下面命令：

[root@localhost]# mount –t iso9660 /dev/cdrom /media/

按回车键后，即可加载光驱，效果如图12-1所示。

图12-1

❷ 加载硬盘分区文件系统，在命令行中输入下面命令：

[root@localhost]# mount –t ext3 /dev/sda3 /data

按回车键后，即可加载硬盘分区。

实例2　显示已加载的所有文件系统

案例表述

使用mount指令的“–l”选项显示所有已加载文件系统。

案例实现

在命令行中输入下面命令：

```
[root@localhost]# mount -l
```

按回车键后，即可显示所有已加载的文件系统，效果如图12-2所示。

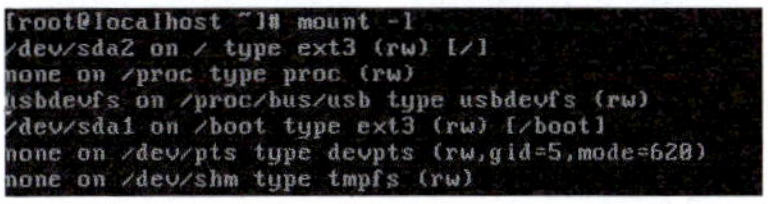

```
[root@localhost ~]# mount -l
/dev/sda2 on / type ext3 (rw) [/]
none on /proc type proc (rw)
usbdevfs on /proc/bus/usb type usbdevfs (rw)
/dev/sda1 on /boot type ext3 (rw) [/boot]
none on /dev/pts type devpts (rw,gid=5,mode=620)
none on /dev/shm type tmpfs (rw)
```

图12–2

命令2　umount命令

命令功能

umount命令用于卸载已经加载的文件系统。

命令语法

umount(选项)(参数)

选项说明

- –a：卸除/etc/mtab中记录的所有文件系统；
- –h：显示帮助；
- –n：卸除时不要将信息存入/etc/mtab文件中；
- –r：若无法成功卸除，则尝试以只读的方式重新挂入文件系统；
- –t<文件系统类型>：仅卸除选项中所指定的文件系统；
- –v：执行时显示详细的信息；
- –V：显示版本信息。

参数说明

- 文件系统：指定要卸载的文件系统或者其对应的设备文件名。

实例1　卸载文件系统

案例表述

卸载文件系统。

案例实现

1 如果要卸载的文件系统正在被访问，则使用umount指令进行卸载，即使

用"-f",在命令行中输入下面命令:

> [root@localhost ~]$ umount /dev/sda3

按回车键后,即可卸载文件系统,效果如图12-3所示。

② 使用umount指令正常卸载没有被访问的文件系统,在命令行中输入下面命令:

> [root@localhost]# umount –v /dev/sda3

按回车键后,即可卸载文件系统,效果如图12-4所示。

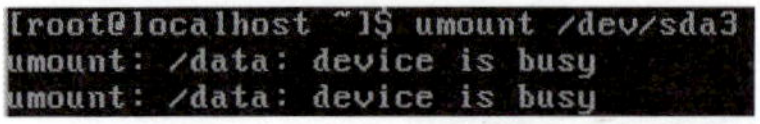

图12-3

图12-4

命令3 mkfs命令

命令功能
mkfs命令用于在设备上(通常为硬盘)创建Linux文件系统。

命令语法
mkfs(选项)(参数)

选项说明
- fs:指定建立文件系统时的参数;
- –t<文件系统类型>:指定要建立何种文件系统;
- –v:显示版本信息与详细的使用方法;
- –V:显示简要的使用方法。

参数说明
- 文件系统:指定要创建的文件系统对应的设备文件名;
- 块数:指定文件系统的磁盘块数。

实例1 创建文件系统

案例表述

在Linux下对硬盘的使用,必须先创建分区并创建文件系统后方可使用。本例假设已创建了分区"/dev/sda3",分区类型为"ext3",则使用mkfs指令创建文件系统。

案例实现

在命令行中输入下面命令:

> [root@localhost root]# mkfs –t ext3 /dev/sda3

按回车键后,即可在分区上创建"ext3"文件系统,效果如图12-5所示。

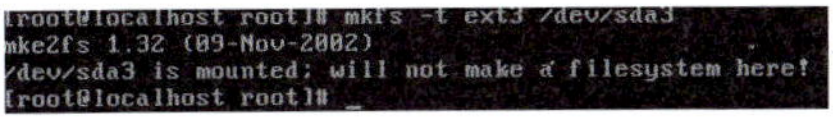

图12-5

命令4 mke2fs命令

命令功能
mke2fs命令被用于创建磁盘分区上的"ext2/ext3"文件系统。

命令语法
mke2fs (选项)(参数)

选项说明
- –b<区块大小>:指定区块大小,单位为字节;
- –c:检查是否有损坏的区块;
- –f<不连续区段大小>:指定不连续区段的大小,单位为字节;
- –F:不管指定的设备为何,强制执行mke2fs;
- –i<字节>:指定"字节/inode"的比例;
- –N<inode数>:指定要建立的inode数目;
- –l<文件>:从指定的文件中,读取文件中损坏区块的信息;
- –L<标签>:设置文件系统的标签名称;
- –m<百分比值>:指定给管理员保留区块的比例,预设为5%;
- –M:记录最后一次挂入的目录;
- –q:执行时不显示任何信息;
- –r:指定要建立的ext2文件系统版本;
- –R=<区块数>:设置磁盘阵列参数;
- –S:仅写入superblock与group descriptors,而不更改inode able inode bitmap以及block bitmap;
- –v:执行时显示详细信息;
- –V:显示版本信息。

参数说明
- 设备文件:指定要创建文件系统的分区设备文件名;
- 块数:指定要创建的文件系统的磁盘块数量。

实例1 创建文件系统

▶ 案例表述

使用mke2fs指令创建"ext2"文件系统。

案例实现

在命令行中输入下面命令：

```
[root@localhost ]# mke2fs /dev/sda3
```

按回车键后，即可在分区上创建"ext2"文件系统，效果如图12-6所示。

```
[root@localhost ~]$ mke2fs /dev/sda3
mke2fs 1.39 (11-may-2011)
Filesystem label=
OS type :Linux
lock size=1024 (log=0)
....
```

图12-6

命令5 fsck命令

命令功能

fsck命令被用于检查并且试图修复文件系统中的错误。

命令语法

fsck(选项)(参数)

选项说明

- –a：自动修复文件系统，不询问任何问题；
- –A：依照/etc/fstab配置文件的内容，检查文件内所列的全部文件系统；
- –N：不执行指令，仅列出实际执行会进行的动作；
- –P：当搭配"–A"参数使用时，则会同时检查所有的文件系统；
- –r：采用互动模式，在执行修复时询问问题，让用户得以确认并决定处理方式；
- –R：当搭配"–A"参数使用时，则会略过/目录的文件系统不予检查；
- –s：依序执行检查作业，而非同时执行；
- –t<文件系统类型>：指定要检查的文件系统类型；
- –T：执行fsck指令时，不显示标题信息；
- –V：显示指令执行过程。

参数说明

- 文件系统：指定需要检查的文件系统。

实例1 检查文件系统

案例表述

使用fsck指令检查"ext2"文件系统。

▶ 案例实现

在命令行中输入下面命令：

[root@localhost]# fsck –t ext2 -V /dev/sda3

按回车键后，即可检查"ext2"文件系统，效果如图12-7所示。

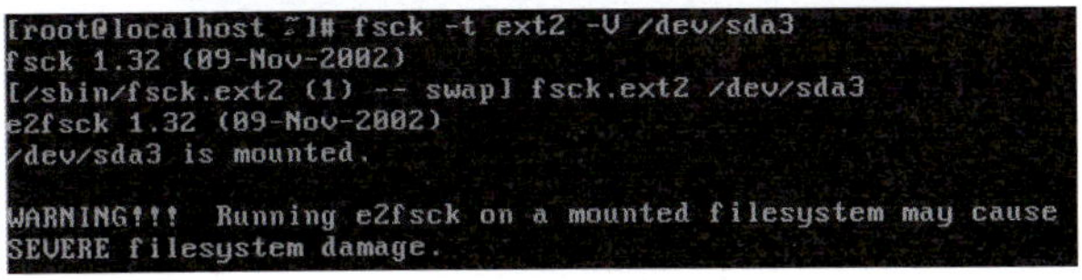

图12-7

命令6 dumpe2fs命令

命令功能

dumpe2fs命令用于打印"ext2/ext3"文件系统的超级块和块组信息。

命令语法

dumpe2fs (选项)(参数)

选项说明

- –b：打印文件系统中预留的块信息；
- –ob<超级块>：指定检查文件系统时使用的超级块；
- –OB<块大小>：检查文件系统时使用指定的块大小；
- –h：仅显示超级块信息；
- –i：从指定的文件系统映像文件中读取文件系统信息；
- –x：以16进制格式打印组信息块成员。

参数说明

- 文件系统：指定要查看信息的文件系统。

实例1 显示指定分区超级块信息

▶ 案例表述

使用dumpe2fs指令的"–h"选项显示文件系统的超级块信息。

▶ 案例实现

在命令行中输入下面命令：

[root@localhost]# dumpe2fs –h /dev/sda1

按回车键后，即可显示分区超级块信息，效果如图12-8所示。

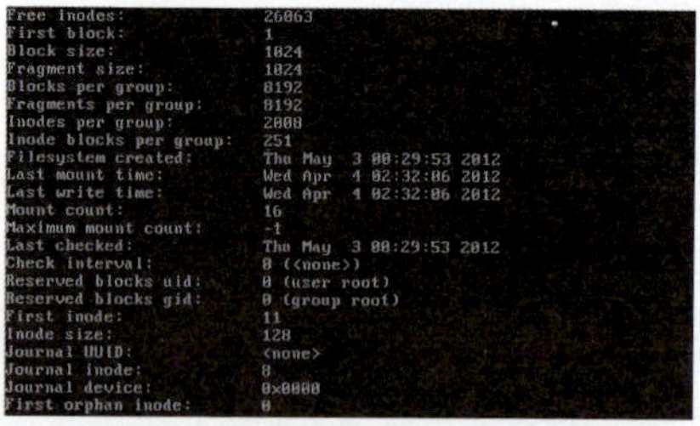

```
Free inodes:              26063
First block:              1
Block size:               1024
Fragment size:            1024
Blocks per group:         8192
Fragments per group:      8192
Inodes per group:         2008
Inode blocks per group:   251
Filesystem created:       Thu May  3 00:29:53 2012
Last mount time:          Wed Apr  4 02:32:06 2012
Last write time:          Wed Apr  4 02:32:06 2012
Mount count:              16
Maximum mount count:      -1
Last checked:             Thu May  3 00:29:53 2012
Check interval:           0 (<none>)
Reserved blocks uid:      0 (user root)
Reserved blocks gid:      0 (group root)
First inode:              11
Inode size:               128
Journal UUID:             <none>
Journal inode:            8
Journal device:           0x0000
First orphan inode:       0
```

图12-8

命令7 e2fsck命令

命令功能

e2fsck命令用于检查第二扩展文件系统的完整性，通过适当的选项可以尝试修复出现的错误。

命令语法

e2fsck(选项)(参数)

选项说明

- -a：不询问使用者意见，便自动修复文件系统；
- -b<superblock>：指定superblock，而不使用预设的superblock；
- -B<区块大小>：指定区块的大小，单位为字节；
- -c：一并执行badblocks，以标示损坏的区块；
- -C：将检查过程的信息完整记录在file descriptor中，使得整个检查过程都能完整监控；
- -d：显示排错信息；
- -f：即使文件系统没有错误迹象，仍强制地检查正确性；
- -F：执行前先清除设备的缓冲区；
- -l<文件>：将文件中指定的区块加到损坏区块列表；
- -L<文件>：先清除损坏区块列表，再将文件中指定的区块加到损坏区块列表。因此损坏区块列表的区块跟文件中指定的区块是一样的；
- -n：以只读模式开启文件系统，并采取非互动方式执行，所有的问题对话均设置以“no”回答；
- -p：不询问使用者意见，便自动修复文件系统；
- -r：此参数只为了兼容性而存在，并无实际作用；
- -s：如果文件系统的字节顺序不适当，就交换字节顺序，否则不做任何动作；
- -S：不管文件系统的字节顺序，一律交换字节顺序；

- –t：显示时间信息；
- –v：执行时显示详细的信息；
- –V：显示版本信息；
- –y：采取非交互方式执行，所有的问题均设置以"yes"回答。

参数说明

- 文件系统或者分区：指定文件系统或者分区所对应的设备文件名。

实例1　检查文件系统

案例表述

使用e2fsck指令检查文件系统错误。

案例实现

在命令行中输入下面命令：

[root@localhost]# e2fsck /dev/sda3

按回车键后，即可检查"ext2"文件系统，效果如图12-9所示。

图12-9

命令8　chattr命令

命令功能

chattr命令用来改变文件属性。

命令语法

chattr(选项)(参数)

选项说明

- –R：递归处理，将指定目录下的所有文件及子目录一并处理；
- –v<版本编号>：设置文件或目录版本；
- –V：显示指令执行过程。

参数说明

- 文件：指定要改变文件系统属性的文件。

实例1　修改文件的ext2文件系统属性

案例表述

使用lsattr指令查看文件的第二扩展文件系统属性。

案例实现

❶ 在命令行中输入下面命令：

```
[root@localhost root ]# lsattr test.sh
```

按回车键后，即可显示文件的第二扩展文件系统属性，效果如图12-10所示。

❷ 使用charrt指令为文件“test.sh”添加第二扩展文件系统属性“i”，在命令行中输入下面命令：

```
[root@localhost root ]# lsattr -i test.sh
```

按回车键后，即可为文件添加“i”，效果如图12-11所示。

```
[root@localhost root]# lsattr test.sh
------------- test.sh
[root@localhost root]# _
```

图12-10

```
[root@localhost root]# lsattr -i test.sh
lsattr: invalid option -- i
Usage: lsattr [-RVadlv] [files...]
[root@localhost root]#
```

图12-11

❸ 使用“rm-f”指令删除具有“i”属性的文件，将导致出错，在命令行中输入下面命令：

```
[root@localhost root ]# rm –f test.sh
```

按回车键后，即可强制删除文件，效果如图12-12所示。

```
[root@localhost root]# rm -f test.sh
[root@localhost root]# _
```

图12-12

❹ 再次使用lsattr指令查看文件的第二扩展文件系统属性，在命令行中输入下面命令：

```
[root@localhost root ]# lsattr test.sh
```

按回车键后，即可显示文件的第二扩展文件系统属性，效果如图12-13所示。

```
[root@localhost root]# lsattr test.sh
lsattr: No such file or directory while trying to stat test.sh
```

图12-13

命令9 mountpoint命令

命令功能

mountpoint命令用来判断指定的目录是否是加载点。

命令语法

mountpoint (选项)(参数)

选项说明

- -q：不打印任何信息；
- -d：打印文件系统的主设备号和次设备号；
- -x：打印块数设备的主设备号和次设备号。

参数说明

- 目录：指定要判断的目录。

实例1　判读目录是否是加载点

案例表述

使用mountpoint指令查看指定目录是否是加载点。

案例实现

① 在命令行中输入下面命令：

[root@localhost ~]$ mountpoint /

按回车键后，即可判读根目录是否是加载点，效果如图12-14所示。

② 判断普通目录是否为加载点，在命令行中输入下面命令：

[root@localhost ~]$ mountpoint /var

按回车键后，即可判断普通目录是否为加载点，效果如图12-15所示。

图12-14 　　　　　　　　图12-15

③ 使用mountpoint指令的"-d"选项显示加载点所对应的设备的主次设备号，在命令行中输入下面命令：

[root@localhost root]$ mountpoint –d /

按回车键后，即可显示主次设备号，效果如图12-16所示。

图12-16

命令10　edquota命令

命令功能

edquota命令用于编辑指定用户或工作组磁盘配额。

命令语法

edquota (选项)(参数)

选项说明

- –u：设置用户的quota，这是预设的参数；
- –g：设置群组的quota；
- –p<源用户名称>：将源用户的quota设置套用至其他用户或群组；
- –t：设置宽限期限。

参数说明

- 用户:指定要编辑磁盘配额限制的用户名或者工作组。

实例1 设置软限制宽限期限

案例表述

设置软限制宽限期限。

案例实现

① 设置所有用户的软限制宽限期限,在命令行中输入下面命令:

[root@localhost ~]$ edquota -t

按回车键后,即可设置所有用户的soft宽限期限,效果如图12-17所示。

② 如果需要针对具体用户设置宽限期限,可以使用edquota的"-T"选项,在命令行中输入下面命令:

[root@localhost]# edquota –T lives

按回车键后,即可设置"lives"用户的软限制宽限期限,效果如图12-18所示。

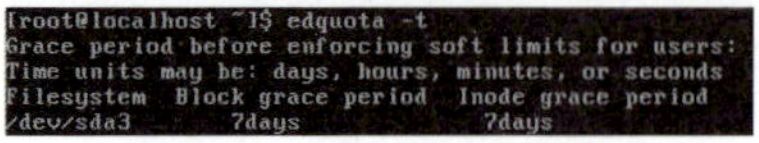

图12-17

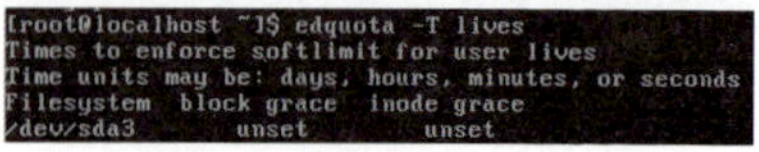

图12-18

命令11 quotacheck命令

命令功能

quotacheck命令通过扫描指定的文件系统,获取磁盘的使用情况,创建、检查和修复磁盘配额(quota)文件。

命令语法

quotacheck (选项)(参数)

选项说明

- –a:扫描在/etc/fstab文件里,是否有加入quota设置的分区;
- –d:详细显示指令执行过程,便于排错或了解程序执行的情形;
- –g:扫描磁盘空间时,计算每个群组识别码所占用的目录和文件数目;
- –R:排除根目录所在的分区;
- –u:扫描磁盘空间时,计算每个用户识别码所占用的目录和文件数目;
- –v:显示指令执行过程。

参数说明

- 文件系统:指定要扫描的文件系统。

实例1　配置磁盘配额

案例表述

配置磁盘配额。

案例实现

1 编辑配置文件“/etc/fstab”激活指定分区（或文件系统）的磁盘配额选项，使用cat指令显示修改后的文件内容，在命令行中输入下面命令：

```
[root@localhost  ]# cat /etc/fstab
```

按回车键后，即可显示文件文本内容，效果如图12-19所示。

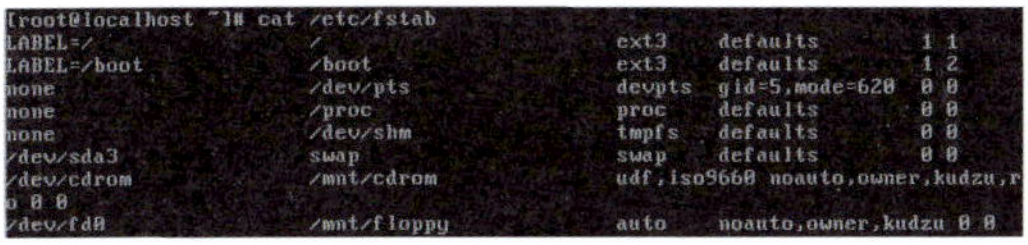

```
[root@localhost ~]# cat /etc/fstab
LABEL=/                 /                       ext3    defaults        1 1
LABEL=/boot             /boot                   ext3    defaults        1 2
none                    /dev/pts                devpts  gid=5,mode=620  0 0
none                    /proc                   proc    defaults        0 0
none                    /dev/shm                tmpfs   defaults        0 0
/dev/sda3               swap                    swap    defaults        0 0
/dev/cdrom              /mnt/cdrom              udf,iso9660 noauto,owner,kudzu,r
o 0 0
/dev/fd0                /mnt/floppy             auto    noauto,owner,kudzu 0 0
```

图12-19

2 重新启动系统（使用reboot指令），或者重新加载“/data”文件系统，以打开文件系统的用户磁盘配额功能。本例中使用mount指令重新加载“/data”文件系统，在命令行中输入下面命令：

```
[root@localhost  ]# mount –t ext3 –o remount,defaults,usrquota LABEL=/data  /data
```

按回车键后，即可重新加载文件系统，效果如图12-20所示。

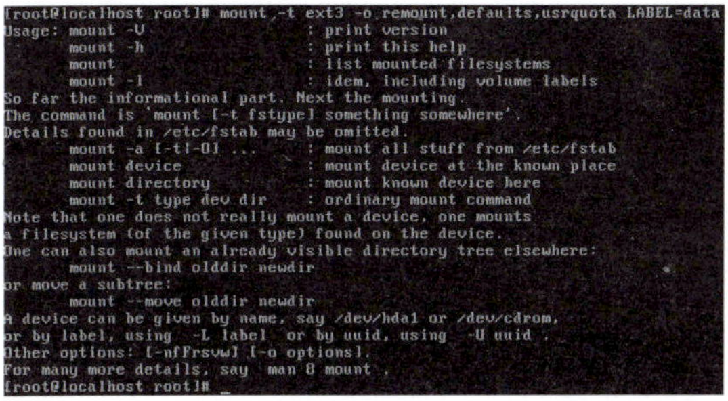

```
[root@localhost root]# mount -t ext3 -o remount,defaults,usrquota LABEL=data
Usage: mount -V                 : print version
       mount -h                 : print this help
       mount                    : list mounted filesystems
       mount -l                 : idem, including volume labels
So far the informational part. Next the mounting.
The command is `mount [-t fstype] something somewhere'.
Details found in /etc/fstab may be omitted.
       mount -a [-t|-O] ...     : mount all stuff from /etc/fstab
       mount device             : mount device at the known place
       mount directory          : mount known device here
       mount -t type dev dir    : ordinary mount command
Note that one does not really mount a device, one mounts
a filesystem (of the given type) found on the device.
One can also mount an already visible directory tree elsewhere:
       mount --bind olddir newdir
or move a subtree:
       mount --move olddir newdir
A device can be given by name, say /dev/hda1 or /dev/cdrom,
or by label, using  -L label  or by uuid, using  -U uuid .
Other options: [-nfFrsvw] [-o options].
For many more details, say  man 8 mount .
[root@localhost root]# _
```

图12-20

3 扫描“/data”文件系统并创建磁盘配额文件，在命令行中输入下面命令：

```
[root@localhost  ]# quotacheck –cuv /data
```

按回车键后，即可扫描文件系统创建磁盘配额文件，效果如图12-21所示。

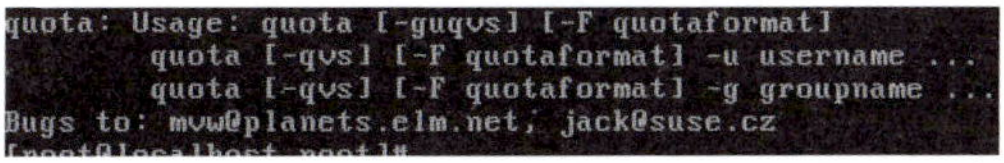

```
quota: Usage: quota [-guqvs] [-F quotaformat]
        quota [-qvs] [-F quotaformat] -u username ...
        quota [-qvs] [-F quotaformat] -g groupname ...
Bugs to: mvw@planets.elm.net, jack@suse.cz
[root@localhost root]#
```

图12-21

4 使用edquota指令设置用户在“/data”文件系统上的磁盘配额，具体操作请查看edquota指令。

命令12 quotaoff命令

命令功能
quotaoff命令用于激活Linux内核中指定文件系统的磁盘配额功能。

命令语法
quotaoff(选项)(参数)

选项说明
- –a：关闭在/etc/fstab文件里，有加入quota设置的分区的空间限制；
- –g：关闭群组的磁盘空间限制；
- –u：关闭用户的磁盘空间限制；
- –v：显示指令指令执行过程。

参数说明
- 文件系统：指定要关闭磁盘配额功能的文件系统。

实例1　关闭文件系统的磁盘配额

案例表述

使用quotaoff指令关闭分区 "/dev/sda3" 的用户磁盘配额功能。

案例实现

在命令行中输入下面命令：

```
[root@localhost ]# quotaoff –vn /dev/sda3
```

按回车键后，即可关闭分区的磁盘配额功能，效果如图12-22所示。

图12-22

命令13 quotaon命令

命令功能
quotaon命令用于激活Linux内核中指定文件系统的磁盘配额功能。

命令语法
quotaon (选项)(参数)

选项说明
- –a：开启在/ect/fstab文件里加入quota设置的分区的空间限制；

- -g：开启群组的磁盘空间限制；
- -u：开启用户的磁盘空间限制；
- -v：显示指令指令执行过程。

参数说明

- 文件系统：指定要激活磁盘配额功能的文件系统。

实例1 显示磁盘配额的激活状态

案例表述

使用quotaon指令的“-p”选项显示指定文件系统的磁盘配额激活状态。

案例实现

在命令行中输入下面命令：

```
[root@localhost ]# quotaon –p /data
```

按回车键后，即可显示“/data”文件是否激活了磁盘配额功能，效果如图12-23所示。

```
[root@localhost ~]# quotaon -p /data
quotaon: Can't stat() given mountpoint /data: Ã»ÓÐÄÇ,öÎÄ¼þ»òÄ¿Â¼
Skipping...
quotaon: No correct mountpoint specified.
```

图12-23

实例2 激活磁盘配额

案例表述

使用swapon指令激活分区“dev/sda3”的用户磁盘配额功能。

案例实现

在命令行中输入下面命令：

```
[root@localhost ]# quotaon –vn /dev/sda3
```

按回车键后，即可激活分区磁盘配额功能，效果如图12-24所示。

```
[root@localhost ~]# quotaon -vn /dev/sda3
quotaon£ºÎÞÐ§Ñ¡Ïî -- n
quotaon: Usage:
        quotaon [-guvp] [-F quotaformat] [-x state] -a
        quotaon [-guvp] [-F quotaformat] [-x state] filesys ...
```

图12-24

命令14 quota命令

命令功能

quota命令用于显示用户或者工作组的磁盘配额信息。输出信息包括磁盘使用和配额限制。

命令语法

quota(选项)(参数)

选项说明

- -g：列出群组的磁盘空间限制；
- -q：简明列表，只列出超过限制的部分；
- -u：列出用户的磁盘空间限制；
- -v：显示该用户或群组，在所有挂入系统的存储设备的空间限制；
- -V：显示版本信息。

参数说明

- 用户或工作组：指定要显示的用户或者工作组。

实例1　显示用户的磁盘配额

▶ 案例表述

使用quota指令显示"math"用户的磁盘配额信息。

▶ 案例实现

在命令行中输入下面命令：

[root@localhost]# quota root

按回车键后，即可显示"root"用户的磁盘配额信息，效果如图12-25所示。

```
[root@localhost ~]# quota root
Disk quotas for user root (uid 0): none
```

图12-25

命令15　quotastats命令

命令功能

quotastats命令用于显示Linux系统当前的磁盘配额运行状态信息。

命令语法

quotastats

实例1　显示内核磁盘配额运行状态

▶ 案例表述

使用quotastats指令显示系统内核当前磁盘配额的运行状态。

▶ 案例实现

在命令行中输入下面命令：

[root@localhost]# quotastats

按回车键后，即可显示内核磁盘配额运行状态，效果如图12-26所示。

```
[root@localhost ~]# quotastats
Kernel quota version: 6.5.1
Number of dquot lookups: 0
Number of dquot drops: 0
Number of dquot reads: 0
Number of dquot writes: 0
Number of quotafile syncs: 8
Number of dquot cache hits: 0
Number of allocated dquots: 0
Number of free dquots: 0
Number of in use dquot entries (user/group): 0
```

图12-26

命令16　repquota命令

命令功能

repquota命令以报表的格式输出指定分区，或者文件系统的磁盘配额信息。

命令语法

repquota (选项)(参数)

选项说明

- -a：列出在/etc/fstab文件里，有加入quota设置的分区的使用状况，包括用户和群组；
- -g：列出所有群组的磁盘空间限制；
- -u：列出所有用户的磁盘空间限制；
- -v：显示该用户或群组的所有空间限制。

参数说明

- 文件系统：要打印报表的文件系统或者对应的设备文件名。

实例1　打印分区的磁盘配额报表

案例表述

使用repquota指令显示“/data”文件系统的磁盘配额报表。

案例实现

在命令行中输入下面命令：

```
[root@localhost ]$ repquota /data
```

按回车键后，即可打印文件系统的磁盘配额报表，效果如图12-27所示。

```
[root@localhost ~]$ repquota /data
***  Report  for user quotas on device /dev/sda3
Block grace time: 7days; Inode grace time: 7days
                    Block limits                File limits
User    used  soft  hard  grace used  soft  hard  grace
----    ----  ----  ----  ---- ----  ----  ----   ----
root     --   199504         0    0    4     0      0
```

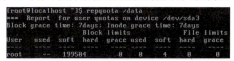

图12-27

命令17　swapoff命令

命令功能
swapoff命令用于关闭指定的交换空间（包括交换文件和交换分区）。

命令语法
swapoff (选项)(参数)

选项说明
- -a：关闭配置文件"/etc/fstab"中所有的交换空间。

参数说明
- 交换空间：指定需要激活的交换空间，可以是交换文件和交换分区，如果是交换分区则指定交换分区对应的设备文件。

实例1　关闭交换分区

案例表述

关闭交换分区

案例实现

❶ 只有当前未被使用的交换空间方可关闭，使用free指令查看交换空间的使用情况，在命令行中输入下面命令：

[root@localhost]# free

按回车键后，即可查看内存情况，效果如图12-28所示。

图12-28

❷ 使用swapoff指令关闭交换分区"/dev/sda2"，在命令行中输入下面命令：

[root@localhost]# swapoff /dev/sda2

按回车键后，即可关闭交换分区"/dev/sda2"，效果如图12-29所示。

图12-29

命令18　swapon命令

命令功能
swapon命令用于激活Linux系统中交换空间。

命令语法

swapon (选项)(参数)

选项说明

- –a：将/etc/fstab文件中所有设置为swap的设备，启动为交换区；
- –h：显示帮助；
- –p<优先顺序>：指定交换区的优先顺序；
- –s：显示交换区的使用状况；
- –V：显示版本信息。

参数说明

- 交换空间：指定需要激活的交换空间，可以是交换文件和交换分区，如果是交换分区则指定交换分区对应的设备文件。

实例1　激活交换分区

案例表述

激活交换分区。

案例实现

① 从逻辑上来说，交换分区也是内存的一部分，free指令可以查看到交换空间的使用情况，在未激活交换，空间情况下，使用free指令查看内存情况，在命令行中输入下面命令：

[root@localhost]# free

按回车键后，即可查看内存情况，效果如图12-30所示。

```
[root@localhost ~]# free
             total       used       free     shared    buffers     cached
Mem:        513804     147380     366424          0      13956      59400
-/+ buffers/cache:      74024     439780
Swap:      1044216          0    1044216
```

图12-30

② 使用swapon指令激活交换分区 "/dev/sda2"，在命令行中输入下面命令：

[root@localhost]# swapon /dev/sda2

按回车键后，即可激活交换分区。

③ 再次使用free指令查看内存情况，在命令行中输入下面命令：

[root@localhost]# free

按回车键后，即可查看内存情况，效果如图12-31所示。

```
[root@localhost ~]# free
             total       used       free     shared    buffers     cached
Mem:        513804     147500     366304          0      14068      59404
-/+ buffers/cache:      74028     439776
Swap:      1044216          0    1044216
```

图12-31

实例2 显示交换空间汇总信息

案例表述

使用swapon指令的"-s"选项显示系统当前的交换空间汇总信息。

案例实现

在命令行中输入下面命令：

[root@localhost]# swapon -s

按回车键后，即可当前系统的交换空间汇总信息，效果如图12-32所示。

```
[root@localhost ~]# swapon -s
Filename         Type       Size     Used    Priority
/dev/sda3        partition  1044216  0       -1
```

图12-32

命令19 sync命令

命令功能

sync命令用于强制被改变的内容立刻写入磁盘，更新超块信息。

命令语法

sync(选项)

选项说明

- --help：显示指令的帮助信息；
- --version：显示指令的版本信息。

实例1 手动刷新缓冲区

案例表述

在关闭比较繁忙的服务器系统之前，使用sync指令刷新文件系统缓冲区总是被推荐的方式。

案例实现

在命令行中输入下面命令：

[root@hn]# sync

按回车键后，即可手动刷新文件系统缓冲区。

命令20 e2image命令

命令功能

e2image指令将处于危险状态的"ext2"或者"ext3"文件系统保存到文件中。

命令语法

e2image (选项)(参数)

选项说明

- –l：将文件中的"ext2/ext3"文件系统元数据还原到分区上。

参数说明

- 文件系统：指定文件系统对应的设备文件名；
- 文件：指定保存文件系统元数据的文件名。

实例1　生成ext2文件系统元数据映像

▶ 案例表述

生成ext2文件系统元数据映像。

▶ 案例实现

❶ 使用e2image指令生成ext2文件系统元数据的映像文件，在命令行中输入下面命令：

[root@localhost root]# e2image /dev/sda3

按回车键后，即可生成指定分区元数据映像文件，效果如图12-33所示。

❷ 使用file指令探测文件"sda3"的类型，在命令行中输入下面命令：

[root@localhost root]# file /dev/sda3

按回车键后，即可探测文件系统类型，效果如图12-34所示。

图12-33

图12-34

命令21　e2label命令

命令功能

e2label命令用来设置第二扩展文件系统的卷标。

命令语法

e2label (参数)

参数说明

- 文件系统：指定文件系统所对应的设备文件名；
- 新卷标：为文件系统指定新卷标。

实例1 设置分区卷标

案例表述
使用e2label指令设置分区的卷标。

案例实现
① 在命令行中输入下面命令：

[root@localhost]# e2label /dev/sda1 newlabel

按回车键后，即可设置分区卷标，效果如图12-35所示。

② 使用e2label指令显示分区的卷标，在命令行中输入下面命令：

[root@localhost root]# e2label /dev/sda1

按回车键后，即可显示分区卷标，效果如图12-36所示。

图12-35

图12-36

命令22 tune2fs命令

命令功能
tune2fs命令允许系统管理员调整"ext2/ext3"文件系统中的可改参数。

命令语法
tune2fs (选项)(参数)

选项说明
- –c：调整最大加载次数；
- –C：设置文件系统已经被加载的次数；
- –e：设置内核代码检测到错误时的行为；
- –f：强制执行修改，即使发生错误；
- –i：设置相邻两次文件系统检查的相隔时间；
- –j：为"ext2"文件系统添加日志功能，将其转换为"ext3"文件系统；
- –l：显示文件超级块内容；
- –L：设置文件系统卷标；
- –m：显示文件保留块的百分比；
- –M：设置文件系统最后被加载到的目录；
- –o：设置或清除文件系统加载的特性或选项；
- –O：设置或清除文件系统的特性或选项；
- –r：设置文件系统保留块的大小；

- –T：设置文件系统上次被检查的时间；
- –u：设置可以使用文件系统保留块的用户；
- –U：设置文件系统的UUID。

参数说明

- 文件系统：指定调整的文件系统或者其对应的设备文件名。

实例1　修改文件系统被加载次数

案例表述

使用tune2fs指令显示文件系统超级块的内容，并使用grep指令过滤出文件系统当前的加载次数。

案例实现

❶ 在命令行中输入下面命令：

[root@localhost]# tune2fs –l /dev/sda1 | grep 'mount count'

按回车键后，即可显示文件系统被加载次数，效果如图12-37所示。

```
[root@localhost ~]# tune2fs -l /dev/sda1 | grep 'mount count'
Maximum mount count:      -1
```

图12-37

❷ 使用tun2fs指令修改文件系统的加载次数，在命令行中输入下面命令：

[root@localhost]# tune2fs –C 30 /dev/sda1

按回车键后，即可修改文件系统加载次数，效果如图12-38所示。

```
[root@localhost ~]# tune2fs -C 30 /dev/sda1
tune2fs 1.32 (09-Nov-2002)
Setting current mount count to 30
```

图12-38

命令23　resize2fs命令

命令功能

resize2fs命令被用来增大或者收缩未加载的"ext2/ext3"文件系统的大小。

命令语法

resize2fs (选项)(参数)

选项说明

- –d：打开调试特性；
- –p：打印已完成任务的百分比进度条；
- –f：强制执行调整大小操作，覆盖掉安全检查操作；
- –F：开始执行调整大小前，刷新文件系统设备的缓冲区。

参数说明

- 设备文件名：增大要调整大小的文件系统所对应的设备文件名；
- 大小：文件系统的新大小。

实例1 调整文件系统大小

案例表述

使用resize2fs指令调整未加载的文件系统"/dev/sda3"的大小为30MB。

案例实现

在命令行中输入下面命令：

[root@localhost]# resize2fs –f /dev/sda3 30m

按回车键后，即可强制设置系统文件系统为30MB，效果如图12-39所示。

```
[root@localhost ~]# resize2fs -f /dev/sda3 30m
resize2fs 1.32 (09-Nov-2002)
resize2fs: bad filesystem size - 30m
```

图12-39

命令24 findfs命令

命令功能

findfs命令依据卷标（Label）和UUID查找文件系统所对应的设备文件。

命令语法

findfs (参数)

参数说明

- LABEL=<卷标>或者UUID=<UUID>：按照卷标或者UUID查询文件系统。

实例1 查找卷标所对应的分区

案例表述

使用findfs指令通过卷标查找文件系统。

案例实现

在命令行中输入下面命令：

[root@localhost]# findfs LABEL=/

按回车键后，即可查找卷标为"/"的文件系统，效果如图12-40所示。

```
[root@localhost ~]# findfs LABEL=/
/dev/sda2
```

图12-40

第13章

进程与作业管理

Linux是一个多任务的操作系统,系统上同时运行着多个进程,正在执行的一个或多个相关进程称为一个作业。使用作业控制,用户可以同时运行多个作业,并在需要时在作业之间进行切换。本章详细介绍进程管理及作业控制的命令,包括启动进程、查看进程、调度作业的命令。

命令1 at命令

命令功能

at命令用于在指定时间执行任务。

命令语法

at(选项)(参数)

选项说明

- –f：指定包含具体指令的任务文件；
- –q：指定新任务的队列名称；
- –l：显示待执行任务的列表；
- –d：删除指定的待执行任务；
- –m：任务执行完后向用户发送E–mail。

参数说明

- 日期时间：指定任务执行的日期时间。

实例1 提交任务文件

案例表述

可以事先将待执行的任务的所有指令都保存到文本文件中，通过at指令的“–f”选项将其提交到系统中。

案例实现

在命令行中输入下面命令：

```
[root@localhost root ]# at –f workfile 03:30
```

按回车键后，即可提交任务文件在3:30分执行，任务需要执行的指令包含在任务文件“workfile”中，效果如图13-1所示。

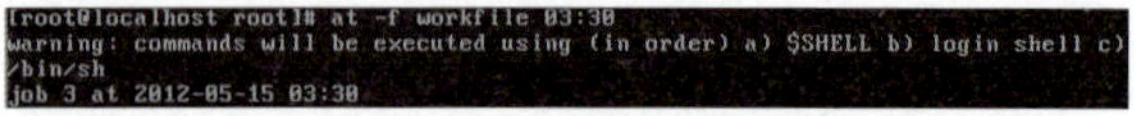
```
[root@localhost root]# at -f workfile 03:30
warning: commands will be executed using (in order) a) $SHELL b) login shell c)
/bin/sh
job 3 at 2012-05-15 03:30
```

图13–1

实例2 交互式提交任务

案例表述

当不使用“–f”选项时，at指令自动进入交互式模式，通过终端提交任务的内容。

案例实现

在命令行中输入下面命令：

```
[root@localhost ]# at 23:40
```

按回车键后，即可进入交互式任务提交模式，效果如图13-2所示。

```
[root@localhost ~]# at 23:40
warning: commands will be executed using (in order) a) $SHELL b) login shell c)
/bin/sh
at> <EOT>
job 7 at 2012-04-11 23:40
```

图13-2

实例3 禁止用户使用at指令

案例表述

禁止用户使用at指令。

案例实现

1 将用户名加入到文件“/etc/at.deny”中，可以禁止此用户使用at指令，本例中将禁止“user1”用户使用at指令。将“user1”进入到文件“/etc/at.deny”中，在命令行中输入下面命令：

```
[root@localhost ~ ]# echo “user1” >> /etc/at.deny
```

按回车键后，即可禁止“user1”使用at指令，效果如图13-3所示。

```
[root@localhost ~]# echo "user1">> /etc/at.deny
```

图13-3

2 切换到“user1”身份，尝试能否使用at指令，在命令行中输入下面命令：

```
[root@localhost ]# su user1
[root@localhost ]$ at 3:00
```

按回车键后，即可切换到“user1”身份并且执行at指令，效果如图13-4所示。

```
[root@localhost ~]# su user1
su: user user1 does not exist
[root@localhost ~]# at 3:00
warning: commands will be executed using (in order) a) $SHELL b) login shell c)
/bin/sh
at> _
```

图13-4

命令2 atq命令

命令功能

atq命令用于显示系统中待执行的任务列表。

命令语法

atq(选项)

选项说明

- -V：显示版本号；
- -q：查询指定队列的任务。

实例1 查询用户待执行任务

案例表述

查询用户待执行任务。

案例实现

❶ 以root用户身份执行atq指令查询系统中所有用户的待执行的任务列表，在命令行中输入下面命令：

[root@localhost]# atq

按回车键后，即可显示所有用户的待执行任务列表，效果如图13-5所示。

❷ 使用atq指令的"-q"选项可以查询指定队列的待执行任务列表，在命令行中输入下面命令：

[root@localhost]# atq –q b

按回车键后，即可查询b队列中的待执行任务列表，效果如图13-6所示。

```
[root@localhost ~]# atq
2       2012-04-04 23:40 a root
3       2012-04-05 03:00 a root
```
图13-5

```
[root@localhost ~]# atq -q b
```
图13-6

❸ 如果是普通用户执行atq指令，则只能显示自身的待执行任务列表，在命令行中输入下面命令：

[root@localhost ~]# su user1

[root@localhost ~]# atq

按回车键后，即可切换到普通用户"user1"身份以及查询"user1"的待执行任务列表，效果如图13-7所示。

```
[root@localhost ~ ]# su user1
su: user1 does not exist
[root@localhost ~ ]# atq
2       2012-04-04 23:40 a root
3       2012-03-05 03:00 a root
```
图13-7

命令3 atrm命令

命令功能

atrm命令用于删除待执行任务队列中的指定任务。

命令语法

atrm(选项)(参数)

选项说明

- –V：显示版本号。

参数说明

- 任务号：指定待执行任务队列中要删除的任务。

实例1 删除待执行任务

案例表述
删除待执行任务。

案例实现

1 使用atq指令查询待执行的任务列表，在命令行中输入下面命令：

[root@localhost]# atq

按回车键后，即可查询待执行任务列表，效果如图13-8所示。

2 使用atrm指令删除待执行任务，在命令行中输入下面命令：

[root@hn]# atrm 1 2 3

按回车键后，即可删除1,2,3号任务。

3 再次使用atq指令查询待执行任务列表，在命令行中输入下面命令：

[root@localhost]# atq

按回车键后，即可查询待执行任务列表，效果如图13-9所示。

图13-8

图13-9

命令4 batch命令

命令功能
batch命令用于在指定时间，当系统不繁忙时执行任务。

命令语法
batch(选项)(参数)

选项说明
- –f：指定包含具体指令的任务文件；
- –q：指定新任务的队列名称；
- –m：任务执行完后向用户发送E–mail。

参数说明
- 日期时间：指定任务执行的日期时间。

实例1 提交任务列表

案例表述
用以实现将待执行的任务的所有指令都保存到文本文件中，通过batch指令的"–f"选项将其提交到系统中。

案例实现

在命令行中输入下面命令：

```
[root@localhost root ]# batch –f workfile 03:00
```

按回车键后，即可提交任务在3:30分执行，效果如图13-10所示。

```
[root@localhost root]# batch -f workfile 03:00
warning: commands will be executed using (in order) a) $SHELL b) login shell c
/bin/sh
job 5 at 2012-05-15 03:00
[root@localhost root]# _
```

图13-10

实例2　交互式提交任务

案例表述

当不使用“–f”选项时，batch指令自动进入交互式模式，通过终端提交任务的内容。

案例实现

在命令行中输入下面命令：

```
[root@localhost root ]# batch 01:30
```

按回车键后，即可进入交互式任务提交模式，效果如图13-11所示。

```
[root@localhost root]# batch 01:30
warning: commands will be executed using (in order) a) $SHELL b) login shell c
/bin/sh
at> _
```

图13-11

实例3　禁止用户使用batch指令

案例表述

禁止用户使用batch指令。

案例实现

1 将用户名加入到文件“/etc/at.deny”中，可以禁止此用户使用batch指令，本例中将禁止“user1”用户使用batch指令。将“user1”进入到文件“/etc/at.deny”中，在命令行中输入下面命令：

```
[root@localhost ]# echo “user1” >> /etc/at.deny
```

按回车键后，即可禁止“user1”使用batch指令，效果如图13-12所示。

```
[root@localhost ~]# echo "user1">> /etc/at.deny
```

图13-12

2 切换到“user1”身份，尝试能否使用batch指令，在命令行中输入下面命令：

```
[root@localhost ]# su user1
[root@localhost ]# batch 18:00
```

按回车键后，即可切换到"user1"身份并且执行batch指令，效果如图13-13所示。

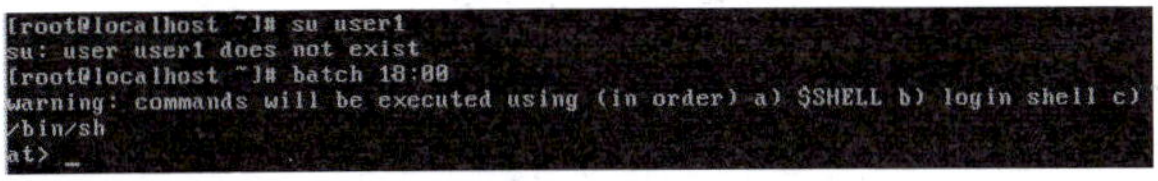

图13-13

命令5　crontab命令

命令功能
crontab命令被用来提交和管理用户的需要周期性执行的任务。

命令语法
crontab (选项)(参数)

选项说明
- –e：编辑该用户的计时器设置；
- –l：列出该用户的计时器设置；
- –r：删除该用户的计时器设置；
- –u<用户名称>：指定要设定计时器的用户名称。

参数说明
- crontab文件：指定包含待执行任务的crontab文件。

实例1　添加计划任务

案例表述

系统管理员经常使用crontab指令将需要运行的系统维护任务加入到任务计划中，以减少人为的参与。

案例实现

❶ 首先，将需要完成的任务编写成shell脚本，使用cat指令查看本例的示例shell脚本内容，在命令行中输入下面命令：

[root@localhost root]# cat backup.sh

按回车键后，即可显示shell脚本的内容，效果如图13-14所示。

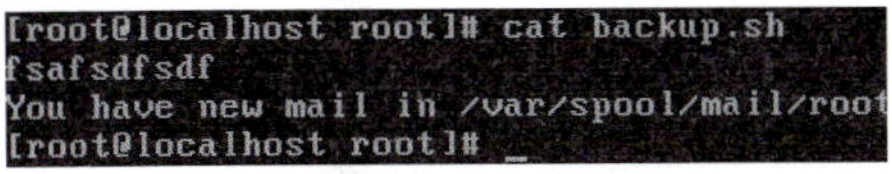

图13-14

❷ 接下来，使用chmod指令为shell脚本添加可执行权限，在命令行中输入下面命令：

[root@localhost root]# chmod a+x backup.sh

按回车键后,即可为shell脚本添加执行权限,效果如图13-15所示。

图13-15

❸ 编写crontab文件,使用cat指令显示编写好的crontab文件内容,在命令行中输入下面命令:

[root@localhost root]# cat crontab.file

按回车键后,即可显示crontab文件内容,效果如图13-16所示。

图13-16

❹ 最后使用crontab指令添加任务计划,在命令行中输入下面命令:

[root@localhost root]# crontab crontab.file

按回车键后,即可添加任务计划,效果如图13-17所示。

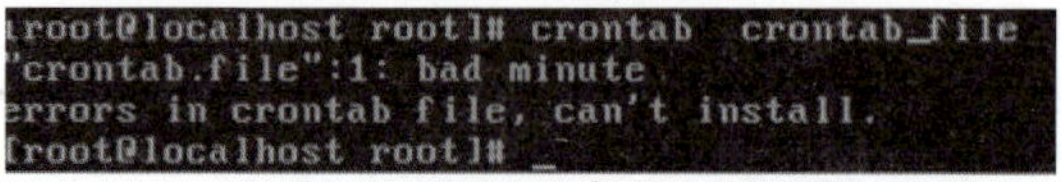

图13-17

实例2 显示任务计划

案例表述

显示任务计划。

案例实现

❶ 使用crontab指令的"-l"选项可以显示用户的任务计划,在命令行中输入下面命令:

[root@localhost]# crontab -l

按回车键后,即可列出当前用户的任务计划,效果如图13-18所示。

图13-18

❷ 为了保证系统每次开机时都能够自动加载任务计划,系统自动将任务计划保存到目录"/var/spool/cron"下,已提交任务的用户名的文件中,本例中提交任务的用户时"root",使用cat指令查看文件"/var/spool/cron/root"的内容,在命令行中输入下面命令:

[root@localhost]# cat /var/spool/cron/root

按回车键后，即可显示文本文件的内容，效果如图13-19所示。

```
[root@localhost ~]# cat /var/spool/cron/root
cat: /var/spool/cron/root: Ã»ÓÐÄÇ,öÎÄ¼þ»òÄ¿Â¼
```

图13-19

实例3　禁止用户使用crontab指令

案例表述

禁止用户使用crontab指令。

案例实现

❶ 将用户名加入到文件“/etc/cron.deny”中，可以禁止此用户使用crontab指令，本例中将禁止“user1”用户使用crontab指令。将“user1”进入到文件“/etc/cron.deny”中，在命令行中输入下面命令：

```
[root@localhost root ]# echo  "user1" >> /etc/cron.deny
```

按回车键后，即可禁止“user1”使用crontab指令，效果如图13-20所示。

```
[root@localhost root]# echo "user1">>/etc/cron.deny
[root@localhost root]# _
```

图13-20

❷ 切换到“user1”身份，尝试能否使用crontab指令，在命令行中输入下面命令：

```
[user1@localhost root ]$ crontab
```

按回车键后，即可切换到“user1”身份并且执行crontab指令，效果如图13-21所示。

```
[user1@localhost root]$ crontab
You (user1) are not allowed to use this program (crontab)
See crontab(1) for more information
[user1@localhost root]$ _
```

图13-21

命令6　init命令

命令功能

init命令是Linux下的进程初始化工具，init进程是所有Linux进程的父进程，它的进程号为1。

命令语法

init(选项)(参数)

选项说明

- -b：不执行相关脚本而直接进入单用户模式；
- -s：切换到单用户模式。

参数说明

- 运行等级：指定Linux系统要切换到的运行等级。

实例1　切换到单用户模式

案例表述

系统管理员在系统维护时，为了防止其他用户访问Linux系统，可以使用init指令切换到单用户模式，在单用户模式下只有"root"用户能够使用Linux系统，并且关闭网络功能和其他系统服务。

案例实现

在命令行中输入下面命令：

```
[root@hn ]# init 1
```

按回车键后，即可切换到单用户模式，仅允许"root"用户使用系统。

实例2　关闭计算机

案例表述

使用init指令切换到允许等级"0"可以实现关闭计算机的功能。

案例实现

在命令行中输入下面命令：

```
[root@hn ]# init 0
```

按回车键后，即可关闭计算机。

命令7　killall命令

命令功能

killall命令使用进程的名称来杀死进程，使用此指令可以杀死一组同名进程。

命令语法

killall(选项)(参数)

选项说明

- –e：对长名称进行精确匹配；
- –l：忽略大小写的不同；
- –p：杀死进程所属的进程组；
- –i：交互式杀死进程，杀死进程前需要进行确认；
- –l：打印所有已知信号列表；
- –q：如果没有进程被杀死，则不输出任何信息；
- –r：使用正规表达式匹配要杀死的进程名称；

- –s：用指定的进程号代替默认信号"SIGTERM"；
- –u：杀死指定用户的进程。

参数说明

- 进程名称：指定要杀死的进程名称。

实例1　显示所有已知信号

案例表述

使用killall指令的"–l"选项显示所有已知信号。

案例实现

在命令行中输入下面命令：

[root@localhost]# killall -l

按回车键后，即可列出已知信号，效果如图13–22所示。

图13–22

实例2　按照名称杀死进程

案例表述

使用killall指令按照进程名称杀死进程。

案例实现

在命令行中输入下面命令：

[root@hn]# killall ssh

按回车键后，即可杀死"ssh"进程。

实例3　杀死指定用户的进程

案例表述

使用killall指令的"–u"选项可以杀死指定用户开启的所有进程。

案例实现

在命令行中输入下面命令：

[root@hn]# killall –u user1

按回车键后，即可杀死"user1"用户的所有进程。

命令8　nice命令

命令功能

nice命令用于以指定的进程调度优先级启动其他的程序。

命令语法

nice(选项)(参数)

选项说明

- –n：指定进程的优先级（整数）。

参数说明

- 指令及选项：需要运行的指令及其他选项。

实例1　以指定优先级运行指令

案例表述

使用nice指令指定运行时的优先级。

案例实现

在命令行中输入下面命令：

```
[root@hn ]# nice –n 6 find / -name passwd > out.txt
```

按回车键后，即可以优先级6级运行find指令。

命令9　nohup命令

命令功能

nohup命令可以将程序以忽略挂起信号的方式运行起来，被运行的程序的输出信息将不会显示到终端。

命令语法

nohup(选项)(参数)

选项说明

- --help：显示帮助信息；
- --version：显示版本信息。

参数说明

- 程序及选项：要运行的程序及选项。

实例1　退出登录时程序继续运行

案案例表述

正常情况下，如果用户退出登录，则用户开启程序将自动退出。使用nohup指令可以实现在用户退出登录后仍然能够继续运行。

案例实现

在命令行中输入下面命令：

[root@hn]# nohup find / -name passwd > out.txt

按回车键后,即可使用find指令忽略挂起信号。

命令10　pkill命令

命令功能

pkill命令可以按照进程名杀死进程。

命令语法

pkill(选项)(参数)

选项说明

- –o:仅向找到的最小(起始)进程号发送信号;
- –n:仅向找到的最大(结束)进程号发送信号;
- –P:指定父进程号发送信号;
- –g:指定进程组;
- –t:指定开启进程的终端。

参数说明

- 进程名称:指定要查找的进程明称,同是也支持类似grep指令中的匹配模式。

实例1　基于名称杀死进程

案例表述

使用pkill指令按照名称杀死所有的"httpd"进程。

案例实现

在命令行中输入下面命令:

[root@hn]# pkill httpd

按回车键后,即可杀死httpd进程。

命令11　pstree命令

命令功能

pstree命令以树形图的方式展现进程之间的派生关系,显示效果比较直观。

命令语法

pstree(选项)

选项说明

- –a：显示每个程序的完整指令，包含路径、参数或是常驻服务的标示；
- –c：不使用精简标示法；
- –G：使用VT100终端机的列绘图字符；
- –h：列出树状图时，特别标明现在执行的程序；
- –H<程序识别码>：此参数的效果和指定"–h"参数类似，但特别标明指定的程序；
- –l：采用长列格式显示树状图；
- –n：用程序识别码排序。预设是以程序名称来排序；
- –p：显示程序识别码；
- –u：显示用户名称；
- –U：使用UTF–8列绘图字符；
- –V：显示版本信息。

实例1　显示进程树

案例表述

使用pstree指令显示当前系统的进程树形图。

案例实现

在命令行中输入下面命令：

[root@www1]# pstree

按回车键后，即可显示进程树，效果如图13-23所示。

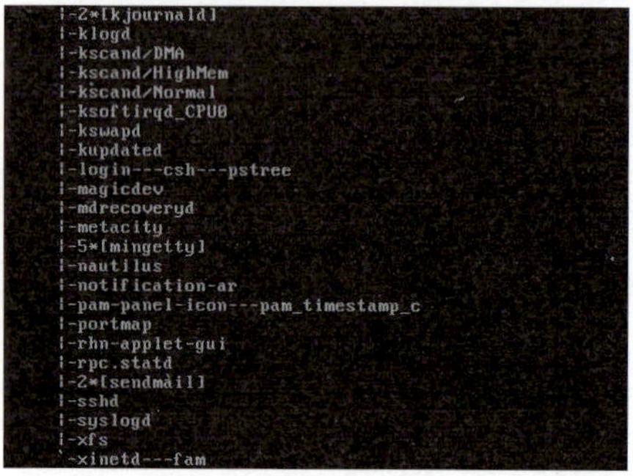

图13-23

命令12　ps命令

命令功能

ps命令用于报告当前系统的进程状态。

命令语法

ps(选项)

选项说明

- –A：显示所有程序；
- –r：仅选择正在运行的进程；
- –x：显示没有终端的进程；
- –u：显示所有用户的进程。

实例1　显示系统进程信息

案例表述

显示系统进程信息。

案例实现

❶ 不带选项的ps指令输出当前用户的进程，在命令行中输入下面命令：

[root@localhost]# ps

按回车键后，即可查看当前用户的进程，效果如图13-24所示。

❷ 要想得到系统中所有进程的信息，需要使用"-aux"选项，在命令行中输入下面命令：

[root@localhost]# ps –aux | head

按回车键后，即可显示所有进程的前10行，效果如图13-25所示。

图13-24

图13-25

命令13　renice命令

命令功能

renice命令可以修改正在运行的进程的调度优先级。

命令语法

renice(选项)(参数)

选项说明

- –g：指定进程组ID；
- –u：指定开启进程的用户名。

参数说明

- 进程号：指定要修改优先级的进程。

实例1　调整进程优先级

案例表述

使用renice指令调整指定进程号的进程的优先级。

案例实现

在命令行中输入下面命令：

```
[root@localhost ]# renice +7 4896
```

按回车键后，即可修改进程号为7的进程的优先级，效果如图13-26所示。

```
[root@localhost ~]# renice +7 4896
renice: 4896: getpriority: Ã»ÓÐÄÇ¸ö½ø³Ì
```

图13-26

命令14　skill命令

命令功能

skill命令用于向选定进程发送信号。

命令语法

skill(选项)

选项说明

- -f：快速模式；
- -i：交互模式，每一步操作都需要确认；
- -v：冗余模式；
- -w：激活警告；
- -V：显示版本号；
- -t：指定开启进程的终端号；
- -u：指定开启进程的用户；
- -p：指定进程的ID号；
- -c：指定开启进程指令名称。

实例1　杀死进程

案例表述

使用skill指令的"-p"杀死进号为"222"的进程。

案例实现

在命令行中输入下面命令：

[root@hn]# skill –p 222

按回车键后，即可杀死PID为"222"的进程。

命令15 watch命令

命令功能

watch命令以周期性的方式执行给定的指令，指令输出以全屏方式显示。

命令语法

watch(选项)(参数)

选项说明

- –n：指定指令执行的间隔时间（秒）；
- –d：高亮显示指令输出信息不同之处；
- –t：不显示标题。

参数说明

- 指令：需要周期性执行的指令。

实例1： 监控目录的变化

案例表述

使用watch指令的"–d"选项，再结合ls指令，可以实现监控目录下内容的变化。

案例实现

在命令行中输入下面命令：

[root@hn test]# watch –d ls -l

按回车键后，即可监控当前目录下内容的变化，效果如图13-27所示。

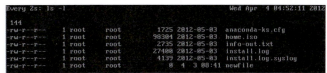

图13-27

命令16 w命令

命令功能

w命令用于显示已经登录系统的用户列表，并显示用户正在执行的指令。

命令语法

w(选项)(参数)

选项说明

- –h：不打印头信息；
- –u：当显示当前进程和cpu时间时忽略用户名；
- –s：使用短输出格式；
- –f：显示用户从哪登录；
- –V：显示版本信息。

参数说明

- 用户：仅显示指定用户。

实例1　显示的登录用户及正在执行的指令

案例表述

使用w指令显示所有登录用户都在干什么。

案例实现

在命令行中输入下面命令：

```
[root@localhost ]# w
```

按回车键后，即可显示登录用户正在干什么，效果如图13-28所示。

```
[root@localhost ~]# w
 04:53:31 up 9 min,  3 users,  load average: 0.00, 0.04, 0.04
USER     TTY      FROM              LOGIN@   IDLE   JCPU   PCPU  WHAT
root     tty1     -                 4:45am  1:32   0.02s  0.00s  watch -d ls -l
root     tty5     -                 4:53am  0.00s  0.03s  0.00s  w
root     :0       -                 4:44am   ?     0.00s  0.03s  -/bin/csh -c /u
```

图13-28

实例2　监控用户登录及其他行为

案例表述

使用watch指令和w指令可以监控系统中的用户登录及其行为。

案例实现

在命令行中输入下面命令：

```
[root@hn test ]# watch w
```

按回车键后，即可监控用户登录及其行为，效果如图13-29所示。

```
Every 2s: w                                          Wed Apr  4 04:54:16 2012

 04:54:16 up 10 min,  3 users,  load average: 0.00, 0.03, 0.04
USER     TTY      FROM              LOGIN@   IDLE   JCPU   PCPU  WHAT
root     tty1     -                 4:45am  2:17   0.04s  0.02s  watch -d ls -l
root     tty5     -                 4:53am  2.00s  0.04s  0.01s  watch w
root     :0       -                 4:44am   ?     0.00s  0.03s  -/bin/csh -c /u
```

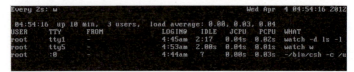

图13-29

命令17　telint命令

命令功能
telint命令用于切换当前正在运行的Linux系统的运行等级。

命令语法
telint(选项)(参数)

选项说明
- –t：指定等待的秒数。

参数说明
- 运行等级：指定要切换的运行等级。

实例1　切换运行等级

案例表述

使用telint指令将运行等级从3切换到5。

案例实现

❶ 使用runlevel指令显示当前的运行等级，在命令行中输入下面命令：

[root@localhost]# runlevel

按回车键后，即可显示当前运行等级，效果如图13-30所示。

```
[root@localhost ~]# runlevel
N 5
```
图13-30

❷ 使用telint指令切换到运行等级5，在命令行中输入下面命令：

[root@hn]# telint 5

按回车键后，即可切换到运行等级5。

命令18　runlevel命令

命令功能
runlevel命令用于打印当前Linux系统的运行等级。

命令语法
runlevel

实例1　显示运行等级

案例表述

使用runlevel指令显示当前的运行等级。

案例实现

在命令行中输入下面命令：

[root@localhost]# runlevel

按回车键后，即可显示当前运行等级，效果如图13-31所示。

```
[root@localhost ~]# runlevel
N 5
```

图13-31

命令19　service命令

命令功能

service命令是Redhat Linux兼容的发行版中用来控制系统服务的实用工具，它可以启动、停止、重新启动和关闭系统服务，还可以显示所有系统服务的当前状态。

命令语法

service (选项)(参数)

选项说明

- -h：显示帮助信息；
- --status-all：显示所服务的状态。

参数说明

- 服务名：自动要控制的服务名，即"/etc/init.d"目录下的脚本文件名；
- 控制命令：系统服务脚本支持的控制命令。

实例1　控制系统服务

案例表述

控制系统服务。

案例实现

❶ 使用service指令启动系统服务"crond"，在命令行中输入下面命令：

[root@localhost root]# service crond start

按回车键后，即可启动"crontd"，效果如图13-32所示。

```
[root@localhost root]# service crond start
Starting crond:
[root@localhost root]#
```

图13-32

❷ 使用service指令显示系统服务的工作状态，在命令行中输入下面命令：

[root@localhost root]# service crond status

按回车键后，即可显示"crond"服务状态，效果如图13-33所示。

```
[root@localhost root]# service crond status
crond (pid 3316) is running...
[root@localhost root]#
```

图13-33

③ 使用service指令重新启动系统服务，在命令行中输入下面命令：

[root@localhost]# service crontd restart

按回车键后，即可重新启动服务，效果如图13-34所示。

```
[root@localhost root]# service crond restart
Stopping crond:                                            [  OK  ]
Starting crond:                                            [  OK  ]
[root@localhost root]#
```

图13-34

命令20 ipcs命令

命令功能

ipcs命令用于报告Linux中进程间通信设施的状态，显示的信息包括消息列队、共享内存和信号量的信息。

命令语法

ipcs(选项)

选项说明

- -a：显示全部可显示信息；
- -q：显示活动的消息队列信息；
- -m：显示活动的共享内存信息；
- -s：显示活动的信号量信息。

实例1 显示进程间通信状态

案例表述

使用ipcs指令显示Linux内核中进程间通信设置的状态信息。

案例实现

在命令行中输入下面命令：

[root@localhost]# ipcs

按回车键后，即可显示进程间通信状态，效果如图13-35所示。

图13-35

命令21　pgrep命令

命令功能

pgrep命令以名称为依据从运行进程队列中查找进程，并显示查找到的进程号。

命令语法

pgrep(选项)(参数)

选项说明

- –o：仅显示找到的最小（起始）进程号；
- –n：仅显示找到的最大（结束）进程号；
- –l：显示进程名称；
- –P：指定父进程号；
- –g：指定进程组；
- –t：指定开启进程的终端；
- –u：指定进程的有效用户ID。

参数说明

- 进程名称：指定要查找的进程名称，同时也支持类似grep指令中的匹配模式。

实例1　按照名称查找进程

案例表述

按照名称查找进程。

案例实现

① 使用pgrep指令查找"httpd"进程，在命令行中输入下面命令：

[root@localhost root]# pgrep httpd

按回车键后，即可查询"httpd进程"，效果如图13-36所示。

```
[root@localhost root]# pgrep httpd
[root@localhost root]#
```

图13-36

❷ 使用pgrep指令的"-o"选项显示起始进程，在命令行中输入下面命令：

[root@localhost]# pgrep –o -httpd

按回车键后，即可显示最小进程号，效果如图13-37所示。

```
[root@localhost ~]# pgrep -o -httpd
pgrep: invalid option -- o
Usage: pgrep [-flnvx] [-d DELIM] [-P PPIDLIST] [-g PGRPLIST] [-s SIDLIST]
       [-u EUIDLIST] [-U UIDLIST] [-G GIDLIST] [-t TERMLIST] [PATTERN]
```

图13-37

❸ 使用pgrep指令的"-n"选项仅显示结束进程，在命令行中输入下面命令：

[root@localhost root]# pgrep –n httpd

按回车键后，即可仅显示最大进程号，效果如图13-38所示。

```
[root@localhost root]# pgrep -n httpd
[root@localhost root]#
```

图13-38

命令22 pidof命令

命令功能

piodf命令用户查找指定名称的进程的进程号ID号。

命令语法

piodf(选项)(参数)

选项说明

- –s：仅返回一个进程号；
- –c：仅显示具有相同"root"目录的进程；
- –x：显示由脚本开启的进程；
- –o：指定不显示的进程ID。

参数说明

- 进程名称：指定要查找的进程名称。

实例1　显示进程的ID号

案例表述

使用pidof指令显示"httpd"进程ID号。

案例实现

在命令行中输入下面命令：

[root@localhost]# pidof httpd

按回车键后，即可查询名称为"httpd"的所有进程ID号，效果如图13-39所示。

```
[root@localhost root]# pidof httpd
[root@localhost root]#
```

图13-39

命令23 pmap命令

命令功能

pmap命令用于报告进程的内存映射关系。

命令语法

pmap(选项)(参数)

选项说明

- -x：显示扩展格式；
- -d：显示设备格式；
- -q：不显示头尾行；
- -V：显示指定版本。

参数说明

- 进程号：指定需要显示内存映射关系进程号，可以是多个进程号。

实例1 显示进程的内存映射关系

案例表述

使用pmap显示"init"进程的内存映射关系。

案例实现

在命令行中输入下面命令：

[root@localhost]$ pmap –d 1

按回车键后，即可显示进程"init"的内存映射，效果如图13-40所示。

```
[root@localhost ~]$ pmap -d 1
1: init [3]
Address    Kbytes Mode  Offset           Device      Mapping
00129000    100   r-x-- 0000000000000000 008:00001   1d-2.5.so
......
bfa03000    88    rw--- 00000000bfa03000 000:00000   [stack]
mapped     2036k  writeable/private: 312K           shared: 0K
```

图13-40

第14章

X Window系统

Linux操作系统中的图形界面系统称为X Window系统。X Window系统是一个相当灵活的可配置环境,它为最终的用户和X Window应用软件的开发人员提供很大的灵活性。X Window是最底层的标准图形工具,负责基本的图形操作。本章介绍与X Window系统相关的命令。

命令1　startx命令

命令功能
startx命令用来启动X Window。

命令语法
startx (参数)

参数说明
- 客户端及选项：X客户端及选项；
- 服务器及选项：X服务器及选项。

实例1　启动X Window

案例表述

启动X Window。

案例实现

❶ 使用startx指令以默认方式启动X Window系统，在命令行中输入下面命令：

[root@localhost ~]# startx

按回车键后，即可启动X Window系统，效果如图14-1所示。

❷ 使用startx指令以16位颜色深度启动X Window系统，在命令行中输入下面命令：

[root@localhost ~]# startx -- -depth 16

按回车键后，即可启动X Window并指定色彩深度，效果如图14-2所示。

图14-1

图14-2

命令2　xauth命令

命令功能
xauth命令用于显示和编辑被用于连接X服务器的认证信息。

命令语法
xauth (选项)(参数)

选项说明

- –f：不使用默认的认证文件，而使用指定的认证文件；
- –q：安静模式，不打印未请求的状态信息；
- –v：详细模式，打印指定的各种操作信息；
- –i：忽略认证文件锁定；
- –b：执行任何操作，终端认证文件锁定。

参数说明

- add：添加认证条目到认证文件中；
- extract:将指定的设备内容加入到指定的密码文件中；
- info:显示授权文件相关信息；
- exit:退出交互模式；
- list:列出给定的显示设备的内容；
- merge：合并多个授权文件内容；
- extract：将指定设备内容写入指定的授权文件；
- nextrct：将指定设备内容写入指定的授权文件；
- nmerge：合并多个授权文件内容；
- remove：删除指定显示设备的授权条目；
- source：从指定文件读取包含xauth的内部指令。

实例1　显示授权文件信息

案例表述

使用xauth指令的"info"参数可以显示默认的授权文件的基本信息。

案例实现

在命令行中输入下面命令：

[root@localhost ~]# xauth info

按回车键后，即可显示授权文件信息，效果如图14-3所示。

图14-3

实例2　列出显示设备

案例表述

使用xauth指令的"list"参数可以显示授权文件中的所有授权条目。

案例实现

在命令行中输入下面命令：

```
[root@localhost ~ ]# xauth list
```

按回车键后，即可显示所有授权条目，效果如图14-4所示。

```
[root@localhost ~]# xauth list
localhost.localdomain/unix:0  MIT-MAGIC-COOKIE-1  f9224619247bde9437218ec4407be1
88
localhost.localdomain:0  MIT-MAGIC-COOKIE-1  f9224619247bde9437218ec4407be188
localhost.localdomain:0  MIT-MAGIC-COOKIE-1  f9224619247bde9437218ec4407be188
```

图14-4

实例3　进入交互模式

案例表述

当不带任何选项参数时，xauth指令进入交互式操作模式，在交互模式下输入的指令与命令行模式的参数格式完全一致。

案例实现

在命令行中输入下面命令：

```
[root@localhost ~ ]# xauth
```

按回车键后，即可进入交互模式，效果如图14-5所示。

```
[root@localhost ~]# xauth
Using authority file /root/.Xauthority
xauth> _
```

图14-5

命令3　xhost命令

命令功能

xhost命令是X服务器的访问控制工具，用来控制哪些X客户端能够在X服务器上显示。

命令语法

xhost(参数)

参数说明

- +：关闭访问控制，允许任何主机访问本地的X服务器；
- -：打开访问控制，仅允许授权清单中的主机访问本地的X服务器。

实例1　控制X服务器的访问授权

案例表述

控制X服务器的访问授权。

案例实现

1 单独使用xhost指令将显示当前X服务器访问授权配置，在命令行中输入下面命令：

[root@localhost root]# xhost

按回车键后，即可显示X服务器当前的授权配置，效果如图14-6所示。

```
[root@localhost root]# xhost
access control disabled, clients can connect from any host
[root@localhost root]#
```

图14-6

2 使用"+"参数添加授权主机www.nyist.edu.cn访问X服务器，在命令行中输入下面命令：

[root@localhost ~]# xhost + www.nyist.edu.cn

按回车键后，即可授权主机访问X服务器，效果如图14-7所示。

```
[root@localhost ~ ]# xhost + www.nyist.edu.cn
www.nyist.edu.cn being added to access control list
```

图14-7

命令4 xinit命令

命令功能

xinit命令是Linux下X-Window系统的初始化程序，主要完成X服务器的初始化设置。

命令语法

xinit(参数)

参数说明

- 客户端选项：客户端指令及选项；
- ——：用于区分客户端选项和服务器端选项；
- 服务器端选项：服务器端选项指令及选项。

实例1 启动X Window初始化程序

案例表述

不带任何参数的xinit指令，将自动启动一个命名为X的X服务器，并执行用户的"xinitrc"配置文件，如果不存在此文件，则自动启动一个xterm终端。

案例实现

在命令行中输入下面命令：

[root@localhost ~]# xinit

按回车键后，即可启动X服务器初始化程序，效果如图14-8所示。

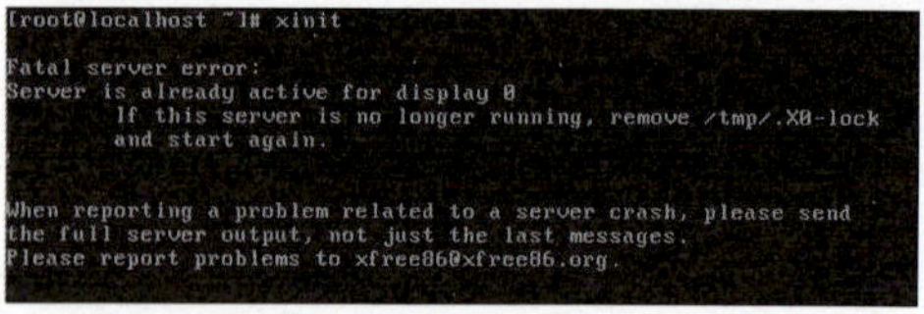

```
[root@localhost ~]# xinit

Fatal server error:
Server is already active for display 0
        If this server is no longer running, remove /tmp/.X0-lock
        and start again.

When reporting a problem related to a server crash, please send
the full server output, not just the last messages.
Please report problems to xfree86@xfree86.org.
```

图14-8

命令5 xlsatoms命令

命令功能

xlsatoms命令用于列出X服务器内部所有定义的原子成分，每个原子成分都有自身的编号。

命令语法

xlsatoms (选项)

选项说明

- -display<显示器编号>：指定X Server连接的显示器编号，该编号由"0"开始计算，依序递增；
- -format<输出格式>：设置成分清单的列表格式，用户可使用控制字符改变显示样式；
- -name<成分名称>：列出指定的成分；
- -range<列表范围>：设置成分清单的列表范围。

实例1 显示X服务器定义的原子成分

案例表述

使用xlsatoms指令显示X服务器上定义的名称为“CURSOR”原子成分。

案例实现

在命令行中输入下面命令：

```
[root@localhost ~ ]$ xlsatoms –name CURSOR
```

按回车键后，即可显示原子成分，效果如图14-9所示。

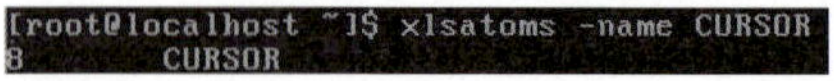

```
[root@localhost ~]$ xlsatoms -name CURSOR
8       CURSOR
```

图14-9

命令6 xlsclients命令

命令功能

xlsclients命令用来列出显示器中的客户端应用程序。

命令语法

xlsclients (选项)

选项说明

- –a：列出所有显示器的客户端应用程序信息；
- –display<显示器编号>：指定X Server连接的显示器编号，该编号由"0"开始计算，依序递增；
- –l：使用详细格式列表；
- –m<最大指令长度>：设置显示指令信息的最大长度，单位以字符计算。

实例1　列出X服务器上的X程序列表

案例表述

使用不带任何选项的xlsclients指令将显示器上运行的所有X应用程序。

案例实现

在命令行中输入下面命令：

[root@localhost ~]# xlsclients

按回车键后，即可显示当前X服务器上的X应用程序列表，效果如图14-10所示。

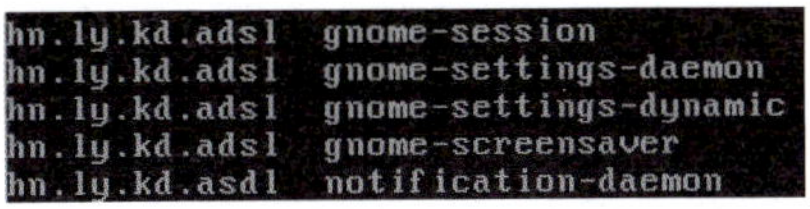

图14-10

命令7　xlsfonts命令

命令功能

xlsfonts命令列出X Server使用的字体。

命令语法

xlsfonts (选项)

选项说明

- –l：除字体名称外，同时列出字体的属性；
- –ll：此参数的效果和指定"l"参数类似，但显示更详细的信息；
- –lll：此参数的效果和指定"ll"参数类似，但显示更详细的信息；
- –m：配合参数"–l"使用时，一并列出字体大小的上下限；
- –n<显示栏位数>：设置每列显示的栏位数；
- –o：以OpenFont的形式列出字体清单；
- –u：列出字体清单时不依照其名称排序；
- –w<每列字符数>：设置每列的最大字符数。

实例1　显示X服务器使用的字体列表

▶ 案例表述

使用xlsfonts指令显示X服务器使用的字体列表。

▶ 案例实现

在命令行中输入下面命令：

[root@localhost ~]# xlsfonts | head –n 5

按回车键后，即可显示使用的前5个字体列表，效果如图14-11所示。

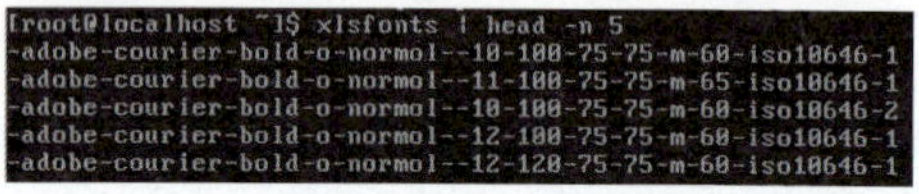

图14-11

命令8　xset命令

▣ 命令功能

xset命令是设置X-Window系统中的用户爱好的实用工具。

▣ 命令语法

xset(选项)(参数)

▣ 选项说明

- –b：蜂鸣器开关设置；
- –c：键盘按键声响设置。

▣ 参数说明

- c:键盘按键声响设置；
- s:屏幕保护程序设置。

实例1　显示当前的xset相关信息

▶ 案例表述

使用xset指令的"q"参数可以显示当前的xset相关信息。

▶ 案例实现

在命令行中输入下面命令：

[root@localhost ~]# xset q

按回车键后，即可显示当前xset相关信息，效果如图14-12所示。

图14-12

第15章

系统安全

安全性是衡量一个操作系统成熟与否的一个重要指标，Linux具有良好的安全性能。本章将介绍一些可用于Linux系统的安全工具，如系统日志、指令运行方式等指令，这些实用工具对于固化服务器起到一定的作用。

命令1　chroot命令

命令功能
chroot命令用来在指定的根目录下运行指令。

命令语法
chroot(选项)(参数)

选项说明
- --help：显示指令的帮助信息；
- --version：显示指令的版本信息。

参数说明
- 目录：指定新的根目录；
- 指令：指定要执行的指令。

实例1　切换根目录环境

案例表述

切换根目录环境。

案例实现

❶ 在一台机器上安装了两个不同版本的Linux操作系统，使用chroot指令可以在不重启计算机的情况下，使用另一个Linux操作系统。首先将另一个Linux操作系统的根分区加载到指定目录，在命令行中输入下面命令：

```
[root@localhost ~ ] # mount –t ext3 /dev/sdb1 /mnt/
```

按回车键后，即可加载文件系统。

❷ 使用chroot指令切换到新的根目录环境 "/mnt"，在命令行中输入下面命令：

```
[root@localhost ~ ] # chroot /mnt/
```

按回车键后，即可切换根目录环境。

命令2　lastb命令

命令功能
lastb命令用于显示用户错误的登录列表，此指令可以发现系统的登录异常。

命令语法
lastb(选项)(参数)

选项说明

- –a：把从何处登入系统的主机名称或IP地址显示在最后一行；
- –d：将IP地址转换成主机名称；
- –f<记录文件>：指定记录文件；
- –n<显示列数>或–<显示列数>：设置列出名单的显示列数；
- –R：不显示登录系统的主机名称或IP地址；
- –x：显示系统关机，重新开机，以及执行等级的改变等信息。

参数说明

- 用户名：显示中的用户的登录列表；
- 终端：显示从指定终端的登录列表。

实例1　显示用户的错误登录列表

案例表述

使用lastb指令显示"zhangsan"用户的错误登录列表。

案例实现

在命令行中输入下面命令：

[root@localhost root]$ lastb zhangsan

按回车键后，即可显示用户错误登录列表，效果如图15-1所示。

```
[zhangsan@localhost root]$ lastb zhangsan
lastb: /var/log/btmp: No such file or directory
Perhaps this file was removed by the operator to prevent logging lastb info.
[zhangsan@localhost root]$
```

图15-1

命令3　last命令

命令功能

last命令用于显示用户最近登录列表。

命令语法

last(选项)(参数)

选项说明

- –a：把从何处登录系统的主机名称或IP地址，显示在最后一行；
- –d：将IP地址转换成主机名称；
- –f <记录文件>：指定记录文件；
- –n <显示列数>或–<显示列数>：设置列出名单的显示列数；
- –R：不显示登录系统的主机名称或IP地址；
- –x：显示系统关机，重新开机，以及执行等级的改变等信息。

参数说明

- 用户名：显示用户登录列表；
- 终端：显示从指定终端的登录列表。

实例1　显示用户登录信息

案例表述

使用last指令显示"root"用户的登录列表。

案例实现

在命令行中输入下面命令：

[root@localhost ~]# last root

按回车键后，即可显示用户登录列表，效果如图15-2所示。

图15-2

命令4　lastlog命令

命令功能

lastlog命令用于显示系统中所有用户最近一次的登录信息。

命令语法

lastlog (选项)

选项说明

- –b<天数>：显示指定天数前的登录信息；
- –h:显示指令的帮助信息；
- –t<天数>：显示指定天数以来的登录信息；
- –u<用户名>：显示指定用户的最近登录信息。

实例1　显示用户上次登录的信息

案例表述

使用lastloog指令显示用户上次登录的信息。

案例实现

在命令行中输入下面命令：

[root@localhost ~]# lastlog –u root

按回车键后，即可显示用户最近一次的登录信息，效果如图15-3所示。

```
[root@localhost ~]# lastlog -u root
Username         Port     From             Latest
root             tty6                      Èý  40Â  4 08:16:46 +0800 2012
```

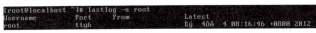

图15-3

命令5　logsave命令

命令功能

logsave命令运行给定的命令，并将指令的输出信息保存到指定的日志文件中。

命令语法

logsave (选项)(参数)

选项说明

- -a：追加信息到指定的日志文件中。

参数说明

- 日志文件：指定记录指令运行信息的日志文件；
- 指令：需要执行的指令。

实例1　保存指令运行日志

案例表述

保存指令运行日志。

案例实现

1 使用logsave指令记录其他指令运行时输出的信息到日志文件中，在命令行中输入下面命令：

```
[root@localhost root ] # logsave /tmp/ls-log ls
```

按回车键后，即可保存ls指令的输出信息到日志文件，效果如图15-4所示。

2 使用cat指令查看生成的日志文件，在命令行中输入下面命令：

```
[root@localhost ~ ] # cat /tmp/ls-log
```

按回车键后，即可显示文本文件内容，效果如图15-5所示。

```
[root@localhost root]# logsave /tmp/ls-log ls
```

图15-4

```
[root@localhost ~]# cat /tmp/ls-log
cat: /tmp/ls-log: Ã»ÓÐÄÇ,öÎÄ¼þ»òÄ¿Â¼
```

图15-5

命令6　logwatch命令

命令功能

logwatch命令是一个可定制和可插入式的日志监视系统，它通过遍历给定时间范围内的系统日志文件而产生日志报告。

命令语法

logwatch (选项)

选项说明

- --detail<报告详细程度>：指定日志报告的详细程度；
- --logfile<日志文件>：仅处理指定的日志文件；
- --service<服务名>：仅处理指定服务的日志文件；
- --print：打印结果到标准输出；
- --mailto<邮件地址>：将结果发送到指定邮箱；
- --range<日期范围>：指定处理日志的日期范围；
- --archives：处理归档日志文件；
- --debug<调试等级>：调试模式；
- --save<文件名>：将结果保存到指定文件中，而不显示或者发送到指定邮箱；
- --logdir<目录>：指定查找日志文件的目录，而不使用默认的日志目录；
- --hostname<主机名>：指定在日志报告中使用的主机名，不使用系统系统默认的主机名；
- --numeric：在报告中显示IP地址而不是主机名；
- --help：显示指令的帮助信息。

实例1　报告服务日志

案例表述

使用logwatch指令详细报告所有服务的日志。

案例实现

在命令行中输入下面命令：

[root@localhost ~]# logwatch --detail High --service ALL --print --range today

按回车键后，即可详细报告所有服务日志，效果如图15-6所示。

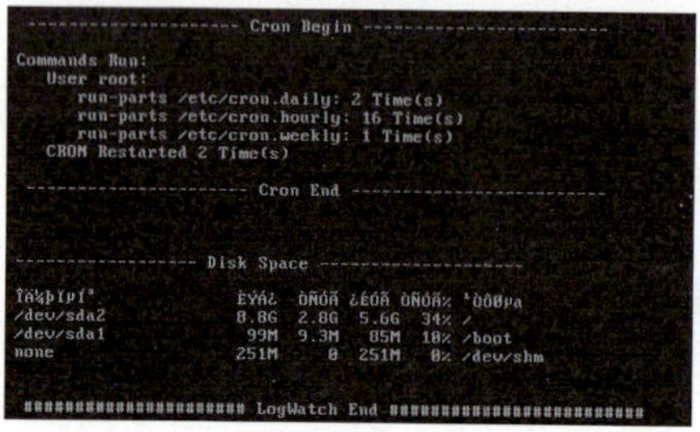

图15-6

命令7　logrotate命令

命令功能
logrotate命令用于对系统日志进行轮转。压缩和删除，也可以将日志发送到指定邮箱。

命令语法
logrotate (选项)(参数)

选项说明
- –?或—help：在线帮助；
- –d或—debug：详细显示指令执行过程，便于排错或了解程序执行的情况；
- –f或——force：强行启动记录文件维护操作，纵使logrotate指令认为没有需要也执行；
- –s<状态文件>或——state=<状态文件>：使用指定的状态文件；
- –v或—version：显示指令执行过程；
- –usage：显示指令基本用法。

参数说明
- 配置文件：指定lograote指令的配置文件。

实例1　轮转日志

案例表述
使用lograote指令的 "–f" 选项强制进行日志轮转操作。

案例实现
在命令行中输入下面命令：

[root@localhost ~]# logrotate –f /ect/logrotate.conf

按回车键后，即可强制进行日志轮转操作。

命令8　sudo命令

命令功能
sudo命令用来以其他身份来执行指令。

命令语法
sudo(选项)(参数)

选项说明
- –b：在后台执行指令；

- –h：显示帮助；
- –H：将HOME环境变量设为新身份的HOME环境变量；
- –k：结束密码的有效期限，也就是下次再执行sudo时便需要输入密码；
- –l：列出目前用户可执行与无法执行的指令；
- –p：改变询问密码的提示符号；
- –s<shell>：执行指定的shell；
- –u<用户>：以指定的用户作为新的身份。若不加上此参数，则预设以root作为新的身份；
- –v：延长密码有效期限5分钟；
- –V：显示版本信息。

参数说明

- 指令：需要运行的指令和对应的参数。

实例1　以root身份执行指令

案例表述

以root身份执行指令。

案例实现

① 需要编辑sudo指令的配置文件"/etc/sudousers"，在命令行中输入下面命令：

zhangsan ALL=/sbin/fdisk -l

按回车键后，即可显示用户最近一次的登录信息。

② 以zhangsan用户身份登录系统，在命令行执行"/sbin/fdisk-l"指令将得不到任何输出信息，因为zhangsan用户没有对应的权限，在命令行中输入下面命令：

[zhangsan@hn root] $ /sbin/fdisk -l

按回车键后，即可执行fdisk指令。

③ 使用sudo指令运行指令，在命令行中输入下面命令：

[zhangsan@hn root]$ sudo /sbin/fdisk -l

按回车键后，即可以sudo方式运行指令，效果如图15-7所示。

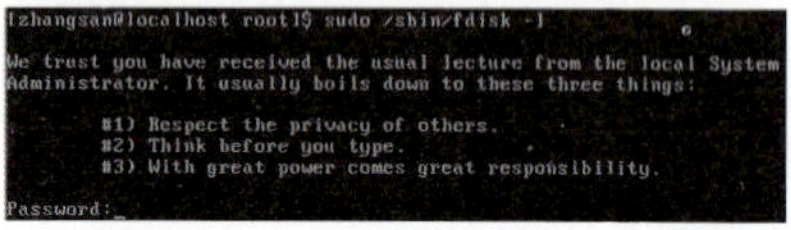

④ 查看日志文件"/var/log/secure"，在命令行中输入下面命令：

图15-7

[root@hlocalhost root]# tail –n 1 /var/log/secure

按回车键后，即可查看系统安全日志，效果如图15-8所示。

图15-8

第3篇 硬件、磁盘、性能与shell内部指令

第16章

硬件相关

在Linux中,我们要了解硬件设备的表示方法及查看工具等;最主要的是当我们遇到硬件问题时,要懂得如何根据硬件信息来解决问题等。

命令1 arch命令

命令功能
arch命令用于定义当前主机的硬件架构类型。

命令语法
arch

实例1 显示当前主机的硬件架构

案例表述

使用arch指令显示当前的硬件架构。

案例实现

在命令行中输入下面命令:

> [root@localhost root]# arch

按回车键后,即可打印硬件架构,效果如图16-1所示。

```
[root@localhost root]# arch
i686
```

图16-1

命令2 cdrecord命令

命令功能
cdrecord命令用于光盘刻录,它支持CD和DVD格式。

命令语法
cdrecord (选项)(参数)

选项说明
- -v:显示刻录光盘的详细过程;
- -eject:刻录完成后弹出光盘;
- speed=<刻录倍速>:指定光盘刻录的倍速;
- dev=<刻录机设备号>:指定使用"-scanbus"参数扫描到的刻录机的设备号;
- -scanbus:扫描系统中可用的刻录机。

参数说明
- ISO文件:指定刻录光盘使用的ISO映像文件。

实例1　刻录光盘映像

案例表述
刻录光盘映像。

案例实现

① 所有mkisofs指令创建光盘映像（ISO）文件，在命令行中输入下面命令：

[root@hn]# mkisofs –o home.iso –J –r –v –V home_bak /home

按回车键后，即可将/home目录作为ISO文件，效果如图16-2所示。

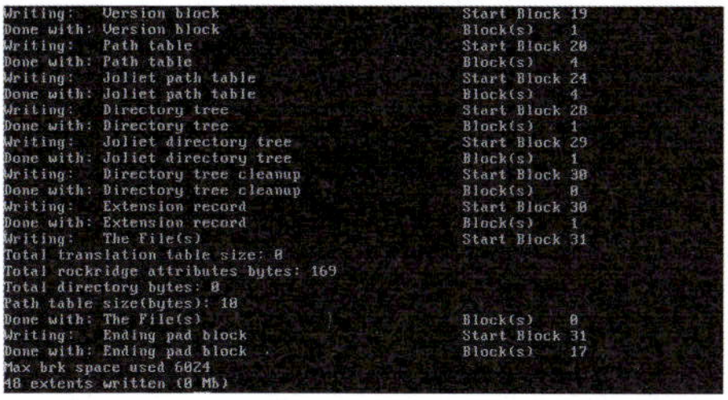

图16-2

② 使用cdrecord指令将ISO映像文件刻录到光盘中，在命令行中输入下面命令：

[root@hn]# cdrecord –eject speed=16 dev=0,1,0 home.iso

按回车键后，即可刻录ISO映像文件，效果如图16-3所示。

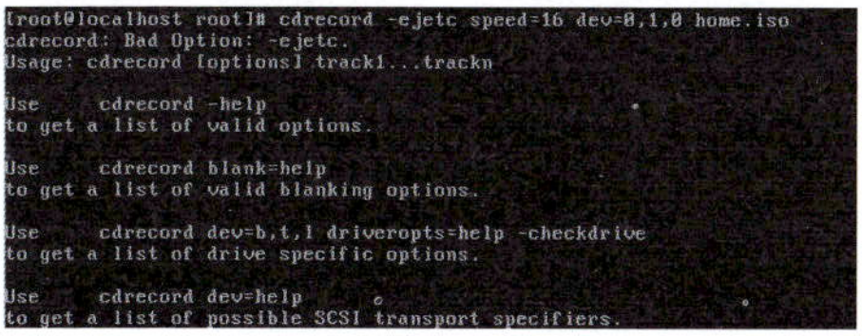

图16-3

命令3　eject命令

命令功能
eject命令用来退出抽取式设备。

命令语法
eject(选项)(参数)

选项说明
- –a<开关>或--auto<开关>：控制设备的自动退出功能；

- –c<光驱编号>或――changerslut<光驱编号>：选择光驱柜中的光驱；
- –d或――default：显示预设的设备，而不是实际执行动作；
- –f或――floppy：退出抽取式磁盘；
- –h或――help：显示帮助；
- –n或――noop：显示指定的设备；
- –q或――tape：退出磁带；
- –r或――cdrom：退出光盘；
- –s或――scsi：以SCSI指令来退出设备；
- –t或――trayclose：关闭光盘的托盘；
- –v或――verbose：执行时，显示详细的说明。

参数说明

- 设备名：指定弹出的设备名称。

实例1　显示默认的设备名称

案例表述

显示默认的设备名称。

案例实现

在命令行中输入下面命令：

[root@localhost root]# eject -d

按回车键后，即可显示默认设备名称，效果如图16-4所示。

```
[root@localhost root]# eject -d
eject: default device: 'cdrom'
```

图16-4

实例2　卸载并弹出光驱

案例表述

使用eject指令在弹出光驱时自动完成卸载操作。

案例实现

① 首先使用mount指令查看当前已经加载的文件系统，在命令行中输入下面命令：

[root@localhost root]# mount

按回车键后，即可显示当前已加载的文件系统列表，效果如图16-5所示。

图16-5

② 使用eject指令弹出光驱，在命令行中输入下面命令：

[root@localhost root]# eject cdrom

按回车键后，即可弹出光驱，效果如图16-6所示。

```
[root@localhost root]# eject cdrom
```

图16-6

③ 再次使用mount指令查看当前已经加载的文件系统，在命令行中输入下面命令：

[root@localhost root]# mount

按回车键后，即可弹出光驱，效果如图16-7所示。

```
[root@localhost root]# mount
/dev/sda2 on / type ext3 (rw)
none on /proc type proc (rw)
usbdevfs on /proc/bus/usb type usbdevfs (rw)
/dev/sda1 on /boot type ext3 (rw)
none on /dev/pts type devpts (rw,gid=5,mode=620)
none on /dev/shm type tmpfs (rw)
```

图16-7

命令4　volname命令

命令功能

volname命令用于显示指定的"ISO-9660"格式的设备的卷名称，通常这种格式的设备为光驱。

命令语法

volname(参数)

参数说明

- 设备文件名：指定要显示卷名称的设备。

实例1　显示设备的卷名

案例表述

使用volname指令显示光盘的卷名称。

案例实现

在命令行中输入下面命令：

[root@localhost root]# volname /dev/cdrom

按回车键后，即可显示指定设备的卷名称，效果如图16-8所示。

```
[root@localhost root]# volname /dev/cdrom
volname: ÕÒ²»µ½Ê¶Ûê
```

图16-8

命令5　lsusb命令

命令功能

lsusb命令用户显示本机的USB设备列表，以及USB设备的详细信息。

命令语法

lsusb(选项)

选项说明

- –v：显示USB设备的详细信息；
- –s<总线：设备号>：仅显示指定的总线和（或）设备号的设备；
- –d<厂商：产品>:仅显示指定厂商和产品编号的设备；
- –t：以树形结构显示无理USB设备的层次；
- –V：显示命令的版本信息。

实例1　显示系统中的USB设备列表

案例表述

使用lsusb指令显示主机中的USB设备。

案例实现

在命令行中输入下面命令：

[root@localhost root]# lsusb

按回车键后，即可显示USB设备列表，效果如图16-9所示。

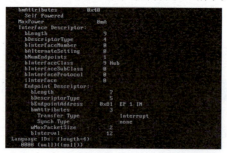

图16-9

实例2　显示USB设备的层次关系

案例表述

使用lsusb指令以树形结构显示USB设备的层次关系。

案例实现

在命令行中输入下面命令：

[root@localhost root]# lsusb -t

按回车键后，即可显示USB设备树形层次关系，效果如图16-10所示。

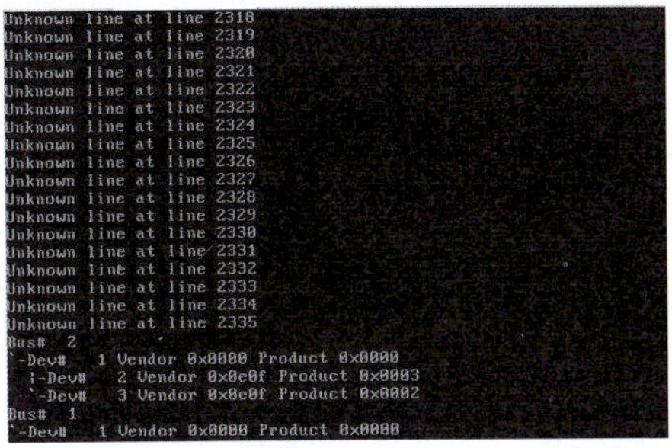

图16-10

命令6　lspci命令

命令功能

lspci命令用于显示当前主机的所有PCI总线信息，以及所有已连接的PCI设备信息。

命令语法

lspci(选项)

选项说明

- −n：以数字方式显示PCI厂商和设备代码；
- −t：以树状结构显示PCI设备的层次关系，包括所有的总线、桥、设备以及它们之间的联接；
- −b：以总线为中心的视图；
- −d：仅显示给定厂商和设备的信息；
- −s：仅显示指定总线、插槽上的设备或设备上的功能块信息；
- −i：指定PCI编号列表文件，而不使用默认的文件；
- −m：以机器可读方式显示PCI设备信息。

实例1　显示PCI设备

案例表述

使用lspci指令显示当前主机的PCI总线及PCI设备信息。

案例实现

在命令行中输入下面命令：

[root@localhost]# lspci

按回车键后，即可显示PCI设备信息，效果如图16-11所示。

图16-11

实例2　显示PCI设备层次关系

案例表述

使用lspci指令的"-t"选项，以树形结构显示所有PCI设备层次关系。

案例实现

在命令行中输入下面命令：

[root@localhost]# lspci -t

按回车键后，即可以树形结构显示PCI设备层次关系，效果如图16-12所示。

图16-12

命令7　setpci命令

命令功能

setpci命令是一个查询和配置PCI设备的实用工具。

命令语法

setpci(选项)(参数)

选项说明

- -v：显示指令执行的细节信息；

- –f：当没有任何操作需要完成时，不显示任何信息；
- –D：测试模式，并不真正将配置信息写入寄存器；
- –d：仅显示给定厂商和设备的信息。
- –s：仅显示指定总线、插槽上的设备或设备上的功能块信息。

参数说明

- PCI设备：指定要配置的PCI设备；
- 操作：指定要完成的配置操作。

实例1. 配置PCI设备

案例表述

使用setpci指令设置所有PCI设备的计时器为十六进制"40"。

案例实现

在命令行中输入下面命令：

```
[root@www1 ]# setpci –d *:* latency_timer=40
```

按回车键后，即可设置PCI设备定时器。

命令8 hwclock命令

命令功能

hwclock命令是一个硬件时钟访问工具，它可以显示当前时间、设置硬件时钟的时间和设置硬件时钟为系统时间，也可设置系统时间为硬件时钟的时间。

命令语法

hwclock(选项)

选项说明

- ——adjust：hwclock每次更改硬件时钟时，都会记录在/etc/adjtime文件中。使用——adjust参数，可使hwclock根据先前的记录来估算硬件时钟的偏差，并用来校正目前的硬件时钟；
- ——debug：显示hwclock执行时详细的信息；
- ——directisa：hwclock预设从/dev/rtc设备来存取硬件时钟。若无法存取时，可用此参数直接以I/O指令来存取硬件时钟；
- ——hctosys：将系统时钟调整为与目前的硬件时钟一致；
- ——set ——date=<日期与时间>：设定硬件时钟；
- ——show：显示硬件时钟的时间与日期；
- ——systohc：将硬件时钟调整为与目前的系统时钟一致；
- ——test：仅测试程序，而不会实际更改硬件时钟；

- --utc：若要使用格林威治时间，请加入此参数，hwclock会执行转换的工作；
- --version：显示版本信息。

实例1　同步硬件时钟为系统时钟

案例表述

当使用date指令修改完成系统日期时间后，为了使硬件时钟与系统时钟同步，可以使用hclock指令的"--sysytohc"。

案例实现

在命令行中输入下面命令：

[root@hn]# hwclock --sysytohc

按回车键后，即可同步硬件时钟为系统时钟。

实例2　显示硬件时钟

案例表述

使用hwclock显示当前的硬件时钟。

案例实现

在命令行中输入下面命令：

[root@localhost root]# hwclock

按回车键后，即可显示当前硬件时钟，效果如图16-13所示。

```
[root@localhost root]# hwclock
2012ÂêØ5ÔÂØ3ÈÕ ÐÇÆÚÈÁ 11Ê±41·Ù10Ãë  -0.293940 seconds
```

图16-13

实例3　设置硬件时钟

案例表述

使用hwclock指令的"--set"选项和"--date"选项设置硬件时钟。

案例实现

在命令行中输入下面命令：

[root@hn]# hwclock --set –date="9/22/09 16:45:05"

按回车键后，即可设置硬件时钟。

命令9　systool命令

命令功能

systool命令指令基于总线、类和拓扑显示系统中设备的信息。

命令语法

systool (选项)(参数)

选项说明

- –a：显示被请求资源的属性；
- –b<总线>：显示指定总线的信息；
- –c<class>：显示指定类的信息；
- –d：仅显示设备；
- –h：显示指令的用法；
- –m<模块名称>：显示指定模块的信息；
- –p：显示资源的"sysfs"绝对路径；
- –v：显示所有属性；
- –A<属性>：显示请求资源的属性值；
- –D：仅显示驱动程序信息；
- –P：显示设备的父类。

参数说明

- 设备：指定要查看信息的设备名称。

实例1　显示USB总线信息

案例表述

使用systool指令显示系统的USB总线的信息。

案例实现

① 在命令行中输入下面命令：

[root@localhost ~]$ systool –b usb

按回车键后，即可显示USB总线信息，效果如图16-14所示。

② 以绝对路径方式显示USB总线的驱动程序信息，在命令行中输入下面命令：

[root@localhost ~]$ systool –D –p –b usb

按回车键后，即可显示USB驱动程序，效果如图16-15所示。

图16-14   图16-15

读书笔记

第17章

磁盘管理

在Linux系统中,如何有效地对存储空间加以使用和管理,是一项非常重要的技术。本章讲述如何查看系统中存储空间的使用情况、如何进行文件的转储、如何进行软盘的格式化。系统软件和应用软件,都要以文件的形式存储在计算机的磁盘空间中,因此,应该随时监视磁盘空间的使用情况。Linux系统提供了一组有关磁盘空间管理的命令。

命令1 df命令

命令功能
df命令用于显示磁盘分区上可使用的磁盘空间。默认显示单位为KB。

命令语法
df(选项)(参数)

选项说明
- -a或—all：包含全部的文件系统；
- --block-size=<区块大小>：以指定的区块大小来显示区块数目；
- -h或--human-readable：以可读性较高的方式来显示信息；
- -H或—si：与-h参数相同，但在计算时是以1000 Bytes为换算单位而非1024 Bytes；
- -i或—inodes：显示inode的信息；
- -k或—kilobytes：指定区块大小为1024字节；
- -l或—local：仅显示本地端的文件系统；
- -m或—megabytes：指定区块大小为1048576字节；
- --no-sync：在取得磁盘使用信息前，不要执行sync指令，此为预设值；
- -P或—portability：使用POSIX的输出格式；
- --sync：在取得磁盘使用信息前，先执行sync指令；
- -t<文件系统类型>或--type=<文件系统类型>：仅显示指定文件系统类型的磁盘信息；
- -T或--print-type：显示文件系统的类型；
- -x<文件系统类型>或--exclude-type=<文件系统类型>：不要显示指定文件系统类型的磁盘信息；
- --help：显示帮助；
- --version：显示版本信息；

参数说明
- 文件：指定文件系统上的文件。

实例1 显示磁盘空间使用情况

案例表述

使用df指令显示所有磁盘分区的磁盘空间使用情况。

案例实现

① 在命令行中输入下面命令：

[root@localhost]# df

按回车键后，即可显示磁盘分区使用情况，效果如图17-1所示。

图17-1

② 显示给定文件所在分区的磁盘空间使用情况，在命令行中输入下面命令：

[root@localhost]# df /etc/hosts

按回车键后，即可显示指定文件所在分区的磁盘使用情况，效果如图17-2所示。

图17-2

实例2　定制df指令的输出

▶ 案例表述

在默认情况下，df指令的输出信息不易阅读，而且不包括文件系统类型，本例使用"–h"和"–T"选项对其输出格式进行定制。

▶ 案例实现

在命令行中输入下面命令：

[root@localhost]# df –T -h

按回车键后，即可定制df的输出格式，效果如图17-3所示。

图17-3

命令2　fdisk命令

📖 命令功能

fdisk命令用于观察硬盘实体使用情况，也可对硬盘分区。

📖 命令语法

fdisk(选项)(参数)

📖 选项说明

- –b<分区大小>：指定每个分区的大小；
- –l：列出指定的外围设备的分区表状况；
- –s<分区编号>：将指定的分区大小输出到标准输出上，单位为区块；
- –u：搭配"–l"参数列表，会用分区数目取代柱面数目，来表示每个分区的起始地址；
- –v：显示版本信息。

参数说明

- 设备文件：指定要进行分区或者显示分区的硬盘设备文件。

实例1　显示硬盘分区列表

案例表述

使用fdisk指令的“–l”选项显示硬盘分区列表。

案例实现

1 在命令行中输入下面命令：

```
[root@localhost ]# fdisk –l
```

按回车键后，即可显示所有硬盘的分区列表，效果如图17-4所示。

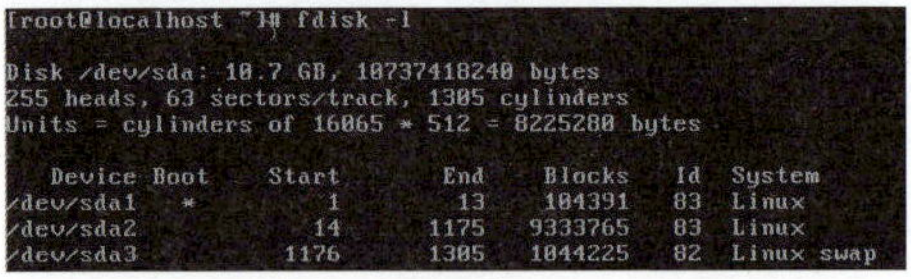

```
[root@localhost ~]# fdisk -l

Disk /dev/sda: 10.7 GB, 10737418240 bytes
255 heads, 63 sectors/track, 1305 cylinders
Units = cylinders of 16065 * 512 = 8225280 bytes

   Device Boot    Start       End    Blocks   Id  System
/dev/sda1   *         1        13    104391   83  Linux
/dev/sda2            14      1175   9333765   83  Linux
/dev/sda3          1176      1305   1044225   82  Linux swap
```

图17–4

2 如果仅希望显示某个硬盘的分区列表，在命令行中输入下面命令：

```
[root@localhost root ]# fdisk –l /dev/sdc
```

按回车键后，即可显示指定硬盘的分区列表，效果如图17-5所示。

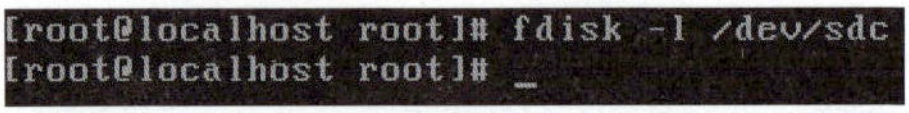

```
[root@localhost root]# fdisk -l /dev/sdc
[root@localhost root]# _
```

图17–5

实例2　使用fdisk指令进行硬盘分区

案例表述

fdisk指令内置了丰富的内部命令，用以完成硬盘分区的整个操作过程，本例将演示一个完整的硬盘分区流程。

案例实现

1 在命令行中输入下面命令：

```
[root@localhost root ]# fdisk /dev/sdb
```

按回车键后，即可对硬盘进行分区，效果如图17-6所示。

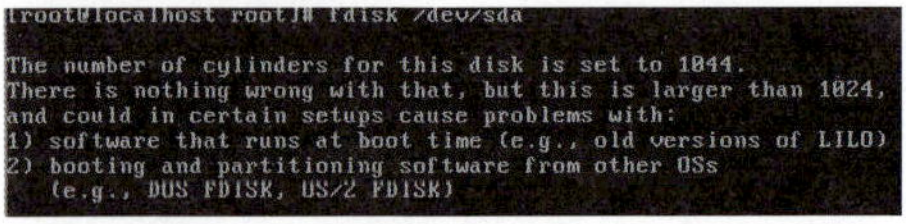

```
[root@localhost root]# fdisk /dev/sda

The number of cylinders for this disk is set to 1044.
There is nothing wrong with that, but this is larger than 1024,
and could in certain setups cause problems with:
1) software that runs at boot time (e.g., old versions of LILO)
2) booting and partitioning software from other OSs
   (e.g., DOS FDISK, OS/2 FDISK)
```

图17–6

2 fdisk指令的内部命令较多，在其提示符下使用“m”可以显示所有可用的内部命令及尖端的功能说明，在命令行中输入下面命令：

```
Command (m for help): m
```

按回车键后，即可列出所有内部指令及功能说明，效果如图17-7所示。

3 使用“n”命令创建新的硬盘分区，在命令行中输入下面命令：

```
Command (m for help): n
```

按回车键后，即可创建新的分区，效果如图17-8所示。

```
Command (m for help): m
Command action
   a   toggle a bootable flag
   b   edit bsd disklabel
   c   toggle the dos compatibility flag
   d   delete a partition
   l   list known partition types
   m   print this menu
   n   add a new partition
   o   create a new empty DOS partition table
   p   print the partition table
   q   quit without saving changes
   s   create a new empty Sun disklabel
   t   change a partition's system id
   u   change display/entry units
   v   verify the partition table
   w   write table to disk and exit
   x   extra functionality (experts only)
```

图17-7

```
Command (m for help): n
Command action
   e   extended
   p   primary partition (1-4)
```

图17-8

4 使用“p”命令显示分区列表，在命令行中输入下面命令：

```
Command (m for help): p
```

按回车键后，即可显示分区列表，效果如图17-9所示。

```
Command (m for help): p

Disk /dev/sda: 8589 MB, 8589934592 bytes
255 heads, 63 sectors/track, 1044 cylinders
Units = cylinders of 16065 * 512 = 8225280 bytes

   Device Boot      Start         End      Blocks   Id  System
/dev/sda1   *           1          13      104391   83  Linux
/dev/sda2              14         914     7237282+  83  Linux
/dev/sda3             915        1044     1044225   82  Linux swap

Command (m for help): _
```

图17-9

5 使用“w”命令保存并退出fdisk，在命令行中输入下面命令：

```
Command (m for help): w
```

按回车键后，即可保存分区列表并退出。

命令3 parted命令

命令功能

parted命令是由GNU组织开发的一款功能强大的磁盘分区和分区大小调整工具。

命令语法

parted(选项)(参数)

选项说明

- -h：显示帮助信息；

- -i：交互式模式；
- -s：脚本模式，不提示用户；
- -v：显示版本号。

参数说明

- 设备：指定要分区的硬盘所对应的设备文件；
- 命令：要执行的parted命令。

实例1　进入交互式模式

案例表述

parted指令不带“命令”参数时自动进入交互式模式。

案例实现

在命令行中输入下面命令：

```
[root@localhost root ]# parted /dev/sda
```

按回车键后，即可进入交互式模式，效果如图17-10所示。

```
[root@localhost root]# parted /dev/sda
GNU Parted 1.6.3
Copyright (C) 1998, 1999, 2000, 2001, 2002 Free Software Foundation, Inc.
This program is free software, covered by the GNU General Public License.

This program is distributed in the hope that it will be useful, but WITHOUT AN
WARRANTY; without even the implied warranty of MERCHANTABILITY or FITNESS FOR
PARTICULAR PURPOSE.. See the GNU General Public License for more details.

Using /dev/sda
Information: The operating system thinks the geometry on /dev/sda is
1305/255/63.  Therefore, cylinder 1024 ends at 8032.499M.
(parted) _
```

图17-10

实例2　显示分区列表

案例表述

使用parted指令的“print”命令显示中的硬盘的分区表。

案例实现

在命令行中输入下面命令：

```
[root@localhost ]# parted /dev/sda print
```

按回车键后，即可显示硬盘分区表，效果如图17-11所示。

```
[root@localhost ~]# parted /dev/sda print
Disk geometry for /dev/sda: 0.000-10240.000 megabytes
Disk label type: msdos
Minor    Start        End     Type      Filesystem  Flags
1          0.031    101.975  primary   ext3        boot
2        101.975   9216.979  primary   ext3
3       9216.980  10236.730  primary   linux-swap
Information: Don't forget to update /etc/fstab, if necessary.
```

图17-11

实例3　创建分区

案例表述

使用Parted指令的“mkpart”目录创建新的硬盘分区。

案例实现

1 在命令行中输入下面命令:

[root@localhost root]# parted /dev/sdb mkpart primary ext3 100m 200m

按回车键后,即可创建分区,效果如图17-12所示。

```
[root@localhost root]# parted /dev/sdb mkpart primary ext3 100m 200m
Error: Error opening /dev/sdb: Â»ÓÐAÇ,öÉè±,»òpØÙ·
Retry/Cancel? c
[root@localhost root]#
```

图17-12

2 使用 "print" 命令显示中的硬盘的分区表,在命令行中输入下面命令:

[root@localhost]# parted /dev/sdb print

按回车键后,即可显示分区表,效果如图17-13所示。

```
[root@localhost ~]# parted /dev/sdb print
Error: Error opening /dev/sdb: Â»ÓÐAÇ,öÉè±,»òpØÙ·
Retry/Cancel?
```

图17-13

命令4 mkfs命令

命令功能

mkfs命令用来在指定的设备上创建Linux文件系统。

命令语法

mkfs(选项)(参数)

选项说明

- –t:指定要创建的文件系统类型;
- –c:创建文件系统时检查磁盘坏块;
- –l:从指定文件读取坏块信息。

参数说明

- 文件系统:指定要创建的文件系统对应的设备文件名。

实例1   创建ext3文件系统

案例表述

使用mkfs指令在硬盘分区 "/dev/sdb1" 上创建 "ext3" 文件系统。

案例实现

在命令行中输入下面命令:

[root@localhost ~]$ mkfs –t ext3 –v /dev/sdb1

按回车键后，即可创建“ext3”文件系统，效果如图17-14所示。

```
[root@localhost ~]$ mkfs -t ext3 -v /dev/sdb1
mke2fs 1.39 (11-may-2012)
Filesystem label=
......
This filesystem will be automatically checked every 31mounts or 180 days,whichev
er comes first. Use tune2fs -c or -i to override
```

图17-14

命令5 badblocks命令

命令功能

badblocks命令用于查找磁盘中损坏的区块。

命令语法

badblocks (选项)(参数)

选项说明

- -b<区块大小>：指定磁盘的区块大小，单位为字节；
- -o<输出文件>：将检查的结果写入指定的输出文件；
- -s：在检查时显示进度；
- -v：执行时显示详细的信息；
- -w：在检查时，执行写入测试。

参数说明

- 磁盘装置：指定要检查的磁盘装置；
- 磁盘区块数：指定磁盘装置的区块总数；
- 启始区块：指定要从哪个区块开始检查。

实例1 检查磁盘坏块

案例表述

使用badblocks 指令检查磁盘“/dev/sdb”的坏块，并以详细模式显示执行的进度。

案例实现

在命令行中输入下面命令：

```
[root@localhost ~ ]$ badblocks –s –v /dev/sdb
```

按回车键后，即可检查磁盘坏块，同时显扫描进度和详细信息，效果如图17-15所示。

```
[root@localhost ~]$ badblocks -s -v /dev/sdb
Checking blocks 0 to 8388608
Checking for bad blocks (read-only test): done
Pass completed, 0bad blocks found
```

图17-15

命令6　partprobe命令

命令功能
partprobe命令

命令语法
partprobe (选项)(参数)

选项说明
- -d：不更新内核；
- -s：显示摘要和分区。

参数说明
- 设备：指定需要确认分区表改变的硬盘对应的设备文件。

实例1　确认分区改变

案例表述

创建新的分区后，使用partprobe指令确认分区改变。

案例实现

在命令行中输入下面命令：

```
[root@hn ]# partprobe
```

按回车键后，即可确认分区改变。

命令7　convertquota命令

命令功能
convertquota命令用于将老的磁盘额数据文件（"quota.user"和"quota.group"）转换为新格式的文件（"quota.user"和"quota.group"）。

命令语法
convertquota (选项)(参数)

选项说明
- -u：仅转换用户磁盘配额数据文件；
- -g：仅转换组磁盘配额数据文件；
- -f：将老的磁盘配额文件转换为新的格式；
- -e：将新的文件格式从大字节序换为小字节序。

参数说明
- 文件系统：指定要转换磁盘配额数据文件格式的文件系统（硬盘分区）。

实例1 转换磁盘配额数据文件

案例表述
使用convertquota指令转换指定文件系统"/data"的磁盘配额数据文件。

案例实现
在命令行中输入下面命令：

[root@hn]# converquota –u /data

按回车键后，即可转换文件系统"/data"上的用户磁盘配额文件。

命令8 grub命令

命令功能
grub命令是多重引导程序grub的命令行shell工具。

命令语法
grub(选项)

选项说明
- ﹣﹣batch：打开批处理模式；
- ﹣﹣boot-drive=<驱动器>：指定stage2的引导驱动器；
- ﹣﹣config-file<配置文件>：指定stage2的配置文件；
- ﹣﹣device-map=<文件>：指定设备的映射文件；
- ﹣﹣help：显示帮助信息；
- ﹣﹣install-partition=<分区>：指定stage2安装分区；
- ﹣﹣no-config-file:不使用配置文件；
- ﹣﹣no-pager:不使用内部分页器；
- ﹣﹣preset-menu：使用预设菜单；
- ﹣﹣probe-second-floppy：检测第二个软盘驱动器；
- ﹣﹣read-only：只读模式。

实例1 进入grub命令行

案例表述
直接使用grub命令即可进入grub的命令行界面。

案例实现
在命令行中输入下面命令：

[root@hn]# grub

◀ 第17章 磁盘管理 ▶

按回车键后，即可进入grub命令行提示符，效果如图17-16所示。

```
GRUB  version 0.93  (640K lower / 3072K upper memory)
[ Minimal BASH-like line editing is supported. For the first word, TAB
lists possible command completions. Anywhere else TAB lists the possible
completions of a device/filename.]
grub> _
```

图17-16

命令9 lilo命令

命令功能
lilo命令用于安装核心载入，开机管理程序。

命令语法
lilo(选项)

选项说明
- –b<外围设备代号>：指定安装lilo之处的外围设备代号；
- –c：使用紧致映射模式；
- –C<配置文件>：指定lilo的配置文件；
- –d<延迟时间>：设置开机延迟时间；
- –D<识别标签>：指定开机后预设启动的操作系统，或系统核心识别标签；
- –f<几何参数文件>：指定磁盘的几何参数配置文件；
- –i<开机磁区文件>：指定欲使用的开机磁区文件，预设是/boot目录里的boot.b文件；
- –I<识别标签>：显示系统核心存放之处；
- –l：产生线形磁区地址；
- –m<映射文件>：指定映射文件；
- –P<fix/ignore>：决定要修复或忽略分区表的错误；
- –q：列出映射的系统核心文件；
- –r<根目录>：设置系统启动时欲挂入成为根目录的目录；
- –R<执行指令>：设置下次启动系统时，首先执行的指令；
- –s<备份文件>：指定备份文件；
- –S<备份文件>：强制指定备份文件；
- –t：不执行指令，仅列出实际执行会进行的动作；
- –u<外围色设备代号>：删除lilo；
- –U<外围设备代号>：此参数的效果和指定"–u"参数类似，但不检查时间戳记；

- –v：显示指令执行过程；
- –V：显示版本信息。

实例1　卸载lilo

案例表述

使用指令lilo的"–u"选项卸载安装在硬盘MBR上的lilo。

案例实现

在命令行中输入下面命令：

[root@department root]# lilo -u

按回车键后，即可卸载lilo。

命令10　mkbootdisk命令

命令功能

mkbootdisk命令用来为当前运行的系统创建能够单独使用的系统引导软盘，以便在系统出现故障时能够启动操作进行适当的修复工作。

命令语法

mkbootdisk (选项)(参数)

选项说明

- ––device<设备>：指定设备；
- ––mkinitrdargs<参数>：设置mkinitrd的参数；
- ––noprompt：不会提示用户插入磁盘；
- ––verbose：执行时显示详细的信息；
- ––version：显示版本信息。

参数说明

- 内核：指定内核版本。

实例1　创建引导软盘

案例表述

使用mkbootdisk指令创建当前操作系统的引导软盘。

案例实现

在命令行中输入下面命令：

[root@hn]# mkbootdisk –device /dev/fd0 –noprompt 2.6.18

按回车键后，即可创建引导软盘。

命令11 hdparm命令

命令功能
hdparm命令提供了一个命令行的接口用于读取和设置硬盘参数。

命令语法
hdparm(选项)(参数)

选项说明
- -a<快取分区>：设定读取文件时，预先存入块区的分区数，若不加上<快取分区>选项，则显示目前的设定；
- -A<0或1>：启动或关闭读取文件时的快取功能；
- -c<I/O模式>：设定IDE32位I/O模式；
- -C：检测IDE硬盘的电源管理模式；
- -d<0或1>：设定磁盘的DMA模式；
- -f：将内存缓冲区的数据写入硬盘，并清除缓冲区；
- -g：显示硬盘的磁轨、磁头、磁区等参数；
- -h：显示帮助；
- -i：显示硬盘的硬件规格信息，这些信息是在开机时由硬盘本身所提供；
- -I：直接读取硬盘所提供的硬件规格信息；
- -k<0或1>：重设硬盘时，保留-dmu参数的设定；
- -K<0或1>：重设硬盘时，保留-APSWXZ参数的设定；
- -m<磁区数>：设定硬盘多重分区存取的分区数；
- -n<0或1>：忽略硬盘写入时所发生的错误；
- -p<PIO模式>：设定硬盘的PIO模式；
- -P<磁区数>：设定硬盘内部快取的分区数；
- -q：在执行后续的参数时，不在屏幕上显示任何信息；
- -r<0或1>：设定硬盘的读写模式；
- -S<时间>：设定硬盘进入省电模式前的等待时间；
- -t：评估硬盘的读取效率；
- -T：评估硬盘快取的读取效率；
- -u<0或1>：在硬盘存取时，允许其他中断要求同时执行；
- -v：显示硬盘的相关设定；
- -W<0或1>：设定硬盘的写入快取；
- -X<传输模式>：设定硬盘的传输模式；
- -y：使IDE硬盘进入省电模式；
- -Y：使IDE硬盘进入睡眠模式；
- -Z：关闭某些Seagate硬盘的自动省电功能。

参数说明

- 设备文件：指定ID驱动对应的设备文件名。

实例1 设置硬盘预读功能

案例表述

使用hdparm指令可阅读区或者设置各种各样的IDE驱动参数，本例演示设置IDE驱动的预读功能的设置。

案例实现

在命令行中输入下面命令：

[root@localhost ~]$ hdparm –A 1 /dev/hda

按回车键后，即可激活硬盘的预读功能，效果如图17-17所示。

```
[root@localhost ~]$ hdparm -A 1 /dev/hda
/dev/hda:
 setting drive read-lookahead to 1 (on)
```

图17-17

命令12 mkinitrd命令

命令功能

mkinitrd命令建立要载入ramdisk的映像文件。mkinitrd可建立映像文件，以供Linux开机时载入ramdisk。

命令语法

mkinitrd (选项)(参数)

选项说明

- –f：若指定的映像文件名称与现有文件重复，则覆盖现有的文件；
- –v：执行时显示详细的信息；
- --omit-scsi-modules：不要载入SCSI模块；
- --preload=<模块名称>：指定要载入的模块；
- --with=<模块名称>：指定要载入的模块；
- --version：显示版本信息。

参数说明

- 映像文件：指定要创建的映像文件；
- 内核版本：指定内核版本。

实例1 创建初始化RAM磁盘映像文件

案例表述

使用mkinitrd指令创建于当前Linux内核版本号的初始化RAM磁盘映像文件。

案例实现

在命令行中输入下面命令：

[root@hn]# mkinitrd /boot/my-initrd.img 'uname -r'

按回车键后，即可创建于当前内核的ramdisk。

命令13　mkisofs命令

命令功能

mkisofs命令用来建立ISO 9660映像文件。

命令语法

mkisofs (选项)(参数)

选项说明

- –a或—all：mkisofs通常不处理备份文件。使用此参数可以把备份文件加到映像文件中；
- –A<应用程序ID>或–appid<应用程序ID>：指定光盘的应用程序ID；
- –abstract<摘要文件>：指定摘要文件的文件名；
- –b<开机映像文件>或–eltorito–boot<开机映像文件>：指定在制作可开机光盘时所需的开机映像文件；
- –m<目录或文件名>或–exclude<目录或文件名>：指定的目录或文件名将不会放入映像文件中；
- –R或–rock：使用Rock Ridge Extensions；
- –r或–rational–rock：使用Rock Ridge Extensions，并开放全部文件的读取权限；
- –o<映像文件>或–output<映像文件>：指定映像文件的名称。

参数说明

- 路径：需要添加到映像文件中的路径。

实例1　创建光盘映像文件

案例表述

使用mkisofs指令将指定的目录添加到光盘映像文件中。

案例实现

在命令行中输入下面命令：

[root@localhost root]# mkisofs –o my cdrom.iso /boot

按回车键后，即可将指定路径添加到iso文件，效果如图17-18所示。

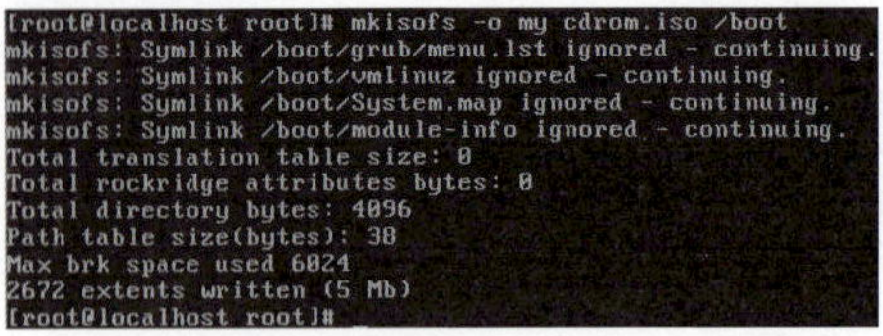

图17-18

命令14 mknod命令

命令功能
mknod命令用于创建Linux中的字符设备文件和块设备文件。

命令语法
mknod(选项)(参数)

选项说明
- –Z：设置安全的上下文；
- –m：设置权限模式；
- –help：显示帮助信息；
- ––version：显示版本信息。

参数说明
- 文件名：要创建的设备文件名；
- 类型：指定要创建的设备文件的类型；
- 主设备号：指定设备文件的主设备号；
- 次设备号：指定设备文件的次设备号。

实例1　创建块设备文件

案例表述

使用mknod指令创建设备文件"test"。

案例实现

在命令行中输入下面命令：

[root@hn]# mknod test b 8 10

按回车键后，即可创建块设备文件"test"。

命令15 mkswap命令

命令功能
mkswap命令设置交换区(swap area)。mkswap可将磁盘分区或文件设为

Linux的交换区。

命令语法
mkswap(选项)(参数)

选项说明
- –c：建立交换区前，先检查是否有损坏的区块；
- –f：在SPARC电脑上建立交换区时，要加上此参数；
- –v0：建立旧式交换区，此为预设值；
- –v1：建立新式交换区。

参数说明
- 设备：指定交换空间对应的设备文件或者交换文件。

实例1　创建交换分区

案例表述

使用fdisk指令创建交换分区。

案例实现

① 在命令行中输入下面命令：

[root@localhost ~]$ fdisk /dev/sdb

按回车键后，即可对硬盘进行分区，效果如图17-19所示。

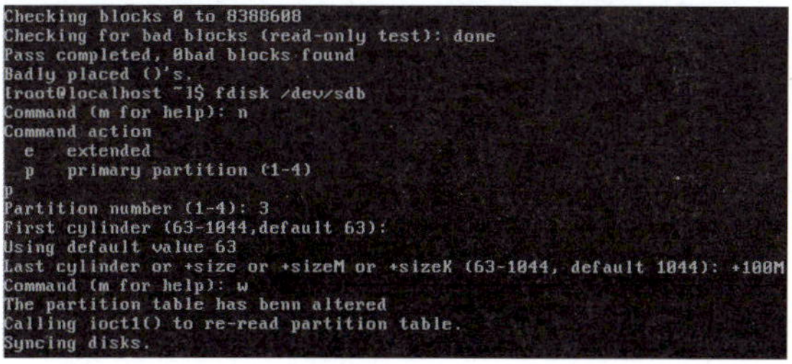

图17-19

② 使用partprobe指令更新内核中的分区，在命令行中输入下面命令：

[root@localhost ~]$ partprobe

按回车键后，即可更新内核中的硬盘分区表。

③ 使用mkswap指令创建交换分区。命令行中输入下面命令：

[root@localhost ~]$ mkswap /dev/sdb3

按回车键后，即可创建交换分区，效果如图17-20所示。

图17-20

命令16　blockdev命令

命令功能
blockdev命令在命令调用"ioctls"函数，以实现对设备的控制。

命令语法
blockdev(选项)(参数)

选项说明
- –V：打印版本号并退出；
- –q：安静模式；
- –v：详细信息模式；
- --setro：只读；
- --setrw：只写；
- --getro：打印只读状态，"1"表示只读，"0"表示非只读；
- --getss：打印扇区大小。通常为521；
- --flushbufs：刷新缓冲区；
- --rereadpt：重新读取分区表。

参数说明
- 设备文件名：指定要操作的磁盘的设备文件名。

实例1　获取磁盘的只读状态

案例表述

使用blockdev指令的"--getro"选项获得磁盘"/dev/sda"的只读状态。

案例实现

在命令行中输入下面命令：

[root@localhost ~]$ blockdev --getro /dev/sda

按回车键后，即可获取磁盘的只读状态，效果如图17-21所示。

图17-21

命令17　pvcreate命令

命令功能
pvcreate命令用于将物理硬盘分区初始化为物理卷，以便LVM使用。

命令语法
pvcreate(选项)(参数)

选项说明

- –f：强制创建物理卷，不需要用户确认；
- –u：指定设备的UUID；
- –y：所有的问题都回答“yes”；
- –Z：是否利用前4个扇区。

参数说明

- 物理卷：指定要创建的物理卷对应的设备文件名。

实例1 创建物理卷

案例表述

创建物理卷。

案例实现

1 使用fdisk指令创建“Linux-LVM”分区，在命令行中输入下面命令：

```
[root@localhost ~ ]$ fdisk /dev/sdb
```

按回车键后，即可对硬盘进行分区，效果如图17-22所示。

```
Checking blocks 0 to 8388608
Checking for bad blocks (read-only test): done
Pass completed, 0bad blocks found
Badly placed ()'s.
[root@localhost ~]$ fdisk /dev/sdb
Command (m for help): n
Command action
   e   extended
   p   primary partition (1-4)
p
Partition number (1-4): 3
First cylinder (63-1044,default 63):
Using default value 63
Last cylinder or +size or +sizeM or +sizeK (63-1044, default 1044): +100M
Command (m for help): w
The partition table has benn altered
Calling ioctl() to re-read partition table.
Syncing disks.
```

图17–22

2 使用partprobe指令更新内核中的分区，在命令行中输入下面命令：

```
[root@localhost ~ ]$ partprobe
```

按回车键后，即可更新内核中的硬盘分区表。

3 使用pvcreate指令将分区创建为LVM物理卷，在命令行中输入下面命令：

```
[root@localhost ~]$ pvcreate /dev/sdb1
```

按回车键后，即可将分区初始化为物理卷，效果如图17-23所示。

```
[root@localhost ~]$ pvcreate /dev/sdb1
Physical volum "/dev/sdb1" successfully created
```

图17–23

命令18 pvscan命令

命令功能

pvscan命令会扫描系统中连接的所有硬盘，列出找到的物理卷列表。

命令语法

pvscan(选项)

选项说明

- -d：调试模式；
- -e：仅显示属于输出卷组的物理卷；
- -n：仅显示不属于任何卷组的物理卷；
- -s：短格式输出；
- -u：显示UUID。

实例1　扫描物理卷

案例表述

使用pvscan指令扫描当前系统中所有硬盘的物理卷。

案例实现

在命令行中输入下面命令：

```
[root@localhost ~]# pvscan
```

按回车键后，即可扫描所有硬盘上的物理卷，效果如图17-24所示。

```
[root@localhost ~]# pvscan
pvscan -- reading all physical volumes (this may take a while...)
pvscan -- ERROR "pv_read(): read" reading physical volumes
```

图17-24

命令19　pvdisplay命令

命令功能

pvdisplay命令用于显示物理卷的属性。

命令语法

pvdisplay(选项)(参数)

选项说明

- -s：以短格式输出；
- -m：显示PE到LE的映射。

参数说明

- 物理卷：要显示的物理卷对应的设备文件名。

实例1　显示物理卷信息

案例表述

使用pvdisplay指令显示指定的物理卷的信息。

案例实现

在命令行中输入下面命令：

[root@localhost ~]$ pvdisplay /dev/sdb1

按回车键后，即可显示物理卷基本信息，效果如图17-25所示。

图17-25

命令20　pvremove命令

命令功能

pvremove命令用于删除一个存在的物理卷。

命令语法

pvremove (选项)(参数)

选项说明

- -d：调试模式；
- -f：强制删除；
- -y：对提问回答"yes"。

参数说明

- 物理卷：指定要删除的物理卷对应的设备文件名。

实例1　删除物理卷

案例表述

使用pvremove指令删除物理卷"/dev/sdb2"。

案例实现

在命令行中输入下面命令：

[root@localhost ~]$ pvremove /dev/sdb2

按回车键后，即可删除物理卷，效果如图17-26所示。

图17-26

命令21　pvck命令

命令功能

pvck命令用来检测物理卷的LVM元数据的一致性。

命令语法

pvck(选项)(参数)

选项说明

- -d：调试模式；
- -v：详细信息模式；
- --labelsector：指定LVE卷标所在扇区。

参数说明

- 物理卷：指定要检查的物理卷对应的设备文件。

实例1　检查物理卷

案例表述

使用pvck检查物理卷"/dev/sdb1"。

案例实现

在命令行中输入下面命令：

```
[root@localhost ~ ]$ pvck –v /dev/sdb1
```

按回车键后，即可检查物理卷元数据，效果如图17-27所示。

图17-27

命令22　pvchange命令

命令功能

pvchange命令允许管理员改变物理卷的分配许可。

命令语法

pvchange (选项)(参数)

选项说明

- -u：生成新的UUID；
- -x：是否允许分配PE。

参数说明

- 物理卷：指定要修改属性的物理卷所对应的设备文件。

实例1　禁止分配物理卷的PE

案例表述

使用pvchange指令禁止分配指定物理卷上的PE。

▶ 案例实现

在命令行中输入下面命令：

[root@localhost ~]$ pvchange –x n /dev/sdb1

按回车键后，即可禁止分配"/dev/sdb1"上的PE，效果如图17-28所示。

```
[root@localhost ~]$ pvchange -x n /dev/sdb1
Physical volume "/dev/sdb1"changed
1 physical volume changed / 0 physical volumes noe changed
```

图17-28

命令23　pvs命令

▣ 命令功能

pvs命令用于输出格式化的物理卷信息报表。

▣ 命令语法

pvs(选项)(参数)

▣ 选项说明

- --noheadings：不输出标题头；
- --nosuffix：不输出空间大小的单位。

▣ 参数说明

- 物理卷：要显示报表的物理卷列表。

实例1　输出物理卷报表

▶ 案例表述

使用pvs指令显示系统中所有物理卷的信息报表。

▶ 案例实现

在命令行中输入下面命令：

[root@localhost ~]$ pvs

按回车键后，即可输出物理卷信息报表，效果如图17-29所示。

图17-29

命令24　vgcreate命令

▣ 命令功能

vgcreate命令用于创建LVM卷组。

命令语法

vgcreate (选项)(参数)

选项说明

- -l：卷组上允许创建的最大逻辑卷数；
- -p：卷组中允许添加的最大物理卷数；
- -s：卷组上的物理卷的PE大小。

参数说明

- 卷组名：要创建的卷组名称；
- 物理卷列表：要加入到卷组中的物理卷列表。

实例1 创建物理卷

案例表述

使用vgcreate指令创建卷组"vg100"，并且将物理卷"/dev/sdb1"和"/dev/sdb2"添加到卷组中。

案例实现

在命令行中输入下面命令：

[root@localhost ~]$ vgcreate vg1000 /dev/sdb1 /dev/sdb2

按回车键后，即可创建组"vg1000"，效果如图17-30所示。

```
[root@localhost ~]$ vgcreate vg10000 /dev/sdb1 /dev/sdb2
Volume group "vg1000" successfully created
```

图17-30

命令25 vgscan命令

命令功能

vgscan命令查找系统中存在的LVM卷组，并显示找到的卷组列表。

命令语法

vgscan(选项)

选项说明

- -d：调试模式；
- --ignorelockingfailure：忽略锁定失败的错误。

实例1 扫描系统中的卷组

案例表述

使用vgscan指令扫描系统中所有的卷组。

案例实现

在命令行中输入下面命令:

[root@localhost ~]$ vgscan

按回车键后,即可扫描并显示LVM卷组列表,效果如图17-31所示。

图17-31

命令26 vgdisplay命令

命令功能

vgdisplay命令用于显示LVM卷组的信息。

命令语法

vgdisplay (选项)(参数)

选项说明

- -A:仅显示活动卷组的属性;
- -s:使用短格式输出的信息。

参数说明

- 卷组:要显示属性的卷组名称。

实例1 显示卷组信息

案例表述

使用vgdisplay指令显示存在的卷组"vg1000"的属性。

案例实现

在命令行中输入下面命令:

[root@localhost ~]$ vgdisplay vg1000

按回车键后,即可显示卷组"vg1000"的属性,效果如图17-32所示。

图17-32

命令27 vgextend命令

命令功能

vgextend命令用于动态扩展LVM卷组,它通过向卷组中添加物理卷来增加卷组的容量。

命令语法

vgextend (选项)(参数)

选项说明

- -d：调试模式；
- -t：仅测试。

参数说明

- 卷组：指定要操作的卷组名称；
- 物理卷列表：指定要添加到卷组中的物理卷列表。

实例1　向卷组中添加物理卷

▶ 案例表述

使用vgextend指令向卷组"vg2000"中添加物理卷。

▶ 案例实现

在命令行中输入下面命令：

[root@localhost ~]$ vgextend vg2000 /dev/sdb2

按回车键后，即可将物理卷"/dev/sdb2"加入卷组"vg2000"，效果如图17-33所示。

```
[root@localhost ~]$ vgextend vg2000 /dev/sdb2
Volume group "vg2000" successfully extended
```

图17-33

命令28　vgreduce命令

命令功能

vgreduce命令通过删除LVM卷组中的物理卷来减少卷组容量。

命令语法

vgreduce (选项)(参数)

选项说明

- -a：如果命令行中没有指定要删除的物理卷，则删除所有的空物理卷；
- --removemissing：删除卷组中丢失的物理卷，使卷组恢复正常状态。

参数说明

- 卷组：指定要操作的卷组名称；
- 物理卷列表：指定要删除的物理卷列表。

实例1　输出物理卷

▶ 案例表述

使用vgreduce指令从卷组"vg2000"中移除物理卷"/dev/sdb2"。

▶ 案例实现

在命令行中输入下面命令：

[root@localhost ~]$ vgreduce vg2000 /dev/sdb2

按回车键后，即可将物理卷"/dev/sdb2"从卷组"vg2000"中删除，效果如图17-34所示。

```
[root@localhost ~]$ vgreduce vg2000 /dev/sdb2
  Remove "/dev/sdb2" from volume group "vg2000"
```

图17-34

命令29　vgchange命令

▣ 命令功能

vgchange命令用于修改卷组的属性，经常被用来设置卷组是处于活动状态或非活动状态。

▣ 命令语法

vgchange (选项)(参数)

▣ 选项说明

- –a：设置卷组的活动状态；

▣ 参数说明

- 卷组：指定要设置属性的卷组。

实例1　设置卷组活动状态

▶ 案例表述

使用vgchange指令将卷组状态改为活动的。

▶ 案例实现

在命令行中输入下面命令：

[root@localhost]# vgchange –ay vg1000

按回车键后，即可将卷组"vg1000"设置为活动状态，效果如图17-35所示。

```
[root@localhost ~]$ vgchange -ay vg1000
1 logical volume(s) in volume group "vg1000" now active
```

图3-35

命令30　vgremove命令

命令功能
vgremove命令用于用户删除LVM卷组。

命令语法
vgremove (选项)(参数)

选项说明
- –f：强制删除。

参数说明
- 卷组：指定要删除的卷组名称。

实例1　删除LVM卷组

案例表述

使用vgremove指令删除LVM卷组"vg1000"。

案例实现

在命令行中输入下面命令：

[root@localhost ~]$ vgremove vg1000

按回车键后，即可删除卷组"vg1000"，效果如图17-36所示。

```
[root@localhost ~]$ vgremove vg1000
Volume group "vg1000" succesfully removed
```

图17-36

命令31　vgconvert命令

命令功能
vgconvert命令用于转换指定LVM卷组的元数据格式，通常将"LVM1"格式的卷组转换为"LVM2"格式。

命令语法
vgconvert (选项)(参数)

选项说明
- –M：要转换的卷组格式。

参数说明
- 卷组：指定要转换格式的卷组。

实例1 转换卷组格式

▶ **案例表述**

转化卷组格式。

▶ **案例实现**

❶ 转换元数据格式前,使用vgchange指令将卷组设置为非活动状态,在命令行中输入下面命令:

[root@localhost ~]$ vgchang –an vg1000

按回车键后,即设置卷组为非活动状态,效果如图17-37所示。

```
[root@localhost ~]$ vgchange -an vg1000
0 logical volume(s) in volume group "vg1000" now active
```

图17-37

❷ 使用vgconvert指令将卷组"vg1000"从"LVM1"格式转换为"LVM2"格式,在命令行中输入下面命令:

[root@localhost ~]$ vgconvert -M2 vg1000

按回车键后,即设转换卷组为"LVM2"格式,效果如图17-38所示。

```
[root@localhost ~]$ vgconvert -M2 vg1000
Volume group vg1000 successfully converted
```

图17-38

❸ 使用vgchang指令将卷组设置为活动状态,在命令行中输入下面命令:

[root@localhost ~]$ vgchange –ay vg1000

按回车键后,即设置卷组为活动状态,效果如图17-39所示。

```
[root@localhost ~]$ vgchange -ay vg1000
0 logical volume(s) in volume group "vg1000" now active
```

图17-39

命令32 lvcreate命令

▶ **命令功能**

lvcreate命令用于创建LVM的逻辑卷。

▶ **命令语法**

lvcreate (选项)(参数)

▶ **选项说明**

- –L:指定逻辑卷的大小,单位为"kKmMgGtT"字节;
- –l:指定逻辑卷的大小(LE数)。

▶ **参数说明**

- 逻辑卷:指定要创建的逻辑卷名称。

Linux | 323

实例1　创建逻辑卷

案例表述

使用lvcreate指令在卷组"vg1000"上创建一个200MB的逻辑卷。

案例实现

在命令行中输入下面命令：

[root@localhost ~]$ lvcreate –L 200M vg1000

按回车键后，即可创建大小为200MB的逻辑卷，效果如图17-40所示。

```
[root@localhost ~]$ lvcreate -L 200M vg1000
Logical volume "lvo10" created
```

图17-40

命令33　lvscan命令

命令功能

lvscan命令用于扫描当前系统中存在的所有的LVM逻辑卷。

命令语法

lvscan (选项)

选项说明

- –b：显示逻辑卷的主设备和次设备号。

实例1　扫描逻辑卷

案例表述

使用lvscan指令扫描系统中的所有逻辑卷。

案例实现

在命令行中输入下面命令：

[root@localhost]# lvscan

按回车键后，即可扫描所有逻辑卷，效果如图17-41所示。

```
[root@localhost ~]$ lvscan
ACTIVE         '/DEV/VG1000/LV010' [200.00 MB] inherit
```

图17-41

命令34　lvdisplay命令

命令功能

lvdisplay命令用于显示LVM逻辑卷空间大小、读写状态和快照信息等属性。

命令语法

lvdisplay (参数)

参数说明

- 逻辑卷：指定要显示属性的逻辑卷对应的设备文件。

实例1　显示逻辑卷属性

案例表述

使用lvdisplay指令显示指定逻辑卷的属性。

案例实现

在命令行中输入下面命令：

[root@ localhost]# lvdisplay /dev/vg1000/lvo10

按回车键后，即可显示逻辑卷属性，效果如图17-42所示。

```
[root@localhost ~]$ lvdispaly /dev/vg1000/lvo10
--- Logical volume ---
LV Name                /dev/vg1000/lvo10
......
Block device           253:0
```

图17-42

命令35　lvextend命令

命令功能

lvextend命令用于在线扩展逻辑卷的空间大小，而不中断应用程序对逻辑卷的访问。

命令语法

lvextend (选项)(参数)

选项说明

- –L：指定逻辑卷的大小，单位为"kKmMgGtT"字节；
- –l：指定逻辑卷的大小（LE数）。

参数说明

- 逻辑卷：指定要扩展空间的逻辑卷。

实例1　为逻辑卷增加空间

案例表述

使用lvextend指令为逻辑卷"/dev/vg1000/lvo10"。

案例实现

在命令行中输入下面命令:

[root@ localhost ~]$ lvextend –L +100M /dev/vg1000/lvo10

按回车键后,即可为逻辑卷增加了100MB空间,效果如图17-43所示。

```
[root@localhost ~]$ lvextend -L +100M /dev/vg1000/lvo10
Extend logical volume lvo10 to 300.00MB
Logical volume lvo10 successfully resized
```

图17-43

命令36 lvreduce命令

命令功能

lvreduce命令用于减少LVM逻辑卷占用的空间大小。

命令语法

lvreduce (选项)(参数)

选项说明

- –L:指定逻辑卷的大小,单位为"kKmMgGtT"字节;
- –l:指定逻辑卷的大小(LE数)。

参数说明

- 逻辑卷:指定要操作的逻辑卷对应的设备文件。

实例1 为逻辑卷减少空间

案例表述

使用lvreduce指令减少指定的逻辑卷的空间大小。

案例实现

在命令行中输入下面命令:

[root@ localhost ~]$ lvreduce –L -50M /dev/vg1000/lvo10

按回车键后,即可为逻辑减少50MB空间,效果如图17-44所示。

```
[root@localhost ~]$ lvreduce -L -50M /dev/vg1000/lvo10
Do you really want to reduce lvo10? [y/n]: y
  Reducing logical volume lvo10 to 252.00 MB
  Logical volume lvo10 successfully resized
```

图3-44

命令37 lvremove命令

命令功能
lvremove命令用于删除指定LVM逻辑卷。

命令语法
lvremove (选项)(参数)

选项说明
- –f：强制删除。

参数说明
- 逻辑卷：指定要删除的逻辑卷。

实例1 删除指定的逻辑卷

▶ 案例表述

使用lvremove指令删除指定的逻辑卷。

▶ 案例实现

在命令行中输入下面命令：

[root@ localhost ~]$ lvremove /dev/vg1000/lvo10

按回车键后，即可删除逻辑卷"lvo10"，效果如图17-45所示。

```
[root@localhost ~]$ lvremove /dev/vg1000/lvo10
Do you want to remove active logical volume "lvo10"? [y/n]  y
Logical volume "lvo10"successfully removed
```

图17-45

命令38 lvresize命令

命令功能
lvresize命令用于调整LVM逻辑卷的空间大小，可以增大空间和缩小空间。

命令语法
lvresize (选项)(参数)

选项说明
- –L：指定逻辑卷的大小，单位为"kKmMgGtT"字节；
- –l：指定逻辑卷的大小（LE数）。

参数说明
- 逻辑卷：指定要删除的逻辑卷。

实例1 调整逻辑卷大小

▶ 案例表述

使用lvresize指令调整最大的逻辑卷大小。

▶ 案例实现

在命令行中输入下面命令：

[root@ localhost ~]$ lvresize –L +200M /dev/vg1000/lvo10

按回车键后，即可为逻辑卷增加了200MB空间，效果如图17-46所示。

```
[root@localhost ~]$ lvresize -L +200M /dev/vg1000/lvo10
Extending logical volume lvo10 to 280.00 MB
Logical volume "lvo10" successfully resized
```

图17-46

第18章

性能监测与优化

出色的性能表现是Linux操作系统的一大优势,性能监测有助于系统管理人员发现异常,了解系统的运行情况。性能监测主要有内存监测、CPU监测、网络监测。本章主要介绍Linux系统的内存和CPU的监测以及相关的优化指令。

命令1　top命令

命令功能

top命令可以实时动态地查看系统的整体运行情况,是一个综合了多方信息的监测系统性能和运行信息的实用工具。

命令语法

top(选项)

选项说明

- -b：以批处理模式操作；
- -d：屏幕刷新间隔时间。

实例1　显示系统总体运行情况

案例表述

使用top指令显示系统的总体运行情况。

案例实现

在命令行中输入下面命令：

[root@localhost ~]# top

按回车键后,即可显示系统总体运行信息,效果如图18-1所示。

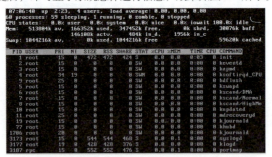

图18-1

命令2　uptime命令

命令功能

uptime命令能够打印系统总共运行了多长时间和系统的平均负载。

命令语法

uptime(选项)

选项说明
- –V：显示指令的版本信息。

实例1 显示系统总体运行时间

案例表述

使用uptime指令显示系统的运行的时间。

案例实现

在命令行中输入下面命令：

[root@localhost ~]# uptime

按回车键后，即可显示系统运行了多久时间，效果如图18-2所示。

```
[root@localhost ~]# uptime
 07:12:09 up 1 min,  2 users,  load average: 0.53, 0.28, 0.10
```

图18-2

实例2 显示版本信息

案例表述

使用uptime –V指令显示系统的版本信息。

案例实现

在命令行中输入下面命令：

[root@localhost ~]# uptime -V

按回车键后，即可显示系统版本信息，效果如图18-3所示。

```
[root@localhost ~]# uptime -V
procps version 2.0.11
```

图18-3

命令3 free命令

命令功能

free命令可以显示当前系统未使用的和已使用的内存数目，还可以显示被内核使用的内存缓冲区。

命令语法

free(选项)

选项说明
- –b：以Byte为单位显示内存使用情况；
- –k：以KB为单位显示内存使用情况；
- –m：以MB为单位显示内存使用情况；

- –o：不显示缓冲区调节列；
- –s<间隔秒数>：持续观察内存使用状况；
- –t：显示内存总和列；
- –V：显示版本信息。

实例1　显示内存使用情况

案例表述

Free指令默认以千字节为单位，使用"–m"选项以兆字节为单位输出信息，以增强可读性。

案例实现

在命令行中输入下面命令：

[root@localhost ~]# free -m

按回车键后，即可以兆字节为单位显示内存使用情况，效果如图18-4所示。

图18-4

实例2　内存使用情况精确计算

案例表述

Free指令的输出信息经常使初学者感到迷茫。本例通过实例讲解free指令输出信息的含义，为了精确计算，使用"–b"选项以字节为单位输出。

案例实现

在命令行中输入下面命令：

[root@localhost ~]# free -b

按回车键后，即可以字节为单位输出内存使用情况，效果如图18-5所示。

图18-5

命令4　iostat命令

命令功能

iostat命令被用于监视系统输入输出设备和CPU的使用情况。

命令语法

iostat(选项)(参数)

选项说明

- –c：仅显示CPU使用情况；
- –d：仅显示设备利用率；
- –k：显示状态以千字节每秒为单位，而不使用块每秒；
- –m：显示状态以兆字节每秒为单位；
- –p：仅显示块设备和所有被使用的其他分区的状态；
- –t：显示每个报告产生时的时间；
- –V：显示版号并退出；
- –x：显示扩展状态。

参数说明

- 间隔时间：每次报告的间隔时间（秒）；
- 显示报告的次数。

实例1　显示CPU和外设的I/O状态

案例表述

使用iostat指令每隔两秒钟报告一次CPU和外设的I/O工作状态，使用"–t"选项显示报告产生的时间。

案例实现

在命令行中输入下面命令：

[root@localhost ~]# iostat –t 2

按回车键后，即可每隔2秒钟统计一次，效果如图18-6所示。

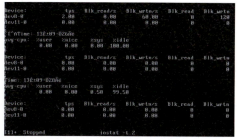

图18-6

实例2　显示扩展状态

案例表述

使用iostat指令的"–x"选项，可以显示更加全面的状态信息。

案例实现

在命令行中输入下面命令：

[root@localhost root]# iostat –x –d 1 1

按回车键后，即可仅输出一次报告，使用扩展状态，效果如图18-7所示。

图18-7

实例3　显示分区状态

▶ 案例表述

使用iostat指令的"–p"选项可以指定要显示的I/O设备，它将显示此设备上的所有分区的使用情况。

▶ 案例实现

在命令行中输入下面命令：

[root@localhost ~]# iostat –p sda 1 1

按回车键后，即可显示中的设备及其分区的状态，效果如图18-8所示。

图18-8

实例4　显示扩展信息并将磁盘数据改为每兆显示

▶ 案例表述

使用iostat指令"–xm"选项，可以显示扩展信息并将磁盘数据由每扇区改为每兆显示（1扇区等于512字节）。

▶ 案例实现

在命令行中输入下面命令：

[root@localhost ~]# iostat –xm

按回车键后，即可显示扩展信息并将磁盘数据由每扇区改为每兆显示，效果如图18-9所示。

图18-9

命令5 mpstat命令

命令功能
mpstat命令指令主要用于多CPU环境下,它显示各个可用CPU的状态。

命令语法
mpstat(选项)(参数)

选项说明
- –P:指定CPU编号。

参数说明
- 间隔时间:每次报告的间隔时间(秒)。
- 次数:显示报告的次数。

实例1 显示CPU的状态

▶ 案例表述

显示CPU的状态。

▶ 案例实现

❶ 使用mpstat指令的"-P"选项显示当前系统所有CPU的状态。在命令行中输入下面命令:

[root@localhost ~]# mpstat –P ALL

按回车键后,即可以兆字节为单位显示内存使用情况,效果如图18-10所示。

图18-10

❷ 显示第二个CPU的状态(CPU编号从0开始)。在命令行中输入下面命令:

[root@localhost ~]$ mpstat –P 1

按回车键后,即可显示第二个CPU状态,效果如图18-11所示。

图18-11

命令6 sar命令

命令功能
sar命令是Linux下系统运行状态统计工具,它将指定的操作系统状态计数器显示到标准输出设备。

命令语法

sar(选项)(参数)

选项说明

- –A：显示所有的报告信息；
- –b：显示I/O速率；
- –B：显示换页状态；
- –c：显示进程创建活动；
- –d：显示每个块设备的状态；
- –e：设置显示报告的结束时间；
- –f：从指定文件提取报告；
- –i：设状态信息刷新的间隔时间；
- –P：报告每个CPU的状态；
- –R：显示内存状态；
- –u：显示CPU利用率；
- –v：显示索引节点，文件和其他内核表的状态；
- –W：显示交换分区状态；
- –x：显示给定进程的状态。

参数说明

- 间隔时间：每次报告的间隔时间（秒）；
- 次数：显示报告的次数。

实例1 显示CPU状态

案例表述

使用sar指令每隔两秒钟报告一次CPU状态，共显示两次。

案例实现

在命令行中输入下面命令：

[root@localhost ~]# sar –u 2 2

按回车键后，即可报告CPU使用情况，效果如图18-12所示。

图18-12

实例2 显示上设备状态

案例表述

使用sar指令每隔30秒钟报告一次设备状态，共显示5次。

案例实现

在命令行中输入下面命令：

[root@localhost ~]# sar –d 30 5

按回车键后，即可报告设备使用情况，效果如图18-13所示。

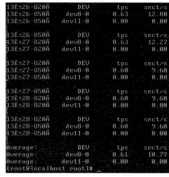

图18-13

命令7 vmstat命令

命令功能

vmstat命令的含义为显示虚拟内存状态（"Viryual Memor Statics"），但是它可以报告关于进程、内存、I/O等系统整体运行状态。

命令语法

vmstat(选项)(参数)

选项说明

- –a：显示活动内存；
- –f：显示启动后创建的进程总数；
- –m：显示slab信息；
- –n：头信息仅显示一次；
- –s：以表格方式显示事件计数器和内存状态；
- –d：报告磁盘状态；
- –p：显示指定的硬盘分区状态；
- –S：输出信息的单位。

参数说明

- 事件间隔：状态信息刷新的时间间隔；
- 次数：显示报告的次数。

实例1　显示系统汇总统计信息

案例表述

使用vmstat指令的"-s"选项可以显示系统的各种事件统计和内存使用状态信息。

案例实现

在命令行中输入下面命令：

[root@localhost ~]# vmstat -s

按回车键后，即可显示系统汇总状态报表，效果如图18-14所示。

图18-14

实例2　显示系统整体运行状态

案例表述

使用vmstat指令可以显示系统的整体运行状态信息，显示报告1次。

案例实现

在命令行中输入下面命令：

[root@localhost ~]# vmstat 1

按回车键后，即显示系统整体运行状态，效果如图18-15所示。

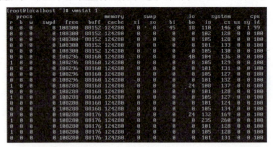

图18-15

命令8　time命令

命令功能

time命令用于统计给定指令运行所花费的总时间。

命令语法

time(参数)

参数说明

- 指令：指定需要运行的额指令及其参数。

实例1　统计指令运行时间

案例表述

使用time指令来评估指令的运行时间，以进行有效的任务规划。

案例实现

在命令行中输入下面命令：

[root@localhost]# time find / -name passwd ＞out.txt

按回车键后，即可统计find指令花费的时间，效果如图18-16所示。

```
[root@localhost ~]# time find / -name passwd >out.txt
0.020u 2.630s 0:48.94 5.4%      0+0k 0+0io 146pf+0w
```

图18-16

命令9　tload命令

命令功能

tload命令以图形化的方式输出当前系统的平均负载到指定的终端。

命令语法

tload(选项)(参数)

选项说明

- −s：指定闲时的刻度；
- −d：指定间隔的时间（秒）。

参数说明

- 终端：指定显示信息的终端设备文件。

实例1　显示平均负载显示到终端

案例表述

使用tload指令将系统平均负载显示到终端"tty2"，刷新时间为3秒钟。

案例实现

在命令行中输入下面命令：

[root@localhost]# tload /dev/tty2 –d 3

按回车键后，即可将平均负载显示到tty2上，刷新时间为3秒，效果如图18-17所示。

```
[root@localhost ~]# tload /dev/tty2 -d 3
```

图18-17

命令10 lsof命令

命令功能

lsof命令用于显示Linux系统当前已打开的所有文件列表。

命令语法

lsof(选项)

选项说明

- -c：显示以指定字符开头的指令打开的文件列表。

实例1 显示已打开的文件列表

案例表述

使用lsof指令显示Linux系统当前已打开的所有文件列表，由于输出信息太多，本例使用管道和head指令仅能显示前10行内容。

案例实现

在命令行中输入下面命令：

[root@localhost]# lsof | head

按回车键后，即可显示lsof指令的前10行输出，效果如图18-18所示。

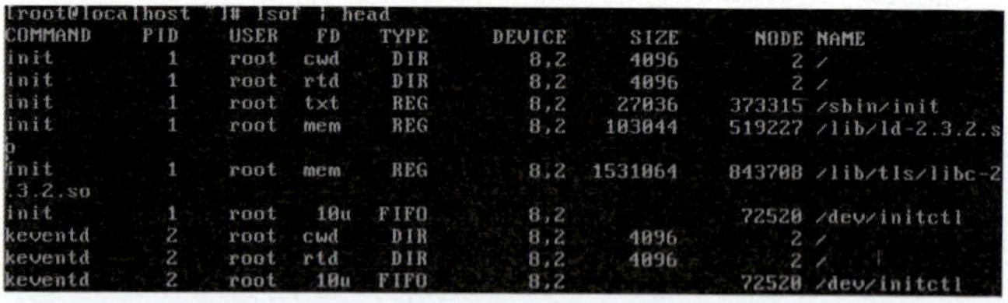

图18-18

实例2 显示已打开所有c开头的文件列表

案例表述

使用lsof指令中"-c"选项，可以显示所有以c开头的指令文件。

案例实现

在命令行中输入下面命令：

[root@localhost ~]# lsof -c c

按回车键后，即可显示以c开头的文件，效果如图18-19所示。

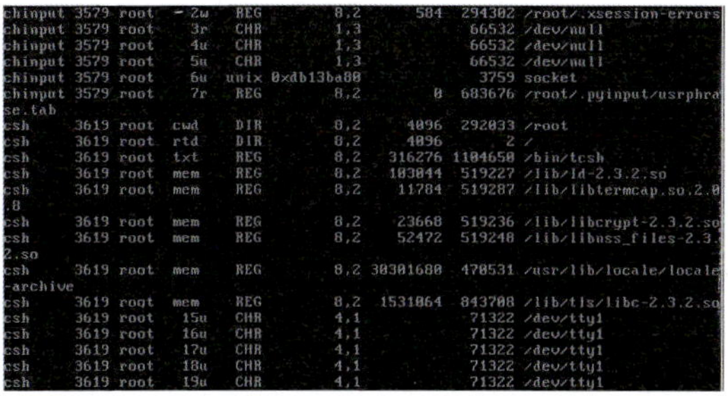

图18-19

命令11 fuser命令

命令功能
fuser命令用于报告进程使用的文件和网络套接字。

命令语法
fuser(选项)(参数)

选项说明
- –a：显示命令行中指定的所有文件；
- –k：杀死访问指定文件的所有进程；
- –i：杀死进程前需要用户进行确认；
- –l：列出所有已知信号名；
- –m：指定一个被加载的文件系统或一个被加载的块设备；
- –n：选择不同的名称空间；
- –u：在每个进程号后显示所属的用户名。

参数说明
- 文件：可以是文件名或者TCP、UDP端口号。

实例1 显示使用80端口的进程

▶ 案例表述

使用fuser指令的"–n tcp"选项指定名字空间为TCP端口号，显示TCP的80端口的进程。

▶ 案例实现

在命令行中输入下面命令：

[root@localhost root]# fuser –n tcp –u 80

按回车键后，即可显示使用80端口的进程，效果如图18-20所示。

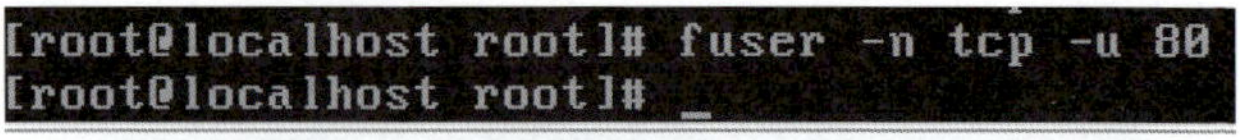

```
[root@localhost root]# fuser -n tcp -u 80
[root@localhost root]#
```

图18-20

实例2 显示文件的进程信息

▶ 案例表述

使用fuser指令的"–um /dev/sda2"可以显示文件的进程信息。

▶ 案例实现

在命令行中输入下面命令:

[root@localhost ~]# fuser –um /dev/sda2

按回车键后,即可显示/dev/sda2文件进程,效果如图18-21所示。

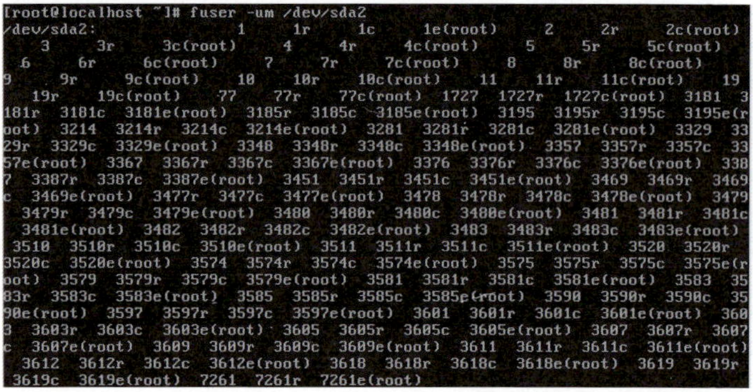

图18-21

第 19 章

内核与模块

Linux是一个高度模块化的操作系统。Linux内核由许许多多的内核模块组成。本章介绍Linux的内核参数修改和内核模块相关的指令。熟练掌握这些指令不但可以灵活地配置Linux内核,而且能够更好地理解Linux的工作机制。

命令1 sysctl命令

命令功能
sysctl命令被用于在内核运行时动态地修改内核的运行参数，可用的内核参数在目录"/proc/sys"中。

命令语法
sysctl(选项)(参数)

选项说明
- −n：打印值时不打印关键字；
- −e：忽略未知关键字错误；
- −N：仅打印名称；
- −w：当改变sysctl设置时使用此项；
- −p：从配置文件"/etc/sysctl.conf"加载内核参数设置；
- −a：打印当前所有可用的内核参数变量和值；
- −A：以表格方式打印当前所有可用的内核参数变量和值。

参数说明
- 变量=值：设置内核参数对应的变量值。

实例1　显示当前内核参数的值

案例表述

显示当前内核参数的值。

案例实现

❶ 使用sysctl显示当前内核的一个类别的参数值，在命令行中输入下面命令：

[root@localhost ~]# sysctl net.core

按回车键后，即可显示内核中网络核心参数的值，效果如图19-1所示。

图19-1

❷ 使用sysctl显示当前内核的一个具体的参数值，在命令行中输入下面命令：

[root@localhost ~]# sysctl net.ipv4.ip_forward

按回车键后，即可显示内核参数ip_forward的值，效果如图19-2所示。

图19-2

实例2　修改内核运行参数

▶ 案例表述

使用sysctl指令激活Linux内核IP数据包转发功能。

▶ 案例实现

在命令行中输入下面命令：

[root@localhost ~]# sysctl net.ipv4.ip_forward=1

按回车键后，即可激活内核IP转发功能，效果如图19-3所示。

图19-3

命令2　lsmod命令

命令功能

lsmod命令用于显示已经加载到内核中的模块的状态信息。

命令语法

lsmod

实例1 显示已加载模块

案例表述

使用lsmod指令显示已加载到内核中的模块的状态。

案例实现

在命令行中输入下面命令：

```
[root@localhost ~ ]# lsmod
```

按回车键后，即可显示当前内核加载的模块状态，效果如图19-4所示。

```
pcnet32                18240   0
mii                     3976   0  [pcnet32]
ipt_REJECT              3928   6  (autoclean)
iptable_filter          2412   1  (autoclean)
ip_tables              15096   2  [ipt_REJECT iptable_filter]
sg                     36524   0  (autoclean)
sr_mod                 18136   0  (autoclean)
ide-scsi               12208   0
ide-cd                 35708   0
cdrom                  33728   0  [sr_mod ide-cd]
loop                   12152   0  (autoclean)
lvm-mod                64000   0
keybdev                 2944   0  (unused)
mousedev                5492   0
hid                    22148   0  (unused)
input                   5856   0  [keybdev mousedev hid]
usb-uhci               26348   0  (unused)
ehci-hcd               19976   0  (unused)
usbcore                78784   1  [hid usb-uhci ehci-hcd]
ext3                   70784   2
jbd                    51892   2  [ext3]
BusLogic              100796   3
sd_mod                 13452   6
scsi_mod              107128   5  [sg sr_mod ide-scsi BusLogic sd_mod]
```

图19-4

命令3 insmod命令

命令功能

insmod命令用于将给定的模块加载到内核中。

命令语法

insmod(参数)

参数说明

内核模块：指定要加载的内核模块文件。

实例1 加载模块

案例表述

使用insmod指令加载“ide-cd”模块。

案例实现

在命令行中输入下面命令：

[root@localhost ~]# insmod /lib/modules/'uname -r'/kernel/drivers/ide/ide-cd.ko

按回车键后,即可加载指定的内核模块,效果如图19-5所示。

```
[root@localhost ~]# insmod /lib/modules/'uname -r'/kernel/drivers/ide/ide-cd.ko
```

图19-5

命令4 modprobe命令

命令功能

modprobe命令用于智能地向内核中加载模块或者从内核中移除模块。

命令语法

modprobe (选项)(参数)

选项说明

- –a或―all:载入全部的模块;
- –c或--show-conf:显示所有模块的设置信息;
- –d或―debug:使用排错模式;
- –l或―list:显示可用的模块;
- –r或―remove:模块闲置不用时,即自动卸载模块;
- –t或―type:指定模块类型;
- –v或―verbose:执行时显示详细的信息;
- –V或―version:显示版本信息;
- –help:显示帮助。

参数说明

- 模块名:要加载或移除的模块名称。

实例1 智能加载与移除模块

▶ 案例表述

智能加载与移除模块。

▶ 案例实现

❶ 使用modprobe指令加载"ide-cd"模块,在命令行中输入下面命令:

[root@localhost ~]# modprobe –v ide-cd

按回车键后,即可智能加载指定模块,效果如图19-6所示。

```
[root@localhost ~]# modprobe -v ide-cd
/sbin/insmod /lib/modules/2.4.20-8/kernel/drivers/ide/ide-cd.o
Using /lib/modules/2.4.20-8/kernel/drivers/ide/ide-cd.o
Symbol version prefix ''
```

图19-6

❷ 使用modprobe指令的"-r"选项移除"ide-cd"模块,在命令行中输入下面命令:

```
[root@localhost ~]# modprobe –v –r ide-cd
```

按回车键后,即可智能移除指定模块,效果如图19-7所示。

```
[root@localhost ~]# modprobe -v -r ide-cd
# delete ide-cd
```

图19-7

实例2 显示模块依赖关系

▶ 案例表述

使用modprobe指令的"—show–depends"选项显示指定模块的依赖关系。

▶ 案例实现

在命令行中输入下面命令:

```
[root@localhost ~]# modprobe –show-depends iptable_nat
```

按回车键后,即可显示模块依赖关系,效果如图19-8所示。

```
 modprobe [-a -n -v ] [-C config ] [ -t type ] pattern OR module1 module2 ...
List modules:
 modprobe [-l ] [-C config ] [ -t type ] pattern
   note: wildcard patterns should be escaped
Show configuration:
 modprobe [-C config ] -c
Remove module(s) or autoclean:
 modprobe [-C config ] -r [ module ...]

options:
     -a, --all             Load _all_ matching modules
     -c, --showconfig      Show current configuration
     -d, --debug           Print debugging information
     -h, --help            Print this message
     -k, --autoclean       Set 'autoclean' on loaded modules
     -l, --list            List matching modules
     -n, --show            Don't actually perform the action
     -q, --quiet           Quiet operation
     -r, --remove          Remove module (stacks) or do autoclean
     -s, --syslog          Use syslog to report
     -t, --type moduletype Only look for modules of this type
     -v, --verbose         Print all commands
     -V, --version         Show version
     -C, --config configfile Use instead of /etc/modules.conf
```

图19-8

命令5 rmmod命令

▣ 命令功能

rmmod命令用于从当前运行的内核中移除指定的内核模块。

▣ 命令语法

rmmod (选项)(参数)

选项说明

- -v：显示指令执行的详细信息；
- -f：强制移除模块，使用此选项比较危险；
- -w：等待着，直到模块能够被除时再移除模块；
- -s：向系统日志（syslog）发送错误信息。

参数说明

模块名：要移除的模块名称。

实例1　从内核中移除模块

案例表述

使用rmmod指令移除模块"ide-cd"。

案例实现

在命令行中输入下面命令：

[root@localhost ~]# rmmod –v ide-cd

按回车键后，即可从内核中移除模块，效果如图19-9所示。

```
[root@localhost ~]# rmmod -v ide-cd
Checking ide-cd for persistent data
```

图19-9

命令6　bmodinfo命令

命令功能

bmodinfo命令用于显示给定模块的详细信息。

命令语法

bmodinfo (选项)(参数)

选项说明

- -a：显示模块作者；
- -d：显示模块的描述信息；
- -l：显示模块的许可信息；
- -p：显示模块的参数信息；
- -n：显示模块对应的文字信息；
- -0：用ASCII码的0字符分割字段值，而不使用新行。

参数说明

- 模块名：要显示详细信息的模块名称。

实例1 显示内核模块详细信息

案例表述

使用modprobe指令显示模块"ext3"的详细信息。

案例实现

在命令行中输入下面命令：

[root@localhost ~]# modinfo ext3

按回车键后，即可显示内核模块"ext3"的详细信息，效果如图19-10所示。

```
[root@localhost ~]# modinfo ext3
filename:    /lib/modules/2.4.20-8/kernel/fs/ext3/ext3.o
description: "Second Extended Filesystem with journaling extensions"
author:      "Remy Card, Stephen Tweedie, Andrew Morton, Andreas Dilger, Theodor
e Ts'o and others"
license:     "GPL"
```

图19-10

实例2 显示内核模块详细作者

案例表述

使用modprobe 指令中的"-a"选项，显示模块"ext3"的作者。

案例实现

在命令行中输入下面命令：

[root@localhost ~]# modinfo –a ext3

按回车键后，即可显示内核模块"ext3"的作者，效果如图19-11所示。

```
[root@localhost ~]# modinfo -a ext3
"Remy Card, Stephen Tweedie, Andrew Morton, Andreas Dilger, Theodore Ts'o and ot
hers"
```

图19-11

命令7 depmod命令

命令功能

depmod命令产生模块依赖的映射文件。

命令语法

depmod (选项)

选项说明

- –a或—all：分析所有可用的模块；
- –d或debug：执行排错模式；
- –e：输出无法参照的符号；
- –i：不检查符号表的版本；
- –m<文件>或system–map<文件>：使用指定的符号表文件；

- −s或−−system−log：在系统记录中记录错误；
- −v或—verbose：执行时显示详细的信息；
- −V或—version：显示版本信息；
- −−help：显示帮助。

实例1 产生内核模块依赖的映射文件

▶ 案例表述
产生内核模块依赖的映射文件。

▶ 案例实现

❶ 使用depmod生成当前内核的模块依赖关系文件和映射文件，在命令行中输入下面命令：

[root@localhost ~]# depmod

按回车键后，即可生成内核依赖和映射文件。

❷ 查看生成的模块依赖和映射文件，在命令行中输入下面命令：

[root@localhost ~]# ls –l /lib/modules/'uname -r' /

按回车键后，即可显示内核模块目录列表，效果如图19-12所示。

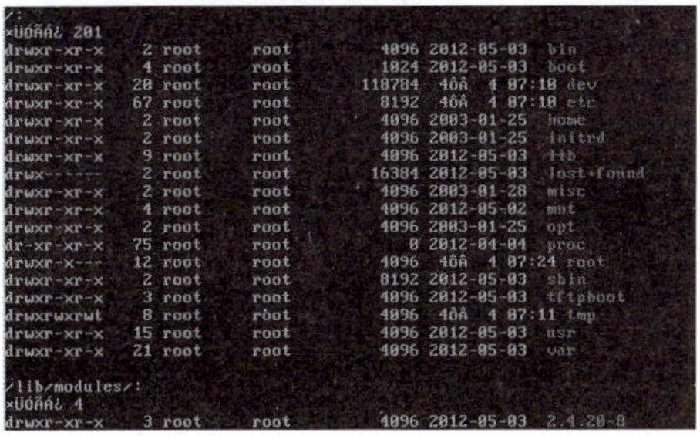

图19-12

命令8 uname命令

▣ 命令功能
uname命令用于打印当前系统相关信息（内核版本号、硬件架构、主机名称和操作系统类型等）。

▣ 命令语法
uname(选项)(参数)

▣ 选项说明
- −a或—all：显示全部的信息；

- -m或—machine：显示电脑类型；
- -n或-nodename：显示在网络上的主机名称；
- -r或—release：显示操作系统的发行编号；
- -s或—sysname：显示操作系统名称；
- -v：显示操作系统的版本；
- —help：显示帮助；
- —version：显示版本信息。

实例1　打印主机信息

案例表述

使用uname指令的"-a"选项打印本机的详细信息。

案例实现

在命令行中输入下面命令：

[root@localhost ~]# uname -a

按回车键后，即可打印本机所有信息，效果如图19-13所示。

```
[root@localhost ~]# uname -a
Linux localhost.localdomain 2.4.20-8 #1 Thu Mar 13 17:54:28 EST 2003 i686 i686 i386 GNU/Linux
```

图19-13

实例2　打印内核发行版本号

案例表述

使用uname指令的"-r"选项打印内核发行版本号。

案例实现

在命令行中输入下面命令：

[root@localhost ~]# uname -r

按回车键后，即可打印内核发行版本号，效果如图19-14所示。

```
[root@localhost ~]# uname -r
2.4.20-8
```

图19-14

命令9　dmesg命令

命令功能

dmesg命令被用于检查和控制内核的环形缓冲区。

命令语法

dmesg(选项)

选项说明

- -c：显示信息后，清除ring buffer中的内容；
- -s<缓冲区大小>：预设置为8196，刚好等于ring buffer的大小；
- -n：设置记录信息的层级。

实例1　查看内核环形缓冲区

案例表述

使用dmesg指令和head指令显示缓冲区中的前10行内容。

案例实现

在命令行中输入下面命令：

```
[root@localhost ~ ]# dmesg | head
```

按回车键后，即可显示缓冲区中的前10行内容，效果如图19-15所示。

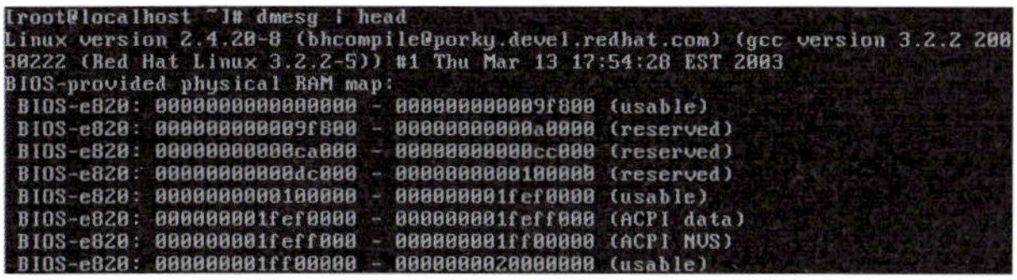

```
[root@localhost ~]# dmesg | head
Linux version 2.4.20-8 (bhcompile@porky.devel.redhat.com) (gcc version 3.2.2 200
30222 (Red Hat Linux 3.2.2-5)) #1 Thu Mar 13 17:54:28 EST 2003
BIOS-provided physical RAM map:
 BIOS-e820: 0000000000000000 - 000000000009f800 (usable)
 BIOS-e820: 000000000009f800 - 00000000000a0000 (reserved)
 BIOS-e820: 00000000000ca000 - 00000000000cc000 (reserved)
 BIOS-e820: 00000000000dc000 - 0000000000100000 (reserved)
 BIOS-e820: 0000000000100000 - 000000001fef0000 (usable)
 BIOS-e820: 000000001fef0000 - 000000001feff000 (ACPI data)
 BIOS-e820: 000000001feff000 - 000000001ff00000 (ACPI NVS)
 BIOS-e820: 000000001ff00000 - 0000000020000000 (usable)
```

图19-15

命令10　kexec命令

命令功能

kexec命令

命令语法

kexec (选项)

选项说明

- -l：指定内核映像文件；
- -e：允许当前被加载的内核；
- -f：强制立即调用系统调用“kexec”，而不调用“shutdown”；
- -t：指定新内核的类型；
- -u：卸载当前的kexec目标内核。

实例1　快速启动Linux内核

案例表述

使用kexec快速切换到另一个Linux核心，首先使用“-l”选项加载Linux核心。

案例实现

在命令行中输入下面命令：

[root@localhost ~]# kexec –l /boot/vmlinuz-2.6.18-92.el5--append=root=LABEL=/

按回车键后，即可直接启用另一个Linux核心，效果如图19-16所示。

```
[root@localhost ~ ]# kexec -l /boot/vmlinuz-.6.18-92.el5--append=root=LABEL=/
```

图19-16

命令11　get _ module命令

命令功能

get _ module指令用于获取Linux内核模块的详细信息。

命令语法

get _ module

实例1　获取模块信息

案例表述

使用get_module中获取内核模块"ext3"的详细信息。

案例实现

在命令行中输入下面命令：

[root@localhost ~]$ get_module ext3

按回车键后，即可获取模块"ext3"详细信息，效果如图19-17所示。

```
[root@localhost ~]$ get_module ext3
    refcnt               : 1
    srcversion           : D01BE9DB9B4D2A251EC9ACA
Sections:
         . altinstr_replacement : 0xf88f6be8
         . altinstructions      : 0xf88fa348
```

图19-17

命令12　kernelversion命令

命令功能

kernlversion命令用于打印当前内核的主版本号。

命令语法

kernlversion

实例1　打印内核主版本号

▶ 案例表述

使用kernelversion指令打印当前内核的主版本号。

▶ 案例实现

在命令行中输入下面命令：

[root@localhost ~]# kernelversion

按回车键后，即可打印内核主版本号，效果如图19-18所示。

```
[root@localhost ~]# kernelversion
2.4
```

图19-18

命令13　slabtop命令

▣ 命令功能

slabtop命令以实时的方式显示内核"slab"缓冲区的细节信息。

▣ 命令语法

slabtop (选项)

▣ 选项说明

- −d：指定信息的刷新时间（秒）；
- −s：指定排序标准；
- −o：仅显示一次信息即退出指令。

实例1　显示内核的slab缓冲区信息

▶ 案例表述

使用slabtop指令每隔10秒刷新显示slab缓冲区信息。

▶ 案例实现

在命令行中输入下面命令：

[root@localhost ~]# slabtop –d 10

按回车键后，即可每隔10秒刷新slab缓冲区信息，效果如图19-19所示。

```
[root@localhost ~]# slabtop -d 10
Active / Total Objects (% used)    : 79502 / 84225 (94.4%)
........
OBJS ACTIVE USE OBJ SIZE SLABS OBJ/SLAB CACHE SIZE NAME
20764  20764 100%   0.13K   716      29              2864K
dentry_cache
```

图19-19

读书笔记

第20章 shell内部指令

shell是系统的用户界面，它提供了用户与内核进行交互操作作的一种接口，接收用户输入的命令并把它送入内核去执行。shell实际上是一个命令解释器，它解释由用户输入的命令并且把它们送到内核。不仅如此，shell有自己的编程语言用于对命令的编辑，它允许用户编写由shell命令组成的程序。

命令1　echo命令

命令功能
echo命令用于在shell中打印shell变量的值，或者直接输出指定的字符串。

命令语法
echo(选项)(参数)

选项说明
- –e：激活转义字符；

参数说明
- 变量：指定要打印的变量。

实例1　打印变量的值

案例表述

打印变量的值。使用echo质量可以打印环境变量"PATH"的值。

案例实现

在命令行中输入下面命令：

　　[root@localhost root]# echo $PATH

按回车键后，即可打印环境变量的值，效果如图20-1所示。

```
[root@localhost root]# echo $PATH
/usr/kerberos/sbin:/usr/kerberos/bin:/usr/local/sbin:/usr/local/bin:/sbin:/bin:/usr/sbin:/usr/bin:/usr/X11R6/bin:/root/bin
```

图20-1

实例2　打印提示信息

案例表述

在命令行中打印提示信息。

案例实现

在命令行中输入下面命令：

　　[root@localhost root]# echo "the current user is $USER,and $USER's home directory is $HOME"

按回车键后，即可打印自定义提示信息，效果如图20-2所示。

```
[root@localhost root]# echo "the current user is $USER,and $USER's home directory is $HOME"
the current user is root,and root's home directory is /root
```

图20-2

命令2 kill命令

命令功能

kill命令用来删除执行中的程序或工作。kill可将指定的信息送至程序。预设的信息为SIGTERM(15)，可将指定程序终止。若仍无法终止该程序，可使用SIGKILL(9)信息尝试强制删除程序。程序或工作的编号可利用ps指令或jobs指令查看。

命令语法

kill(选项)(参数)

选项说明

- –l <信息编号>：若不加<信息编号>选项，则–l参数会列出全部的信息名称；
- –s <信息名称或编号>：指定要送出的信息。

参数说明

- 进程或作业识别号：指定要删除的进程或作业。

实例1 显示系统支持的信号

案例表述

使用kill指令的"–l"选项显示系统所支持的所有信号列表。

案例实现

在命令行中输入下面命令：

[root@localhost root]# kill -l

按回车键后，即可显示系统支持的信号，效果如图20-3所示。

图20-3

实例2 杀死作业

案例表述

杀死作业。

案例实现

1 使用jobs指令查看作业列表,在命令行中输入下面命令:

[root@hn /]# jobs

按回车键后,即可显示任务(作业)列表,效果如图20-4所示。

2 关闭3号作业,在命令行中输入下面命令:

[root@hn /]# kill %3

按回车键后,即可杀死指定作业,效果如图20-5所示。

图20-4　　　　　　　　　　图20-5

3 使用jobs指令查看作业列表,在命令行中输入下面命令:

[root@hn /]# jobs

按回车键后,即可显示任务(作业)列表,效果如图20-6所示。

4 使用信号9杀死作业,在命令行中输入下面命令:

[root@hn /]# kill –s 9 %2

按回车键后,即可强制杀死指定作业,效果如图20-7所示。

图20-6　　　　　　　　　　图20-7

5 再次使用jobs指令查看作业列表,在命令行中输入下面命令:

[root@hn /]# jobs

按回车键后,即可显示任务列表,效果如图20-8所示。

图20-8

命令3　alias命令

命令功能

alias命令用来设置指令的别名。

命令语法

alias(选项)(参数)

选项说明

- –p:打印已经设置的命令别名。

参数说明

- 命令别名设置:定义命令别名,格式为"命令别名='实际命令'"。

实例1 设置命令别名

案例表述

设置命令别名。

案例实现

❶ 本例将演示使用alias指令设置新的命令别名,在命令行中输入下面命令:

[root@localhost root]# alias bakpasswd='cp /etc/passwd/etc/shadow/bak'

按回车键后,即可设置新的命令别名,效果如图20-9所示。

```
[root@localhost root]# alias bakpasswd='cp/etc/passwd/etc/shadow/bak'
[root@localhost root]#
```

图20-9

❷ 命令别名在执行时和shell内部和外部命令很相似,可以使用type指令显示指令的类型,例如要显示指令"bakpasswd"的类型,在命令行中输入下面命令:

[root@localhost root]# type bakpasswd

按回车键后,即可显示指令类型,效果如图20-10所示。

```
[root@localhost root]# type bakpasswd
bakpasswd is aliased to 'cp /etc/passwd/etc/shadow/bak'
```

图20-10

实例2 显示命令别名

案例表述

使用alias指令的"-p"选项可以显示当前已存在的命令别名。

案例实现

在命令行中输入下面命令:

[root@localhost root]# alias -p

按回车键后,即可打印已存在的命令别名,效果如图20-11所示。

```
[root@localhost root]# alias -p
alias bakpasswd='cp /etc/passwd/etc/shadow/bak'
alias cp='cp -i'
alias l.='ls -d .* --color=tty'
alias ll='ls -l --color=tty'
alias ls='ls --color=tty'
alias mc='. /usr/share/mc/bin/mc-wrapper.sh'
alias mv='mv -i'
alias rm='rm -i'
alias vi='vim'
alias which='alias | /usr/bin/which --tty-only --read-alias --show-dot --show-ti
lde'
```

图20-11

命令4 unalias命令

命令功能

unalias命令用来取消命令别名。

命令语法

unalias(选项)(参数)

选项说明

- –a：取消所有命令别名。

参数说明

- 命令别名：指定要取消的命令别名。

实例1 取消命令别名

案例表述

使用alias指令取消已定义的命令别名。

案例实现

在命令行中输入下面命令：

```
[root@localhost root ]# unalias bakpasswd
```

按回车键后，即可取消命令别名，效果如图20-12所示。

```
[root@localhost root]# unalias bakpasswd
[root@localhost root]#
```

图20-12

命令5 jobs命令

命令功能

jobs命令用于显示Linux中的任务列表及任务状态，包括后台运行的任务。

命令语法

jobs(选项)(参数)

选项说明

- –l：显示进程号；
- –p：仅任务对应的显示进程号；
- –n：显示任务状态的变化；
- –r：仅输出运行状态（running）的任务；
- –s：仅输出停止状态（stoped）的任务。

参数说明

任务标识号：指定要显示的任务标识号。

实例1 显示任务列表

案例表述

使用jobs显示任务列表时，可以显示任务编号。如果附加"–n"选项还可以显示任务对应的进程号。

案例实现

在命令行中输入下面命令：

[root@localhost ~]$ jobs -l

按回车键后，即可显示任务列表，效果如图20-13所示。

图20-13

命令6 bg命令

命令功能

bg命令用于将作业放到后台运行，使前台可以执行其他任务。

命令语法

bg(参数)

参数说明

- 作业标识：指定需要放到后台的作业标识号。

实例1 将任务放到后台执行

案例表述

将任务放到后台执行。

案例实现

❶ 启动一个耗时的前台任务，在任务运行时按下组合键"Ctrl+Z"挂起任务，在命令行中输入下面命令：

[root@localhost ~]$ find / -name passwd

按回车键后，即可运行find指令，效果如图20-14所示。

图20-14

❷ 使用bg指令挂起的作业放到后台执行，在命令行中输入下面命令：

[root@localhost ~]$ bg 1

按回车键后，即可将编号为1的作业放到后台执行，效果如图20-15所示。

图20-15

命令7 fg命令

命令功能

fg命令用于将后台作业（在后台运行的或者在后台挂起的作业）放到前台终端运行。

命令语法

fg(参数)

参数说明

- 作业标识：指定要放到前台的作业标识号。

实例1　将后台作业放到前台运行

案例表述

将后台作业放到前台运行。

案例实现

① 使用jobs指令查看后台作业列表，在命令行中输入下面命令：

[root@localhost ~]$ jobs

按回车键后，即可显示任列表，效果如图20-16所示。

② 使用fg指令将作业放到前台运行，在命令行中输入下面命令：

[root@localhost ~]$ fg 2

按回车键后，即可将编号为2的作业放到前台运行，效果如图20-17所示。

图20-16　　　　　　　　　图20-17

命令8 unset命令

命令功能

unset命令用于删除已定义的shell变量（包括环境变量）和shell函数。

命令语法

unset(选项)(参数)

选项说明

- –f：删除定义的shell函数；
- –v：删除定义的shell变量。

参数说明

- shell变量或函数：指定要删除的shell变量或shell函数。

◀ 第20章　shell内部指令 ▶

实例1　输出环境变量

▶ 案例表述

输出环境变量。

▶ 案例实现

❶ 使用declare指令声明环境变量，在命令行中输入下面命令：

[root@localhost root]# declare –x var1='100'

按回车键后，即可定义环境变量"var1"，效果如图20-18所示。

```
[root@localhost root]# declare -x var1='100'
```
图20-18

❷ 使用env指令显示环境变量"var1"，在命令行中输入下面命令：

[root@localhost root]# env | grep var1

按回车键后，即可查找环境变量"var1"，效果如图20-19所示。

```
[root@localhost root]# env | grep var1
var1=
```
图20-19

❸ 使用unset指令删除环境变量"var1"，在命令行中输入下面命令：

[root@localhost root]# unset var1

按回车键后，即可输出环境变量"var1"，效果如图20-20所示。

```
[root@localhost root]# unset var1
```
图20-20

❹ 查看是否存在环境变量"var1"，在命令行中输入下面命令：

[root@localhost root]# env | grep var1

按回车键后，即可查找环境变量"var1"，效果如图20-21所示。

```
[root@localhost root]# env | grep var1
```
图20-21

命令9　env命令

▣ 命令功能

env命令用于显示系统中已存在的环境变量，以及在定义的环境中执行指定。

▣ 命令语法

env(选项)(参数)

▣ 选项说明

- -i：开始一个新的空的环境；

Linux | 365

- –u<变量名>：从当前环境中删除指定的变量。

参数说明

- 变量定义：定义在新的环境中的变量，定义多个变量定义用空格隔开。格式为“变量名=值”；
- 指定：指定要执行的指令和参数。

实例1 在新环境中执行指令

案例表述

在新环境中执行指令。

案例实现

❶ 在新环境中执行shell内部指令ls，在命令行中输入下面命令：

```
[root@localhost ~ ]$ env –i echo  “hello”
```

按回车键后，即可在新环境中执行，效果如图20-22所示。

❷ 在新环境中执行shell内部指令“fdisk”，在命令行中输入下面命令：

```
[root@localhost ~ ]$ env –i fdisk -l
```

按回车键后，即可在新环境中执行外部指令，效果如图20-23所示。

```
[root@localhost ~]$ env -i echo "hello"
hello
```

图20–22

```
[root@localhost ~]$ env -i fdisk -l
env: fdisk: Ã»ÓÐÄÇ¸öÎÄ¼þ»òÄ¿Â¼
```

图20–23

❸ 为了解决❷中的问题，在新环境中使用绝对路径，在命令行中输入下面命令：

```
[root@localhost ~ ]$ env –i /sbin/fdisk -l
```

按回车键后，即可在新环境中使用绝对路径执行外部指令，效果如图20-24所示。

```
[root@localhost ~]$ env -i /sbin/fdisk -l

Disk /dev/sda: 10.7 GB, 10737418240 bytes
255 heads, 63 sectors/track, 1305 cylinders
Units = cylinders of 16065 * 512 = 8225280 bytes

   Device Boot      Start         End      Blocks   Id  System
/dev/sda1   *           1          13      104391   83  Linux
/dev/sda2              14        1175     9333765   83  Linux
/dev/sda3            1176        1305     1044225   82  Linux swap
```

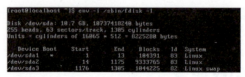

图20–24

命令10 type命令

命令功能

type命令用于判断给出的指令是内部指令还是外部指令。

命令语法

type(选项)(参数)

选项说明

- −t：输出"file"、"alias"或者"builtin",分别表示给定的指令为"外部指令"、"命令别名"或者"内部指令";
- −p：如果给出的指令为外部指令,则显示其绝对路径;
- −a：在环境变量"PATH"指定的路径中,显示给定指令的信息,包括命令别名。

参数说明

- 指令：要显示类型的指令。

实例1　显示给定指令的类型

案例表述

显示ls、cd和fdisk指令的类型。

案例实现

在命令行中输入下面命令：

[root@localhost root]# type ls cd fdisk

按回车键后,即可显示指令是内部指令还是外部指令,效果如图20-25所示。

```
[root@localhost root]# type ls cd fdisk
ls is aliased to `ls --color=tty'
cd is a shell builtin
fdisk is /sbin/fdisk
```

图20-25

命令11　logout命令

命令功能

logout命令用于退出当前登录的shell。

命令语法

logout

实例1　退出登录

案例表述

退出当前登录的shell。

案例实现

在命令行中输入下面命令：

[root@localhost root]# logout

按回车键后,即可退出登录shell,效果如图20-26所示。

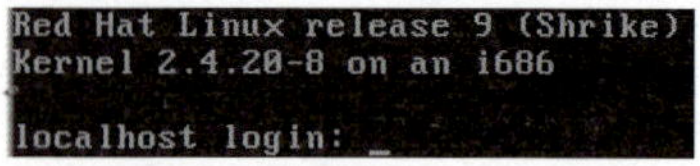

图20-26

命令12 exit命令

命令功能
exit命令同于退出shell，并返回给定值。

命令语法
exit(参数)

参数说明
- 返回值：指定shell返回值。

实例1 退出shell

▶ 案例表述

使用exit指令退出shell。

▶ 案例实现

在命令行中输入下面命令：

[root@localhost root]# exit

按回车键后，即可退出当前登录shell，效果如图20-27所示。

图20-27

命令13 export命令

命令功能
export命令用于将shell变量输出为环境变量，或者将shell函数输出为环境变量。

命令语法
export(选项)(参数)

选项说明
- –f：将shell函数输出为环境变量；
- –p：打印shell中已输出的环境变量；

- -n：删除指定的环境变量。

参数说明

- 变量：指定要输出或者删除的环境变量。

实例1　将变量输出为环境变量

案例表述

将变量输出为环境变量。

案例实现

❶ 定义shell变量，在命令行中输入下面命令：

[root@localhost root]# abc=123

按回车键后，即可定义shell变量，效果如图20-28所示。

❷ 将shell变量输出为环境变量，在命令行中输入下面命令：

[root@localhost root]# export abc

按回车键后，即可将shell变量abc输出为环境变量，效果如图20-29所示。

图20-28 　　　　　　　　　图20-29

❸ 使用export指令的"-p"选项打印环境变量，在命令行中输入下面命令：

[root@localhost root]# export -p

按回车键后，即可显示所有环境变量，效果如图20-30所示。

图20-30

命令14　wait命令

命令功能

wait命令用来等待指令的指令，直到其执行完毕后返回终端。

命令语法

wait(参数)

参数说明

- 进程或作业标识：指定进程号或者作业号。

实例1　等待任务完成后返回终端

▶ 案例表述

使用wait指令等待指定的任务完成后返回终端。

▶ 案例实现

在命令行中输入下面命令：

[root@localhost ~]$ wait %3

按回车键后，即可等待作业号为3的任务执行完毕后返回终端，效果如图20-31所示。

```
[root@localhost ~]$ wait %3
/etc/passwd
/etc/pam.d/passwd
/root/etc/passwd
[3]- Done                  find / -name passwd
```

图20-31

命令15　history命令

命令功能

history命令用于显示指定数目的指令命令，读取历史命令文件中的目录到历史命令缓冲区和将历史命令缓冲区中的目录写入历史命令文件。

命令语法

history(选项)(参数)

选项说明

- -c：清空当前历史命令；
- -a：将历史命令缓冲区中的命令写入历史命令文件中；
- -r：将历史命令文件中的命令读入当前历史命令缓冲区；
- -w：将当前历史命令缓冲区命令写入历史命令文件中。

参数说明

- n：打印最近的n条历史命令。

实例1　显示历史命令

▶ 案例表述

显示历史命令。

▶ 案例实现

❶ 使用history指令显示最近10条指令,在命令行中输入下面命令:

[root@localhost root]# history 10

按回车键后,即可打印最近10条指令,效果如图20-32所示。

❷ 执行第656条指令,在命令行中输入下面命令:

[root@localhost root]# ！656

按回车键后,即可执行第656条指令,效果如图20-33所示。

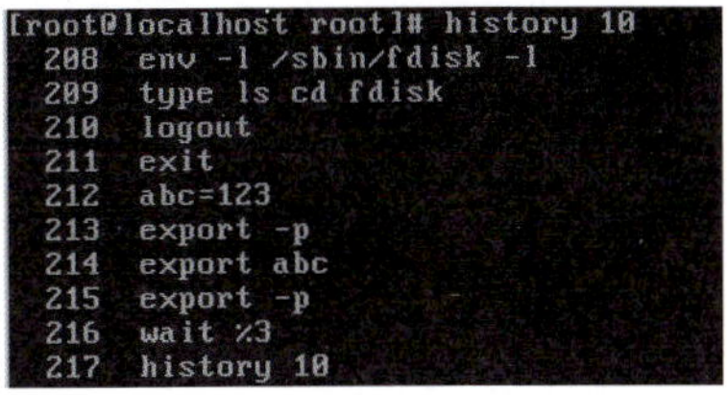

图20-32

图20-33

命令16　read命令

▶ 命令功能

read命令从键盘读取变量的值,通常用在shell脚本中与用户进行交互的场合。

▶ 命令语法

read(选项)(参数)

▶ 选项说明

- –p：指定读取值时的提示符；
- –t：指定读取值时等待的时间（秒）。

▶ 参数说明

- 变量：指定读取值的变量名。

实例1　读取变量值

▶ 案例表述

使用read指令读取变量值。

▶ 案例实现

❶ 在命令行中输入下面命令:

[root@localhost root]# read var1 var2

按回车键后,即可从键盘读取两个变量的值。

② 使用echo指令显示输入变量的值，在命令行中输入下面命令：

[root@localhost root]# echo $var1 $var2

按回车键后，即可打印两个变量的值，效果如图20-34所示。

```
[root@localhost root]# echo $var1$var2
12
```

图20-34

命令17 enable命令

命令功能
enable命令用于临时关闭或者激活指定的shell内部命令。

命令语法
enable(选项)(参数)

选项说明
- –n：关闭指定的内部命令；
- –a：显示所有激活的内部命令；
- –f：从指定文件中读取内部命令。

参数说明
- 内部命令：指定要关闭或激活的内部命令。

实例1 关闭与激活内部指令

案例表述
使用enable指令的"–n"选项关闭内部指令。

案例实现

① 在命令行中输入下面命令：

[root@localhost root]# enable –n alias

按回车键后，即可将内部指令关闭，效果如图20-35所示。

```
[root@localhost root]# enable -n alias
[root@localhost root]#
```

图20-35

② 由于alias指令被关闭，所以执行alias指令时将报错，在命令行中输入下面命令：

[root@localhost root]# alias

按回车键后，即可测试被关闭的内部指令能否执行，效果如图20-36所示。

◀ 第20章　shell内部指令 ▶

```
[root@localhost root]# alias
alias cp='cp -i'
alias l.='ls -d .* --color=tty'
alias ll='ls -l --color=tty'
alias ls='ls --color=tty'
alias mv='mv -i'
alias rm='rm -i'
alias vi='vim'
alias which='alias | /usr/bin/which --tty-only --read-alias --show-dot --show-tilde'
```

图20-36

❸ 使用不带选项的enable指令激活alias指令，在命令行中输入下面命令：

[root@localhost root]# enable alias

按回车键后，即可将内部指令激活，效果如图20-37所示。

```
[root@localhost root]# enable alias
[root@localhost root]#
```

图20-37

❹ 再次调用alias指令，将正确运行，在命令行中输入下面命令：

[root@localhost root]# alias

按回车键后，即可正确运行，效果如图20-38所示。

```
[root@localhost root]# alias
alias cp='cp -i'
alias l.='ls -d .* --color=tty'
alias ll='ls -l --color=tty'
alias ls='ls --color=tty'
alias mc='. /usr/share/mc/bin/mc-wrapper.sh'
alias mv='mv -i'
alias rm='rm -i'
alias vi='vim'
alias which='alias | /usr/bin/which --tty-only --read-alias --show-dot --show-tilde'
```

图20-38

命令18　exec命令

📋 命令功能

exec命令用于调用并执行指令的命令。

📋 命令语法

exec(选项)(参数)

📋 选项说明

- -c：在空环境中执行指定的命令。

📋 参数说明

- 指令：要执行的指令和相应的参数。

实例1　在空环境变量中执行shell脚本

▶ 案例表述

在空环境变量中执行shell脚本。

Linux | 373

案例实现

1 使用cat指令显示需要执行的shell脚本程序的内容,在命令行中输入下面命令:

[root@localhost root]# cat a.sh

按回车键后,即可输出shell脚本的内容,效果如图20-39所示。

2 执行shell脚本a.sh,在命令行中输入下面命令:

[root@localhost root]# bash a.sh

按回车键后,即可执行脚本a.sh,效果如图20-40所示。

图20-39

图20-40

3 在空环境变量中执行脚本程序a.sh,在命令行中输入下面命令:

[root@localhost root]# exec –c bash a.sh

按回车键后,即可执行shell脚本a.sh,效果如图20-41所示。

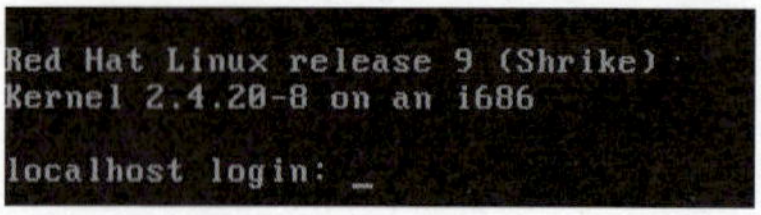

图20-41

命令19 ulimit命令

命令功能

ulimit命令用来限制系统用户对shell资源的访问。

命令语法

ulimit(选项)

选项说明

- –a:显示目前资源限制的设定;
- –c <core文件上限>:设定core文件的最大值,单位为区块;
- –d <数据节区大小>:程序数据节区的最大值,单位为KB;
- –f <文件大小>:shell所能建立的最大文件,单位为区块;
- –H:设定资源的硬性限制,也就是管理员所设的限制;
- –m <内存大小>:指定可使用内存的上限,单位为KB;
- –n <文件数目>:指定同一时间最多可开启的文件数;
- –p <缓冲区大小>:指定管道缓冲区的大小,单位512字节;
- –s <堆叠大小>:指定堆叠的上限,单位为KB;

- -S：设定资源的弹性限制；
- -t <CPU时间>：指定CPU使用时间的上限，单位为秒；
- -u <程序数目>：用户最多可开启的程序数目；
- -v <虚拟内存大小>：指定可使用的虚拟内存上限，单位为KB。

实例1　列出所有限制选项

案例表述

使用ulimit指定的“-a”选项显示支持的所有限制选项。

案例实现

在命令行中输入下面命令：

```
[root@localhost root ]# ulimit -a
```

按回车键后，即可显示所有限制选项，效果如图20-42所示。

```
[root@localhost root]# ulimit -a
core file size        (blocks, -c) 0
data seg size         (kbytes, -d) unlimited
file size             (blocks, -f) unlimited
max locked memory     (kbytes, -l) unlimited
max memory size       (kbytes, -m) unlimited
open files                    (-n) 1024
pipe size          (512 bytes, -p) 8
stack size            (kbytes, -s) 8192
cpu time             (seconds, -t) unlimited
max user processes            (-u) 4096
virtual memory        (kbytes, -v) unlimited
```

图20-42

实例2　显示与设置最多打开的文件数目

案例表述

显示与设置最多打开的文件数目。

案例实现

❶ 使用ulimit指令的“-n”选项，显示shell中最多允许打开的文件数目，在命令行中输入下面命令：

```
[root@localhost root ]# ulimit –n
```

按回车键后，即可显示当前最多打开的文件数目，效果如图20-43所示。

```
[root@localhost root]# ulimit -n
1024
```

图20-43

❷ 在步骤❶中显示了最多允许打开1024个文件，在特殊情况下，可能需要打开超过此数目的文件，此时需要增大此数字，在命令行中输入下面命令：

```
[root@localhost root ]# ulimit –n 2048
```

按回车键后，即可将最多打开文件数目增大为2048，效果如图20-44所示。

```
[root@localhost root]# ulimit -n 2048
[root@localhost root]#
```

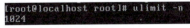

图20-44

命令20 shopt命令

命令功能

shopt命令用于显示和设置shell中的行为选项,通过这些选项以增强shell易用性。

命令语法

shopt(选项)(参数)

选项说明

- -s:激活指定的shell行为选项;
- -u:关闭指定的shell行为选项。

参数说明

- shell选项:指定要操作的shell选项。

实例1 显示shell选项

▶ 案例表述

使用不带选项和参数的shopt指令显示shell中的所有行为选项。

▶ 案例实现

在命令行中输入下面命令:

[root@localhost root]# shopt

按回车键后,即可显示所有shell行为选项,效果如图20-45所示。

图20-45

实例2 显示并验证shell行为选项

▶ 案例表述

显示并验证shell行为选项。

案例实现

❶ 上例中的行为选项"cdspell"表示"shell"中cd指令的拼写纠正选项,如果激活此选项,则当cd指令使用了错误的目录时,shell将尝试纠正此错误。很多Linux默认关闭了此选项,使用shopt指令激活此选项,在命令行中输入下面命令:

[root@localhost root]# shopt –s cdspell

按回车键后,设置cd拼写纠正选项,效果如图20-46所示。

❷ 使用cd指令切换到错误的目录,已验证"cdspell"选项的功能,在命令行中输入下面命令:

[root@localhost root]# cd desktop

按回车键后,切换到"desktop"目录,这里错误地将"desktop"输入为"desktop",效果如图20-47所示。

图20-46

图20-47

命令21 help命令

命令功能

help命令用于显示shell内部命令的帮助信息。

命令语法

help(选项)(参数)

选项说明

- –s:输出短格式的帮助信息。仅包括命令格式。

参数说明

- 内部命令:指定需要显示帮助信息的shell内部命令。

实例1 显示内部命令帮助

案例表述

使用help指令显示cd指令的帮助信息。

案例实现

在命令行中输入下面命令:

[root@localhost root]# help cd

按回车键后,即可显示cd指令的帮助信息,效果如图20-48所示。

```
[root@localhost root]# help cd
cd: cd [-L|-P] [dir]
    Change the current directory to DIR.  The variable $HOME is the
    default DIR.  The variable CDPATH defines the search path for
    the directory containing DIR.  Alternative directory names in CDPATH
    are separated by a colon (:).  A null directory name is the same as
    the current directory, i.e. `.'.  If DIR begins with a slash (/),
    then CDPATH is not used.  If the directory is not found, and the
    shell option `cdable_vars' is set, then try the word as a variable
    name.  If that variable has a value, then cd to the value of that
    variable.  The -P option says to use the physical directory structure
    instead of following symbolic links; the -L option forces symbolic links
    to be followed.
```

图20-48

命令22 bind命令

命令功能

bind命令用于显示和设置命令行的键盘序列绑定功能。通过这一命令，可以提高命令行中操作效率。

命令语法

bind(选项)

选项说明

- –d：显示按键配置的内容；
- –f<按键配置文件>：载入指定的按键配置文件；
- –l：列出所有的功能；
- –m<按键配置>：指定按键配置；
- –q<功能>：显示指定功能的按键；
- –v：列出目前的按键配置与其功能。

实例1 查询指定功能对应的键

案例表述

使用bind指令的“–q”信息查询指定功能所对应的键。

案例实现

在命令行中输入下面命令：

```
[root@localhost root ]# bind –q insert-comment
```

按回车键后，即可查询inser-comment对应的键序列，效果如图20-49所示。

```
[root@localhost root]# bind -q insert-comment
insert-comment can be invoked via "\M-#".
```

图20-49

命令23 builtin命令

命令功能

builtin命令用于执行指定的shell内部命令，并返回内部命令的返回值。

命令语法

builtin(参数)

参数说明

- shell内部命令:指定需要执行的shell内部命令。

实例1 执行shell内部命令

案例表述

使用builtin指令执行内部命令alias。

案例实现

在命令行中输入下面命令:

[root@localhost root]# builtin alias

按回车键后,即可执行内部命令alias,效果如图20-50所示。

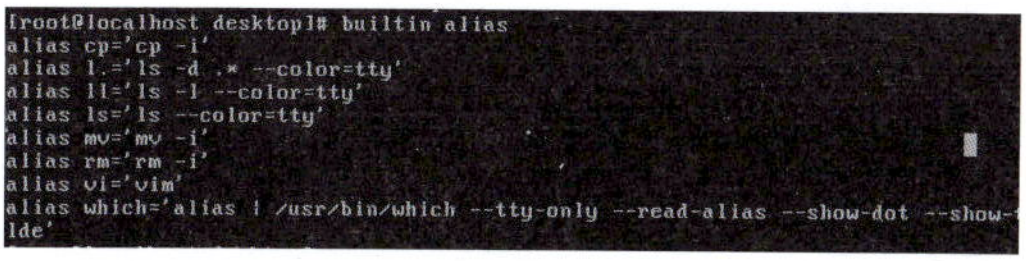

图20-50

命令24 command命令

命令功能

command命令调用指定的指令并执行,命令执行时不查询shell函数。

命令语法

command(参数)

参数说明

- 指令:需要调用的指令及参数。

实例1 调用Linux指令并执行

案例表述

假如定义了一个叫做"fdisk"的shell函数,此时,为了执行Linux指令"fdisk",则需要使用command。

案例实现

在命令行中输入下面命令:

[root@localhost root]# command fdisk -l

按回车键后,忽略fdisk函数,调用fdisk指令,效果如图20-51所示。

```
[root@localhost root]# command fdisk -l
Disk /dev/sda: 17.1 GB, 17179869184 bytes
255 heads, 63 sectors/track, 2088 cylinders
Units = cylinders of 16065 * 512 = 8225280 bytes

   Device Boot      Start         End      Blocks   Id  System
/dev/sda1   *           1          13      104391   83  Linux
/dev/sda2              14        1958    15623212+  83  Linux
/dev/sda3            1959        2088     1044225   82  Linux swap
```

图20-51

命令25 declare命令

命令功能

declare命令用于声明和显示已存在的shell变量。当不提供变量名参数时显示所有shell变量值。

命令语法

declare(选项)(参数)

选项说明

- +/-："-"可用来指定变量的属性,"+"则是取消变量所设的属性;
- -f：仅显示函数;
- -r：将变量设置为只读;
- -x：指定的变量会成为环境变量,可供shell以外的程序来使用;
- -i：[设置值]可以是数值,字符串或运算式。

参数说明

- shell变量：声明shell变量,格式为"变量名=值"

实例1 定义shell变量

▶ 案例表述

使用declare指令定义新的shell变量。

▶ 案例实现

❶ 在命令行中输入下面命令：

[root@localhost root]# declaer Linux='Open source Operation System'

按回车键后,即可定义shell变量Linux。

❷ 使用echo指令打印shell变量Linux的值,在命令行中输入下面命令：

[root@localhost root]# echo $Linux

按回车键后,即可打印shell变量的值,变量名前必须加"$",效果如图20-52所示。

```
[root@localhost root]# echo $linux
```

图20-52

实例2　定义只读shell变量

案例表述

定义只读shell变量。

案例实现

❶ 使用declare的"-r"选项，在命令行中输入下面命令：

[root@localhost root]# declaer –r rvar='readonly'

按回车键后，即可定义只读shell变量readonly。

❷ 重新为只读变量赋值，导出出错，在命令行中输入下面命令：

[root@localhost root]# rvar='readonly'

按回车键后，即可定义新的shell只读变量，效果如图20-53所示。

```
[root@localhost root]# rvar='readonly'
```
图20-53

实例3　定义环境变量

案例表述

定义环境变量。

案例实现

❶ 使用declare指令的"-x"选项可以声明环境变量，在命令行中输入下面命令：

[root@localhost root]# declaer –x myenv='l love Linux'

按回车键后，即可定义环境变量。

❷ 使用env指令查询是否存在环境变量"myenv"，在命令行中输入下面命令：

[root@localhost root]# env | grep myenv

按回车键后，即可查询环境变量"myenv"，效果如图20-54所示。

```
[root@localhost root]# env | grep myenv
```
图20-54

实例4　定义整型变量

案例表述

定义整型变量。

案例实现

❶ 使用declare指令的"-i"选项可以实现计算整数运算的功能，在命令中输入下面的命令：

```
[root@localhost root ]# declaer –I integer=300+400+500
```

按回车键后，即可定义整型变量integer。

2 使用echo指令打印shell变量integer的值，在命令行中输入下面命令：

```
[root@localhost root ]# echo $integer
```

按回车键后，即可打印变量integer的，变量名前必须加“$”，效果如图20-55所示。

```
[root@localhost root]# echo $integer
```

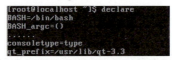

图20-55

实例5 显示当前shell变量

案例表述

显示当前shell变量（包括环境变量）。

案例实现

1 使用declare指令显示当前的shell变量和环境变量，在命令行中输入下面命令：

```
[root@localhost root ]# declare
```

按回车键后，即可打印变量integer的值，效果如图20-56所示。

```
[root@localhost ~]$ declare
BASH=/bin/bash
BASH_argc=()
......
consoletype=type
qt_prefix=/usr/lib/qt-3.3
```

图20-56

2 使用“-a”选项仅显示数组变量，在命令行中输入下面命令：

```
[root@localhost root ]# declare -a
```

按回车键后，即可打印数组变量，效果如图20-57所示。

```
[root@localhost root]# declare -a
declare -ar BASH_VERSINFO='([0]="2" [1]="05b" [2]="0" [3]="1" [4]="release" [5]=
"i386-redhat-linux-gnu")'
declare -a DIRSTACK='()'
declare -a GROUPS='()'
declare -a PIPESTATUS='([0]="0")'
```

图20-57

3 使用“-r”选项显示只读shell变量，在命令行中输入下面命令：

```
[root@localhost root ]# declare -r
```

按回车键后，即可打印shell中的只读变量，效果如图20-58所示。

```
[root@localhost root]# declare -r
declare -ar BASH_VERSINFO='([0]="2" [1]="05b" [2]="0" [3]="1" [4]="release" [5]=
"i386-redhat-linux-gnu")'
declare -ir EUID="0"
declare -ir PPID="4866"
declare -r SHELLOPTS="braceexpand:emacs:hashall:histexpand:history:interactive-c
omments:monitor"
declare -ir UID="0"
```

图20-58

命令26 dris命令

命令功能
dris命令用于显示和清空目录堆栈中的内容。

命令语法
dris(选项)

选项说明
- +n：显示从左边算起第n笔的目录；
- –n：显示从右边算起第n笔的目录；
- –l：显示目录完整的记录。

实例1 显示目录堆栈的内容

案例表述

使用dirs指令的"–v"选项显示目录堆栈中的条目，每个条目占一行，并显示堆栈中的索引。

案例实现

在命令行中输入下面命令：

```
[root@localhost root]# dirs -v
```

按回车键后，即可显示目录堆栈中条目，效果如图20-59所示。

图20-59

命令27 readonly命令

命令功能
readonly命令用于定义只读shell变量和shell函数。

命令语法
readonly (选项)(参数)

选项说明
- –f：定义只读函数；
- –a：定义只读数组变量；
- –p：显示系统中全部只读变量列表。

参数说明

- 变量定义：定义变量，格式为"变量名='变量值'"。

实例1　定义只读变量

案例表述

定义只读变量。

案例实现

1 使用readonly指令只读变量，在命令行中输入下面命令：

[root@localhost root]# readonly var1='thanks'

按回车键后，即可定义只读变量"var1"。

2 试图改变变量"var1"的值时将报错，在命令行中输入下面命令：

[root@localhost root]# var1='ok'

按回车键后，试图改变只读变量的值，效果如图20-60所示。

```
[root@localhost root]# var1='ok'
-bash: var1: readonly variable
```

图20-60

实例2　显示所有只读变量

案例表述

使用readonly指令的"-p"选项可以显示系统中存在的只读变量。

案例实现

在命令行中输入下面命令：

[root@localhost root]# readonly -p

按回车键后，即可打印存在的只读变量，效果如图20-61所示。

```
[root@localhost root]# readonly -p
declare -ar BASH_VERSINFO='([0]="2" [1]="05b" [2]="0" [3]="1" [4]="release" [5]=
"i386-redhat-linux-gnu")'
declare -ir EUID="0"
declare -ir PPID="4866"
declare -r SHELLOPTS="braceexpand:emacs:hashall:histexpand:history:interactive-c
omments:monitor"
declare -ir UID="0"
declare -r var1="thanks"
```

图20-61

命令28　fc命令

命令功能

fc命令自动调用vi编辑器修改已有历史命令，当保存时立即执行修改后的指令，也可以用来显示历史命令。

命令语法

fc(选项)(参数)

选项说明

- –l：显示历史命令；
- –n：显示历史命令时，不显示编号；
- –r：反序显示历史命令。

参数说明

- 起始指令编号：指定要编辑的起始指令编号；
- 结尾指令编号：指定要编辑的结尾指令编号。

实例1　编辑历史命令

案例表述

编辑历史命令。

案例实现

① 编辑一条历史命令，在命令行中输入下面命令：

[root@localhost root]# fc 1004

按回车键后，即可编辑第1004条指令，效果如图20-62所示。

图20-62

② 编辑一组指令，在命令行中输入下面命令：

[root@localhost root]# fc 1004 1010

按回车键后，即可编辑第1004到1010条指令，效果如图20-63所示。

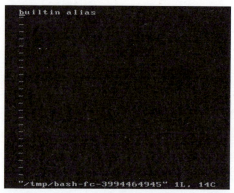

图20-63

实例2 显示历史命令

案例表述

显示历史命令中的最近10条指令。

案例实现

在命令行中输入下面命令:

[root@localhost root]# fc –l -10

按回车键后,即可显示最近10条指令,效果如图20-64所示。

图20-64

第4篇 实用工具、软件包与其他相关指令

第21章

实用工具

Linux系统中有着众多的实用工具指令,利用这些实用工具不但能够提高工作效率,而且能够使我们更加了解Linux系统。本章介绍Linux中最常用的实用工具指令,掌握这些指令可以使系统的管理工作达到事半功倍的效果。

命令1　man命令

命令功能

man命令是Linux下的帮助指令，通过man指令可以查看Linux中的指令帮助、配置文件帮助和编程帮助等信息。

命令语法

man(选项)(参数)

选项说明

- -a：在所有的man帮助手册中搜索；
- -f：等价于whatis指令，显示给定关键字的简短描述信息；
- -P：指定内容时使用分页程序；
- -M：指定man手册搜索的路径。

参数说明

- 数字：指定从哪本man手册中搜索帮助；
- 关键字：指定要搜索帮助的关键字。

实例1　显示指令帮助手册

▶ 案例表述

使用man指令查看clear指令的帮助信息。

▶ 案例实现

在命令行中输入下面命令：

[root@localhost root]# man clear

按回车键后，即可查看clear指令的帮助信息，效果如图21-1所示。

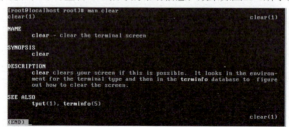

图21-1

实例2　显示配置文件帮助

▶ 案例表述

显示配置文件"/etc/nologin"的帮助手册。

案例实现

在命令行中输入下面命令：

```
[root@localhost ~ ]# man 5 nologin
```

按回车键后，即可显示nologin文件的帮助，效果如图21-2所示。

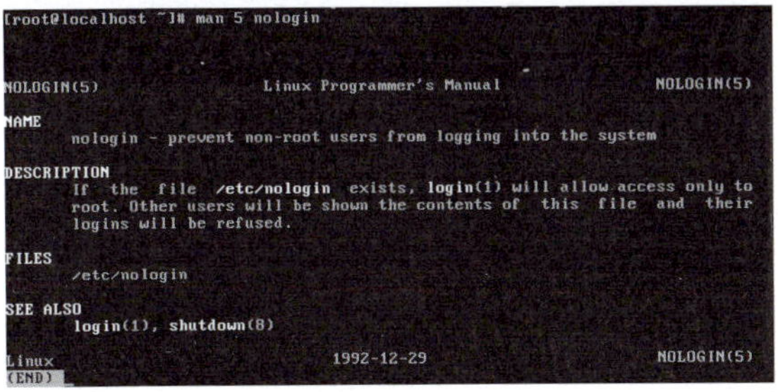

```
[root@localhost ~]# man 5 nologin

NOLOGIN(5)                 Linux Programmer's Manual                 NOLOGIN(5)

NAME
       nologin - prevent non-root users from logging into the system

DESCRIPTION
       If  the  file  /etc/nologin  exists, login(1) will allow access only to
       root. Other users will be shown the contents of  this  file  and  their
       logins will be refused.

FILES
       /etc/nologin

SEE ALSO
       login(1), shutdown(8)

Linux                             1992-12-29                         NOLOGIN(5)
(END)
```

图21-2

命令2　info命令

命令功能

info指令是Linux下info格式的帮助指令。

命令语法

info(选项)(参数)

选项说明

- –d：添加包含info格式帮助文档的目录；
- –f：指定要读取的info格式的帮助文档；
- –n：指定首先访问的info帮助文件的节点；
- –o：输出被选择的节点内容到指定文件。

参数说明

- 帮助主题：指定需要获得帮助的主题，可以是指令、函数以及配置文件。

实例1　保存指定节点的帮助信息

案例表述

使用info指令可以将info帮助文件中的指定节点的帮助信息保存到指定的文件中。

案例实现

在命令行中输入下面命令：

```
[root@localhost ~ ]# info emacs buffers –o info-out.txt
```

按回车键后，即可将emacs帮助文档中的“buffers”节点信息保存到文件“info-out.txt”中，效果如图21-3所示。

```
[root@localhost ~]# info emacs buffers -o info-out.txt
info: ÕýÔÚÐ´Èë½Úµã (emacs.gz)Buffers...
info: Íê³É¡£
```

图21-3

命令3 cksum命令

命令功能

cksum指令是检查文件的CRC是否正确。

命令语法

cksum(选项)(参数)

选项说明

- --help：在线帮助；
- --version：显示版本信息。

参数说明

- 文件：指定要计算校验的版本信息。

实例1 计算机文件的校验和

案例表述

利用cksum指令计算文件的CRC校验和。

案例实现

在命令行中输入下面命令：

```
[root@localhost ~ ]# cksum /etc/fstab
```

按回车键后，即可计算指定文件的校验和，效果如图21-4所示。

```
[root@localhost ~]# cksum /etc/fstab
795331255 621 /etc/fstab
```

图21-4

实例2 判断文件是否被篡改

案例表述

利用文件内容修改前后的CRC校验和不同的特点判断文件是否被篡改。

案例实现

❶ 计算机的原始校验和，在命令行中输入下面命令：

[root@localhost ~]$ cksum /etc/passwd

按回车键后,即可计算指定文件的校验和,效果如图21-5所示。

```
[root@localhost ~]$ cksum /etc/passwd
874438466 1904 /etc/passwd
```

图21-5

② 向文件"passwd"中追加内容,在命令行中输入下面命令:

[root@localhost ~]$ echo a >> /etc/passwd

按回车键后,即可向文件尾部追加"a",效果如图21-6所示。

```
[root@localhost ~]$ echo a >> /etc/passwd
```

图21-6

③ 再次使用cksum计算文件的crc校验和,在命令行中输入下面命令:

[root@localhost ~]$ cksum /etc/passwd

按回车键后,即可计算指定文件的校验和,效果如图21-7所示。

```
[root@localhost ~]$ cksum /etc/passwd
3376721568 1906 /etc/passwd
```

图21-7

命令4 bc命令

命令功能

bc命令是一种支持任意精度的交互执行的计算器语言。

命令语法

bc(选项)(参数)

选项说明

- –i:强制进入交互式模式;
- –l:定义使用的标准数学库;
- –w:对POSIX bc的扩展给出警告信息;
- –q:不打印正常的GNU bc环境信息;
- –v:显示指令版本信息;
- –h:显示指令的帮助信息。

参数说明

- 文件:指定包含计算任务的文件。

实例1 交互式计算

案例表述

启动bc指令,进入交互式计算模式。

案例实现

1 在命令行中输入下面命令:

[root@localhost ~]# bc

按回车键后,即可进入交互式计算模式,效果如图21-8所示。

图21-8

2 在bc运行界面下进行交互式计算,在命令行中输入下面命令:

5+5

10

6*6

36

(7+6)*(5-40)+(4+20)*40

505

实例2 成批计算

案例表述

成批计算。

案例实现

1 将需要批量计算的任务写入文件"test"中,使用cat指令查看文件的内容,在命令行中输入下面命令:

[root@localhost ~]$ cat test

按回车键后,即可显示文本文件的内容,效果如图21-9所示。

图21-9

2 使用bc指令完成计算任务,在命令行中输入下面命令:

[root@localhost ~]$ bc test

按回车键后,即可计算"test"文件中的任务,效果如图21-10所示。

图21-10

命令5　cal命令

命令功能
cal命令用于显示当前日历，或者指定日期的日历。

命令语法
cal(选项)(参数)

选项说明
- –l：显示单月输出；
- –3：显示临近三个月的日历；
- –s：将星期日作为月的第一天；
- –m：将星期一作为月的第一天；
- –j：显示"julian"日期；
- –y：显示当前年的日历；

参数说明
- 月：指定月份；
- 年：指定年份。

实例1　显示当前月的日历

案例表述

cal指令默认显示当前月的日历。

案例实现

在命令行中输入下面命令：

[root@localhost ~]# cal

按回车键后，即可显示当前月的日历，效果如图21-11所示。

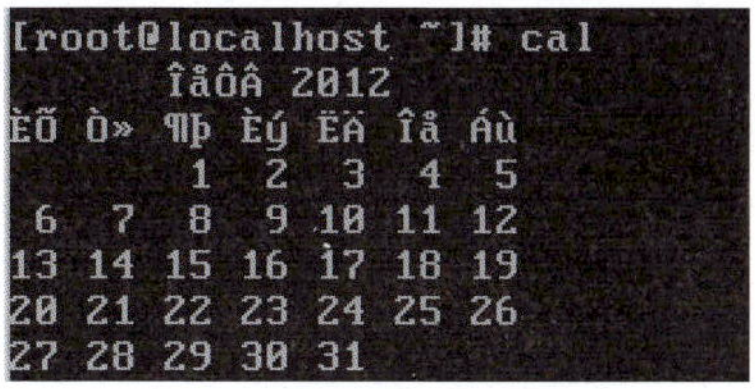

图21-11

实例2　显示最近3个月的日历

案例表述

显示最近3个月的日历。

案例实现

在命令行中输入下面命令：

[root@localhost ~]# cal -3

按回车键后，即可显示最近3个月的日历，效果如图21-12所示。

图21-12

实例3　显示指定年月的日历

案例表述

显示指定年月的日历。

案例实现

在命令行中输入下面命令：

[root@localhost ~]# cal 2 2012

按回车键后，即可显示当前月2012年2月的日历，效果如图21-13所示。

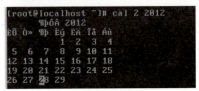

图21-13

命令6　sum命令

命令功能

sum命令用于计算并显示指定文件的校验和与文件所占用的磁盘块数。

命令语法

sum(选项)(参数)

选项说明

- -r：使用BSD的校验和算法，块大小为1k；
- -s：使用system V的校验和算法，块大小为512字节。

参数说明

- 文件列表：需要计算和与磁盘块数的文件列表。

实例1 计算文件的校验和

▶ **案例表述**

使用sum计算并输出文件校验和。

▶ **案例实现**

在命令行中输入下面命令:

[root@localhost ~]# sum /etc/passwd /etc/shadow

按回车键后,即可计算指定文件的校验和,效果如图21-14所示。

图21-14

命令7 md5sum命令

▶ **命令功能**

md5sum命令采用MD5报文摘要算法(128位)计算和检查文件的校验和。

▶ **命令语法**

md5sum(选项)(参数)

▶ **选项说明**

- –b:二进制模式读取文件;
- –c:从指定文件中读取MD5校验和,并进行校验;
- ––status:验证成功时不输出任何信息;
- –w:当校验行不正确时给出警告信息。

▶ **参数说明**

- 文件:指定保存着文件名和校验和的文本文件。

实例1 计算md5校验和

▶ **案例表述**

使用md5sum指令计算指定文件md5校验和。

▶ **案例实现**

在命令行中输入下面命令:

[root@localhost ~]# md5sum /etc/passwd

按回车键后,即可计算文件的md5校验和,效果如图21-15所示。

图21-15

实例2　检查文件的md5校验和

案例表述
检查文件的md5校验和。

案例实现

❶ 通过检查文件的md5校验和信息，可以发现文件是否被篡改，例如，从网上下载了apache软件包"apache_1.3.41.tar.gz"和对应的md5文件"apache_1.3.41.tar.gz.md5"，显示md5校验文件的内容，在命令行中输入下面命令：

[root@localhost ~]# cat apache_1.3.41.tar.gz.md5

按回车键后，即可显示md5文件的内容，效果如图21-16所示。

```
[root@localhost ~]# cat apache_1.3.41.tar.gz.md5
cat: apache_1.3.41.tar.gz.md5: Ã»ÕÐÁÇ¸õÎÂ½þ»òÀ¿Â¼
```
图21-16

❷ 使用md5sum检查文件是否被篡改，在命令行中输入下面命令：

[root@localhost ~]# md5sum –c apache_1.3.41.tar.gz.md5

按回车键后，即可进行md5校验，效果如图21-17所示。

```
[root@localhost ~]# md5sum -c apache_1.3.41.tar.gz.md5
md5sum: apache_1.3.41.tar.gz.md5: Ã»ÕÐÁÇ¸õÎÂ½þ»òÀ¿Â¼
```
图21-17

命令8　hostid命令

命令功能
hostid命令用于打印当前主机的十六进制数字标识。

命令语法
hostid

实例1　打印主机数字标识

案例表述
使用hostid指令定义主机标识。

案例实现
在命令行中输入下面命令：

[root@localhost ~]# hostid

按回车键后，即可打印主机数字标识，效果如图21-18所示。

```
[root@localhost ~]# hostid
7f0100
```
图21-18

命令9 date命令

命令功能
date命令是显示或设置系统时间与日期。

命令语法
date(选项)(参数)

选项说明
- -d<字符串>：显示字符串所指的日期与时间。字符串前后必须加上双引号；
- -s<字符串>：根据字符串来设置日期与时间。字符串前后必须加上双引号；
- -u：显示GMT；
- --help：在线帮助；
- --version：显示版本信息。

参数说明
- <+时间日期格式>：指定显示时使用的日期时间格式。

实例1 显示当前日期时间

案例表述

显示当前日期时间。

案例实现

❶ date指令默认显示的日期时间格式为当前操作系统的本地格式，在命令行中输入下面命令：

[root@localhost ~]# date

按回车键后，即可以本地格式输出当前日期时间，效果如图21-19所示。

```
[root@localhost ~]# date
ËÁ  5ÔÂ   3 14:43:33 CST 2012
```

图21-19

❷ 定制日期时间格式，在命令行中输入下面命令：

[root@localhost ~]# date "+%Y-%m%-d %T"

按回车键后，即可定制输出格式，效果如图21-20所示。

```
[root@localhost ~]# date "+%Y-%m%-d %T"
2012-053 14:48:35
```

图21-20

实例2　显示文件的最后修改时间

▶ 案例表述

使用date指令的"–r"选项可以显示指定文件的最后修改的日期时间。

▶ 案例实现

在命令行中输入下面命令：

[root@localhost ~]# date –r /etc/passwd

按回车键后，即可显示文件的最后修改日期时间，效果如图21-21所示。

```
[root@localhost ~]# date -r /etc/passwd
ÈÁ  5ÔÂ  3 14:23:59 CST 2012
```

图21-21

实例3　设置系统日期时间

▶ 案例表述

使用date指令的"–s"选项可以设置当前的系统日期时间。

▶ 案例实现

在命令行中输入下面命令：

[root@localhost ~]# date –s "2012-4-3 8:20:30"

按回车键后，即可设置当前时间，效果如图21-22所示。

```
[root@localhost ~]# date -s "2012-4-3 8:20:30"
ÖÐ  4ÔÂ  3 08:20:30 CST 2012
```

图21-22

命令10　dircolors命令

▣ 命令功能

dircolors命令设置 ls 指令在显示目录或文件时所用的色彩。

▣ 命令语法

dircolors(选项)(参数)

▣ 选项说明

- –b或--sh或--bourne-shell：显示在Boume shell中，将LS_COLORS设为目前预设置的shell指令；
- –c或--csh或--c-shell：显示在C shell中，将LS_COLORS设为目前预设置的shell指令；
- –p或--print-database：显示预设置；
- –help：显示帮助；

- -version：显示版本信息。

参数说明

- 文件：指定用来设置颜色的文件。

实例1　显示shell当前的颜色设置

案例表述

显示bash中的颜色设置

案例实现

在命令行中输入下面命令：

```
[root@localhost ~ ]# dircolors -b
```

按回车键后，即可显示bash中的颜色设置，效果如图21-23所示。

```
[root@localhost ~]# dircolors -b
LS_COLORS='no=00:fi=00:di=01;34:ln=01;36:pi=40;33:so=01;35:do=01;35:bd=40;33;01:
cd=40;33;01:or=40;31;01:ex=01;32:*.tar=01;31:*.tgz=01;31:*.arj=01;31:*.taz=01;31
:*.lzh=01;31:*.zip=01;31:*.z=01;31:*.Z=01;31:*.gz=01;31:*.bz2=01;31:*.deb=01;31:
*.rpm=01;31:*.jar=01;31:*.jpg=01;35:*.jpeg=01;35:*.gif=01;35:*.bmp=01;35:*.pbm=0
1;35:*.pgm=01;35:*.ppm=01;35:*.tga=01;35:*.xbm=01;35:*.xpm=01;35:*.tif=01;35:*.t
iff=01;35:*.png=01;35:*.mpg=01;35:*.mpeg=01;35:*.avi=01;35:*.fli=01;35:*.gl=01;3
5:*.dl=01;35:*.xcf=01;35:*.xwd=01;35:*.ogg=01;35:*.mp3=01;35:*.wav=01;35:';
export LS_COLORS
```

图21-23

命令11　gpm命令

命令功能

gpm命令是Linux的虚拟控制台下的鼠标服务器，用于在虚拟控制台下实现鼠标复制和粘贴文本的功能。

命令语法

gpm(选项)

选项说明

- -a：设置加速值；
- -b：设置波特率；
- -B：设置鼠标按键次序；
- -m：指定鼠标设备文件；
- -t：设置鼠标类型。

实例1　启动鼠标服务器

案例表述

通常启动gpm服务器时需要指定鼠标类型和鼠标设备文件。

案例实现

在命令行中输入下面命令：

[root@localhost ~]# gpm –m /dev/input/mice –t exps2

按回车键后，即可启动gpm服务器。

命令12　sleep命令

命令功能

sleep命令暂停指定的时间。

命令语法

sleep(参数)

参数说明

时间：指定要暂停时间的长度。

实例1　shell暂停指定的时间

案例表述

使用sleep指令使shell暂停10秒钟后继续运行。

案例实现

在命令行中输入下面命令：

[root@localhost ~]# sleep 10s

按回车键后，即可shell暂停10秒钟，效果如图21-24所示。

图21-24

命令13　whatis命令

命令功能

whatis命令从whatis数据库中查询指定的关键字，并将查询结果打印到终端上。

命令语法

whatis

实例1　查询指定关键字

案例表述

使用whatis指令查询指定关键字的含义。

▶ 案例实现

在命令行中输入下面命令：

[root@localhost ~]# whatis bash

按回车键后，即可查询bash关键字，效果如图21-25所示。

```
[root@localhost ~]# whatis bash
bash                 (1)  - GNU Bourne-Again SHell
bash [builtins]      (1)  - bash built-in commands, see bash(1)
bash [sh]            (1)  - GNU Bourne-Again SHell
```

图21-25

命令14　who命令

▶ 命令功能

who命令是显示目前登录系统的用户信息。

▶ 命令语法

who(选项)(参数)

▶ 选项说明

- –H或――heading：显示各栏位的标题信息列；
- –i或–u或――idle：显示闲置时间，若该用户在前一分钟之内有进行任何动作，将标示成"."号，如果该用户已超过24小时没有任何动作，则标示出"old"字符串；
- –m：此参数的效果和指定"am i"字符串相同；
- –q或――count：只显示登录系统的账号名称和总人数；
- –s：此参数将忽略不予处理，仅负责解决who指令其他版本的兼容性问题；
- –w或–T或――mesg或――message或――writable：显示用户的信息状态栏；
- ――help：在线帮助；
- ――version：显示版本信息。

▶ 参数说明

- 文件：指定查询文件。

实例1　打印当前登录用户信息

▶ 案例表述

所有who打印当前登录用户的信息。

▶ 案例实现

在命令行中输入下面命令：

```
[root@localhost ~ ]# who -H
```

按回车键后，即可打印登录用户信息，效果如图21-26所示。

```
[root@localhost ~]# who -H
NAME     LINE         TIME            COMMENT
root     tty1         May  3 14:18
root     tty6         May  3 14:30
root     :0           May  3 14:17
```

图21-26

实例2 打印最全面的信息

案例表述

使用who指令的“–a”选项可以显示最全面的信息。

案例实现

在命令行中输入下面命令：

```
[root@localhost ~ ]# who –H -a
```

按回车键后，即可打印全面信息，效果如图21-27所示。

```
[root@localhost ~]# who -H -a
NAME       LINE          TIME             IDLE          PID COMMENT   EXIT
                         May  3 14:15                    20 id=si     term=0 exit=0
           system boot   May  3 14:15
           run-level 5   May  3 14:15                       last=S
                         May  3 14:16                  1804 id=15     term=0 exit=0
root     + tty1          May  3 14:18      .           3471
LOGIN      tty2          May  3 14:16                  3472 id=2
LOGIN      tty3          May  3 14:16                  3473 id=3
LOGIN      tty4          May  3 14:16                  3474 id=4
LOGIN      tty5          May  3 14:16                  3475 id=5
root     + tty6          May  3 14:30      .           3476
                         May  3 14:16                  3477 id=x
root     ? :0            May  3 14:17      ?           3514
```

图21-27

命令15 whoami命令

命令功能

whoami命令用于打印当前有效的用户名称。

命令语法

whoami

实例1 打印当前用户名

案例表述

使用whoami指令定义当前用户名。

案例实现

在命令行中输入下面命令：

```
[root@localhost ~ ]# whoami
```

按回车键后，即可打印当前用户名，效果如图21-28所示。

```
[root@localhost ~]# whoami
root
```
图21-28

命令16　wall命令

命令功能
wall命令用于向系统当前所有打开的终端上输出信息。

命令语法
wall(参数)

参数说明
- 消息：指定广播消息。

实例1　发送广播通知

案例表述

使用wall指令向登录用户发送广播通知。

案例实现

在命令行中输入下面命令：

[root@localhost ~]# wall "system will be halted on 2009-7-8 12:00"

按回车键后，即可向所有打开终端发送通知，效果如图21-29所示。

```
[root@localhost ~]# wall "system will be halted on 2009-7-8 12:00"
Broadcast message from root (tty6) (Tue Apr  3 08:31:10 2012):
system will be halted on 2009-7-8 12:00
```
图21-29

命令17　write命令

命令功能
write命令用于向指定登录用户终端上发送信息。

命令语法
write(参数)

参数说明
- 用户：指定要接受信息的登录用户；

- 登录终端:指定接收信息的用户的登录终端。

实例1　向登录用户终端发送信息

案例表述

使用write指令向登录用户"某某"发送信息。

案例实现

在命令行中输入下面命令:

[root@localhost ~]$ write root

按回车键后,即可向"root"用户的所有登录终端发送信息,效果如图21-30所示。

```
[root@localhost ~]$ write root
Message from root@localhost.localdomain on tty1 at 10:34 ...
help
help
```

图21-30

命令18　mesg命令

命令功能

mesg命令用于设置当前终端的写权限,即是否让其他用户向本终端发信息。

命令语法

mesg(参数)

参数说明

- y/n:y表示运行向当前终端写信息,n表示禁止向当前终端写信息。

实例1　显示与设置当前终端写权限

案例表述

显示当前终端的写权限。

案例实现

① 在命令行中输入下面命令:

[root@localhost ~]# mesg

按回车键后,即可显示当前终端的写权限,效果如图21-31所示。

```
[root@localhost ~]# mesg
is y
```

图21-31

❷ 关闭当前终端的写权限，在命令行中输入下面命令：

[root@localhost ~]# mesg n

按回车键后，即可关闭当前终端的写权限，效果如图21-32所示。

```
[root@localhost ~]# mesg n
```

图21-32

命令19 talk命令

命令功能

talk命令是talk服务器的客户端工具，用户和其他用户聊天。

命令语法

talk(参数)

参数说明

- 用户：指定聊天的用户；
- 终端：指定用户的终端。

实例1 向指定用户发起聊天请求

案例表述

用talk指令向登录用户"moumou"发起聊天请求。

案例实现

在命令行中输入下面命令：

[root@localhost ~]# talk moumou@localhost pts/3

按回车键后，即可向"moumou"用户发出聊天请求，效果如图21-33所示。

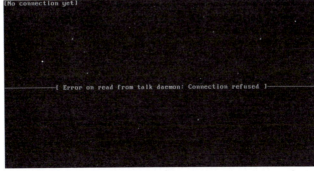

图21-33

命令20　login命令

命令功能
login命令用于给出登录界面，可用于重新登录或者切换用户身份。

命令语法
login(选项)(参数)

选项说明
- -p：告诉login指令不销毁环境变量；
- -h：指定远程服务器的主机名。

参数说明
- 用户名：指定登录使用的用户名。

实例1　重新登录用户

案例表述
使用login指令重新登录系统。

案例实现
在命令行中输入下面命令：

```
[root@localhost ~]# login
```

按回车键后，即可重新登录，效果如图21-34所示。

```
[root@localhost ~]# login
login:
```
图21-34

命令21　mtools命令

命令功能
mtools命令显示mtools支持的指令。mtools为MS-DOS文件系统的工具程序，可模拟许多MS-DOS的指令。这些指令都是mtools的符号连接，因此会有一些共同的特性。

命令语法
mtools(选项)

选项说明
- -a：长文件名重复时自动更改目标文件的长文件名；
- -A：短文件名重复但长文件名不同时自动更改目标文件的短文件名；

- –A：短文件名重复但长文件名不同时自动更改目标文件的短文件名；
- –o：长文件名重复时，将目标文件覆盖现有的文件；
- –O：短文件名重复但长文件名不同时，将目标文件覆盖现有的文件；
- –r：长文件名重复时，要求用户更改目标文件的长文件名；
- –R：短文件名重复但长文件名不同时，要求用户更改目标文件的短文件名；
- –s：长文件名重复时，则不处理该目标文件；
- –S：短文件名重复但长文件名不同时，则不处理该目标文件；
- –v：执行时显示详细的说明；
- –V：显示版本信息。

实例1　显示mtools指令显示其支持的DOS指令

▶ 案例表述

使用mtools指令显示其支持的DOS列表。

▶ 案例实现

在命令行中输入下面命令：

[root@localhost ~]# mtools

按回车键后，即可打印mtools支持的DOS指令，效果如图21-35所示。

```
[root@localhost ~]# mtools
Supported commands:
mattrib, mbadblocks, mcat, mcd, mcopy, mdel, mdeltree, mdir
mdoctorfat, mdu, mformat, minfo, mlabel, mmd, mmount, mpartition
mrd, mread, mmove, mren, mshowfat, mtoolstest, mtype, mwrite
mzip
```

图21-35

命令22　stty命令

命令功能

stty命令修改终端命令行的相关设置。

命令语法

stty(选项)(参数)

选项说明

- –a：以容易阅读的方式打印当前的所有配置；
- –g：以stty可读方式打印当前的所有配置。

参数说明

- 终端设置：指定终端命令行的设置选项。

实例1　显示当前命令行设置

案例表述

使用stty指令的“-a”选项以友好阅读方式显示当前终端命令行的设置。

案例实现

在命令行中输入下面命令：

```
[root@localhost root ]# stty -a
```

按回车键后，即可以友好阅读方式显示当前的所有设置，效果如图21-36所示。

```
[root@localhost root]# stty -a
speed 38400 baud; rows 25; columns 80; line = 0;
intr = ^C; quit = ^\; erase = ^?; kill = ^U; eof = ^D; eol = <undef>;
eol2 = <undef>; start = ^Q; stop = ^S; susp = ^Z; rprnt = ^R; werase = ^W;
lnext = ^V; flush = ^O; min = 1; time = 0;
-parenb -parodd cs8 hupcl -cstopb cread -clocal -crtscts
-ignbrk -brkint -ignpar -parmrk -inpck -istrip -inlcr -igncr icrnl ixon -ixoff
-iuclc -ixany -imaxbel
opost -olcuc -ocrnl onlcr -onocr -onlret -ofill -ofdel nl0 cr0 tab0 bs0 vt0 ff0
isig icanon iexten echo echoe echok -echonl -noflsh -xcase -tostop -echoprt
echoctl echoke
[root@localhost root]# _
```

图21-36

实例2　修改命令行组合键的功能

案例表述

将删除字符键由“Backspace”键改为“Ctrl+H”。

案例实现

在命令行中输入下面命令：

```
[root@localhost ~ ]$ stty -erase ^H
```

按回车键后，效果如图21-37所示。

```
[root@localhost ~]$ stty -erase ^H
```

图21-37

命令23　tee命令

命令功能

tee命令用于把数据重定向到给定文件和屏幕上。

命令语法

tee(选项)(参数)

选项说明

- -a：向文件中重定向时使用追加模式；
- -i：忽略中断（interrupt）信号。

参数说明

- 文件：指定输出重定向的文件。

实例1　双向重定向输出

案例表述

使用w指令显示登录用户，使用grep指令过滤从尾端登录的用户，使用tee指令将输出信息同时送到指定文件和屏幕上。

案例实现

在命令行中输入下面命令：

[root@hn]# w | grep pts | tee newfile

按回车键后，即可将输出保存到文件并显示到屏幕，效果如图21-38所示。

```
[root@localhost ~]# w | grep pts | tee newfile
```
图21-38

命令24　users命令

命令功能

users命令用于显示当前登录系统的所有用户的用户名列表。

命令语法

users(选项)

选项说明

- --help：显示命令的帮助信息；
- --version：显示命令的版本信息。

实例1　显示登录用户列表

案例表述

使用users指令显示当前登录系统的用户列表。

案例实现

在命令行中输入下面命令：

[root@localhost ~]# users

按回车键后，即可打印要登录用户列表，效果如图21-39所示。

```
[root@localhost ~]# users
root root root
```
图21-39

命令25　clear命令

命令功能
clear命令用于清除当前屏幕终端上的任何信息。

命令语法
clear

实例1　清屏

案例表述

使用clear指令完成对shell终端的清屏操作。

案例实现

在命令行中输入下面命令：

[root@localhost ~]# clear

按回车键后，即可清屏，效果如图21-40所示。

图21-40

命令26　consoletype命令

命令功能
consoletype命令用于打印已连接的终端类型到标注输出，并能够检查已连接的终端是当前终端还是虚拟终端。

命令语法
consoletype

实例1　显示终端类型

案例表述

显示终端类型。

案例实现

① 使用consoletype指令显示当前终端类型，在命令行中输入下面命令：

[root@localhost ~]# consoletype

按回车键后，即可打印终端类型，效果如图21-41所示。

```
[root@localhost ~]# consoletype
vt
```

图21-41

❷ 显示consoletype指令的返回值,在命令行中输入下面命令:

[root@localhost ~]# echo $?

按回车键后,即可显示上一条指令的返回值,效果如图21-42所示。

```
[root@localhost ~]# echo $?
0
```

图21-42

命令27 yes命令

命令功能

yes命令在命令行中输出指定的字符串,直到yes进程被杀死。

命令语法

yes(参数)

参数说明

● 字符串:指定要重复打印的字符串。

实例1 重复打印指定字符串

案例表述

在命令行中重复打印指定字符串"hello"。

案例实现

在命令行中输入下面命令:

[root@localhost ~]# yes hello

按回车键后,即可重复打印"hello",效果如图21-43所示。

图21-43

读书笔记

第22章

软件包管理

Linux作为开放源代码的操作系统，拥有众多的开放源代码的软件套件，如何快速简便地管理和维护这些软件包，决定了Linux的易用性。本章介绍主流Linux发行版的软件包管理指令。

命令1 rpm命令

命令功能
rpm命令是RPM软件包的管理工具。

命令语法
rpm(选项)(参数)

选项说明
- -a：查询所有套件；
- -b<完成阶段><套件档>+或-t <完成阶段><套件档>+：设置包装套件的完成阶段，并指定套件档的文件名称；
- -c：只列出组态配置文件，本参数需配合"-l"参数使用；
- -d：只列出文本文件，本参数需配合"-l"参数使用；
- -e<套件档>或--erase<套件档>：删除指定的套件；
- -f<文件>+：查询拥有指定文件的套件；
- -h或--hash：套件安装时列出标记；
- -i：显示套件的相关信息；
- -i<套件档>或--install<套件档>：安装指定的套件档；
- -l：显示套件的文件列表；
- -p<套件档>+：查询指定的RPM套件档；
- -q：使用询问模式，当遇到任何问题时，rpm指令会先询问用户；
- -R：显示套件的关联性信息；
- -s：显示文件状态，本参数需配合"-l"参数使用；
- -v：显示指令执行过程；
- -vv：详细显示指令执行过程，便于排错。

参数说明
- 软件包：指定要操纵的rmp软件包。

实例1　安装rpm软件包

案例表述

使用rpm指令的"i"选项安装rpm软件包。

案例实现

在命令行中输入下面命令：

[root@localhost root]# rpm –ivh zenoss-2.1.1-0.el5.i386.rpm

按回车键后，即可安装rpm软件包，并显示安装进度，效果如图22-1所示。

```
[root@localhost root]# rpm -ivh sysstat-4.0.7-3.i386.rpm
warning: sysstat-4.0.7-3.i386.rpm: V3 DSA signature: NOKEY, key ID db42a60e
Preparing...                ########################################### [100%]
   1:sysstat                ########################################### [100%]
[root@localhost root]#
```

图22-1

实例2　检查软件包

案例表述

检查软件包。

案例实现

❶ 使用rpm指令的"-q"选项查询软件包是否安装，在命令行中输入下面命令：

[root@localhost ~]# rpm –q bind

按回车键后，即可查询bind软件包是否安装，效果如图22-2所示。

```
[root@localhost ~]# rpm -q bind
bind-9.2.1-16
```

图22-2

❷ 利用rpm指令的"-qf"选项查询系统中的文件属于哪个软件包，在命令行中输入下面命令：

[root@localhost ~]# rpm –qf /etc/exports

按回车键后，即可查询文件所属的rpm软件包，效果如图22-3所示。

```
[root@localhost ~]# rpm -qf /etc/exports
setup-2.5.25-1
```

图22-3

❸ 利用使用rpm指令的"-ql"选项显示软件包的所有文件列表，在命令行中输入下面命令：

[root@localhost ~]# rpm –ql time

按回车键后，即可查询time软件包的所有内容，效果如图22-4所示。

```
[root@localhost ~]# rpm -ql time
/usr/bin/time
/usr/share/doc/time-1.7
/usr/share/doc/time-1.7/NEWS
/usr/share/doc/time-1.7/README
/usr/share/info/time.info.gz
```

图22-4

❹ 利用使用rpm指令的"-qi"选项显示软件包的信息，在命令行中输入下面命令：

[root@localhost ~]# rpm –qi time

按回车键后，即可查询time软件包的信息，效果如图22-5所示。

图22-5

实例3　卸载软件包

▶ **案例表述**

使用rpm指令的"-e"选项卸载已安装的rpm软件。

▶ **案例实现**

在命令行中输入下面命令：

[root@localhost ~]# rpm –e zsh

按回车键后，即可卸载"zsh"软件包。

命令2　yum命令

命令功能

yum命令是基于RPM的软件包管理器，它可以使系统管理人员交互和自动化地更新与管理rpm软件包。

命令语法

yum(选项)(参数)

选项说明

- -h：显示帮助信息；
- -y：对所有的提问都回答"yes"；
- -c：指定配置文件；
- -q：安静模式；
- -v：详细模式；
- -d：设置调试等级（0-10）；
- -e：设置错误等级（0-10）；
- -R：设置yum处理一个命令的最大等待时间；
- -C：完全从缓存中运行，而不去下载或者更新任何头文件。

参数说明

- install：安装rpm软件包；
- update：更新rpm软件包；

- check-update：检查是否有可用的更新rpm软件包；
- remove：删除指定的rpm软件包；
- list：显示软件包的信息；
- search：检查rpm软件包；
- info：显示指定的rpm软件包的描述信息和概要信息；
- clean：清理yum过期的缓存；
- shell：进入yum的shell提示符；
- resolvedep：显示rpm软件包的依赖关系；
- localinstall：安装本地的rpm软件包；
- localupdate：显示本地rpm软件包进行更新；
- deplist：显示rpm软件包的所有依赖关系。

实例1　安装软件包

案例表述

使用yum指令的"install"参数可以实现自动从网络服务器上下载并安装最新的rpm软件包。

案例实现

在命令行中输入下面命令：

[root@localhost ~]# yum install zsh

按回车键后，即可安装zsh软件包，效果如图22-6所示。

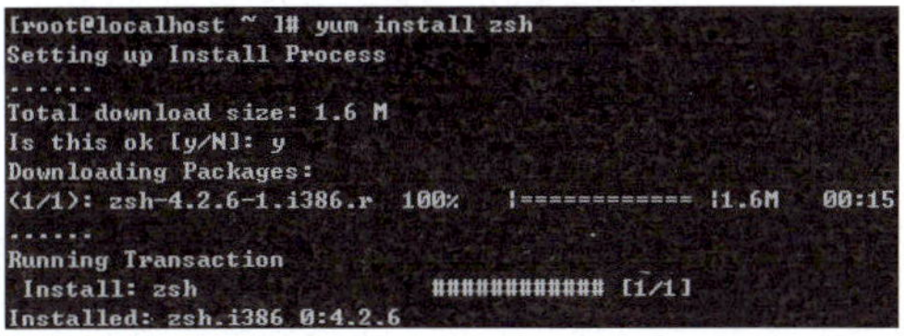

图22-6

实例2　更新软件包

案例表述

使用yum的"update"参数可以实现自动从网络服务器上下载更新，并更新已安装的rpm软件包。本例使用yum指令更新"php"软件包。

案例实现

在命令行中输入下面命令：

[root@localhost ~]# yum update php

按回车键后，即可更新"php"软件包，效果如图22-7所示。

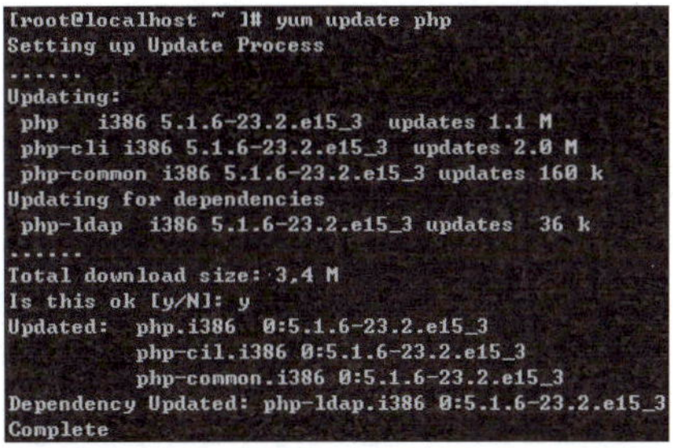

图22-7

命令3 chkconfig命令

命令功能

chkconfig命令检查，设置系统的各种服务。

命令语法

chkconfig (选项)

选项说明

- --add：增加所指定的系统服务，让chkconfig指令得以管理它，并同时在系统启动的叙述文件内增加相关数据；
- --del：删除所指定的系统服务，不再由chkconfig指令管理，并同时在系统启动的叙述文件内删除相关数据；
- --level<等级代号>：指定的系统服务要在哪一个执行等级中开启或关闭。

实例1 查询服务的启动状态

案例表述

使用chkconfig的"—list"选项查询"xinetd"服务的开机启动状态。

案例实现

在命令行中输入下面命令：

[root@localhost ~]# chkconfig --list xinetd

按回车键后，即可查询"xinetd"服务的启动状态，效果如图22-8所示。

```
[root@localhost ~]# chkconfig --list xinetd
xinetd          0:¹0±õ  1:¹0±õ  2:¹0±õ  3:ñôóñ  4:ñôóñ  5:ñôóñ  6:¹0±õ
```

图22-8

实例2 设置服务器启动状态

案例表述

使用chkconfig指令将"sshd"服务设置为在运行等级3下自动启动。

案例实现

在命令行中输入下面命令：

[root@hlocalhost ~]# chkconfig --level 3 sshd on

按回车键后，即可设置运行等级3下自动启动"sshd"服务。

实例3 添加系统服务

案例表述

使用chkconfig的"—add"选项添加系统服务。

▶ 案例实现

在命令行中输入下面命令：

[root@hlocalhost ~]# chkconfig --add newservice

按回车键后，即可添加服务器名为"newservice"，效果如图22-9所示。

```
[root@localhost ~]# chkconfig --add newservice
ÔÚ newservice ·þÎñÐDMÁÈ¡DÂÏÇÊ±°ö´íÎ°Ã»ÓÐAÇ,õÎÀ¼Þ»òÀ¿Â¼
```

图22-9

实例4　删除系统服务

▶ 案例表述

使用chkconfig的"—del"选项删除系统服务。

▶ 案例实现

在命令行中输入下面命令：

[root@hlocalhost ~]# chkconfig --del xinetd

按回车键后，即可删除服务器名为"xinetd"。效果如图22-10所示。

```
[root@localhost ~]$ chkconfig --del xinetd
```

图22-10

命令4　ntsysv命令

命令功能

ntsysv命令提供了一个基于文本界面的菜单操作方式，设置不同的运行等级下的系统服务启动状态。

命令语法

ntsysv (选项)

选项说明

- ––leve：指定运行等级。

实例1　配置系统服务

▶ 案例表述

使用ntsysv指令配置运行等级5下的系统服务启动状态。

▶ 案例实现

在命令行中输入下面命令：

[root@localhost ~]# ntsysv --level 5

按回车键后，即可设置runleve5下的系统服务，效果如图22-11所示。

图22-11

命令5　apt-get命令

📧 命令功能

apt-get命令是Debian Linux发行版中的APT软件包管理工具。

📧 命令语法

apt-get (选项)(参数)

📧 选项说明

- -c：指定配置文件。

📧 参数说明

- 管理指令：对APT软件包的管理操作；
- 软件包：指定要操纵的软件包。

实例1　安装软件包

▶ 案例表述

使用apt-get指令的"install"参数进行软件安装操作。

▶ 案例实现

在命令行中输入下面命令：

Test: # apt-get install Sudo

按回车键后，即可安装软件包，效果如图22-12所示。

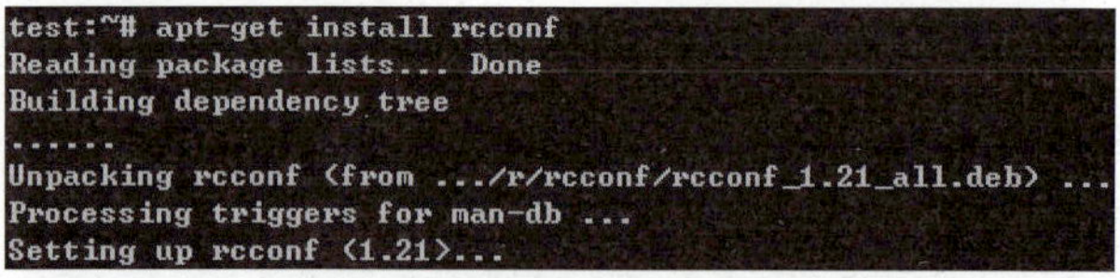

图22-12

实例2　删除软件包

▶ **案例表述**

使用apt-get指令的"remove"参数删除已安装的软件包。

▶ **案例实现**

在命令行中输入下面命令：

Test: #apt-get remove rcconf

按回车键后，即可输出软件包"rcconf"，效果如图22-13所示。

```
[root@localhost ~]# apt-get remove rcconf
apt-get: Command not found.
```
图22-13

实例3　更新本机的软件包索引

▶ **案例表述**

使用apt-get指令的"update"参数可以从其他更新源更新本机的可用软件包索引文件。

▶ **案例实现**

在命令行中输入下面命令：

Test: #apt-get update

按回车键后，即可同步本机的软件包索引，效果如图22-14所示。

```
[root@localhost root]# apt-get remove rcconf
```
图22-14

命令6　aptitude命令

▶ **命令功能**

aptitude命令是Debian Linux系统中基于文本界面的软件包管理工具，它通过文本操作菜单和命令两种方式管理软件包。

▶ **命令语法**

aptitude (选项)(参数)

▶ **选项说明**

- -h：显示帮助信息；
- -d：仅下载软件包，不执行安装操作；
- -P：每一步操作都要求确认；
- -y：所有问题都会打"yes"；

- –v：显示附加信息；
- –u：启动时下载新的软件包列表。

参数说明
- 操作命令：用户管理软件包的操作命令。

实例1 显示软件包详细信息

案例表述

使用aptitude指令的"show"参数查询指定软件包的详细信息。

案例实现

在命令行中输入下面命令：

Test: ~# aptitude show rcconf

按回车键后，即可显示软件包的描述信息，效果如图22-15所示。

```
test:~# aptitude show rcconf
Package: rcconf
state:installde
Automatically installed: no
Version:1.21
......
```

图22-15

实例2 查询可用的软件包

案例表述

使用aptitude指令的"search"选项查询所有的"gcc"软件包。

案例实现

在命令行中输入下面命令：

Test: ~# aptitude search gcc

按回车键后，即可查询"gcc"软件包，效果如图22-16所示。

```
test:~# aptitude search gcc
i   gcc                         - The GNU C compiler
p   gcc-3.4                     - The GUN C compiler
p   gcc-3.6                     - The GUN C compiler
p   lib32gcc1                   -GCC support library (32bit)
p   lib64gcc1                   -GCC support library (64bit)
i   libgcc1                     -GCC support library
```

图22-16

实例3 安装软件包

案例表述

使用aptitude指令的"install"参数安装"ntop"软件包。

案例实现

在命令行中输入下面命令：

```
Test:~# aptitude install ntop
```

按回车键后，即可安装“ntop”软件包，效果如图22-17所示。

```
test:~# aptitude install ntop
Reading package lists... Done
Building dependency tree
......
Writing extend state information... Done
Reading task descriptions... Done
```

图22-17

实例4 删除软件包

案例表述

使用aptitude指令的“remove”参数删除软件包“sysv-rc-conf”。

案例实现

在命令行中输入下面命令：

```
Test: # aptitude remove sysv-rc-conf
```

按回车键后，即可删除指定软件包，效果如图22-18所示。

```
test:~# aptitude remove sysv-rc-conf
Reading package lists... Done
Building dependency tree
......
Writing extended state information... Done
Reading task descriptions... Done
```

图22-18

命令7 apt-key命令

命令功能

apt-key命令用于管理Debian Linux系统中的软件包密钥。

命令语法

apt-key(参数)

参数说明

- 操作指令：APT密钥操作指令。

实例1 显示被信任的密钥列表

案例表述

使用apt-key指令的“list”参数显示Debian Linux系统中被信任的软件包密钥。

案例实现

在命令行中输入下面命令：

```
Test: # apt-key list
```

按回车键后，即可显示本机被信任的软件包密钥，效果如图22-19所示。

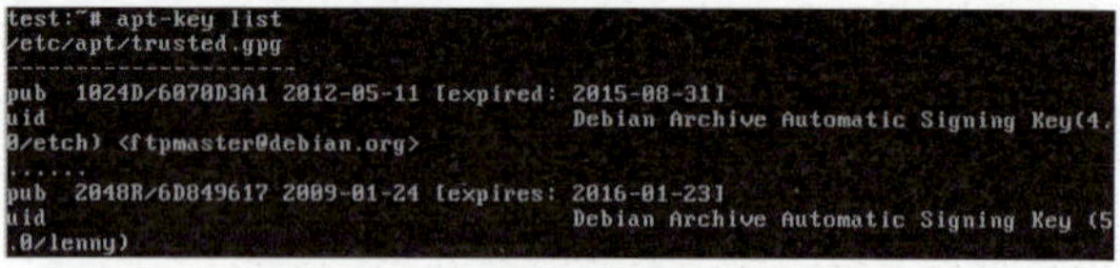

```
test:~# apt-key list
/etc/apt/trusted.gpg
--------------------
pub   1024D/6070D3A1 2012-05-11 [expired: 2015-08-31]
uid                            Debian Archive Automatic Signing Key(4.
0/etch) <ftpmaster@debian.org>
......
pub   2048R/6D849617 2009-01-24 [expires: 2016-01-23]
uid                            Debian Archive Automatic Signing Key (5
.0/lenny)
```

图22-19

命令8 apt-sortpkgs命令

命令功能

apt-sortkgs命令是Debian Linux下对软件包索引文件进行排序的简单工具。

命令语法

apt-sortkgs (选项)(参数)

选项说明

- -s：使用源索引字段排序；
- -h：显示帮助信息。

参数说明

- 文件：指定要排序的包含debian包信息的索引文件。

实例1 排序软件包索引文件

案例表述

从Debian安装光盘中获取软件包索引文件。

案例实现

在命令行中输入下面命令：

```
Test: # mount /dev/cdrom /mnt/
Test: # cp /mnt/dists/lenny/main/binary-i386/Packages.gz
Test: # gzip –d Packages.gz
```

按回车键后，即可加载debian安装光盘，将软件包索引文件复制到当前目录，解压缩包索引文件。

命令9 dpkg命令

命令功能

dpkg命令是Debian Linux系统用来安装、创建和管理软件包的实用工具。

命令语法

dpkg(选项)(参数)

选项说明

- –i：安装软件包；
- –r：删除软件包；
- –P：删除软件包的同时删除其配置文件；
- –L：显示与软件包关联的文件；
- –l：显示已安装软件包列表；
- ––unpack：解开软件包；
- –c：显示软件包内文件列表；
- ––confiugre：配置软件包。

参数说明

- Deb软件包：指定要操作的.deb软件包。

实例1　显示软件包内文件列表

案例表述

使用dpkg指令的"–c"选项显示指定的软件包内的文件列表。

案例实现

在命令行中输入下面命令：

Test: # dpkg –c arping_2.07~prel-2_i386.deb | head

按回车键后，即可显示软件包内文件列表，效果如图22-20所示。

```
test:~# dpkg -c arping_2.07~prel-2_i386.deb | head
(Reading database ... 99886 files and directories currently installed.)
Preparing to replace arping 2.07~prel-2 (using arping_2.07~prel-2_i386.deb)
...
Unpacking replacement arping...
Setting up arping (2.07~prel-2)...
Processing triggers for man-db...
```

图22-20

实例2　安装".deb"软件包

案例表述

使用dpkg指令安装本地硬盘上的软件包"arping_2.07~prel-2_i386.deb"。

案例实现

在命令行中输入下面命令：

Test: # dpkg –i arping_2.07~prel-2_i386.deb

按回车键后，即可安装软件包，效果如图22-21所示。

```
test:~# dpkg -i arping_2.07~pre1-2_i386.deb
(Reading database ... 99886 files and directories currently installed.)
Preparing to replace arping 2.07~pre1-2 (using arping_2.07~pre1-2_i386.deb)
...
Unpacking replacement arping ...
Setting up arping (2.07~pre1-2)...
Processing triggers for man-db...
```

图22-21

实例3　卸载软件包

案例表述

使用dpkg指令的"-r"选项卸载软件包"rcconf"。

案例实现

在命令行中输入下面命令：

> Test: # dpkg –r rcconf

按回车键后，即可卸载软件包，效果如图22-22所示。

```
test:~# dpkg -r rcconf
(Reading database ... 99886 files and directories currently installed.)
Removing rcconf...
Processing triggers for man-db...
```

图22-22

命令10　dpkg-deb命令

命令功能

dekg-deb命令是Debian Linux下的软件包管理工具，它可以对软件包执行打包和解包操作以及提供软件包信息。

命令语法

dekg-deb (选项)(参数)

选项说明

- -c：显示软件包中的文件列表；
- -x：将软件包中的文件释放到指定的目录下；
- -X：将软件包中的文件释放到指定的目录下，并显示释放文件的详细过程；
- -W：显示软件包的信息；
- -I：显示软件包的详细信息；
- -b：创建debian软件包。

参数说明

- 文件：指定要操作的".deb"软件包的全名或软件名。

实例1 安装.deb软件包

案例表述

在安装软件包之前，使用dpkg-deb指令的"-I"选项查看软件包的详细信息。

案例实现

在命令行中输入下面命令：

Test: # dpkg-deb –I arping_2.07~prel-2_i386.deb

按回车键后，即可显示软件包详细信息，效果如图22-23所示。

```
test:~# dpkg-deb -I arping_2.07~prel-2_i386.deb
new debian package, version 2.0
size 23308 bytes: control archive= 863 bytes.
    48 bytes,     2 lines      conffiles
   618 bytes,    14 lines      control
   472 bytes,     7 lines      md5sums
Package: arping
Version: 2.07~prel1-2
......
```

图22-23

命令11 dpkg-divert命令

命令功能

dpkg-divert命令

命令语法

dpkg-diver (选项)(参数)

选项说明

- --add：添加一个转移文件；
- --remove：删除一个转移文件；
- --list：列出匹配的转移；
- --truename：对应转移文件真实文件名；
- --quidet：安静模式。

参数说明

- 文件：指定转移文件名。

实例1 添加转移文件

案例表述

使用dpkg-divert指令的"—add"选项将指定的文件添加到转移文件。

案例实现

在命令行中输入下面命令：

> Test: # dpkg-divert --add /root/Packages

按回车键后，即可添加转移文件，效果如图22-24所示。

```
test:~# dpkg-divert --add /root/Package
Adding 'local diversion of /root/Packages to /root/Packages.distrib'
```

图22-24

命令12 dpkg-preconfigure命令

命令功能

dpkg-preconfigure命令用于在软件包安装之前询问问题。

命令语法

dpkg-preconfigure (选项)(参数)

选项说明

- -f：选择使用的前端；
- -p：感兴趣的最低的优先级问题；
- --apt：在apt模式下运行。

参数说明

- 软件包：指定".deb"软件包。

实例1 安装前询问问题

案例表述

使用dpkg-preconfigure指令在软件包安装前询问问题。

案例实现

在命令行中输入下面命令：

> Test: # dpkg-preconfigure arping_2.07~prel-2_i386.deb

按回车键后，即可在安装前询问问题。

命令13 dpkg-query命令

命令功能

dpkg-query命令是Debian Linux中软件包的查询工具，它从dpkg软件包数据库中查询并便是软件包的信息。

命令语法

dpkg-query (选项)(参数)

选项说明

- -l：列出符合匹配模式的软件包；
- -s：查询软件包的状态信息；
- -L：显示软件包所安装的文件列表；
- -S：从安装的软件包中查询文件；
- -p：显示软件包的细节。

参数说明

- 软件包名称：指定需要查询的软件包。

实例1 查询本地dpkg数据库中的软件包信息

案例表述

使用dpkg-query指令的"-l"选项查询"tcsh"软件包。

案例实现

在命令行中输入下面命令：

Test: # dpkg-query -l tcsh

按回车键后，即可查询"tcsh"软件包，效果如图22-25所示。

```
test:~# dpkg-query -l tcsh
Desire=Unknown/Install/Remove/Purge/Hold
| Status=Not/Inst/Cfg-files/Unpacked/Failed-cfg/half-inst/trig-aWait/Trig-pend
|/ Err?=(none)/Hold/Reinst-required/X=both-problems (Status,Err:uppercase=bad)
||/ Name            Version              Description
+++-===============-====================-================================
rc tcsh            6.14.00-7            TENEX C Shell, an enhanced version of Berkeley csh
```

图22-25

命令14 dpkg-reconfigure命令

命令功能

dpkg-reconfigure命令重新配置已经安装过的软件包，可以将一个或者多个已安装的软件包传递给此指令，它将询问软件初次安装后的配置问题。

命令语法

dpkg-reconfigure (选项)(参数)

选项说明

- -a：重新配置所有的软件包；
- --force：强制执行操作，需谨慎使用此选项。

参数说明

- 软件包名：需要重新配置的已安装的软件包。

实例1　重新配置软件包

案例表述

使用dpkg-reconfigure指令重新配置"bash"软件包，此软件包不需要进行配置，所有不会询问问题。

案例实现

在命令行中输入下面命令：

Test: # dpkg-reconfigure bash

按回车键后，即可查询配置"bash"软件包。

命令15　dpkg-split命令

命令功能

dpkg-split命令用来将Debian Linux中的大软件包分割成小软件包，它还能够将已分割的文件进行合并。

命令语法

dpkg-split (选项)(参数)

选项说明

- –S：设置分割后的每个小文件最大尺寸（以字节为单位）；
- –s：分割软件包；
- –j：合并软件包。

参数说明

- 软件包：指定需要分割的".deb"软件包。

实例1　分割软件包

案例表述

分割软件包。

案例实现

① 在Linux系统中发布的开源的".deb"软件包，有时可能比较大，为了便于传输可以使用dpkg-split指令的"-s"选项将软件包分割成多小文件。本例中将"gcc"软件包按照默认的大小进行分割。在命令行中输入下面命令：

Test:~/demo# dpkg-split –s gcc-4.3_4.3.2-1.1_i386.deb

按回车键后，即可分割软件包，效果如图22-26所示。

```
test:~/demo# dpkg-splist -s gcc-4.3_4.3.2-1.1_i386.deb
Splitting package gcc-4.3 into 6 parts:1 2 3 4 5 6 done
```

图22-26

❷ 使用ls指令显示分割后的文件列表。在命令行中输入下面命令：

Test:~/demo# ls

按回车键后，即可显示目录列表，效果如图22-27所示。

```
test:~/demo# ls
gcc-4.3_4.3.2-1.1_i386.1of6.deb    gcc-4.3_4.3.2-1.1_i386.3of6.deb
gcc-4.3_4.3.2-1.1_i386.5of6.deb    gcc-4.3_4.3.2-1.1_i386.deb
gcc-4.3_4.3.2-1.1_i386.2of6.deb    gcc-4.3_4.3.2-1.1_i386.4of6.deb
gcc-4.3_4.3.2-1.1_i386.6of6.deb
```

图22-27

❸ dpkg-split指令还可以根据实际情况设置分割的小文件的最大尺寸。在命令行中输入下面命令：

Test:~/demo# dpkg-split –S 2048 –s gcc-4.3_4.3.2-1.1_i386.deb

按回车键后，即可以2兆为单位分割文件，效果如图22-28所示。

```
test:~/demo# dpkg-splist -S 2048 gcc-4.3_4.3.2-1.1_i386.deb
Splitting package gcc-4.3 into 2 parts:1 2 done
```

图22-28

实例2　合并软件包

案例表述

合并软件包。

案例实现

❶ 本例演示任何使用dpkg-split指令的"-j"选项将分割小文件合并为原始的软件包。首先使用ls指令查看分割后的小文件。在命令行中输入下面命令：

Test:~/demo# ls

按回车键后，即可显示目录列表，效果如图22-29所示。

```
test:~/demo# ls
gcc-4.3_4.3.2-1.1_i386.1of6.deb    gcc-4.3_4.3.2-1.1_i386.3of6.deb
gcc-4.3_4.3.2-1.1_i386.5of6.deb    gcc-4.3_4.3.2-1.1_i386.deb
gcc-4.3_4.3.2-1.1_i386.2of6.deb    gcc-4.3_4.3.2-1.1_i386.4of6.deb
gcc-4.3_4.3.2-1.1_i386.6of6.deb
```

图22-29

❷ 使用dpkg-split指令将这6个小文件合并为"gcc"原始的软件包。在命令行中输入下面命令：

Test:~/demo# dpkg-split –j gcc-4.3_4.3.2-1.1_i386.*

按回车键后，即可合并软件包，效果如图22-30所示。

```
test:~/demo# dpkg-splist -j gcc-4.3_4.3.2-1.1_i386.*
Splitting package gcc-4.3 together from 6 parts:1 2 3 4 5 6 done
```

图22-30

命令16　dpkg-statoverride命令

命令功能

dpkg-statoverride命令。

命令语法

dpkg-statoverride (选项)

选项说明

- -add：为文件添加一个改写；
- --remove：为文件删除一个改写；
- --list：显示所有改写列表；
- --update：如果文件存在，则立刻执行改写操作。

实例1　显示所有改写列表

案例表述

显示系统当前的所有改写列表。

案例实现

在命令行中输入下面命令：

```
Test:~demo# dpkg-statoverride --list
```

按回车键后，即可显示当前所有的改写列表，效果如图22-31所示。

```
test:~/demo# dpkg-statoverride --list
root Debian-eim 0640 /etc/exim4/passwd.client
root mlocate 2755 /usr/bin/mlocate
hplip root 755 /var/run/hplip
```

图22-31

命令17　dpkg-trigger命令

命令功能

dpkg-trigger命令是Debian Linux下的软件包触发器。

命令语法

dpkg-trigger (选项)(参数)

选项说明

- --check-supported：检查运行的dpkg是否支持触发器，返回值为0，则支持触发器；
- --help：显示帮助信息；

- --admindir=<目录>：设置dpkg数据库所在的目录；
- --no-act：仅用于测试，不执行任何操作；
- --by-package=<软件包>：覆盖触发器等待者。

参数说明
- 触发器名：指定触发器名称。

实例1　在命令行运行软件包触发器

案例表述
由于dpkg-trigger只能运行在维护者脚本程序中，直接在命令行调用此指令将会给出报错信息。

案例实现
在命令行中输入下面命令：

> Test:~demo# dpkg-trigger nowait

按回车键后，即可在命令中运行dpkg-trigger，效果如图22-32所示。

```
test:~/demo# dpkg-trigger nowait
dpkg-trigger:dpkg-trigger must be called from a maintainer script (or with a --b
y-package option)
```

图22-32

命令18　patch命令

命令功能
patch命令被用于为开放源代码软件安装补丁程序。

命令语法
patch (选项)(参数)

选项说明
- -b或--backup：备份每一个原始文件；
- --binary：以二进制模式读写数据，而不通过标准输出设备；
- -c或--context：把修补数据解译成关联性的差异；
- -d<工作目录>或--directory=<工作目录>：设置工作目录；
- -e或--ed：把修补数据解译成ed指令可用的叙述文件；
- -g<控制数值>或--get=<控制数值>：设置以RSC或SCCS控制修补作业。

参数说明
- 原文件：指定需要打补丁的原始文件；
- 补丁文件：指定补丁文件。

实例1　为内核打补丁

案例表述
为内核打补丁。

案例实现

① 内核Linux官网上下载2.6.0的内核和2.6.1的内核补丁，在命令行中输入下面命令：

```
[root@hn ]# wget http://www.kernel.org/pub/Linux/kernel/v2.6/Linux-2.6.0.tar.bz2
[root@hn ]# wget http://www.kernel.org/pub/Linux/kernel/v2.6/patch-2.6.1.bz2
```

按回车键后，即可下载2.6.0内核源代码和2.6.1内核补丁。

② 解压缩内核源代码和内核补丁，并将内核补丁复制到内核源代码目录下，在命令行中输入下面命令：

```
[root@hn ]# tar –jxf Linux-2.6.0.tar.bz2
[root@hn ]# bzip2 –d patch-2.6.1.bz2
[root@hn ]# cp patch-2.6.1 Linux-2.6.0
```

按回车键后，即可解压缩内核源代码，加压缩补丁程序，并将补丁程序复制到内核源码目录。

③ 切换到内核源码目录，为内核打补丁，将版本为2.6.0的内核升级为2.6.1的内核，在命令行中输入下面命令：

```
[root@hn ]# cd Linux-2.6.0
[root@hn Linux-2.6.0]# patch –p1 < patch-2.6.1
```

按回车键后，即可切换到内核源代码目录，为内核打补丁。

命令19　rcconf命令

命令功能
rcconf命令是Debian Linux下的运行等级服务配置工具，用以设置在特定的运行等级下系统服务的启动配置。

命令语法
rcconf (选项)

选项说明
- ––help：打印帮助信息；
- ––dialog：使用对话命令显示菜单；
- ––notermcheck：不按照终端属性来设置窗口尺寸。

实例1 配置系统服务

案例表述
使用rcconf指令以文本菜单的方式配置系统服务的启动方式。

案例实现
在命令行中输入下面命令：

Test: # rcconf

按回车键后，即可配置系统服务的启动方式。

命令20 rpm2cpio命令

命令功能
rpm2cpio命令用于将RPM软件包转换为cpio格式的文件。

命令语法
rpm2cpio (参数)

参数说明
- 文件：指定要转换的rpm包的文件名。

实例1 转换rpm包为cpio文件

案例表述
转换rpm包为cpio文件。

案例实现

① 将rpm包"zsh-4.2.6-1.i386.rpm"转化内cpio的格式，在命令行中输入下面命令：

[root@localhost ~] # rpm2cpio zsh-4.2.6-1.i386.rpm > zsh.cpio

按回车键后，即可将rpm包装转换为cpio文件，效果如图22-33所示。

图22-33

② 使用file指令输出生成的文件"zsh.cpio"的格式，在命令行中输入下面命令：

[root@localhost ~] # file zsh.cpio

按回车键后，即可输出文件，效果如图22-34所示。

图22-34

命令21 rpmbuild命令

命令功能
rpmbuild命令被用于创建RPM的二进制软件包和源码软件包。

命令语法
rpmbuild (选项)

选项说明
- --initdb：初始化RPM数据库；
- --rebuilddb：从已安装的包头文件，反向重建RPM数据库；
- –ba：创建二进制和源代码包；
- –bb：创建二进制代码包；
- –bs：创建源代码包。

实例1 从rpm源码包创建rpm二进制包

案例表述
从rpm源码包创建rpm二进制值包。

案例实现

① 使用rpm源码包安装rpm的源代码包，在命令行中输入下面命令：

[root@localhost ~] # rpm –ivh zsh-4.2.6-1.src.rpm

按回车键后，即可将安装rpm源码包，效果如图22-35所示。

```
[root@localhost root]# rpm -ivh arts-devel-1.1-7.i386.rpm
warning: arts-devel-1.1-7.i386.rpm: V3 DSA signature: NOKEY, key ID db42a60e
Preparing...           ########################################### [100%]
        package arts-devel-1.1-7 is already installed
[root@localhost root]#
```

图22-35

② 使用rpmbuild指令编译源代码，在命令行中输入下面命令：

[root@localhost ~] # rpmbuid –ba /usr/src/redhat/SPECS/zsh.spec

按回车键后，即可编译zsh软件包，效果如图22-36所示。

```
[root@localhost root]# rpmbuid -ba /usr/src/rehat/SPECS/zh.spec
```

图22-36

命令22 rpmdb命令

命令功能
rpmdb命令用于初始化和重建RPM数据库。

命令语法

rpmdb (选项)

选项说明

- --initdb：初始化RPM数据库；
- --rebuilddb：从已安装的包头文件，反向重建RPM数据库。

实例1　创建RPM数据库

案例表述

使用rpmdb指令的"--rebuilddb"选项重建系统RPM数据库。

案例实现

在命令行中输入下面命令：

[root@localhost ~] # rpmdb --rebuilddb

按回车键后，即可重建rpm数据库。

命令23　rpmquery命令

命令功能

rpmquery命令使用多种依据从RPM数据库中查询软件包信息。

命令语法

rpmquery (选项)

选项说明

- –qf：查询指定的文件所属的软件包；
- –q：查询指定的软件包是否被安装；
- –qc：查询软件包中的配置文件；
- –qd：查询软件包中的文档文件；
- –qi：查询软件包的基本信息。

实例1　查询RPM软件包

案例表述

查询rpm软件包。

案例实现

❶ 使用rpmquery指令的"-q"选项查询软件包是否安装，在命令行中输入下面命令：

[root@localhost ~] # rpmquery –q time

按回车键后，即可查询软件包是否安装，效果如图22-37所示。

```
[root@localhost ~]# rpmquery -q time
time-1.7-21
```

图22-37

❷ 使用rpmquery指令的“-qc”选项查询软件包中的配置文件，在命令行中输入下面命令：

```
[root@localhost ~ ] # rpmquery –qc time
```

按回车键后，即可查询zsh软件包的配置文件，效果如图22-38所示。

```
[root@localhost ~]# rpmquery -qc time
```

图22-38

❸ 使用rpmquery指令的“-qi”选项查询软件包中的基本信息，在命令行中输入下面命令：

```
[root@localhost ~ ] # rpmquery –qi time
```

按回车键后，即可查询time软件包的配置文件，效果如图22-39所示。

```
[root@localhost ~]# rpmquery -qi time
Name        : time                         Relocations: /usr
Version     : 1.7                               Vendor: Red Hat, Inc.
Release     : 21                            Build Date: 2003Äê01ÔÂ25ÈÕ ÐÇÆÚÁù 15
ʱ21·Ö22Ãë
Install Date: 2012Äê05ÔÂ03ÈÕ ÐÇÆÚÈÄ 00ʱ32·Ö22Ãë      Build Host: porky.devel.re
dhat.com
Group       : Ó¦ÓÃ³ÌÐò/Ïµͳ                    Source RPM: time-1.7-21.src.rpm
Size        : 17043                            License: GPL
Packager    : Red Hat, Inc. <http://bugzilla.redhat.com/bugzilla>
Summary     : Ò»¸öÓÃÀ´¼àÊÓ³ÌÐò¶ÔÏµÍ³×ÊÔ´Ê¹ÓÃµÄ GNU ¹¤¾ß¡£
Description :
GNU time ¹¤¾ßÔËÐÐÁíÒ»¸ö³ÌÐò£¬ÊÕ¼¯¹ØÓÚÆ¸öÔËÐÐµÄ
³ÌÐòÊ¹ÓÃµÄ×ÊÔ´µÄÐÅÏ¢£¬È»ºóÏÔÊ¾½á¹û¡£
```

图22-39

❹ 使用rpmquery指令的“-qd”选项查询软件包中的归档文件，在命令行中输入下面命令：

```
[root@localhost ~ ] # rpmquery –qd time
```

按回车键后，即可查询zsh软件包的配置文件，效果如图22-40所示。

```
[root@localhost ~]# rpmquery -qd time
/usr/share/doc/time-1.7/NEWS
/usr/share/doc/time-1.7/README
/usr/share/info/time.info.gz
```

图22-40

命令24 rpmsign命令

命令功能

rpmsign命令使用RPM软件包的签名管理工具。

命令语法

rpmsign (选项)

选项说明

- --addsign：为自动软件包添加签名；
- --checksig：验证软件包签名；
- --delsign：删除软件包签名；
- --import：导入公钥；
- --resign：重新签名软件包；
- --nodigest：不验证软件包摘要；
- --nosignature：不验证软件包签名。

实例1　为软件包添加签名

案例表述

为软件包添加签名。

案例实现

1 使用rpmsign指令的"--addsign"为存在的RPM软件包"zsh-4.2.6-1.i386.rpm"添加签名，在命令行中输入下面命令：

[root@localhost root] # rpmsign --addsign zsh-4.2.6-1.i386.rpm

按回车键后，即可给软件包添加签名，效果如图22-41所示。

```
[root@localhost root]# rpm sign -addsign arts-devel-1.1-7.i386.rpm
cannot access file sign
```

图22-41

2 使用rpm指令的"-qpi"选项显示RPM软件包的签名，在命令行中输入下面命令：

[root@localhost ~] # rpm –qpi zsh-4.2.6-1.i386.rpm

按回车键后，即可查询指定软件包的基本信息，效果如图22-42所示。

```
Version      : 1.1                     Vendor: Red Hat, Inc.
Release      : 7                       Build Date: 2003âê02ôâ25èõ DÇÁúпр 06
ê±40·Ü36Áé
Install Date: (not installed)          Build Host: porky.devel.redhat.com
Group        : ¿ª·Ç/¿â                 Source RPM: arts-1.1-7.src.rpm
Size         : 916008                  License: LGPL
Signature    : DSA/SHA1, 2003âê02ôâ25èõ DÇÁúпр 08ê±04·Ü18Áé, Key ID 219180cddb42a
60e
Packager     : Red Hat, Inc. <http://bugzilla.redhat.com/bugzilla>
URL          : http://www.kde.org
```

图22-42

命令25　rpmverify命令

命令功能

rpmverify命令用来验证已安装的RPM软件包的正确性。

命令语法

rpmverify (选项)

选项说明

- –Va：验证所有软件包；
- –V<软件包>f：验证指定软件包；
- ––nomd5：不验证软件包的md5摘要。

实例1　验证软件包

案例表述

查询rpm软件包。

案例实现

使用rpmverify指令验证zsh软件包，在命令行中输入下面命令：

[root@localhost ~] # rpmverify –V time

按回车键后，即可验证zsh软件包的正确性。

第23章 打印相关

Linux为打印服务提供了完美的支持，可以轻松地完成文档打印并充当打印服务器。本章介绍的打印指令绝大部分来自于CUPS套件。CUPS套件是基于标准的开放源代码打印系统，CUPS拥有丰富的功能，支持多种打印机，且被各种应用程序广泛支持。

命令1　lp命令

命令功能
lp命令用于打印文件，或者修改排队的打印任务。

命令语法
lp(选项)(参数)

选项说明
- –E：与打印服务器连接时强制使用加密；
- –U：指定连接打印服务器时使用的用户名；
- –d：指定接收打印任务的目标打印机；
- –i：指定一个存在的打印任务号；
- –m：打印完成时发送E-mail；
- –n：指定打印的份数；
- –t：指定打印任务的名称；
- –H：指定打印任务开始的时间；
- –P：指定需打印的页码。

参数说明
- 文件：需打印的文件。

实例1　打印文件

案例表述

如果有多个打印机，可以使用lp指令的"–d"选项指定使用的打印机。

案例实现

在命令行中输入下面命令：

```
[root@localhost ~]$ lp –d my_printer install.log
```

按回车键后，即可使用指定打印机打印文件，效果如图23-1所示。

```
[root@localhost ~]$ lp -d my_printer install.log
request id is my-printer-16 (1 file(s))
```

图23-1

命令2　lpr命令

命令功能
lpr指令用于将文件发送给指定打印机进行打印，如果不指定目标打印机，则使用默认打印机。

命令语法

lpr(选项)(参数)

选项说明

- -E：与打印服务器连接时强制使用加密；
- -H:指定可选的打印服务器；
- -C：指定打印任务的名称；
- -P：指定接受打印任务的目标打印机；
- -U：指定可选的用户名；
- -#：指定打印的份数；
- -h：关闭banner打印；
- -m：打印完成后发送E-mail；
- -r：打印完成后删除文件。

参数说明

- 文件：需打印的文件。

实例1 打印文件

案例表述

打印文件。

案例实现

① 使用lpr指令打印文件，在命令行中输入下面命令：

[root@localhost ~]$ lpr /etc/httpd/conf.d/mrtg.conf

按回车键后，即可打印指定文件。

② 使用lpq指令显示打印队列，在命令行中输入下面命令：

[root@localhost ~]$ lpr

按回车键后，即可显示打印队列，效果如图23-2所示。

图23-2

命令3 lprm命令

命令功能

lprm命令用于删除打印队列中的打印任务。

命令语法

lprm(选项)(参数)

选项说明

- –E：与打印服务器连接时强制使用加密；
- –P：指定接受打印任务的目标打印机；
- –U：指定可选的用户名。

参数说明

- 打印任务：指定要删除的打印任务号。

| 实例1 | 删除打印任务 |

案例表述

使用lprm删除打印任务。

案例实现

在命令行中输入下面命令：

[root@localhost ~]$ lprm 5

按回车键后，即可删除5号打印任务。

命令4　lpc命令

命令功能

lpc命令式命令行方式打印机控制程序，有5个内置命令。

命令语法

lpc

| 实例1 | 运行lpc指令 |

案例表述

使用lpc显示打印机状态。

案例实现

在命令行中输入下面命令：

[root@localhost ~]$ lpc

按回车键后，即可启动lpc指令，效果如图23-3所示。

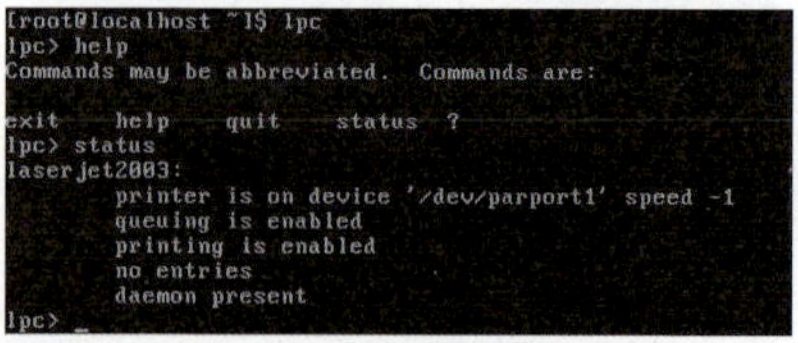

图23-3

命令5 lpq命令

命令功能
lpq命令用于显示打印队列中的打印任务的状态信息。

命令语法
lpq(选项)

选项说明
- -E：强制使用加密方式与服务器连接；
- -P：显示中的打印机上的打印队列状态；
- -U：自定可选的用户名
- -a：报告所有打印机的定义任务；
- -h：指定打印服务器信息；
- -l：使用长格式输出；
- +：指定显示状态的间隔时间。

实例1　显示打印队列

案例表述
使用lpq指令显示打印队列状态。

案例实现
在命令行中输入下面命令：

[root@localhost ~]$ lpq -al

按回车键后，即可显示打印队列状态，效果如图23-4所示。

```
[root@localhost ~]$ lpq -al
Rank    Owner   Job  File(s)         Total    Size
active  root    8    manual.conf     22528    bytes
1st     root    9    conman.conf     7168     bytes
2nd     root    10   manual.conf     22528    bytes
```

图23-4

命令6 lpstat命令

命令功能
lpstat命令用于显示CUPS中打印机的状态信息。

命令语法
lpstat(选项)

选项说明

- –E：与打印机连接时强制加密；
- –R：显示打印任务的等级；
- –U：指定可选用户名；
- –a：显示接受打印任务的打印机；
- –c：显示打印机类；
- –d：显示默认打印机；
- –h：指定可选的服务器信息；
- –l：显示长格式；
- –p：显示指定打印机，以及打印机是否接受打印任务；
- –s：显示汇总信息；
- –t：显示所有的状态信息。

实例1　显示CUPS中的打印机状态

案例表述

使用lpstat指令显示CUPS的所有状态信息。

案例实现

在命令行中输入下面命令：

[root@localhost ~]$ lpstat -t

按回车键后，即可显示CUPS的所有状态，效果如图23-5所示。

```
[root@localhost ~]$ lpstat -t
scheduler is running
system default destination: my_printer
device for my_printer: parallel:/dev/lp0
my_printer accepting requests since Fri Jul 17 23:11:29 2011 printer my_printer
is idle. enable since Fri Jul 17 23:11:29 2011
```

图23-5

命令7　accept命令

命令功能

accept命令属于CUPS套件，用于指示打印系统接受发往指定目标打印机的打印任务。

命令语法

accept (选项)(参数)

选项说明

- –E：当连接到服务器时强制加密；
- –U：指定连接服务器时使用的用户名；

- –h：指定连接服务器名和端口号。

> 参数说明

目标：指定目标打印机。

实例1　接受打印任务

> 案例表述

使用accept指令接受发往指定打印机的打印任务。

> 案例实现

在命令行中输入下面命令：

[root@localhost ~]$ accept my_printer

按回车键后，即可接受发往my_printer的打印任务，效果如图23-6所示。

```
[root@localhost ~]$ accept my_printer
```

图23-6

命令8　reject命令

> 命令功能

reject命令属于CUPS套件，用于指示打印系统拒绝发往指定目标打印机的打印任务。

> 命令语法

rejec (选项)(参数)

> 选项说明

- –E：当连接到服务器时强制使用加密；
- –U：指定连接服务器时使用的用户名；
- –h：指定连接的服务器名和端口号；
- –r：指定拒绝打印任务的原因。

> 参数说明

- 目标：指定目标打印机。

实例1　拒绝打印任务

> 案例表述

使用reject指令拒绝发往指定打印机的打印任务。

> 案例实现

在命令行中输入下面命令：

[root@localhost ~]$ accept –r "some reason!" my_printer

按回车键后，即可拒绝发往my_printer的打印任务。

命令9　cancel命令

命令功能

cancel命令用于取消已存在的打印任务。

命令语法

cancel(选项)(参数)

选项说明

- –a：取消所有打印任务；
- –E：当连接到服务器时强制使用加密；
- –U：指定连接服务器时使用的用户名；
- –u：指定打印任务所属的用户；
- –h：指定连接的服务器名和端口号。

参数说明

- 打印任务号：指定要取消的打印任务编号。

实例1　取消打印任务

案例表述

使用cancel指令取消2号打印任务。

案例实现

在命令行中输入下面命令：

[root@localhost ~]$ cancel 2

按回车键后，即可取消2号打印任务。

命令10　cupsdisable命令

命令功能

cupsdisable命令用于停止指定的打印机。

命令语法

cupsdisable (选项)(参数)

选项说明

- –E：当连接到服务器时强制使用加密；

- –U：指定连接服务器时使用的用户名；
- –u：指定打印任务所属的用户；
- –c：取消指定打印机的所有打印任务；
- –h：指定连接到服务器名和端口号；
- –r：停止打印机的原因。

参数说明

- 目标：指定目标打印机。

实例1　停止指定打印机

案例表述

使用cupsdisable指令停止打印机。

案例实现

在命令行中输入下面命令：

```
[root@localhost ~ ]$ cupsdisable my_printer
```

按回车键后，即可停止打印机。

命令11　cupsenable命令

命令功能

cupsenable命令用于启动指定的打印机。

命令语法

cupsenable (选项)(参数)

选项说明

- –E：当连接到服务器时强制使用加密；
- –U：指定连接服务器时使用的用户名；
- –u：指定打印任务所属的用户；
- –h：指定连接到服务器名和端口号。

参数说明

- 目标：指定目标打印机。

实例1　启动打印机

案例表述

使用cupsenable启动打印机。

案例实现

在命令行中输入下面命令：

```
[root@localhost ~ ]$ cupsenadle my_printer
```
按回车键后，即可启动打印机。

命令12 lpadmin命令

命令功能
lpadmin命令用于配置CUPS套件中的打印机和类，也被用来设置打印服务器默认打印机。

命令语法
lpadmin (选项)(参数)

选项说明
- -c：将打印机加入类；
- -i：为打印机设置"system V"风格的接口脚本；
- -m：从model目录设置一个标准的"system V"接口脚本或"PPD"文件；
- -o：为"PPD"或服务器设置选项；
- -r：从类中删除打印机；
- -u：设置打印机用户级的访问控制；
- -D：为打印机提供一个文字描述；
- -E：允许打印机接受打印任务；
- -L：为打印机位置提供一个文字描述；
- -P：为打印机指定一个ppd描述文件；
- -p：指定要配置的打印机名称；
- -d：设置默认打印机。

参数说明
- 打印机：指定要配置的打印机的名称。

实例1　添加打印机

案例表述
使用lpadmin指令添加打印机。

案例实现
在命令行中输入下面命令：

```
[root@localhost ~ ]$ lpadmin –p laserjet2300 –v /dev/parport1 –m hp_laserjet_200.ppd -E
```

按回车键后,即可添加打印机。

实例2　管理打印机

案例表述

管理打印机。

案例实现

① 使用lpadmin指令的"-d"选项设置默认打印机,在命令行中输入下面命令:

[root@localhost ~]$ lpadmin –d laserjet2300

按回车键后,即可设置默认打印机。

② 使用lpadmin指令的"-x"选项删除指定打印机,在命令行中输入下面命令:

[root@localhost ~]$ lpadmin –x laserjet2300

按回车键后,即可删除指定打印机,效果如图23-7所示。

```
[root@localhost ~]$ lpadmin -x laserjet2300
```

图23-7

读书笔记

第24章

编程开发

Linux操作系统作为开放源代码运动的成功典范,内置了许多开放源代码的开发工具,可以满足不同编程语言开发者的需求,如通用编程语言C语言,PHP语言和Perl语言。本章将介绍Linux下常用的编程开发类指令。

命令1　test命令

命令功能
test命令是shell环境中测试条件表达式的实用工具。

命令语法
test(选项)

选项说明
- –b<文件>：如果文件为一个块特殊文件，则为真；
- –c<文件>：如果文件为一个字符特殊文件，则为真；
- –d<文件>：如果文件为一个目录，则为真；
- –e<文件>：如果文件存在，则为真；
- –f<文件>：如果文件为一个普通文件，则为真；
- –g<文件>：如果设置了文件的 SGID 位，则为真；
- –G<文件>：如果文件存在且归该组所有，则为真；
- –k<文件>：如果设置了文件的粘着位，则为真；
- –O<文件>：如果文件存在并且归该用户所有，则为真；
- –p<文件>：如果文件为一个命名管道，则为真；
- –r<文件>：如果文件可读，则为真；
- –s<文件>：如果文件的长度不为零，则为真；
- –S<文件>：如果文件为一个套接字特殊文件，则为真；
- –u<文件>：如果设置了文件的 SUID 位，则为真；
- –w<文件>：如果文件可写，则为真；
- –x<文件>：如果文件可执行，则为真。

实例1　条件测试

案例表述
使用test指令的测试文件是否可读。

案例实现
在命令行中输入下面命令：

```
[root@localhost ~]# test -r test
[root@localhost ~]# echo $?
```

按回车键后，即可测试文件是否可读并显示test指令的返回值，效果如图24-1所示。

```
[root@localhost ~]# test -r test
[root@localhost ~]# echo $?
1
```

图24-1

实例2 测试普通文件

▶ 案例表述

使用test指令的测试文件是否为普通文件。

▶ 案例实现

在命令行中输入下面命令：

[root@localhost ~]# test –f time
[root@localhost ~]# echo $?

按回车键后，即可测试time文件是否为普通文件并显示test指令的返回值，效果如图24-2所示。

```
[root@localhost ~]# test -f time
[root@localhost ~]# echo $?
1
```

图24-2

实例3： shell脚本使用test指令

▶ 案例表述

本例演示如何在shell脚本中利用test指令进行条件测试，使用cat指令显示shell脚本的内容。

▶ 案例实现

在命令行中输入下面命令：

[root@localhost ~]# cat test.sh

按回车键后，即可显示文本文件内容，效果如图24-3所示。

```
[root@localhost ~]# cat test.sh
cat: test.sh: Â»ÓÐÁÇ¸öÎÄ¼þ»òÒÀÂ¼
```

图24-3

命令2 expr命令

▣ 命令功能

expr命令是一款表达式计算工具，使用它完成表达式的求值操作。

▣ 命令语法

expr(选项)(参数)

▣ 选项说明

- ––help：显示指令的帮助信息；
- ––version：显示指令版本信息。

参数说明

- 表达式：要求值的表达式。

实例1　算数表达式求值

案例表述
算数表达式求值。

案例实现

1 使用expr完成简单的算数表达式运算，在命令行中输入下面命令：

[root@localhost ~]# expr 5 + 5

按回车键后，即可计算5+5的值，效果如图24-4所示。

```
[root@localhost ~]# expr 5 + 5
10
```

图24-4

2 使用expr完成复杂的算数表达式运算，在命令行中输入下面命令：

[root@localhost ~]# expr \(9 + 10 \) * \(8 - 2 \) + 2 * 2

按回车键后，即可计算复杂的算数表达式，效果如图24-5所示。

```
[root@localhost ~]# expr \( 9 + 10 \) \* \( 8 - 2 \) + 2 \* 2
118
```

图24-5

实例2　字符串操作

案例表述
算数表达式求值。

案例实现

1 使用expr指令求给定字符串的长度，在命令行中输入下面命令：

[root@localhost ~]# expr length "Hello World"

按回车键后，即可计算"Hello World"的字符串长度，效果如图24-6所示。

```
[root@localhost ~]# expr length "Hello World"
11
```

图24-6

2 使用expr指令求字符串出现的位置，在命令行中输入下面命令：

[root@localhost ~]# expr index "Hi，This is a demo" "demo"

按回车键后，即可显示"demo"出现的位置，效果如图24-7所示。

```
[root@localhost ~]# expr index "Hi,This is a demo" "demo"
14
```

图24-7

命令3 gcc命令

命令功能

gcc命令使用GNU推出的基于表C/C++的编译器，是开放源代码领域应用最为广泛的编译器，具有功能强大，编译代码支持性能优化等特点。

命令语法

gcc(选项)(参数)

选项说明

- –o：指定生成的输出文件；
- –E：仅执行编译预处理；
- –S：将C代码转换为汇编代码；
- –wall：显示警告信息；
- –c：仅执行编译操作，不进行连接操作。

参数说明

- C源文件：指定C语言源代码文件。

实例1 编译C语言源文件

▶ 案例表述

编译C语言源文件。

▶ 案例实现

❶ 使用gcc指令编译C语言源文件，在命令行中输入下面命令：

[root@localhost root]# gcc hello.c

按回车键后，即可编译C源文件，效果如图24-8所示。

```
[root@localhost root]# gcc hello.c
hello.c:1: parse error before '!' token
[root@localhost root]# gcc hello.c
hello.c:2: parse error at end of input
[root@localhost root]# gcc hello.c
hello.c:2:10: #include expects "FILENAME" or <FILENAME>
hello.c: In function `main':
hello.c:6: syntax error before "msgid"
hello.c:9: `msgid' undeclared (first use in this function)
hello.c:9: (Each undeclared identifier is reported only once
hello.c:9: for each function it appears in.)
[root@localhost root]#
```

图24-8

❷ 使用gcc指令的"-o"选项可以定制输出的目标文件的名称，在命令行中输入下面命令：

[root@localhost root]# gcc –o hello hello.c

按回车键后，即可编译C代码，生成目标文件为hello，效果如图24-9所示。

图24-9

❸ 使用 "-wall" 选项显示所有警告信息，在命令行中输入下面命令：

[root@localhost root]# gcc –Wall hello.c

按回车键后，即显示警告信息，效果如图24-10所示。

图24-10

实例2　分析执行编译操作

▶ 案例表述

分析执行编译操作。

▶ 案例实现

❶ 默认情况下，gcc指令将编译连接过程一步完成，使用适当的选项可以将编译的整个过程分步骤完成，使用 "-E" 选项仅完成编译预处理操作，在命令行中输入下面命令：

[root@localhost ~]# gcc –E –o hello.i hello.c

按回车键后，即可仅执行编译预处理，指定预处理后生产的文件。

❷ 使用 "-S" 选项生成汇编代码，在命令行中输入下面命令：

[root@localhost ~]# gcc –S –o hello.s hello.i

按回车键后，即可生成汇编代码文件 "hello.s"，效果如图24-11所示。

图24-11

❸ 使用“-c”选项将汇编代码译为目标代码，在命令行中输入下面命令：

```
[root@localhost ~ ]# gcc –c –o hello.o hello.s
```

按回车键后，即可将汇编代码编译为目标文件，效果如图24-12所示。

```
[root@localhost ~]# gcc -c -o hello.o hello.s
gcc: hello.s: Ã»ÓÐÄÇ,öÎÄ¼þ»òÄ¿Â¼
gcc: no input files
```

图24–12

❹ 用gcc指令生成的目标文件连接为可执行文件，在命令行中输入下面命令：

```
[root@localhost ~ ]# gcc –o hello hello.o
```

按回车键后，即可连接目标文件，效果如图24-13所示。

```
[root@localhost ~]# gcc -o hello hello.o
gcc: hello.o: Ã»ÓÐÄÇ,öÎÄ¼þ»òÄ¿Â¼
gcc: no input files
```

图24–13

命令4 gdb命令

命令功能

gdb命令包含在GNU的gcc开发套件中，是功能强大的程序调试器。

命令语法

gdb(选项)(参数)

选项说明

- –cd：设置工作目录；
- –q：安静模式，不打印介绍信息和版本信息；
- –d：添加文件查找路径；
- –x：从指定文件中执行GDB指令；
- –s：设置读取的符号表文件。

参数说明

- 文件：二进制可执行程序。

实例1 调试程序

案例表述

调试程序。

案例实现

❶ 启动gdb调试器，在命令行中输入下面命令：

```
[root@localhost ~ ]# gdb
```

按回车键后，即可启动调试器，效果如图24-14所示。

```
[root@localhost ~]# gdb
GNU gdb Red Hat Linux (5.3post-0.20021129.18rh)
Copyright 2003 Free Software Foundation, Inc.
GDB is free software, covered by the GNU General Public License, and you are
welcome to change it and/or distribute copies of it under certain conditions.
Type "show copying" to see the conditions.
There is absolutely no warranty for GDB.  Type "show warranty" for details.
This GDB was configured as "i386-redhat-linux-gnu".
(gdb) _
```

图24-14

2 加载二进制可执行程序，在命令行中输入下面命令：

```
(gdb) file a.out
```

按回车键后，即可加载二进制可执行文件“a.out”，效果如图24-15所示。

```
(gdb) file a.out
a.out: Ã»ÓÐÄÇ,öÎÄ¼þ»òÄ¿Â¼.
```

图24-15

3 运行程序，在命令行中输入下面命令：

```
(gdb) start
```

按回车键后，即可运行“a.out”，效果如图24-16所示。

```
(gdb) start
Undefined command: "start".  Try "help".
```

图24-16

命令5 ld命令

命令功能

ld命令是GNU的连接器，将目标文件连接为可执行程序。

命令语法

ld(选项)(参数)

选项说明

- -o：指定输出文件名；
- -e：指定程序的入口符号。

参数说明

- 目标文件：指定需要连接的目标文件。

实例1 将目标文件连接为可执行程序

案例表述

将目标文件连接为可执行程序。

案例实现

1 为了演示ld指令的用法，本例中使用gcc指令的"-c"选项，仅编译C语言文件，而不进行连接操作，在命令行中输入下面命令：

[root@localhost root]# gcc –c test.c

按回车键后，即可编译C语言源文件，效果如图24-17所示。

```
[root@localhost root]# gcc -c test.c
test.c:2:10: #include expects "FILENAME" or <FILENAME>
test.c: In function `main':
test.c:6: syntax error before "msgid"
test.c:9: `msgid' undeclared (first use in this function)
test.c:9: (Each undeclared identifier is reported only once
test.c:9: for each function it appears in.)
[root@localhost root]#
```

图24-17

2 使用ld指令将目标文件连接为可执行程序，在命令行中输入下面命令：

[root@ localhost ~]# ld –o test test.o –lc –e main

按回车键后，即可将目标文件"test.o"连接为可执行程序"test"，效果如图24-18所示。

```
[root@localhost ~]# ld -o test test.o -lc -e main
ld: cannot open test.o: Ã»ÓÐÀÇ,öÎÂ¼þòÄ¿Â¼
```

图24-18

命令6　ldd命令

命令功能

ldd命令用于打印程序或者库文件所依赖的共享库列表。

命令语法

ldd(选项)(参数)

选项说明

- --version：打印指令版本号；
- -v：详细信息模式，打印所有相关信息；
- -u：打印未使用的直接依赖；
- -d：执行重定位和报告任何丢失的对象；
- -r：执行数据对象和函数的重定位，并且报告任何丢失的对象和函数；
- --help：显示帮助信息。

参数说明

- 文件：指定可执行程序或者文库。

实例1 显示程序所依赖的共享库

案例表述

使用ldd指令显示vi指令所依赖的共享库。

案例实现

在命令行中输入下面命令：

```
[root@ localhost ~ ]# ldd /bin/vi
```

按回车键后，即可显示vi指令依赖的共享库，效果如图24-19所示。

```
[root@localhost ~]# ldd /bin/vi
        libtermcap.so.2 => /lib/libtermcap.so.2 (0x4002c000)
        libacl.so.1 => /lib/libacl.so.1 (0x40030000)
        libdl.so.2 => /lib/libdl.so.2 (0x40036000)
        libc.so.6 => /lib/tls/libc.so.6 (0x42000000)
        libattr.so.1 => /lib/libattr.so.1 (0x40039000)
        /lib/ld-linux.so.2 => /lib/ld-linux.so.2 (0x40000000)
```

图24–19

命令7 make命令

命令功能

make命令是GNU的工程化编译工具，用于编译众多相互关联的源代码文件，以实现工程化的管理，提高开发效率。

命令语法

make(选项)(参数)

选项说明

- –f：指定“makefile”文件。

参数说明

- 目标：指定编译目标。

实例1 安装源代码软件

案例表述

安装源代码软件。

案例实现

① 本例演示如何在Linux下编译和安装源代码软件，首先，需要下载源代码软件包，本例以“proftpd-1.3.2a.tar.gz”为例。第一步使用tar指令进行解压缩包，在命令行中输入下面命令：

```
[root@ localhost ~ ]# tar –zxf proftpd-1.3.2a.tar.gz
```

按回车键后，即可执行解压缩包操作，效果如图24-20所示。

```
[root@localhost ~]# tar -zxf proftpd-1.3.2a.tar.gz
tar (child): proftpd-1.3.2a.tar.gz: Cannot open: Ã»ÔÐÁÇ,õÎÁ¼þ»òÀ¿Â¼
tar (child): Error is not recoverable: exiting now
tar: Child returned status 2
tar: Error exit delayed from previous errors
```

图24-20

❷ 切换到源代码目录，执行配置、编译和安装操作，在命令行中输入下面命令：

[root@hn]# cd proftpd-1.3.2a

[root@hn proftpd-1.3.2a]# ./configure --prefefix=/usr/local/proftpd-1.3.2a

[root@hn proftpd-1.3.2a]#make

[root@hn proftpd-1.3.2a]#make install

命令8　as命令

命令功能

as命令是GNU组织推出的一款汇编语言编译器，它支持多种不同类型的处理器。

命令语法

as(选项)(参数)

选项说明

- –ac：忽略失败条件；
- –ad：忽略调试指令；
- –ah：包括高级源；
- –al：包括装配；
- –am：包括宏扩展；
- –an：忽略形式处理；
- –as：包括符号；
- =file：设置列出文件的名字；
- --alternate：以交互宏模式开始；
- –f：跳过空白和注释预处理；
- –g：产生调试信息；
- –J：对于有符号溢出不显示警告信息；
- –L：在符号表中保留本地符号；
- –o：指定要生成的目标文件；
- --statistics：打印汇编所用的最大空间和总时间。

参数说明

- 汇编文件：指定要汇编的源文件。

实例1　编译汇编程序

案例表述

编译汇编程序。

案例实现

❶ 本例中将gcc编译C语言源文件的过程分解执行，以验证as指令的功能，首先使用cat指令显示待编译的C语言源文件，在命令行中输入下面命令：

```
[root@localhost root ]# cat hello.c
```

按回车键后，即可显示文本文件的内容，效果如图24-21所示。

```
[root@localhost root]# cat hello.c
#include <sys/msg.h>
#include (stdio.h>
int main ()
{
int  msgid
msgid=msgget(
        IPC_PRIVATE
        IPC_CREAT IPC_EXCL 0666);
printf("msgid is 0X%X\n",msgid);
scanf("%d",&msgid);
```

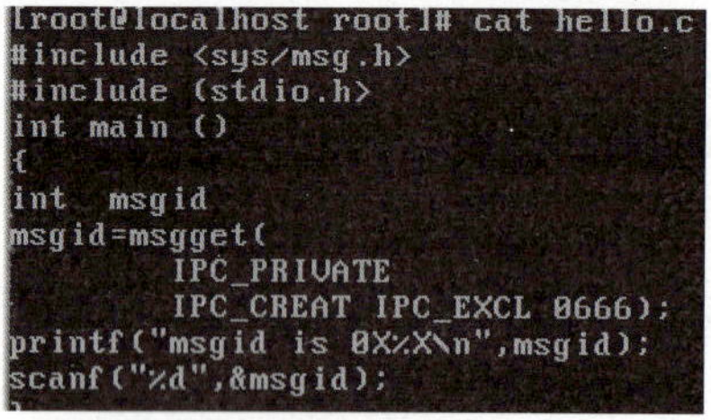

图24-21

❷ 使用gcc指令的“-S”选项将C语言文件编译成汇编语言程序，在命令行中输入下面命令：

```
[root@localhost ~ ]# gcc –S hello.c
```

按回车键后，即可将C语言转换成汇编代码。

❸ 使用cat指令查看生成的“.s”文件，在命令行中输入下面命令：

```
[root@localhost root ]# cat hello.s
```

按回车键后，即可显示文本文件内容，效果如图24-22所示。

```
[root@localhost root]# cat hello.s
        .file   "hello.c"
        .ident  "GCC: (GNU) 3.2.2 20030222 (Red Hat Linux 3.2.2-5)"
```

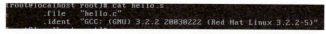

图24-22

❹ 使用as指令的“-o”选项将汇编代码文件编译为目标文件“hello.o”，在命令行中输入下面命令：

```
[root@localhost ~ ]# as –o hello.o hello.s
```

按回车键后，即可将汇编文件编译为目标文件。

命令9　gcov命令

命令功能

gcov命令是一款测试程序的代码覆盖率的工具。

命令语法

gcov(选项)(参数)

选项说明

- –h：显示帮助信息；
- –v：显示版本信息；
- –a：输出所有的基本块的执行计数；
- –n：并创建输出文件。

参数说明

- V语言文件：C语言源代码文件。

实例1　测试代码的覆盖率

案例表述

测试代码的覆盖率。

案例实现

① 使用cat指令显示C语言源文件"test.c"中的源代码，在命令行中输入下面命令：

[root@ localhost root]# cat test.c

按回车键后，即可显示C语言源代码，效果如图24-23所示。

图24-23

② 使用gcc指令编译"test.c"，在命令行中输入下面命令：

[root@ localhost ~]# gcc –fprofile-arcs –ftest-coverage –g –o test test.c

按回车键后，即可编译C语言源代码。

③ 执行编译生成的可执行程序"test"，在命令行中输入下面命令：

[root@ localhost ~]# ./test

按回车键后，即可执行编译生成的可执行文件。

④ 使用gcov进行代码覆盖率测试，在命令行中输入下面命令：

[root@ localhost ~] # gcov test.c

按回车键后，即可测试代码覆盖率。效果如图24-24所示。

```
[root@localhost ~ ]# gcov test.c
File 'test.c'
Lines executed:62.50% of 8
test.c:creating 'test.c.gcov'
```

图24-24

5 使用cat指令查看文件'test.c.gcov',在命令行中输入下面命令:

[root@ localhost root]# cat test.c.gcov

按回车键后,即可显示文本文件内容。效果如图24-25所示。

```
[root@localhost root]# cat test.c.gcov
#include <sys/msg.h>
#include <stdio.h>
int main ()
{
int  msgid
msgid=msgget(
        IPC_PRIVATE
        IPC_CREAT IPC_EXCL 0666)
printf("msgid is 0X%X\n",msgid);
scanf("%d",&msgid);
}
```

图24-25

命令10 nm命令

命令功能

nm命令被用于显示二进制目标文件的符号表。

命令语法

nm(选项)(参数)

选项说明

- -A:每个符号前显示文件名;
- -D:显示动态符号;
- -g:仅显示外部符号;
- -r:反序显示符号表。

参数说明

- 目标文件:二进制目标文件,通常是库文件和可执行文件。

实例1 显示目标文件符号表

案例表述

显示目标文件符号表。

案例实现

1 本例演示一个简单的C语言程序编译成目标文件后的符号表,使用cat指令显示C语言的内容,在命令行中输入下面命令:

[root@ localhost root]# cat test.c

按回车键后,即可显示C语言文件的内容,效果如图24-26所示。

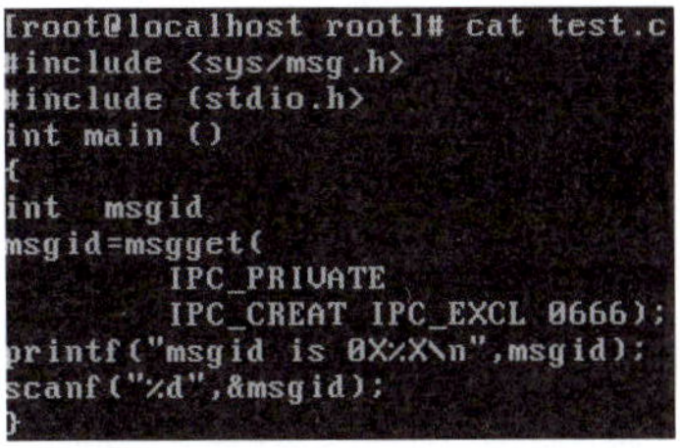

图24-26

② 使用gcc指令的"-c"选项编译"test.c",在命令行中输入下面命令:

[root@ localhost ~]# gcc –c test.c

按回车键后,即可仅编译C语言文件,不进行连接。

③ 使用nm指令显示文件"test.o"的符号表,在命令行中输入下面命令:

[root@ localhost root]# nm test.o

按回车键后,即可显示目标文件的符号表,效果如图24-27所示。

图24-27

命令11 perl命令

命令功能

perl命令是perl语言解释器,负责解释执行perl语言程序。

命令语法

perl(选项)(参数)

选项说明

- −w:输出有用的警告信息;
- −U:允许不安全的操作;
- −c:仅检查文件的语法;
- −d:在调试下运行脚本程序。

参数说明

- 文件:要运行的perl脚本程序。

实例1 运行perl程序

案例表述

运行perl程序。

案例实现

1 使用peil指令解释执行perl脚本程序，首先，使用cat指令显示编写好的perl脚本文件，在命令行中输入下面命令：

[root@ localhost ~]# cat test.pl

按回车键后，即可显示perl脚本文件的内容，效果如图24-28所示。

2 使用perl指令运行perl脚本，在命令行中输入下面命令：

[root@ localhost root]# perl test.pl

按回车键后，即可运行perl脚本程序，效果如图24-29所示。

图24-28

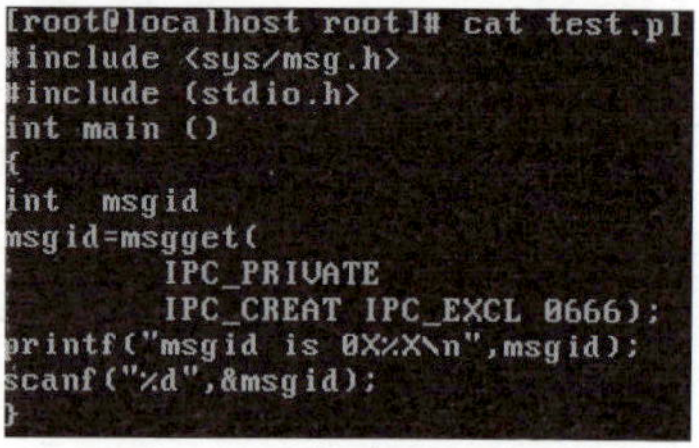

图24-29

命令12　php命令

命令功能

php命令是流行的Web开发语言PHP的命令行接口，可以使用PHP语言开发基于命令行的系统管理脚本程序。

命令语法

php(选项)(参数)

选项说明

- –a：进入交互模式；
- –c：指定"php.ini"的搜索路径。

参数说明

- 文件：要执行的php脚本。

实例1　运行perl程序

案例表述

运行perl程序。

案例实现

1 使用cat指令显示编辑好的php脚本代码，在命令行中输入下面命令：

```
[root@ localhost root ]# cat test.php
```

按回车键后，即可显示php源代码，效果如图24-30所示。

❷ 在命令行中使用php指令运行php脚本文件，在命令行中输入下面命令：

```
[root@ localhost root ]# php test.php
```

按回车键后，即可运行php脚本，效果如图24-31所示。

```
[root@localhost root]# cat test.php
#include <sys/msg.h>
#include (stdio.h>
int main ()
{
int  msgid
msgid=msgget(
        IPC_PRIVATE
        IPC_CREAT IPC_EXCL 0666);
printf("msgid is 0X%X\n",msgid);
scanf("%d",&msgid);
}
```

图24-30

```
[root@localhost root]# php test.php
X-Powered-By: PHP/4.2.2
Content-type: text/html

#include (stdio.h>
int main ()
{
int  msgid
msgid=msgget(
        IPC_PRIVATE
        IPC_CREAT IPC_EXCL 0666);
printf("msgid is 0X%X\n",msgid);
scanf("%d",&msgid);
}
```

图24-31

命令13 protoize命令

命令功能

protoize命令属于GCC套件，用于为C语言源代码文件添加函数原型，将GNU-C代码转换为ANSI-C代码。

命令语法

protoize (选项)(参数)

选项说明

- -d：设置需要转换代码的目录；
- -x：转换代码时排除的文件。

参数说明

- 文件：需要转换代码的C语言源文件。

实例1 C语言源代码文件添加函数原型

案例表述

C语言源代码文件添加函数原型。

案例实现

❶ 显示已编写好的C语言源文件的内容，在命令行中输入下面命令：

```
[root@ localhost root ]# cat test.c
```

按回车键后，效果如图24-32所示。

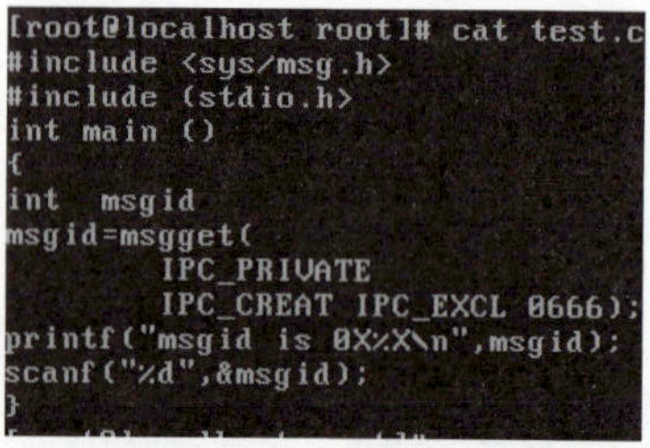

```
[root@localhost root]# cat test.c
#include <sys/msg.h>
#include (stdio.h>
int main ()
{
int  msgid
msgid=msgget(
        IPC_PRIVATE
        IPC_CREAT IPC_EXCL 0666);
printf("msgid is 0X%X\n",msgid);
scanf("%d",&msgid);
}
```

图24-32

2 使用protoize指令为C语言源代码文件添加函数原型，在命令行中输入下面命令：

```
[root@ localhost root ]# peotoize test.c
```

按回车键后，效果如图24-33所示。

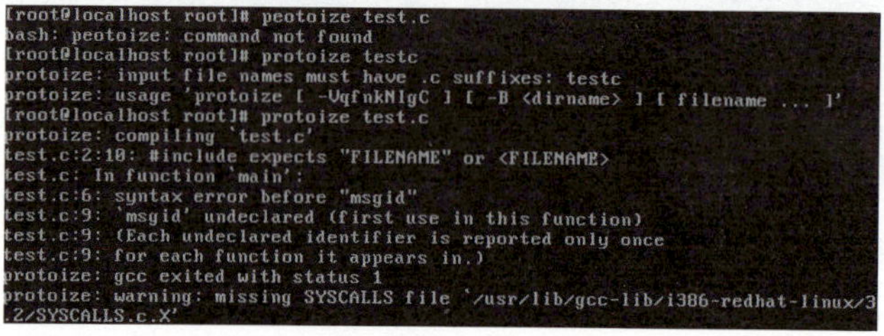

```
[root@localhost root]# peotoize test.c
bash: peotoize: command not found
[root@localhost root]# protoize testc
protoize: input file names must have .c suffixes: testc
protoize: usage 'protoize [ -VqfnkNlgC ] [ -B <dirname> ] [ filename ... ]'
[root@localhost root]# protoize test.c
protoize: compiling `test.c'
test.c:2:10: #include expects "FILENAME" or <FILENAME>
test.c: In function `main':
test.c:6: syntax error before "msgid"
test.c:9: `msgid' undeclared (first use in this function)
test.c:9: (Each undeclared identifier is reported only once
test.c:9: for each function it appears in.)
protoize: gcc exited with status 1
protoize: warning: missing SYSCALLS file `/usr/lib/gcc-lib/i386-redhat-linux/3
.2/SYSCALLS.c.X'
```

图24-33

3 显示添加函数原型后的C语言源文件，在命令行中输入下面命令：

```
[root@ localhost root ]# cat test.c
```

按回车键后，效果如图24-34所示。

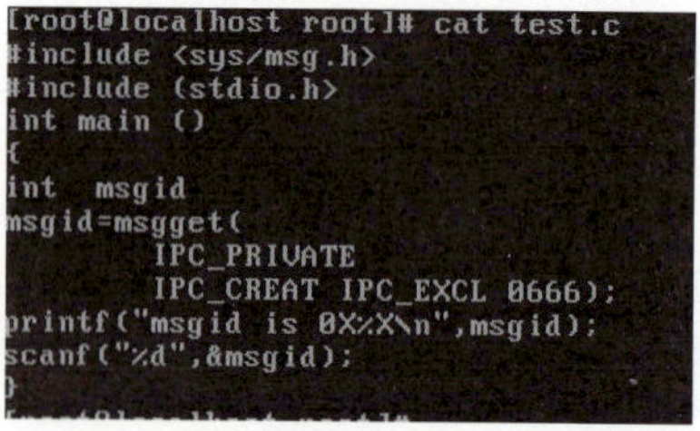

```
[root@localhost root]# cat test.c
#include <sys/msg.h>
#include (stdio.h>
int main ()
{
int  msgid
msgid=msgget(
        IPC_PRIVATE
        IPC_CREAT IPC_EXCL 0666);
printf("msgid is 0X%X\n",msgid);
scanf("%d",&msgid);
}
```

图24-34

命令14 unprotoize命令

命令功能

unprotoize命令属于GCC套件，用于删除C语言源代码文件中的函数原型。

命令语法

unprotoize (选项)(参数)

选项说明

- -d：设置需要转换代码的目录；
- -x：转换代码时排除的文件。

参数说明

- 文件：需要转换代码的C语言源文件。

实例1 删除函数原型

案例表述

删除函数原型。

案例实现

① 使用cat指令显示C语言源文件的内容，在命令行中输入下面命令：

[root@ localhost root]# cat test.c

按回车键后，即可显示文本文件内容，效果如图24-35所示。

② 使用unprotoize指令删除函数原型，在命令行中输入下面命令：

[root@ localhost root]# unpeotoize test.c

按回车键后，即可删除源代码中的函数原型，效果如图24-36所示。

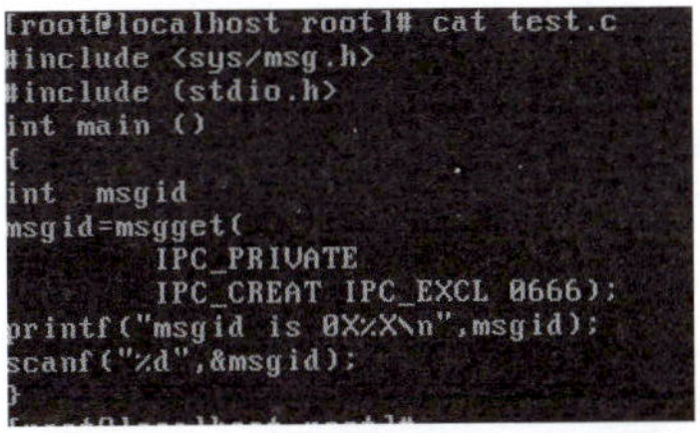

图24-35

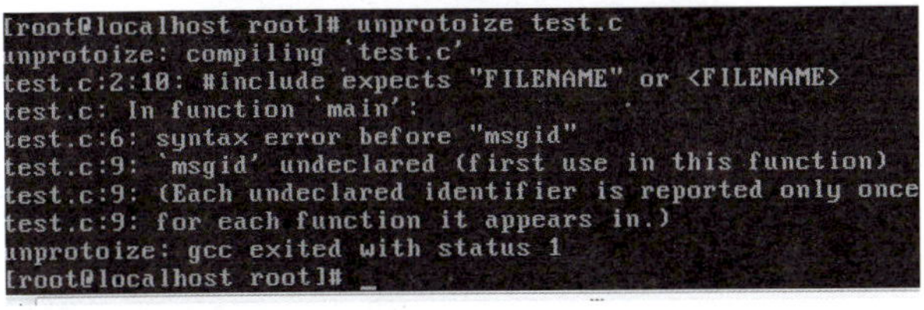

图24-36

③ 使用cat指令查看删除函数原型后的JC语言源代码，在命令行中输入下面命令：

[root@ localhost root]# cat test.c

按回车键后，即可显示文本文件内容效果如图24-37所示。

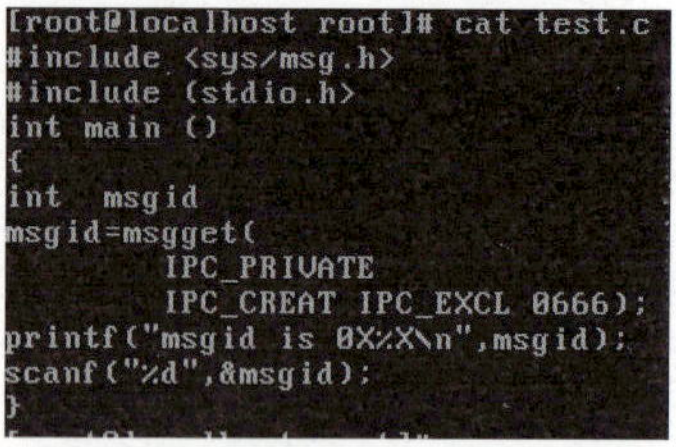

```
[root@localhost root]# cat test.c
#include <sys/msg.h>
#include (stdio.h>
int main ()
{
int  msgid
msgid=msgget(
        IPC_PRIVATE
        IPC_CREAT IPC_EXCL 0666);
printf("msgid is 0X%X\n",msgid);
scanf("%d",&msgid);
}
```

图24-37

命令15 mktemp命令

命令功能

mktemp命令被用来创建临时文件供shell脚本使用。

命令语法

mktemp (选项)(参数)

选项说明

- -q：执行时若发生错误，不会显示任何信息；
- -u：暂存文件会在mktemp结束前先行删除；
- -d：创建一个目录而非文件。

参数说明

- 文件：指定创建的临时文件。

实例1 在bash脚本中使用临时文件

案例表述

mktemp指令通常应用在shell脚本中，使用cat指令显示示例shell脚本程序的代码。

案例实现

在命令行中输入下面命令：

```
[root@localhost root ]# cat tt.sh
```

按回车键后，即可显示shell脚本的内容，效果如图24-38所示。

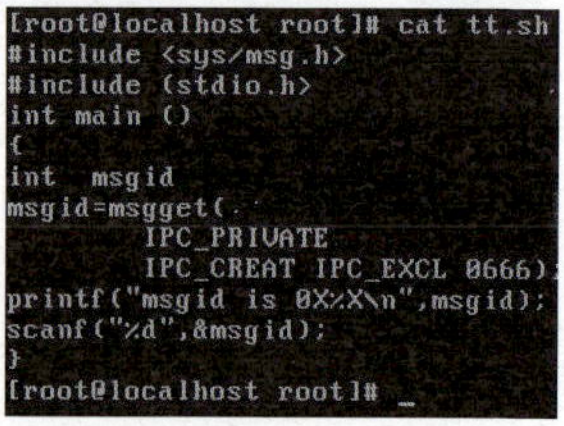

```
[root@localhost root]# cat tt.sh
#include <sys/msg.h>
#include (stdio.h>
int main ()
{
int  msgid
msgid=msgget(
        IPC_PRIVATE
        IPC_CREAT IPC_EXCL 0666);
printf("msgid is 0X%X\n",msgid);
scanf("%d",&msgid);
}
[root@localhost root]# _
```

图24-38

第5篇 Linux网络管理指令

第25章

网络配置

在安装Linux时,如果有网卡,安装程序将会提示给出TCP/IP网络的配置参数,如本机的IP地址、默认网关的IP地址、DNS的IP地址等。根据这些配置参数,安装程序将会自动把网卡(Linux系统首先要支持)驱动程序编译到内核中去。但是我们一定要了解加载网卡驱动程序的过程,那么在以后改变网卡,使用多个网卡的时候我们就会很容易的操作。网卡的驱动程序是作为模块加载到内核中去的,所有Linux支持的网卡驱动程序都是存放在目录/lib/modules/(Linux版本号)/net/。

命令1 ifconfig命令

命令功能
ifconfig命令被用于配置和显示Linux内核中网络接口的网络参数。

命令语法
ifconfig (参数)

参数说明
- add<地址>：设置网络设备IPv6的IP地址；
- del<地址>：删除网络设备IPv6的IP地址；
- down：关闭指定的网络设备；
- hw<网络设备类型><硬件地址>：设置网络设备的类型与硬件地址；
- io_addr<I/O地址>：设置网络设备的I/O地址；
- irq<IRQ地址>：设置网络设备的IRQ；
- media<网络媒介类型>：设置网络设备的媒介类型；
- mem_start<内存地址>：设置网络设备在主内存所占用的起始地址；
- metric<数目>：指定在计算数据包的转送次数时，所要加上的数目；
- mtu<字节>：设置网络设备的MTU；
- netmask<子网掩码>：设置网络设备的子网掩码；
- tunnel<地址>：建立IPv4与IPv6之间的隧道通信地址；
- up：启动指定的网络设备；
- –broadcast<地址>：将要送往指定地址的数据包当成广播数据包来处理；
- –pointopoint<地址>：与指定地址的网络设备建立直接连线，此模式具有保密功能；
- –promisc：关闭或启动指定网络设备的promiscuous模式；
- IP地址：指定网络设备的IP地址；
- 网络设备：指定网络设备的名称。

实例1 设置网络接口的IP地址

案例表述

设置网络接口的IP地址。

案例实现

① 使用ifconfig指令设置网络接口的ip地址，在命令行中输入下面命令：

[root@hn]# ifconfig eth0 192.168.0.2

按回车键后，即可为网络接口eth0设置IP地址，使用标准子网掩码。

2 如果使用非标准子网掩码，在命令行中输入下面命令：

```
[root@hn ]# ifconfig eth0 192.168.0.2 netmask 255.255.255.224
```

按回车键后，即可为网络接口eth0设置ip地址，并指定非标准子网掩码。

实例2　查看网络接口的配置

案例表述

查看网络接口的配置。

案例实现

1 使用不带参数的ifconfig指令将显示当前激活的所有网络信息，在命令行中输入下面命令：

```
[root@localhost ]# ifconfig
```

按回车键后，即可显示所有网络接口的配置信息，效果如图25-1所示。

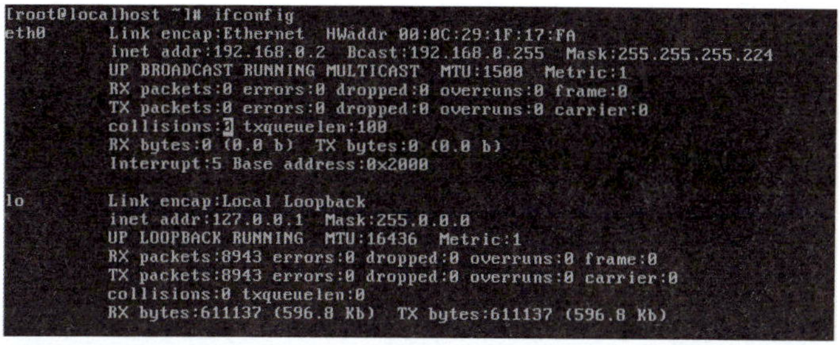

```
[root@localhost ~]# ifconfig
eth0      Link encap:Ethernet  HWaddr 00:0C:29:1F:17:FA
          inet addr:192.168.0.2  Bcast:192.168.0.255  Mask:255.255.255.224
          UP BROADCAST RUNNING MULTICAST  MTU:1500  Metric:1
          RX packets:0 errors:0 dropped:0 overruns:0 frame:0
          TX packets:0 errors:0 dropped:0 overruns:0 carrier:0
          collisions:0 txqueuelen:100
          RX bytes:0 (0.0 b)  TX bytes:0 (0.0 b)
          Interrupt:5 Base address:0x2000

lo        Link encap:Local Loopback
          inet addr:127.0.0.1  Mask:255.0.0.0
          UP LOOPBACK RUNNING  MTU:16436  Metric:1
          RX packets:8943 errors:0 dropped:0 overruns:0 frame:0
          TX packets:8943 errors:0 dropped:0 overruns:0 carrier:0
          collisions:0 txqueuelen:0
          RX bytes:611137 (596.8 Kb)  TX bytes:611137 (596.8 Kb)
```

图25-1

2 如果只希望显示某个网络接口的配置信息，在命令行中输入下面命令：

```
[root@ localhost ]# ifconfig eth0
```

按回车键后，即可显示网络接口eth0的配置，效果如图25-2所示。

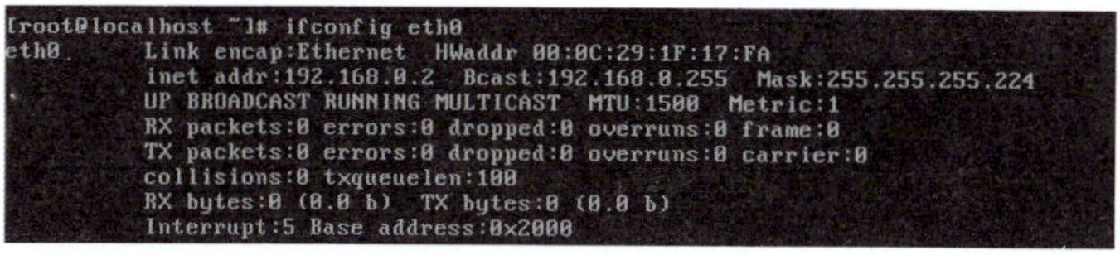

```
[root@localhost ~]# ifconfig eth0
eth0      Link encap:Ethernet  HWaddr 00:0C:29:1F:17:FA
          inet addr:192.168.0.2  Bcast:192.168.0.255  Mask:255.255.255.224
          UP BROADCAST RUNNING MULTICAST  MTU:1500  Metric:1
          RX packets:0 errors:0 dropped:0 overruns:0 frame:0
          TX packets:0 errors:0 dropped:0 overruns:0 carrier:0
          collisions:0 txqueuelen:100
          RX bytes:0 (0.0 b)  TX bytes:0 (0.0 b)
          Interrupt:5 Base address:0x2000
```

图25-2

命令2　route命令

命令功能

route命令用来显示并设置Linux内核中的网络路由表，route指令设置的路由主要是静态路由。

命令语法

route (选项)(参数)

选项说明

- -A：设置地址类型；
- -C：打印将Linux核心的路由缓存；
- -v：详细信息模式；
- -n：不执行DNS反向查找，直接显示数字形式的IP地址；
- -e：netstat格式显示路由表；
- -net：到一个网络的路由；
- -host：到一个主机的路由。

参数说明

- Add：增加指定的路由记录；
- Del：删除指定的路由记录；
- Target：目的网络或目的主机；
- gw：设置默认网关；
- mss：设置TCP的最大区块长度（MSS），单位MB；
- window：指定通过路由表的TCP连接的TCP窗口大小；
- dev：路由记录所使用的网络接口。

实例1　添加路由记录

案例表述

在Linux系统中使用route指令的"gw"参数添加默认网关。

案例实现

在命令行中输入下面命令：

[root@hn]# route add default gw 192.168.2.1

按回车键后，即可添加默认网关。

实例2　显示路由表

案例表述

使用route指令显示当前Linux核心中的路由表。

案例实现

在命令行中输入下面命令：

[root@ localhost root]# route -n

按回车键后，即可显示Linux内核中当前的路由表，效果如图25-3所示。

```
[root@localhost root]# route -n
Kernel IP routing table
Destination     Gateway         Genmask         Flags Metric Ref    Use Iface
169.254.0.0     0.0.0.0         255.255.0.0     U     0      0        0 lo
127.0.0.0       0.0.0.0         255.0.0.0       U     0      0        0 lo
0.0.0.0         192.168.2.1     0.0.0.0         UG    0      0        0 lo
0.0.0.0         127.0.0.1       0.0.0.0         UG    0      0        0 lo
[root@localhost root]#
```

图25-3

命令3 ifcfg命令

命令功能

ifcfg命令是一个Bash脚本程序，用来设置Linux中的网络接口参数。

命令语法

ifcfg(参数)

参数说明

- 网络接口：指定要操作的网络接口；
- add/del：添加或删除网络接口上的地址；
- IP地址：指定IP地址和子网掩码；
- Stop：停用指定的网络接口的IP地址。

实例1 停用指定网络接口的IP地址

案例表述

使用ifcfg指令停用网络接口"eth0"上的IP地址。

案例实现

在命令行中输入下面命令：

[root@hn]# ifcfg eth0 stop

按回车键后，即可停用eth0上的IP地址。

实例2 为网络接口设置IP地址

案例表述

使用ifcfg指令为网络接口"eth0"设置IP地址。

案例实现

在命令行中输入下面命令：

[root@hn]# ifcfg eth0 add 192.168.0.1/24

按回车键后，即可为eth0设置IP地址。

命令4 ifdown命令

命令功能
ifdown命令用于禁止用指定的网络接口。

命令语法
ifdown(参数)

参数说明
- 网络接口：要禁用的网络接口。

实例1　禁用网络接口

案例表述

使用ifdown指令禁用接口"eth0"。

案例实现

在命令行中输入下面命令：

[root@hn]# ifdown eth0

按回车键后，即可禁用网络接口"eth0"。

命令5 ifup命令

命令功能
ifup命令用于激活指定的网络接口。

命令语法
ifup(参数)

参数说明
- 网络接口：要激活的网络接口。

实例1　激活网络接口

案例表述

使用ifup指令激活网络接口"eth0"。

案例实现

在命令行中输入下面命令：

[root@hn]# ifup eth0

按回车键后，即可激活网络接口"eth0"。

命令6 hostname命令

命令功能
hostname命令用于显示和设置系统的主机名称。

命令语法
hostname (选项)(参数)

选项说明
- -v：详细信息模式；
- -a：显示主机别名；
- -d：显示DNS域名；
- -f：显示FQDN名称；
- -i：显示主机的IP地址；
- -s：显示短主机名称，在第一个点处截断；
- -y：显示NIS域名。

参数说明
- 主机名：指定要设置的主机名。

实例1 显示主机名称

▶ 案例表述

显示主机名称。

▶ 案例实现

❶ hostname指令显示的主机名称信息来自文件"/etc/hosts"，首先，使用cat指令显示此文件的内容，在命令行中输入下面命令：

[root@ localhost]# cat /etc/hosts

按回车键后，即可显示文本文件内容，效果如图25-4所示。

```
[root@localhost ~]# cat /etc/hosts
# Do not remove the following line, or various programs
# that require network functionality will fail.
127.0.0.1               localhost.localdomain localhost
```

图25-4

❷ 使用hostname指令显示主机名，在命令行中输入下面命令：

[root@ localhost]# hostname

按回车键后，即可显示主机名，效果如图25-5所示。

```
[root@localhost ~]# hostname
localhost.localdomain
```

图25-5

③ 使用hostname指令的"-i"选项显示主机的IP地址,在命令行中输入下面命令:

[root@ localhost]# hostname -i

按回车键后,即可显示主机IP地址,效果如图25-6所示。

```
[root@localhost ~]# hostname -i
127.0.0.1
```

图25-6

④ 使用hostname指令的"-a"选项显示主机的别名,在命令行中输入下面命令:

[root@ localhost]# hostname -a

按回车键后,即可显示主机的别名,效果如图25-7所示。

```
[root@localhost ~]# hostname -a
localhost
```

图25-7

实例2 设置主机名称

▶ 案例表述

设置主机名称。

▶ 案例实现

① 使用hostname指令设置主机名称,在命令行中输入下面命令:

[root@ localhost]# hostname demo.nyist.net

按回车键后,即可设置主机名称,效果如图25-8所示。

```
[root@localhost ~]# hostname demo.nyist.net
```

图25-8

② 使用hostname指令显示主机名,在命令行中输入下面命令:

[root@ localhost]# hostname

按回车键后,即可显示主机名,效果如图25-9所示。

```
[root@localhost ~]# hostname
demo.nyist.net
```

图25-9

命令7 dhclient命令

📖 命令功能

dhclient命令使用动态主机配置协议动态地配置网络接口的网络参数。

命令语法

dhclient (选项)(参数)

选项说明

- 0：指定dhcp客户端监听的端口号；
- -d：总是以前台方式运行程序；
- -q：安静模式，不打印任何错误的提示信息；
- -r：释放IP地址。

参数说明

- 网络接口：操作的网络接口。

实例1 获取IP地址

案例表述

使用dhclient指令可以在指定的网络接口上向外发出dhcp请求，以获取dhcp服务器发来的应答报文，为网络接口设置网络参数。

案例实现

在命令行中输入下面命令：

[root@ localhost]# dhclient eth0

按回车键后，即可为eth0发出dhcp广播请求，效果如图25-10所示。

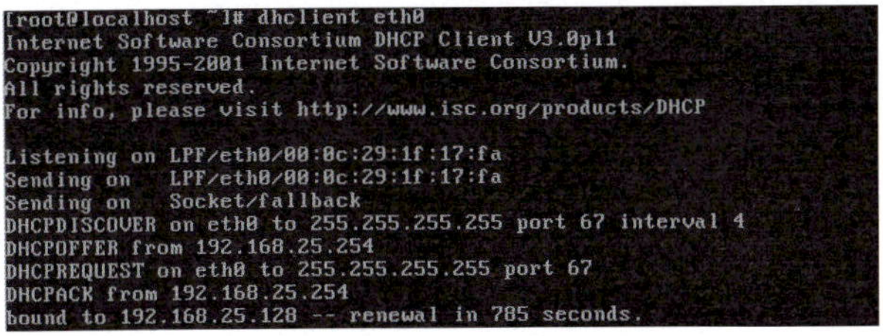

图25–10

命令8 dnsdomainname命令

命令功能

dnsdomainname命令用于定义DNS系统中FQDN名称中的域名。

命令语法

dnsdomainname (选项)

选项说明

- -v：详细信息模式，输出指令执行的详细信息。

实例1　打印DNS域名

案例表述

使用dnsdomainname指令打印DNS名称中的域名部分,并使用 "-v" 选项显示指令的详细信息。

案例实现

在命令行中输入下面命令:

[root@ localhost]# dnsdomainname -v

按回车键后,即可打印DNS域名,效果如图25-11所示。

```
[root@localhost ~]# dnsdomainname -v
gethostname()=`localhost.localdomain'
Resolving `localhost.localdomain' ...
Result: h_name=`localhost.localdomain'
Result: h_aliases=`localhost'
Result: h_addr_list=`127.0.0.1'
localdomain
```

图25-11

命令9　domainname命令

命令功能

domainname命令用于显示和设置系统的NIS域名。

命令语法

domainname (选项)(参数)

选项说明

- -v:详细信息模式;
- -F:指定读取域名信息的文件。

参数说明

- NIS域名:指定要设置的NIS域名。

实例1　设置NIS域名

案例表述

使用domainname设置NIS域名。

案例实现

在命令行中输入下面命令:

[root@hn]# domainname test.nyist.net

按回车键后,即可设置NIS域名。

命令10　nisdomainname命令

命令功能
nisdomainname命令用户显示主机NIS的域名。

命令语法
nisdomainname (选项)

选项说明
- –v：详细信息模式。

实例1　显示主机的NIS域名

▶ 案例表述

使用nisdomainnamez指令显示本机的NIS域名。

▶ 案例实现

在命令行中输入下面命令：

[root@ localhost]# nisdomainname -v

按回车键后，即可显示本机的NIS域名，效果如图25-12所示。

```
[root@localhost ~]# nisdomainname -v
getdomainname()=`test.nyist.net'
test.nyist.net
```

图25-12

命令11　usernetctl命令

命令功能
usernetctl命令在用于被允许时操作指定的网络接口。

命令语法
usernetctl (参数)

参数说明
- 网络接口：被操纵的网络接口；
- up：激活网络接口；
- down：禁用网络接口；
- report：报告网络接口状态。

实例1　禁用网络接口

案例表述

使用usernetctl指令禁用指定网络接口"eth0"。

案例实现

在命令行中输入下面命令：

[root@hn]# usernetctl eth0 down

按回车键后，即可禁用网络接口"eth0"。

命令12　ypdomainname命令

命令功能

ypdomainname命令显示主机的NIS的域名。

命令语法

ypdomainname (选项)

选项说明

- -v：详细信息模式。

实例1　显示主机的NIS域名

案例表述

使用ypdomainname指令显示本机的NIS域名。

案例实现

在命令行中输入下面命令：

[root@ localhost]# ypdomainname -v

按回车键后，即可显示本机的NIS域名，效果如图25-13所示。

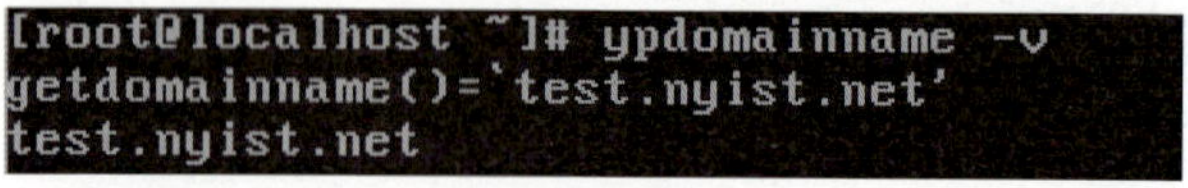

```
[root@localhost ~]# ypdomainname -v
getdomainname()='test.nyist.net'
test.nyist.net
```

图25-13

第26章

网络测试

本文主要介绍Linux系统网络性能技巧,包括route、netstat、tcpdump三种网络管理测试工具的使用方法及其可实现的功能。在配置网络时,要为机器指定接收数据包时该包要经过的路径。在Linux系统中,提供一个命令route,这个命令可以为ifconfig命令配置的网卡设置静态路由。这种设置工作通常在/etc/rc.d/rc.inet1中引入,在系统引导时进行。

命令1 ping命令

命令功能
ping命令用来测试主机之间网络的连通性。

命令语法
ping(选项)(参数)

选项说明
- –d：使用Socket的SO_DEBUG功能；
- –c<完成次数>：设置完成要求回应的次数；
- –f：极限检测；
- –i<间隔秒数>：指定收发信息的间隔时间；
- –I<网络界面>：使用指定的网络界面送出数据包；
- –l<前置载入>：设置在送出要求信息之前，先行发出的数据包；
- –n：只输出数值；
- –p<范本样式>：设置填满数据包的范本样式；
- –q：不显示指令执行过程，开头和结尾的相关信息除外；
- –r：忽略普通的Routing Table，直接将数据包送到远端主机上；
- –R：记录路由过程；
- –s<数据包大小>：设置数据包的大小；
- –t<存活数值>：设置存活数值TTL的大小；
- –v：详细显示指令的执行过程。

参数说明
- 目的主机：指定发送ICMP报文的目的主机。

实例1　测试到目标主机网络连通性

案例表述

ping指令用来测试与目标主机的网络连通性。ping指令的"–c"选项可以指定发送的测试报文数目。

案例实现

在命令行中输入下面命令：

[root@localhost root]# ping –c 4 192.168.2.1

按回车键后，即可向192.168.2.1发送4个测试报文，效果如图26-1所示。

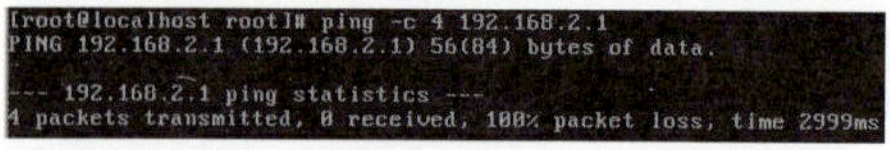

图26-1

实例2　显示报文经过的路由器

案例表述

使用ping指令的"–R"选项，可以显示报文经过的路由器的信息。

案例实现

在命令行中输入下面命令：

[root@localhost root]# ping –c 4 –R 192.168.2.1

按回车键后，即可显示报文经过的路由器，效果如图26-2所示。

```
[root@localhost root]# ping -c 4 -R 192.168.2.1
PING 192.168.2.1 (192.168.2.1) 56(124) bytes of data.

--- 192.168.2.1 ping statistics ---
4 packets transmitted, 0 received, 100% packet loss, time 3011ms
```

图26-2

实例3　不显示指令的执行过程

案例表述

使用ping指令的"–q"选项可以不显示指令的执行过程，仅显示开始和结束信息。

案例实现

在命令行中输入下面命令：

[root@localhost root]# ping –c 4 –q 192.168.2.1

按回车键后，即可不显示ping指令的执行过程，仅显示结果的汇总信息，效果如图26-3所示。

```
[root@localhost root]# ping -c 4 -q 192.168.2.1
PING 192.168.2.1 (192.168.2.1) 56(84) bytes of data.

--- 192.168.2.1 ping statistics ---
4 packets transmitted, 0 received, 100% packet loss, time 3053ms
```

图26-3

命令2　netstat命令

命令功能

netstat命令用来打印Linux中网络子系统的状态信息。

命令语法

netstat (选项)

选项说明

- –a或—all：显示所有连线中的Socket；
- –A<网络类型>或––<网络类型>：列出该网络类型连线中的相关地址；

- –c或—continuous：持续列出网络状态；
- –C或—cache：显示路由器配置的快取信息；
- –e或—extend：显示网络其他相关信息；
- –F或—fib：显示FIB；
- –g或—groups：显示多重广播功能群组组员名单；
- –h或—help：在线帮助；
- –i或—interfaces：显示网络界面信息表单；
- –l或—listening：显示监控中的服务器的Socket；
- –M或—masquerade：显示伪装的网络连线；
- –n或—numeric：直接使用IP地址，而不通过域名服务器；
- –N或--netlink或—symbolic：显示网络硬件外围设备的符号连接名称；
- –o或--timers 显示计时器；
- –p或—programs：显示正在使用Socket的程序识别码和程序名称；
- –r或—route：显示Routing Table。；
- –s或—statistice：显示网络工作信息统计表；
- –t或—tcp：显示TCP传输协议的连线状况；
- –u或—udp：显示UDP传输协议的连线状况；
- –v或--verbose 显示指令执行过程；
- –V或—version：显示版本信息；
- –w或—raw：显示RAW传输协议的连线状况；
- –x或—unix：此参数的效果和指定"–A unix"参数相同；
- --ip或—inet：此参数的效果和指定"–A inet"参数相同；

实例1 显示系统核心路由器

▶ 案例表述

路由器是Linux主机与外界通信所必须的，如果路由表错误，将导致Linux主机无法与外界进行通信。当进行网络测试或者故障排除时，经常需要使用netstat指令的"–r"选项显示Linux系统核心的路由表。

▶ 案例实现

在命令行中输入下面命令：

[root@localhost]# netstat -r

按回车键后，即可显示Linux系统的核心路由表，效果如图26-4所示。

图26-4

实例2 以数字方式显示全部socket信息

案例表述

显示当前所有活动的socket连接需要使用netstat指令的“-a”选项，为了避免域名解析而导致的指令运行速度慢，可以使用“-n”选项，以数字方式显示主机信息。

案例实现

在命令行中输入下面命令：

```
[root@localhost root ]# netstat -an
```

按回车键后，即可以数字方式显示当前所有活动的socket连接，效果如图26-5所示。

```
unix  3      [ ]         STREAM     CONNECTED     3849   /tmp/orbit-root/linc-df
8-0-5b234fa8eafca
unix  3      [ ]         STREAM     CONNECTED     3848
unix  3      [ ]         STREAM     CONNECTED     3847   /tmp/orbit-root/linc-df
f-0-6acef6e9dc683
unix  3      [ ]         STREAM     CONNECTED     3772
unix  2      [ ]         DGRAM                    3764
unix  3      [ ]         STREAM     CONNECTED     3743   /tmp/.X11-unix/X0
unix  3      [ ]         STREAM     CONNECTED     3742
unix  3      [ ]         STREAM     CONNECTED     3736   /tmp/.X11-unix/X0
unix  3      [ ]         STREAM     CONNECTED     3735
unix  3      [ ]         STREAM     CONNECTED     3666   /tmp/.font-unix/fs7100
unix  3      [ ]         STREAM     CONNECTED     3665
unix  4      [ ]         STREAM     CONNECTED     3668   /tmp/.X11-unix/X0
unix  3      [ ]         STREAM     CONNECTED     3659
unix  2      [ ]         DGRAM                    3594
unix  2      [ ]         DGRAM                    3572
unix  2      [ ]         DGRAM                    3455
unix  2      [ ]         DGRAM                    3422
unix  2      [ ]         DGRAM                    3408
unix  2      [ ]         DGRAM                    3354
unix  2      [ ]         DGRAM                    3101
unix  2      [ ]         DGRAM                    2957
unix  2      [ ]         DGRAM                    2915
```

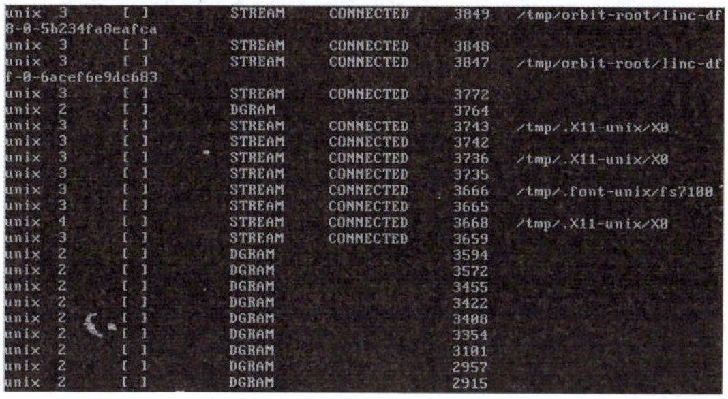

图26-5

实例3 显示网络接口的状态信息

案例表述

netstat指令开可以显示Linux主机中的网络接口状态，这是通过“-i”选项来实现的。

案例实现

在命令行中输入下面命令：

```
[root@localhost ]# netstat -i
```

按回车键后，即可显示本机所有的网络接口的状态信息，效果如图26-6所示。

```
[root@localhost ~]# netstat -i
Kernel Interface table
Iface       MTU Met    RX-OK RX-ERR RX-DRP RX-OVR    TX-OK TX-ERR TX-DRP TX-OVR Flg
lo        16436   0    25739      0      0      0    25739      0      0      0 LR
U
```

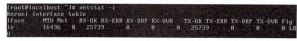

图26-6

实例4 显示协议运行状态

案例表述

使用netstat指令的“-s”选项，可以显示当前Linux主机的所有网络协议的运行情况。

案例实现

在命令行中输入下面命令：

[root@localhost]# netstat -s

按回车键后，即可显示网络协议的工作状态，效果如图26-7所示。

图26-7

实例5　显示开启socket的进程信息

案例表述

使用ntstat指令的"-p"选项可以显示开启socket的进程ID和程序名。

案例实现

在命令行中输入下面命令：

[root@www1]# netstat -p

按回车键后，即可显示启动socket的进程信息，效果如图26-8所示。

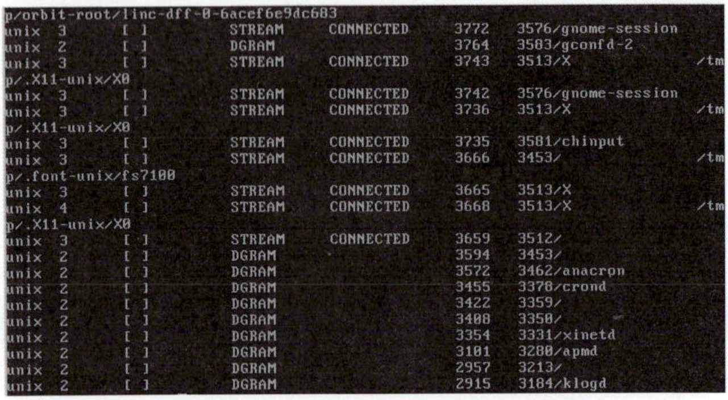

图26-8

命令3 nslookup命令

命令功能
nslookup命令是常用域名查询工具。

命令语法
nslookup (选项)(参数)

选项说明
- –sil：不显示任何警告信息；

参数说明
- 域名：指定要查询域名。

实例1 非交互式方式查询域名

案例表述

nslookup指令支持非交互式的域名查询，这种情况下需要在命令行中输入要查询的域名的基本信息。

案例实现

在命令行中输入下面命令：

[root@localhost ~]# nslookup www.baidu.com

按回车键后，即可非交互式查询www.baidu.com域名对应的IP地址，效果如图26-9所示。

```
[root@localhost ~ ]# nslookup www.baidu.com
Server:         202.102.240.65
Address:        202.102.240.65#53
Non-authoritative answer:
www.baidu.com canonical name =www.a.shifen.com.
Name:www.a.shifen.com
Address:        61.135.169.125
```

图26-9

实例2 交互式域名解析查询

案例表述

交互式域名解析查询。

案例实现

❶ 进入nslookup指令的提示符下，在命令行中输入下面命令：

[root@localhost ~]# nslookup

按回车键后，即可进入nslookup指令提示符，进行交互式查询，效果如

图26-10所示。

```
[root@localhost ~ ]# nslookup
 > www.google.cn
Server:          202.102.240.65
......
Name:   google.cn
Address:202.208.37.104
Name:   google.cn
Address:203.208.37.104
```

图26-10

2 在nslookup指令的命令提示符下查询域名信息，在命令行中输入下面命令：

```
> www.oicp.net
```

按回车键后，即可查询域名www.oicp.net对应的IP地址，效果如图26-11所示。

```
C:\>nslookup -norecurse www.oicp.net f.gtld-servers.net
DNS request timed out.
    timeout was 2 seconds.
*** Can't find server name for address 192.35.51.30: Timed out
Server:  UnKnown
Address:  192.35.51.30

Name:    www.oicp.net
Served by:
- ns1.oray.net
          61.145.112.211
          oicp.net
- ns2.oray.net
          210.21.91.3
          oicp.net
```

图26-11

3 在nslookup指令的提示符下使用“set”可以设置域名的查询类型，例如查询域名的相关的所有信息，在命令行中输入下面命令：

```
> set type=ANY
```

按回车键后，即可查询域名有关的所有信息，效果如图26-12所示。

```
> set type=ANY
```

图26-12

命令4 traceroute命令

命令功能

traceroute命令用于追踪数据包在网络上的传输时的全部途径，它默认发送的数据包大小是40字节。

命令语法

traceroute (选项)(参数)

选项说明

- –d：使用Socket层级的排错功能；
- –f<存活数值>：设置第一个检测数据包的存活数值TTL的大小；
- –F：设置勿离断位；
- –g<网关>：设置来源路由网关，最多可设置8个；
- –i<网络界面>：使用指定的网络界面送出数据包；
- –I：使用ICMP回应取代UDP资料信息；
- –m<存活数值>：设置检测数据包的最大存活数值TTL的大小；
- –n：直接使用IP地址而非主机名称；
- –p<通信端口>：设置UDP传输协议的通信端口；
- –r：忽略普通的Routing Table，直接将数据包送到远端主机上；
- –s<来源地址>：设置本地主机送出数据包的IP地址；
- –t<服务类型>：设置检测数据包的TOS数值；
- –v：详细显示指令的执行过程；
- –w<超时秒数>：设置等待远端主机回报的时间；
- –x：开启或关闭数据包的正确性检验。

参数说明

- 主机：指定目的主机IP地址或主机名。

实例1 追踪到目的主机的路由

案例表述

使用trsceroute指令测试到达指定主机经过的路由，并打印详细的测试信息。

案例实现

在命令行中输入下面命令：

```
[root@demo ]# traceroute www.baidu.com
```

按回车键后，即可对目的主机www.baidu.com追踪路由，效果如图26-13所示。

```
[root@demo ~]# traceroute www.baidu.com
traceroute: Warning: www.baidu.com has multiple addresses; using 119.75.217.56
traceroute to www.a.shifen.com (119.75.217.56), 30 hops max, 38 byte packets
 1  192.168.25.2 (192.168.25.2)  0.136 ms  0.228 ms  0.176 ms
 2  192.168.0.1 (192.168.0.1)  1.169 ms  0.577 ms  0.495 ms
 3  117.64.224.1 (117.64.224.1)  192.462 ms  169.453 ms  177.749 ms
 4  61.190.240.217 (61.190.240.217)  87.360 ms  63.399 ms  41.286 ms
 5  61.190.246.61 (61.190.246.61)  43.236 ms  14.582 ms  33.281 ms
 6  118.84.1.25 (118.84.1.25)  20.173 ms  89.039 ms  63.114 ms
 7  202.97.39.153 (202.97.39.153)  62.135 ms  171.844 ms  175.293 ms
 8  202.97.37.45 (202.97.37.45)  172.701 ms  54.348 ms  103.652 ms
 9  202.97.34.133 (202.97.34.133)  190.753 ms  38.718 ms  39.676 ms
10  220.181.16.58 (220.181.16.58)  42.396 ms  47.774 ms  52.895 ms
11  * * *
12  * * *
13  * * *
```

图26–13

命令5 arp命令

命令功能

arp命令用于操作本机的arp缓冲区,它可以显示arp缓冲区中的所有条目、删除指定的条目或者添加静态的IP地址与MAC地址对应关系。

命令语法

arp (选项)(参数)

选项说明

- -a<主机>:显示arp缓冲区的所有条目;
- -H<地址类型>:指定arp指令使用的地址类型;
- -d<主机>:从arp缓冲区中删除指定主机的arp条目;
- -D:使用指定接口的硬件地址;
- -e:以Linux的显示风格显示arp缓冲区中的条目;
- -i<接口>:指定要操作arp缓冲区的网络接口;
- -s<主机><MAC地址>:设置指定的主机的IP地址与MAC地址的静态映射;
- -n:以数字方式显示arp缓冲区中的条目;
- -v:显示详细的arp缓冲区条目,包括缓冲区条目的统计信息;
- -f<文件>:设置主机的IP地址与MAC地址的静态映射。

参数说明

- 主机:查询arp缓冲区中指定主机的arp条目。

实例1 显示arp缓冲区的所有条目

案例表述

不带任何选项和参数的arp指令,将显示本机的arp缓冲区中所有条目。

案例实现

在命令行中输入下面命令:

[root@demo]# arp

按回车键后,即可显示本机arp缓冲区中所有记录,效果如图26-14所示。

```
[root@demo ~]# arp
Address                  HWtype  HWaddress           Flags Mask            Iface
192.168.25.2             ether   00:50:56:E5:F9:F0   C                     eth0
```

图26-14

实例2 以数字方式显示主机

案例表述

使用arp指令的"-n"选项可以以数字方式显示主机信息,这种方式避免了查询对应主机的名称，可以为指令的运行提速。

▶ 案例实现

在命令行中输入下面命令：

[root@demo]# arp -n

按回车键后，即可以数字方式显示arp缓冲区所有记录，效果如图26-15所示。

```
[root@demo ~]# arp -n
Address                  HWtype  HWaddress           Flags Mask            Iface
192.168.25.2             ether   00:50:56:E5:F9:F0   C                     eth0
```

图26-15

实例3　查询指定主机的arp条目

▶ 案例表述

将要查询的主机的IP地址作为ARP指令的参数传递给arp指令时，arp指令将本机的arp缓冲区查询此主机，将查询结果打印到显示终端。

▶ 案例实现

在命令行中输入下面命令：

[root@demo]# arp 61.163.231.193

按回车键后，即可查询指定主机的arp条目，效果如图26-16所示。

```
[root@demo ~]# arp 61.163.231.193
61.163.231.193 (61.163.231.193) -- no entry
```

图26-16

命令6　dig命令

▶ 命令功能

dig命令是常用的域名查询工具，可以用来测试域名系统工作是否正常。

▶ 命令语法

dig(选项)(参数)

▶ 选项说明

- @<服务器地址>：指定进行域名解析的域名服务器；
- –b<IP地址>：当本机具有多个IP地址时，指定使用本机的哪个IP地址向域名服务器发送域名查询请求；
- –f<文件名称>：指定dig以批处理的方式运行，指定的文件中保存着需要批处理查询的DNS任务信息；
- –P：指定域名服务器所使用端口号；
- –t<类型>：指定要查询的DNS数据类型；

- -x<IP地址>：执行逆向域名查询；
- -4：使用IPv4；
- -6：使用IPv6；
- -h：显示指令帮助信息。

参数说明

- 主机：指定要查询域名主机；
- 查询类型：指定DNS查询的类型；
- 查询类：指定查询DNS的class；
- 查询选项：指定查询选项。

实例1 查询指定域名的IP地址

案例表述

dig指令最常用的功能就是查询指定域名的IP地址。

案例实现

在命令行中输入下面命令：

```
[root@demo ]# dig www.sina.com.cn
```

按回车键后，即可查询域名对应的IP地址，效果如图26-17所示。

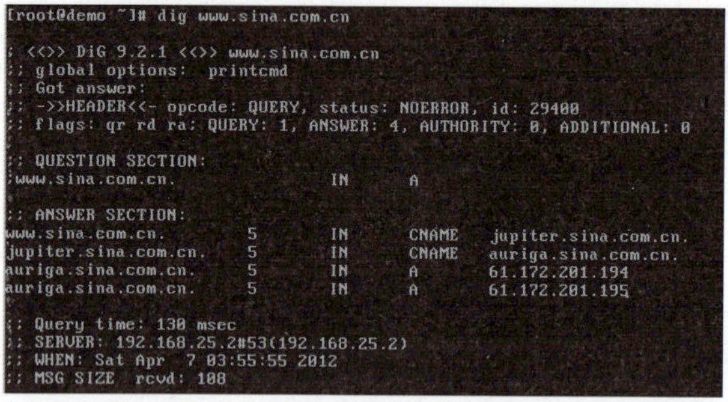

```
[root@demo ~]# dig www.sina.com.cn

; <<>> DiG 9.2.1 <<>> www.sina.com.cn
;; global options:  printcmd
;; Got answer:
;; ->>HEADER<<- opcode: QUERY, status: NOERROR, id: 29400
;; flags: qr rd ra; QUERY: 1, ANSWER: 4, AUTHORITY: 0, ADDITIONAL: 0

;; QUESTION SECTION:
;www.sina.com.cn.               IN      A

;; ANSWER SECTION:
www.sina.com.cn.        5       IN      CNAME   jupiter.sina.com.cn.
jupiter.sina.com.cn.    5       IN      CNAME   auriga.sina.com.cn.
auriga.sina.com.cn.     5       IN      A       61.172.201.194
auriga.sina.com.cn.     5       IN      A       61.172.201.195

;; Query time: 130 msec
;; SERVER: 192.168.25.2#53(192.168.25.2)
;; WHEN: Sat Apr  7 03:55:55 2012
;; MSG SIZE  rcvd: 108
```

图26-17

实例2 域名反向解析查询

案例表述

完整的域名解析包括正向解析和反向解析，使用dig指令中的“-x”选项进行反向域名解析，即给定IP地址查询其对应的域名信息。

案例实现

在命令行中输入下面命令：

```
[root@demo ]# dig –x 202.112.0.36
```

按回车键后，即可反向域名解析，查找给定的IP的域名，效果如图26-18所示。

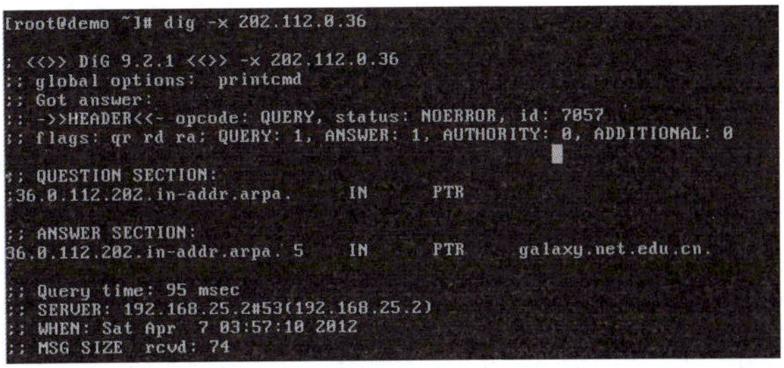

图26-18

实例3　批处理域名查询

案例表述

批处理域名查询。

案例实现

1 显示查询任务文件的内容，在命令行中输入下面命令：

[root@localhost root]# cat test.dns

按回车键后，即可显示文本文件的内容，效果如图26-19所示。

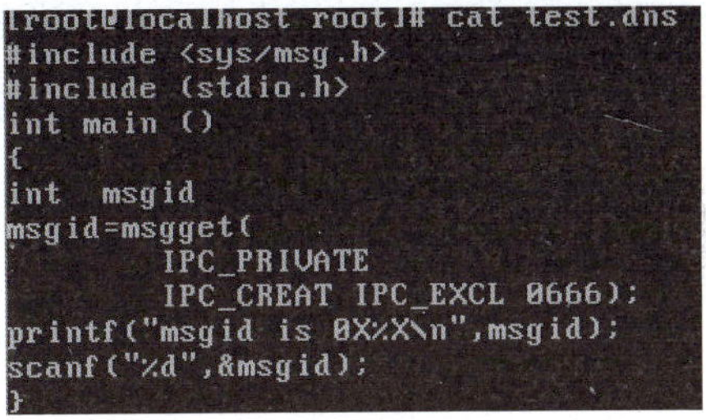

图26-19

2 dig指令的"-f"选项支持批处理的查询方式，在命令行中输入下面命令：

[root@localhost root]# dig –f test.dns

按回车键后，即可采用批处理方式域名查询。

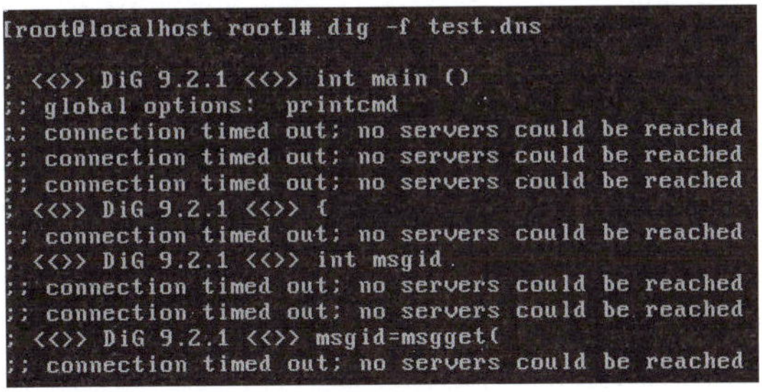

图26-20

实例4　查询MX类型的域名信息

案例表述

dig指令默认查询域名类型为“A”（正向域名查询），如果要查询其他类型的域名信息，则必须使用“–t”选项指定域名的类型。例如查询邮件交换器的域名信息，需要使用“MX”类型进行查询。

案例实现

在命令行中输入下面命令：

```
[root@www1 ]# dig –t MX google.com
```

按回车键后，即可查询域名的MX记录。

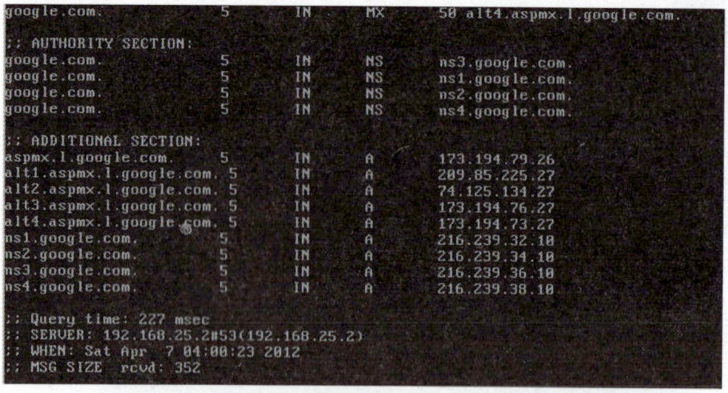

```
google.com.             5       IN      MX      50 alt4.aspmx.l.google.com.

;; AUTHORITY SECTION:
google.com.             5       IN      NS      ns3.google.com.
google.com.             5       IN      NS      ns1.google.com.
google.com.             5       IN      NS      ns2.google.com.
google.com.             5       IN      NS      ns4.google.com.

;; ADDITIONAL SECTION:
aspmx.l.google.com.     5       IN      A       173.194.79.26
alt1.aspmx.l.google.com. 5      IN      A       209.85.225.27
alt2.aspmx.l.google.com. 5      IN      A       74.125.134.27
alt3.aspmx.l.google.com. 5      IN      A       173.194.76.27
alt4.aspmx.l.google.com. 5      IN      A       173.194.73.27
ns1.google.com.         5       IN      A       216.239.32.10
ns2.google.com.         5       IN      A       216.239.34.10
ns3.google.com.         5       IN      A       216.239.36.10
ns4.google.com.         5       IN      A       216.239.38.10

;; Query time: 227 msec
;; SERVER: 192.168.25.2#53(192.168.25.2)
;; WHEN: Sat Apr  7 04:00:23 2012
;; MSG SIZE  rcvd: 352
```

图26-21

命令7　host命令

命令功能

host命令是常用的分析域名查询工具，可以用来测试域名系统工作是否正常。

命令语法

host (选项)(参数)

选项说明

- –a：显示详细的DNS信息；
- –c<类型>：指定查询类型，默认值为“IN”；
- –C：查询指定主机的完整的SOA记录；
- –r：在查询域名时，不使用递归的查询方式；
- –t<类型>：指定查询的域名信息类型；
- –v：显示指令执行的详细信息；
- –w：如果域名服务器没有给出应答信息，则总是等待，直到域名服务器给出应答；

- -W<时间>：指定域名查询的最长时间，如果在指定时间内域名服务器没有给出应答信息，则退出指令；
- -4：使用IPv4；
- -6：使用IPv6。

参数说明

- 主机：指定要查询信息的主机信息。

实例1 正向域名解析查询

案例表述

正向域名解析是最常用的功能，host指令根据输入的域名查询其对应的IP地址列表，在命令行中输入下面的命令。

案例实现

在命令行中输入下面命令：

```
[root@demo ]# host www.163.com
```

按回车键后，即可查询域名对应的IP地址，效果如图26-22所示。

```
[root@demo ~]# host www.163.com
www.163.com is an alias for www.cache.wangsu.netease.com.
www.cache.wangsu.netease.com is an alias for www.163.com.lxdns.com.
www.163.com.lxdns.com is an alias for www.163.z.lxdns.com.
www.163.z.lxdns.com is an alias for 163.xdwscache.glb0.lxdns.com.
163.xdwscache.glb0.lxdns.com has address 58.222.24.238
```

图26-22

实例2 显示域名解析的详细过程

案例表述

域名解析是一个较复杂的过程，如果要分析域名解析的详细过程，可以借助于host指令的“-v”选项。

案例实现

在命令行中输入下面的命令：

```
[root@demo ]# host –v www.njist.deu.cn
```

按回车键后，即可显示域名查询的详细信息，效果如图26-23所示。

```
[root@demo ~]# host -v www.njist.deu.cn
Trying "www.njist.deu.cn"
;; ->>HEADER<<- opcode: QUERY, status: NOERROR, id: 61974
;; flags: qr; QUERY: 1, ANSWER: 1, AUTHORITY: 0, ADDITIONAL: 0

;; QUESTION SECTION:
;www.njist.deu.cn.              IN      A

;; ANSWER SECTION:
www.njist.deu.cn.       5       IN      A       61.191.206.4

Received 50 bytes from 192.168.25.2#53 in 99 ms
```

图26-23

实例3 查询MX记录

▶ **案例表述**

host指令默认查询域名类型为"A"（正向域名查询），如果要查询其他类型的域名信息，则必须使用"–t"选项指定域名的类型。例如查询邮件交换器的域名信息，需要使用"MX"类型进行查询。

▶ **案例实现**

在命令行中输入下面命令：

[root@demo]# host –t MX mail.nyist.edu.cn

按回车键后，即可查询邮件交换器信息，效果如图26-24所示。

```
[root@demo ~]# host -t MX mail.nyist.edu.cn
mail.nyist.edu.cn mail is handled by 10 mail.nyist.edu.cn.
```

图26-24

命令8 nc/netcat命令

▣ **命令功能**

nc/netcat命令用来设置路由器。

▣ **命令语法**

nc/netcat (选项)(参数)

▣ **选项说明**

- –g<网关>：设置路由器跃程通信网关，最多可设置8个；
- –G<指向器数目>：设置来源路由指向器，其数值为4的倍数；
- –h：在线帮助；
- –i<延迟秒数>：设置时间间隔，以便传送信息及扫描通信端口；
- –l：使用监听模式，管控传入的资料；
- –n：直接使用IP地址，而不通过域名服务器；
- –o<输出文件>：指定文件名称，把往来传输的数据以16进制字码倾倒成该文件保存；
- –p<通信端口>：设置本地主机使用的通信端口；
- –r：指定源端口和目的端口都进行随机的选择；
- –s<来源位址>：设置本地主机送出数据包的IP地址；
- –u：使用UDP传输协议；
- –v：显示指令执行过程；
- –w<超时秒数>：设置等待连线的时间；
- –z：使用0输入/输出模式，只在扫描通信端口时使用。

参数说明

- 主机：指定主机的IP地址或主机名称；
- 端口号：可以是单个整数或者是一个范围。

实例1　模拟TCP连接并传输文本内容

案例表述

模拟TCP连接并传输文本内容。

案例实现

1 使用nc指令可以非常轻松地模拟TCP连接，而无需进行底层的网络编程。首先，使用nc指令启动TCP服务器监听指定的端口，在命令行中输入下面命令：

[root@localhost root]# nc –l 12345 ＞ outfile.txt

按回车键后，即可使用NC指令监听本机的12345端口，效果如图26-25所示。

```
[root@localhost root]# nc -l 12345 > outfile.txt
```
图26-25

2 在本机的另一个终端中使用nc指令连接上一步监听的12345端口，在命令行中输入下面的命令，在命令行中输入下面命令：

[root@localhost root]# nc 192.168.0.1 12345 ＜ /etc/passwd

按回车键后，即可连接到监听端口并传输文件，效果如图26-26所示。

```
[root@localhost root]# nc 192.168.0.1 12345 < /etc/passwd
```
图26-26

3 显示文件"outfile.txt"的内容，在命令行中输入下面命令：

[root@demo]# cat outfile.txt

按回车键后，即可显示文本文件内容，效果如图26-27所示。

```
[root@demo ~]# cat outfile.txt
```
图26-27

实例2　手动与HTTP器建立连接

案例表述

为了诊断网络连接故障，通常需要手动建立到服务器的整个连接过程，使用nc指令可以轻松地实现手动与HTTP服务器的连接。

案例实现

在命令行中输入下面命令：

[root@localhost root]# nc www.nyist.net 80

按回车键后，即可连接HTTP服务器，端口号为80，效果如图26-28所示。

```
[root@localhost root]# nc www.nyist.net 80
```
图26-28

实例3　端口号扫描

▶ **案例表述**

使用nc指令的"-z"选项可以实现端口扫描的功能。

▶ **案例实现**

在命令行中输入下面命令：

[root@localhost root]# nc –z www.nyist.net 1-60000

按回车键后，即可扫描目标主机监听的端口，效果如图26-29所示。

```
[root@localhost root]# nc -z www.nyist.net 1-60000
```
图26-29

命令9　arping命令

命令功能

arping命令用于向邻居主机发送ARP协议报文测试网络。

命令语法

arping (选项)(参数)

选项说明

- –b：用于发送以太网广播帧（FFFFFFFFFFFF）。arping一开始使用广播地址，在收到响应后就使用unicast地址；
- –q：quiet output 不显示任何信息；
- –f：表示在收到第一个响应报文后就退出；
- –w timeout：设定一个超时时间，单位是秒。如果到了指定时间，arping 还没有完全收到响应则退出；
- –c count：表示发送指定数量的 ARP 请求数据包后就停止。如果指定了deadline选项，则arping会等待相同数量的arp响应包，直到超时为止；
- –s source：设定 arping 发送的 arp 数据包中的 SPA 字段的值。如果为空，则按下面处理，如果是 DAD 模式（冲突地址探测），则设置为0.0.0.0，如果是 Unsolicited ARP 模式（Gratutious ARP）则设置为目标地址，否则从路由表得出；
- –I interface：设置ping使用的网络接口。

参数说明

目的主机：指定发送ARP报文的目的主机。

实例1　测试目的主机是否存活

案例表述

使用arping指令的"-f"选项，可以快速测试目的主机是否存活。

案例实现

在命令行中输入下面命令：

[root@demo]# arping –f 192.168.0.1

按回车键后，即可测试目的主机的存活状态，效果如图26-30所示。

```
[root@demo ~]# arping -f 192.168.0.1
ARPING 192.168.0.1 from 192.168.25.128 eth0
```

图26-30

实例2　向目的主机发送指定书目的ARP报文

案例表述

默认情况下，arping指令会一直向目的主机发送ARP报文，直到用户使用组合键"Ctrl+C"终止指令的运行。可以通过"-c"选项，指定发送ARP报文的数目。当发送完成后自动退出指令。

案例实现

在命令行中输入下面命令：

[root@demo]# arping –c 5 192.168.0.1

按回车键后，即可向目的主机发送指定数目的ARP报文，效果如图26-31所示。

```
[root@demo ~]# arping -c 5 192.168.0.1
ARPING 192.168.0.1 from 192.168.25.128 eth0
Sent 5 probes (5 broadcast(s))
Received 0 response(s)
```

图26-31

实例3　从指定网络接口发送ARP报文

案例表述

如果主机是多端口主机，可以使用arping指令的"-I"选项指定发送ARP报文网络接口。

案例实现

在命令行中输入下面命令：

[root@demo]# arping –I eth2 –c 5 61.163.231.200

按回车键后，即可使用eth1网络接口发送5个ARP报文，效果如图26-32所示。

`[root@localhost root]# arping -l eth2 -c 5 61.163.231.200`

图26-32

命令10 arpwatch命令

命令功能
arpwatch命令用来监听网络上ARP的记录。

命令语法
arpwatch (选项)

选项说明
- -d：启动排错模式；
- -f<记录文件>：设置存储ARP记录的文件，预设为/var/arpwatch/arp.dat；
- -i<接口>：指定监听ARP的接口，预设的接口为eth0；
- -r<记录文件>：从指定的文件中读取ARP记录，而不是从网络上监听。

实例1 使用arpwatch指令监控arp缓冲区

案例表述
在默认情况下，arpwatch指令以后台守护进程的方式运行，将监测信息发送到系统日志文件"/var/log/messages"和数据库文件"/var/arpwatch/arp.dat"。

案例实现
在命令行中输入下面命令：

`[root@localhost root ]# arpwatch`

按回车键后，即可监控arp缓冲区变化，效果如图26-33所示。

`[root@localhost root]# arpwatch`

图26-33

实例2 以调试模式运行

案例表述
使用arpwatch指令的"-d"选项，可以使arpwatch指令以调试模式在前台运行，所有的输出信息都显示在终端上。

案例实现
在命令行中输入下面命令：

`[root@localhost root ]# arpwatch -d`

按回车键后，即可以调试模式运行arpwatch指令，效果如图26-34所示。

```
[root@localhost root]# arpwatch -d
```

图26-34

命令11 tracepath命令

命令功能

tracepath命令用来追踪并显示报文到达目的主机所经过的路由信息。

命令语法

tracepath(参数)

参数说明

- 目的主机：指定追踪路由信息的目的主机；
- 端口：指定使用的UDP端口号。

实例1 追踪报文经过的路由信息

案例表述

在网络排错中经常使用tracepath指令追踪报文到达目的主机的路由信息。

案例实现

在命令行中输入下面命令：

[root@demo ~]# tracepath www.sina.com.cn

按回车键后，即可追踪到达目的主机的路由，效果如图26-35所示。

```
[root@demo ~]# tracepath www.sina.com.cn
 1?: [LOCALHOST]                      pmtu 1500
 1:  192.168.25.2 (192.168.25.2)                           0.190ms
 2:  192.168.0.1 (192.168.0.1)                             asymm  1   1.549ms
 3:  117.64.224.1 (117.64.224.1)                           asymm  1  45.731ms
 4:  61.190.239.197 (61.190.239.197)                       asymm  1  48.023ms
 5:  61.190.246.21 (61.190.246.21)                         asymm  1  46.601ms
 6:  118.84.1.209 (118.84.1.209)                           asymm  1  46.190ms
 7:  202.97.39.129 (202.97.39.129)                         asymm  1  62.376ms
 8:  61.152.86.173 (61.152.86.173)                         asymm  1 650.457ms
 9:  124.74.254.86 (124.74.254.86)                         asymm  1 706.892ms
10:  124.74.233.186 (124.74.233.186)                       asymm  1 169.516ms
11:  no reply
12:  no reply
13:  no reply
14:  no reply
15:  no reply
```

图26-35

读书笔记

第27章

网络应用

Linux是首屈一指的网络操作系统,提供以TCP/IP协议为核心的系统网络服务功能。为了适应Internet/Intranet的网络建设和访问服务的需要,基于TCP/IP协议的网络应用以及网络管理成为当今IT技术的重点和焦点。

命令1 elinks命令

命令功能
elinks命令能实现一个纯文本界面的WWW浏览器,操作方式与"lynx"类似。

命令语法
elinks (选项)(参数)

选项说明
- –anonymous:是否使用匿名账号方式;
- –auto-submit:对于偶然遇到的第一个表单是否自动提交;
- –config-dir:指定elinks指令运行时读取和写入自身的配置和运行状态的存放目录;
- –dump:将HTML文档以纯文本的方式打印到标准输出设备;
- –version:显示指令的版本信息;
- –h:显示帮助信息。

参数说明
- URL:指定要访问的URL地址。

实例1 访问Web站点

案例表述

使用elinks指令访问Web站点。

案例实现

在命令行中输入下面命令:

```
[root@localhost root ]# linke www.yahoo.com
```

按回车键后,即可以文本方式访问yahoo网站,效果如图27-1所示。

图27-1

命令2 elm命令

命令功能
elm命令是一个E-mail客户端管理程序,它提供纯文本交互式全屏幕界面。

命令语法
elm(选项)

选项说明
- -f：指定邮件目录，而不使用默认的邮箱目录；
- -h：显示帮助信息；
- -m：关闭屏幕下方的菜单；
- -v：显示版本信息。

实例1　使用elm管理电子邮件

案例表述

使用elm管理电子邮件。

案例实现

直接输入elm指令即可运行电子邮件管理工具，命令行中输入下面命令：

[root@demo]# elm

按回车键后，即可查看E-mail，效果如图27-2所示。

```
[root@localhost root]# elm
```
图27-2

命令3　ipcalc命令

命令功能
ipcalc命令是一个简单的IP地址计算器，可以完成简单的IP地址计算任务。

命令语法
ipcalc (选项)

选项说明
- -b：由给定的IP地址和网络掩码计算出广播地址；
- -h：显示给定UP地址所对应的主机名；
- -m：由给定的IP地址计算其网络掩码；
- -p：显示给定的掩码或IP地址的前缀；
- -n：由给定的IP地址和网络掩码计算网络地址；
- -s：安静模式；
- --help：显示帮助信息。

实例1　IP地址计算举例

案例表述

使用ipcalc指令的"-b"选项、"-n"和"-m"选项分别计算给定IP地址的广播地址、网络地址和网络掩码。

案例实现

在命令行中输入下面命令：

[root@localhost root]# ipcalc –b –n –m 192.168.2.9/28

按回车键后，即可计算IP地址，效果如图27-3所示。

```
[root@localhost root]# ipcalc -b -n -m 192.168.2.9/28
NETMASK=255.255.255.240
BROADCAST=192.168.2.15
NETWORK=192.168.2.0
[root@localhost root]#
```

图27-3

命令4 lftp命令

命令功能

lftp命令是一款优秀的文件传输客户端程序，它支持FTP、SFTP、HTTP和FTPs等多种文件传输协议。

命令语法

lftp(选项)(参数)

选项说明

- –f：指定lftp指令要执行的脚本文件；
- –c：执行指定的命令后退出；
- ––help：显示帮助信息；
- ––version：显示指令的版本号。

参数说明

- 站点：要访问的站点的IP地址或者域名。

实例1　使用ftp协议下载文件

案例表述

Lftp指令默认使用ftp协议进行文件下载。

案例实现

在命令行中输入下面命令：

[root@localhost root]# lftp ftp.192.168.2.9

按回车键后，即可建立与ftp服务器的匿名连接，效果如图27-4所示。

```
[root@localhost root]# lftp ftp 192.168.2.9
lftp ftp:~>
```

图27-4

实例2　使用sftp协议下载文件

案例表述

lftp指令支持sftp协议,可以使用sftp协议下载加密的文件。本例将演示如何使用sftp协议下载文件。

案例实现

在命令行中输入下面命令:

[root@localhost]# lftp

按回车键后,即可启动lftp,效果如图27-5所示。

```
[root@localhost ~]# lftp
lftp :~>
```

图27-5

实例3　使用http协议下载网页

案例表述

Lftp指令支持http协议。本例将演示如何使用http协议下载网页。

案例实现

在命令行中输入下面命令:

[root@localhost]# lftp

按回车键后,即可启动lftp,效果如图27-6所示。

```
[root@localhost ~]# lftp
lftp :~>
```

图27-6

命令5　lftpget命令

命令功能

lftpget命令通过调用lftp指令下载指定的文件。

命令语法

lftpget (选项)(参数)

选项说明

- -c:继续先前的下载;
- -d:输出调试信息;
- -v:输出详细信息。

参数说明

- 文件:指定要下载的文件,文件必须是合法的URL路径。

实例1 使用lftpget指令下载文件

案例表述

使用lftpget指令下载ftp和http服务器上的文件。

案例实现

在命令行中输入下面命令：

[root@localhost]# lftpget ftp://ftp.redhat.com/pub/redhat/Linux/README
[root@localhost]# lftpget ftp://www.baidu.com/index.php

按回车键后，即可下载ftp服务器上的文件和下载网站上的网页文件。

命令6 lynx命令

命令功能

lynx命令是纯文本模式的网页浏览器，不支持图形、音视频等多媒体信息。

命令语法

lynx (选项)(参数)

选项说明

- –case：在搜索字符串时，区分大小写；
- –ftp：关闭ftp功能；
- –nobrowse：关闭目录浏览功能；
- –noclor：关闭色彩显示模式；
- –reload：更新代理服务器的缓存，只对首页有效；
- ––color：如果系统支持彩色模式，则激活彩色模式；
- ––help：显示指令的帮助信息；
- ––version：显示指令的版本信息；

参数说明

- URL：指定要访问的网站的URL地址。

实例1 使用文本模式访问网站

案例表述

在纯文本模式下，使用lynx指令显示访问网站。

案例实现

在命令行中输入下面命令：

[root@lproxyiitcc root]# lynx –accept_all_cookies www.baidu.com

按回车键后，即可以文本模式访问网站并接受全部cookie，效果如图27-7所示。

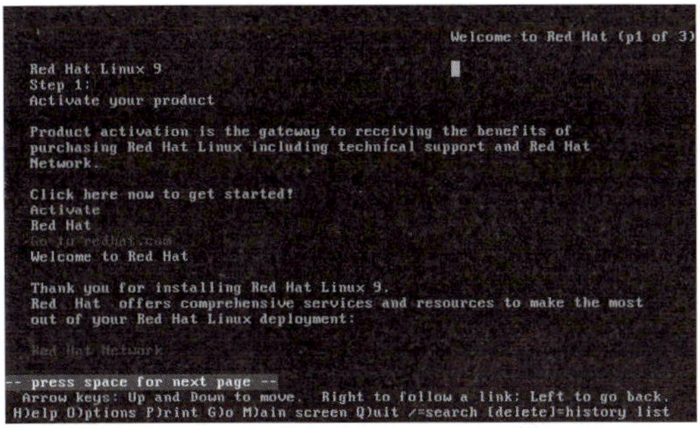

图27-7

命令7 mailq命令

命令功能

mailq命令用户显示待发送的邮件队列，显示的每一个条目包括邮件队列ID、邮件大小、加入队列时间、邮件发送者和接受者。如果邮件最后一次尝试后还没有将邮件投递出去，则显示发送失败的原因。

命令语法

mailq (选项)

选项说明

- -v：显示详细信息。

实例1 显示待发送的邮件队列

▶ 案例表述

直接使用mailq指令即可显示待发送的邮件队列。

▶ 案例实现

在命令行中输入下面命令：

[root@localhost]# mailq

按回车键后，即可显示邮件发送队列，效果如图27-8所示。

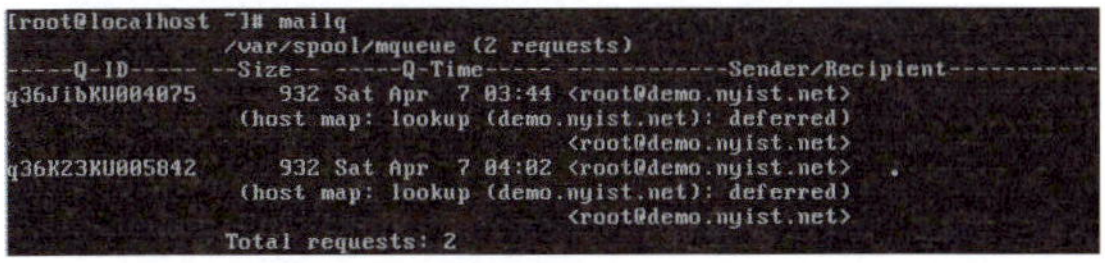

图27-8

命令8 mailstat命令

命令功能

mailstat命令用来显示到达的邮件状态。

命令语法

mailstat (选项)(参数)

选项说明

- –k：保持邮件日志文件的完整性，不清空日志文件；
- –l：使用长格式显示邮件状态；
- –m：合并任何错误信息到一行中显示；
- –o：使用老的邮件日志文件；
- –t：使用简洁的格式显示邮件状态；
- –s：如果没有邮件则不输出任何信息。

参数说明

邮件日志文件：指定要读取的邮件日志文件。

实例1 显示邮件状态

案例表述

显示邮件状态。

案例实现

❶ mailstat指令需要读取邮件日志文件方可显示邮件状态，所以需要在命令行中给出邮件日志文件的具体位置，在命令行中输入下面命令：

[root@localhost]# mailstat /var/log/maillog

按回车键后，即可显示邮件状态，效果如图27-9所示。

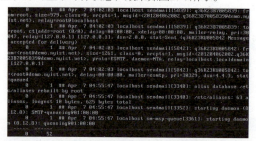

图27-9

❷ 使用ls指令进行验证，在命令行中输入下面命令：

[root@locaihost]# ls –l /var/log/maillog

命令9 mail命令

命令功能

mail命令是命令行的电子邮件发送和接收工具。

命令语法

mail(选项)(参数)

选项说明

- –b<地址>：指定密件副本的收信人地址；
- –c<地址>：指定副本的收信人地址；
- –f<邮件文件>：读取指定邮件文件中的邮件；
- –i：不显示终端发出的信息；
- –I：使用互动模式；
- –n：程序使用时，不使用mail.rc文件中的设置；
- –N：阅读邮件时，不显示邮件的标题；
- –s<邮件主题>：指定邮件的主题；
- –u<用户账号>：读取指定用户的邮件；
- –v：执行时，显示详细的信息。

参数说明

- 邮箱地址：收信人的电子邮箱地址。

实例1　显示mail指令的内部命令

案例表述

显示mail指令的内部命令。

案例实现

❶ 首先，进入mail指令的提示符下，在命令行中输入下面命令：

[root@localhost]# mail

按回车键后，即可进入mail指令的提示符，效果如图27-11所示。

图27-11

② 输入内部命令help以显示内部命令及功能列表，在命令行中输入下面命令：

```
& help
```

按回车键后，即可显示内部命令帮助列表，效果如图27-12所示。

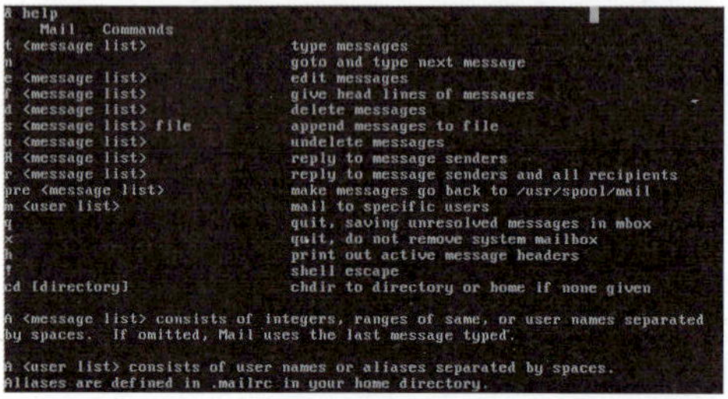

```
& help
    Mail   Commands
t <message list>                 type messages
n                                goto and type next message
e <message list>                 edit messages
f <message list>                 give head lines of messages
d <message list>                 delete messages
s <message list> file            append messages to file
u <message list>                 undelete messages
R <message list>                 reply to message senders
r <message list>                 reply to message senders and all recipients
pre <message list>               make messages go back to /usr/spool/mail
m <user list>                    mail to specific users
q                                quit, saving unresolved messages in mbox
x                                quit, do not remove system mailbox
h                                print out active message headers
!                                shell escape
cd [directory]                   chdir to directory or home if none given

A <message list> consists of integers, ranges of same, or user names separated
by spaces.  If omitted, Mail uses the last message typed.

A <user list> consists of user names or aliases separated by spaces.
Aliases are defined in .mailrc in your home directory.
```

图27-12

实例2 管理邮件

案例表述

管理邮件。

案例实现

① 首先，进入mail指令的提示符下，在命令行中输入下面命令：

```
[root@ locaihost ]# mail
```

按回车键后，即可进入mail指令的提示符，效果如图27-13所示。

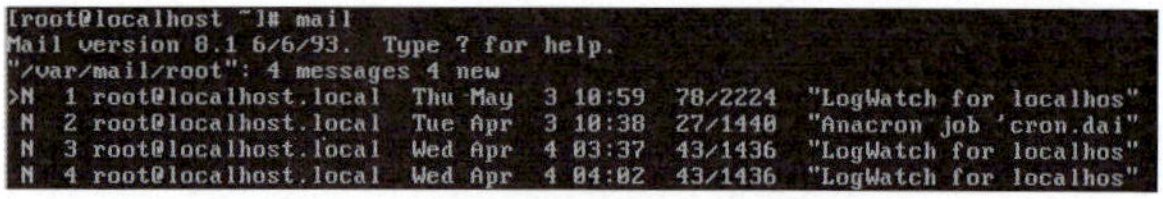

```
[root@localhost ~]# mail
Mail version 8.1 6/6/93.  Type ? for help.
"/var/mail/root": 4 messages 4 new
>N  1 root@localhost.local  Thu May  3 10:59  78/2224  "LogWatch for localhos"
 N  2 root@localhost.local  Tue Apr  3 10:38  27/1440  "Anacron job 'cron.dai"
 N  3 root@localhost.local  Wed Apr  4 03:37  43/1436  "LogWatch for localhos"
 N  4 root@localhost.local  Wed Apr  4 04:02  43/1436  "LogWatch for localhos"
```

图27-13

② 在提示符&下输入邮件编号即可阅读邮件。例如阅读第1封邮件，在命令行中输入下面命令：

```
& 1
```

按回车键后，即可阅读第1封邮件，效果如图27-14所示。

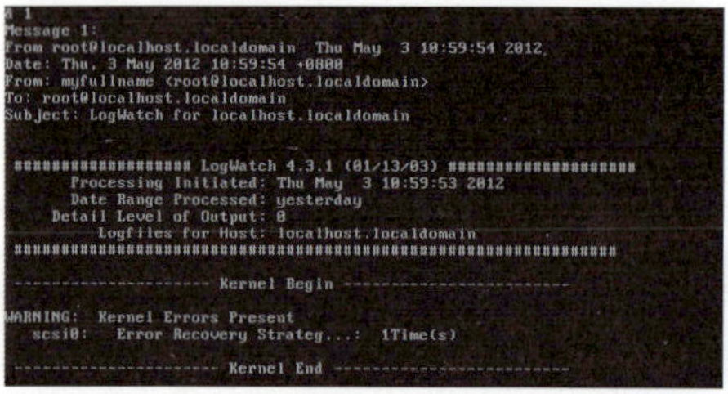

```
& 1
Message 1:
From root@localhost.localdomain  Thu May  3 10:59:54 2012
Date: Thu, 3 May 2012 10:59:54 +0800
From: myfullname <root@localhost.localdomain>
To: root@localhost.localdomain
Subject: LogWatch for localhost.localdomain


 #################### LogWatch 4.3.1 (01/13/03) ####################
        Processing Initiated: Thu May  3 10:59:53 2012
        Date Range Processed: yesterday
      Detail Level of Output: 0
           Logfiles for Host: localhost.localdomain
 ##################################################################

 -------------------- Kernel Begin ------------------------

WARNING:  Kernel Errors Present
   scsi0:   Error Recovery Strateg...:  1Time(s)

 --------------------- Kernel End -------------------------
```

图27-14

3 如果要删除邮件则使用mail指令的内部命令"d",在命令行中输入下面命令:

> & d 1

按回车键后,即可删除第1封邮件。

4 如果要退出mail指令,则使用mail指令的内部指令"quit",在命令行中输入下面命令:

> & quit

按回车键后,即可退出mail指令。

命令10 rlogin命令

命令功能
rlogin命令用于从当前终端登录到远程Linux主机。

命令语法
rlogin (选项)(参数)

选项说明
- –8:允许输入8位字符数据;
- –e<脱离字符>:设置脱离字符;
- –E:滤除脱离字符;
- –l<用户名称>:指定要登录远端主机的用户名称;
- –L:使用litout模式进行远端登录阶段操作。

参数说明
- 远程主机:指定要登录的远程主机(IP地址或者域名)。

实例1 使用rlogin指令登录远程主机

案例表述
使用rlogin指令登录远程主机。

案例实现

1 本例中使用两台Linux主机,一台充当rsh-server服务器,另一台运行rcp指令充当客户端。在服务器和客户端Linux主机的"/etc/hpsts"文件中分别添加IP和主机名对应关系,在命令行中输入下面命令:

> [root@localhost root]# echo 192.168.0.1 test_server＞＞ /etc/hosts
> [root@localhost root]# echo 192.168.0.2 test_sclient＞＞ /etc/hosts

2 在服务器上激活并启动rlsable服务器功能,将文件"/etc/xinetd.d/

rlogin"中的"disable=yes"改为"disable=no"然后重启计算机使配置生效。另外，还要确保开机时自动启动xinetd服务，因为rlogin服务器是由xinetd服务器进行管理的。

❸ 在服务器和客户端Linux主机中分别创建普通用户"rlogin_test"，在命令行中输入下面命令：

> [root@localhost root]# useradd rlogin_test

按回车键后，即可创建rlogin_test用户。

❹ 在服务器上创建"/home/rlogin_test/.rhosts"文件，在命令行中输入下面命令：

> [root@localhost root]# echo test_client rlogin_test > /home/rlogin_test/.rhosts

❺ 在客户端主机上以"rlogin_test"身份登录，并执行rlogin指令进行远程登录，在命令行中输入下面命令：

> [root@localhost root]# /usr/bin/rlogin test_server –l rlogin_test

按回车键后，效果如图27-15所示。

```
[root@localhost root]# /usr/bin/rlogin test_server -l rlogin_tes
test_server: Unknown host
[root@localhost root]#
```

图27-15

命令11 rsh命令

命令功能

rsh命令用于连接到远程的指定主机并执行指定的指令。

命令语法

rsh(选项)(参数)

选项说明

- –d：使用Socket层级的排错功能；
- –l<用户名称>：指定要登录远端主机的用户名称；
- –n：把输入的指令号向代号为/dev/null的特殊外围设备。

参数说明

- 远程主机：指定要连接的远程主机；
- 指令：指定要在远程主机上执行的命令。

实例1 使用rsh指令在远程主机上执行shell命令

▶ 案例表述

使用rsh指令在远程主机上执行shell命令。

案例实现

❶ 本例中使用两台Linux主机，一台充当rsh-server服务器，另一台运行rcp指令充当客户端。在服务器和客户端Linux主机的"/etc/hpsts"文件中分别添加IP和主机名对应关系，在命令行中输入下面命令：

[root@localhost]# echo 192.168.0.1 test_server＞＞ /etc/hosts
[root@localhost]# echo 192.168.0.2 test_sclient＞＞ /etc/hosts

❷ 在服务器上激活并启动rlsable服务器功能，将文件"/etc/xinetd.d/rsh"中的"disable=yes"改为"disable=no"然后重启计算机使配置生效。另外，还要确保开机时自动启动xinetd服务，因为rlogin服务器是由xinetd服务器进行管理的。

❸ 在服务器和客户端Linux主机中分别创建普通用户"rsh_test"，在命令行中输入下面命令：

[root@localhost]# useradd rsh_test

按回车键后，即可创建rlogin_test用户。

❹ 在服务器上创建"/home/rsh_test/.rhosts"文件，在命令行中输入下面命令：

[root@localhost]# echo test_client rsh_test ＞ /home/rsh_test/.rhosts

❺ 在客户端主机上以"rsh_test"身份登录，并执行rsh指令进行远程主机上的shell指令，在命令行中输入下面命令：

[root@localhost]$ /usr/bin/rsh –l rsh_test test_server uptime

按回车键后，效果如图27-16所示。

```
[root@localhost ~]# $ /usr/bin/rsh -l rsh_test test_server uptime
$: Command not found.
```

图27-16

命令12　rexec命令

▣ 命令功能

rexec命令是远程执行指令服务器的客户端工具，向远程rexec服务器发出执行命令的请求。

▣ 命令语法

rexec (选项)(参数)

▣ 选项说明

- –l<用户名>：指定连接远程rexec服务器的用户名；
- –p<密码>：指定连接远程rexec服务器的密码；

- –n：明确地提示输入用户名和密码。

参数说明

- 远程主机：指定远程主机（IP地址或主机名）；
- 命令：指定需要在远程主机上执行的命令。

实例1 远程执行指令

案例表述

远程执行指令。

案例实现

① 启动rexec服务器功能，将文件"/etc/xinetd.d/rexec"中的"disable=yes"改为"disable=no"然后重启计算机使配置生效。另外，还要确保开机时自动启动xinetd服务，因为rlogin服务器是由xinetd服务器进行管理的。

② 使用rexec指令远程执行指令，在命令行中输入下面命令：

[root@localhost]# rexce –l test –p localhost date

按回车键后，即可远程执行date指令，效果如图27-17所示。

```
[root@localhost ~]# rexce -l test -p localhost date
rexce: Command not found.
```

图27-17

命令13 telnet命令

命令功能

telnet命令用于登录远程主机，对远程主机进行管理。

命令语法

telnet (选项)(参数)

选项说明

- –8：允许使用8位字符资料，包括输入与输出；
- –a：尝试自动登录远端系统；
- –b<主机别名>：使用别名指定远端主机名称；
- –c：不读取用户专属目录里的.telnetrc文件；
- –d：启动排错模式；
- –e<脱离字符>：设置脱离字符；
- –E：滤除脱离字符；
- –f：此参数的效果和指定"–F"参数相同；
- –F：使用Kerberos V5认证时，加上此参数可把本地主机的认证数据上传到远端主机；

- –k<域名>：使用Kerberos认证时，加上此参数让远端主机采用指定的领域名，而非该主机的域名；
- –K：不自动登录远端主机；
- –l<用户名称>：指定要登录远端主机的用户名称；
- –L：允许输出8位字符资料；
- –n<记录文件>：指定文件记录相关信息；
- –r：使用类似rlogin指令的用户界面；
- –S<服务类型>：设置telnet连线所需的IP TOS信息；
- –x：假设主机有支持数据加密的功能，就使用它；
- –X<认证形态>：关闭指定的认证形态。

参数说明

- 远程主机：指定要登录进行管理的远程主机；
- 端口：指定TELNET协议使用的端口号。

实例1 以普通用户登录远程主机

案例表述

以普通用户登录远程主机。

案例实现

① 启动telnet服务，将文件"/etc/xinetd.d/telnet"中的"disable=yes"改为"disable=no"然后重启计算机使配置生效。另外，还要确保开机时自动启动xinetd服务，因为telnet服务器是由xinetd服务器进行管理的。

② 在远程主机上创建普通用户"test"并设置密码，在命令行中输入下面命令：

[root@localhost root]# useradd test
[root@ locaihost root]#passwd test

按回车键后，即可登录远程主机，效果如图27-18所示。

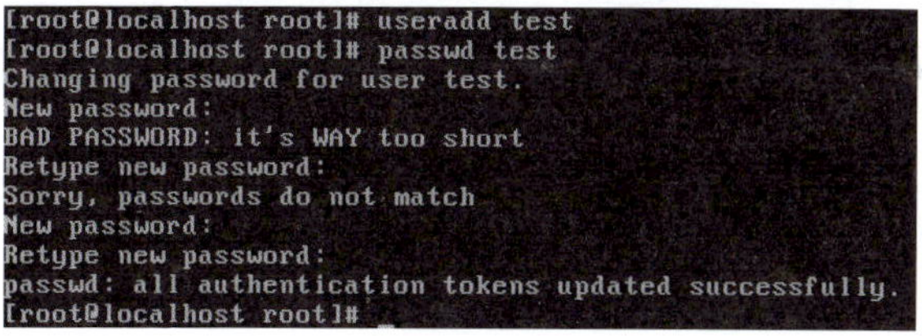

图27-18

③ 在本地主机使用telnet登录主机，在命令行中输入下面命令：

[root@ locaihost]# telnet –l test 192.168.0.1

按回车键后，即可登录远程主机，效果如图27-19所示。

```
[root@localhost ~]# telnet -l test 192.168.0.1
Trying 192.168.0.1...
telnet: connect to address 192.168.0.1: Network is unreachable
```

图27-19

实例2　以超级用户登录远程主机

▶ 案例表述

以普通用户登录远程主机。

▶ 案例实现

1 启动telnet服务，将文件"/etc/xinetd.d/telnet"中的"disable=yes"改为"disable=no"然后重启计算机使配置生效。另外，还要确保开机时自动启动xinetd服务，因为rlogin服务器是由xinetd服务器进行管理的。

2 为了使root用户能够登录服务器，需要修改服务器上的文件"/etc/securetty"，查看修改后的内容，在命令行中输入下面命令：

[root@ localhost]# cat /etc/securetty

按回车键后，即可显示文件内容，效果如图27-20所示。

图27-20

3 在本地主机使用telnet指令，以"root"用户登录远程主机，在命令行中输入下面命令：

[root@ localhost]# telnet 192.168.0.1

按回车键后，即可登录远程主机，效果如图27-21所示。

```
[root@localhost ~]# telnet 192.168.0.1
Trying 192.168.0.1...
telnet: connect to address 192.168.0.1: Network is unreachable
```

图27-21

命令14　wget命令

▣ 命令功能

wget命令用来从指定的URL下载文件。

▣ 命令语法

wget(选项)(参数)

选项说明

- –a<日志文件>：在指定的日志文件中记录资料的执行过程；
- –A<后缀名>：指定要下载文件的后缀名，多个后缀名之间使用逗号进行分隔；
- –b：进行后台的方式运行wget；
- –B<连接地址>：设置参考的连接地址的基地址；
- –c：继续执行上次终端的任务；
- –C<标志>：设置服务器数据块取功能标志on为激活，off为关闭，默认值为on；
- –d：调试模式运行指令；
- –D<域名列表>：设置顺着的域名列表，域名之间用","分隔；
- –e<指令>：作为文件".wgetrc"中的一部分执行指定的指令；
- –h：显示指令帮助信息；
- –i<文件>：从指定文件获取要下载的URL地址；
- –I<目录列表>：设置顺着的目录列表，多个目录用","分隔；
- –L：仅顺着关联的连接；
- –r：递归下载方式；
- –nc：文件存在时，下载文件不覆盖原有文件；
- –nv：下载时只显示更新和出错信息，不显示指令的详细执行过程；
- –q：不显示指令执行过程；
- –nh：不查询主机名称；
- –v：显示详细执行过程；
- –V：显示版本信息；
- ––passive–ftp：使用被动模式PASV连接FTP服务器；
- ––follow–ftp：从HTML文件中下载FTP链接文件。

参数说明

- URL：下载指定的URL地址。

实例1　下载一个网页

案例表述

使用wget指令下载网页。

案例实现

在命令行中输入下面命令：

[root@localhost]# wget www.google.com

按回车键后，即可下载主页，效果如图27-22所示。

图27-22

实例2　下载指定主页及其下的3层网页

▶ 案例表述

如果要使用递归的方式下载指定网站及其下属网页，可以使用wget指令的"–r"和"–l"选项。

▶ 案例实现

在命令行中输入下面命令：

[root@localhost]# wget –r –l 3 www.google.com

按回车键后，即可下载3层网页，效果如图27-23所示。

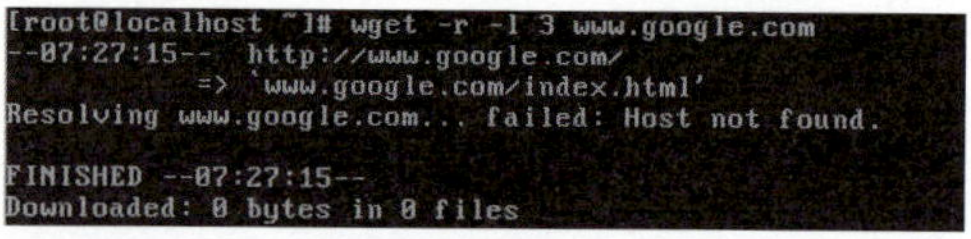

图27-23

实例3　指定保存文件的目录

▶ 案例表述

使用wget指令的"–P"选项可以指定将保存文件的目录。

▶ 案例实现

在命令行中输入下面命令：

[root@localhost]# wget –P /google www.baidu.com

按回车键后，即可下载网页到/home目录，效果如图27-24所示。

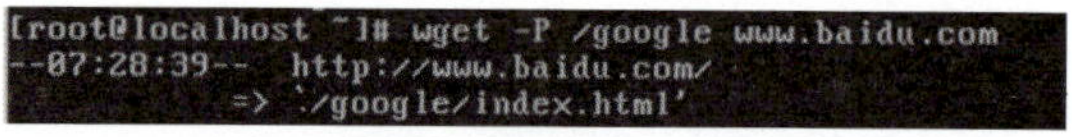

图27-24

实例4　指定忽略下载的文件类型

▶ 案例表述

要忽略特定的文件类型，则使用wget指令的"–R"选项指定忽略下载的文件类型。

▶ 案例实现

在命令行中输入下面命令：

[root@localhost]# wget –R .jpq,.gif www.google.com

按回车键后，即可不下载图片文件，效果如图27-25所示。

图27-25

第28章

高级网络指令

对于刚开始学习Linux的技术人员而言,除熟悉GUI工具之外,了解命令行工具可以提高效率。不同的Linux会有一些不同的命令行工具用于网络配置,不过有一些通用的工具是大多数发行版都可以用的。本章就介绍实用的网络配置命令行工具。

命令1 iptables命令

命令功能

iptables命令是Linux操作系统中在用户空间的运行的用来配置内核防火墙的工具。

命令语法

iptables (选项)(参数)

选项说明

- –t<表>：指定要操纵的表；
- –A：向规则链中追加条目；
- –D：从规则链中删除条目；
- –I：向规则链中插入条目；
- –R：替换规则链中的相应条目；
- –L：显示规则链中已有条目；
- –F：清除规则链中已有的条目；
- –Z：清空规则链中的数据包计算器和字节计数器；
- –N：创建新的用户自定义规则链；
- –P：定义规则链中的默认目标；
- –h：显示帮助信息；
- –p：指定要匹配的数据包的协议类型；
- –s：指定要匹配的数据包的源IP地址；
- –j<目标>：指定要跳转的目标；
- –i<网络接口>：指定数据包进入本机的网络接口；
- –o<网络接口>：指定数据包离开本机所使用的网络接口。

实例1 显示iptables规则

案例表述

显示iptables规则。

案例实现

① iptables指令中的"-L"选项可以用来显示内核中当前的防火墙配置，默认情况下显示的是过滤表的规则。在命令行中输入下面命令：

[root@localhost]# iptables -L

按回车键后，即可显示内核当前的filter表，效果如图28-1所示。

② iptables指令默认情况下操作的是"filter"表，如果要显示"nat"表的内容，则必须使用"-t nat"选项，在命令行中输入下面命令：

```
[root@localhost ]# iptables –L –t nat
```

按回车键后，即可显示内核当前的nat表，效果如图28-2所示。

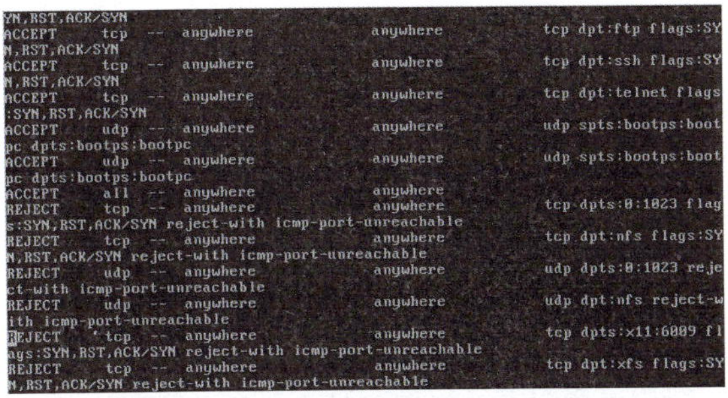

```
YN,RST,ACK/SYN
ACCEPT     tcp  --  anywhere             anywhere            tcp dpt:ftp flags:SY
N,RST,ACK/SYN
ACCEPT     tcp  --  anywhere             anywhere            tcp dpt:ssh flags:SY
N,RST,ACK/SYN
ACCEPT     tcp  --  anywhere             anywhere            tcp dpt:telnet flags
:SYN,RST,ACK/SYN
ACCEPT     udp  --  anywhere             anywhere            udp spts:bootps:boot
pc dpts:bootps:bootpc
ACCEPT     udp  --  anywhere             anywhere            udp spts:bootps:boot
pc dpts:bootps:bootpc
ACCEPT     all  --  anywhere             anywhere
REJECT     tcp  --  anywhere             anywhere            tcp dpts:0:1023 flag
s:SYN,RST,ACK/SYN reject-with icmp-port-unreachable
REJECT     tcp  --  anywhere             anywhere            tcp dpt:nfs flags:SY
N,RST,ACK/SYN reject-with icmp-port-unreachable
REJECT     udp  --  anywhere             anywhere            udp dpts:0:1023 reje
ct-with icmp-port-unreachable
REJECT     udp  --  anywhere             anywhere            udp dpt:nfs reject-w
ith icmp-port-unreachable
REJECT     tcp  --  anywhere             anywhere            tcp dpts:x11:6009 fl
ags:SYN,RST,ACK/SYN reject-with icmp-port-unreachable
REJECT     tcp  --  anywhere             anywhere            tcp dpt:xfs flags:SY
N,RST,ACK/SYN reject-with icmp-port-unreachable
```

图28–1

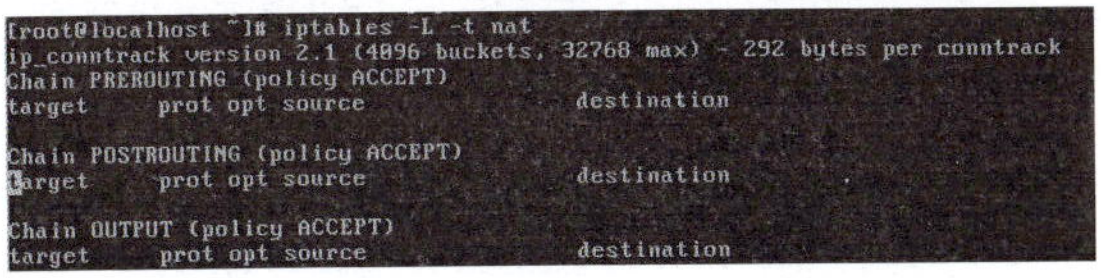

```
[root@localhost ~]# iptables -L -t nat
ip_conntrack version 2.1 (4096 buckets, 32768 max) - 292 bytes per conntrack
Chain PREROUTING (policy ACCEPT)
target     prot opt source               destination

Chain POSTROUTING (policy ACCEPT)
target     prot opt source               destination

Chain OUTPUT (policy ACCEPT)
target     prot opt source               destination
```

图28–2

实例2　filter表基本操作

案例表述

filter表基本操作。

案例实现

❶ iptables对filter表的操作包括插入、追加和删除等操作，下面通过具体事例说明其用法。例如，向“OUTPUT”链中追加一条规则，用于某主机对某IP地址的访问。在命令行中输入下面命令：

```
[root@localhost ]# iptables –t filter –A OUTPUT –d 172.16.0.1 –j DROP
```

按回车键后，即可禁止本机对172.16.0.1的访问

❷ 使用“-L”选项查看设置情况，在命令行中输入下面命令：

```
[root@localhost ]# iptables –L OUTPUT –t filter
```

按回车键后，即可显示内核当前的nat表，效果如图28-3所示。

```
[root@localhost ~]# iptables -t filter -A OUTPUT -d 172.16.0.1 -j DROP
[root@localhost ~]# iptables -L OUTPUT -t filter
Chain OUTPUT (policy ACCEPT)
target     prot opt source               destination
DROP       all  --  anywhere             172.16.0.1
```

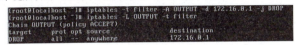

图28–3

❸ 如果要丢弃主机172.16.2.2发送到本机的所有ICMP协议数据包，需要在filter表的INPUT链中追加相应的条目，在命令行中输入下面命令：

```
[root@localhost ]# iptables –A INPUT –s 172.16.2.2 –p icmp –j DROP
```

4 允许主机172.16.2.3所有发给本机的TCP协议数据包，在命令行中输入下面命令：

```
[root@localhost ]# iptables –A –INPUT –s172.16.2.3 –p tcp –j ACCEPT
```

5 禁止主机172.16.2.4所有发给本机的TCP协议数据包中端口为80的数据包，在命令行中输入下面命令：

```
[root@localhost ]# iptables –A –INPUT –s172.16.2.4 –p tcp –dport –j DROP
```

6 禁止主机172.16.2.4所有发给本机的非TCP协议数据包，在命令行中输入下面命令：

```
[root@localhost ]# iptables –A –INPUT –s172.16.2.5 –p ! tcp –j DROP
```

7 可以使用子网的方式控制一批主机对本机的访问。例如，禁止172.16.3.0/225.225.0子网的所有主机，发给本机的UDP协议数据包，在命令行中输入下面命令：

```
[root@localhost ]# iptables –A –INPUT –s172.16.2.3.0.24 –p udp –j DROP
```

8 禁止对172.16.4.0/225.225.0子网的所有主机的数据包进行转发操作，在命令行中输入下面命令：

```
[root@localhost ]# iptables –A FORWARD –s 172.16.4.0/24 –j DROP
```

实例3 配置端口映射

案例表述

配置端口映射。

案例实现

1 如果希望因特网主机能够访问局域网内部的某台主机上的服务的话，需要使用端口映射功能。首先，显示本机的网络接口配置信息。在命令行中输入下面命令：

```
[root@localhost ]# ifconfig
```

按回车键后，即可显示网络配置，效果如图28-4所示。

```
[root@localhost ~]# ifconfig
lo        Link encap:Local Loopback
          inet addr:127.0.0.1  Mask:255.0.0.0
          UP LOOPBACK RUNNING  MTU:16436  Metric:1
          RX packets:88038 errors:0 dropped:0 overruns:0 frame:0
          TX packets:88038 errors:0 dropped:0 overruns:0 carrier:0
          collisions:0 txqueuelen:0
          RX bytes:6020540 (5.7 Mb)  TX bytes:6020540 (5.7 Mb)
```

图28-4

2 打开内核的数据包转发功能，在命令行中输入下面命令：

```
[root@localhost ]# echo 1 > /proc/sys/net/ipv4/ip_ forward
```

按回车键后，即可激活内核IP包转发功能。

❸ 在"nat"表的"PREROUTING"链中配置目的地址NAT(DNAT)，在命令行中输入下面命令：

[root@localhost]# iptables –t nat –A PREROUTING –d 61.163.231.200 –p tcp –dport 80 –j DNAT –to 172.16.1.1:80

❹ 显示配置后的"nat"表，在命令行中输入下面命令：

[root@localhost]# iptables –L –t nat

按回车键后，效果如图28-5所示。

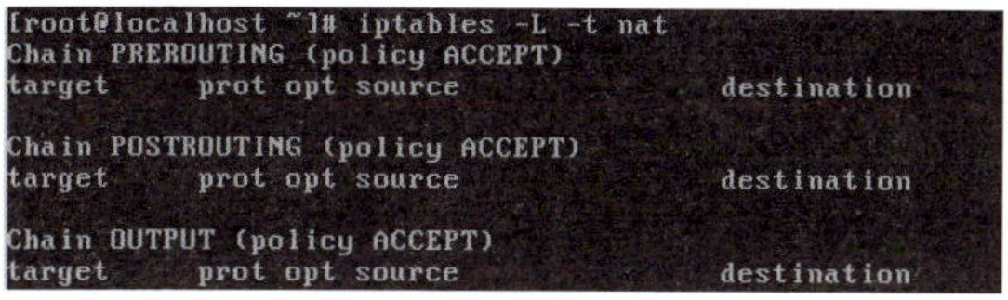

图28-5

命令2 iptables–save命令

📄 命令功能

iptables–save命令用于将Linux内核中iptables表导出到标准输出设备上，通常，使用shell中I/O重向功能将其输出保存到指定文件中。

📄 命令语法

iptables–save (选项)

📄 选项说明

- –c：指定要保存iptables表时，保存当前的数据包计算器和字节计数器的值；
- –t：指定要保存的表的名称。

实例1 保存iptables表

▶ 案例表述

保存iptables表。

▶ 案例实现

❶ iptables-save指令将当前系统的iptables的filter表导出并显示在标准输出设备上。在命令行中输入下面命令：

[root@localhost]# iptables-save –t filter

按回车键后，即可导出当前iptables表内容，效果如图28-6所示。

```
ACCEPT
-A RH-Lokkit-0-50-INPUT -p tcp -m tcp --dport 22 --tcp-flags SYN,RST,ACK SYN -j
ACCEPT
-A RH-Lokkit-0-50-INPUT -p tcp -m tcp --dport 23 --tcp-flags SYN,RST,ACK SYN -j
ACCEPT
-A RH-Lokkit-0-50-INPUT -i eth0 -p udp -m udp --sport 67:68 --dport 67:68 -j ACC
EPT
-A RH-Lokkit-0-50-INPUT -i eth1 -p udp -m udp --sport 67:68 --dport 67:68 -j ACC
EPT
-A RH-Lokkit-0-50-INPUT -i lo -j ACCEPT
-A RH-Lokkit-0-50-INPUT -p tcp -m tcp --dport 0:1023 --tcp-flags SYN,RST,ACK SYN
 -j REJECT --reject-with icmp-port-unreachable
-A RH-Lokkit-0-50-INPUT -p tcp -m tcp --dport 2049 --tcp-flags SYN,RST,ACK SYN -
j REJECT --reject-with icmp-port-unreachable
-A RH-Lokkit-0-50-INPUT -p udp -m udp --dport 0:1023 -j REJECT --reject-with icm
p-port-unreachable
-A RH-Lokkit-0-50-INPUT -p udp -m udp --dport 2049 -j REJECT --reject-with icmp-
port-unreachable
-A RH-Lokkit-0-50-INPUT -p tcp -m tcp --dport 6000:6009 --tcp-flags SYN,RST,ACK
SYN -j REJECT --reject-with icmp-port-unreachable
-A RH-Lokkit-0-50-INPUT -p tcp -m tcp --dport 7100 --tcp-flags SYN,RST,ACK SYN -
j REJECT --reject-with icmp-port-unreachable
COMMIT
# Completed on Sat Apr  7 08:19:18 2012
```

图28-6

❷ 可以借助于重定向将其输出内容送到指定文件中，在命令行中输入下面命令：

```
[root@localhost ]# iptables-save –t filter > iptables.bak
```

按回车键后，即可保存当前iptables表内容到文件中。

实例2　保存iptables表的计数器值

案例表述

在Linux内核中有iptables表的数据包计数器和字节计数器，为了保存这些计数器的值，需要使用iptables-save指令的“-c”选项。

案例实现

在命令行中输入下面命令：

```
[root@localhost root ]# iptables-save –c –f filter
```

按回车键后，即可保存iptables表，效果如图28-17所示。

```
[root@localhost root]# iptables-save -c -f filter
iptables-save: invalid option -- f
Unknown arguments found on commandline[root@localhost root]#
[root@localhost root]# _
```

图28-7

命令3　iptables-restore命令

命令功能

iptables-restor命令用来还原备份的iptables配置。

命令语法

iptables-restor (选项)

选项说明

- -c：指定在还原iptables表时，还原当前的数据包计数器和字节计数器的值；

- −t：指定要还原的表的名称。

实例1　还原备份的iptables表内容

▶ 案例表述

还原备份的iptables表内容。

▶ 案例实现

❶ 使用iptables指令显示当前的iptables表的内容。在命令行中输入下面命令：

[root@localhost]# iptables –L -t filter

按回车键后，即可显示当前iptables列表，效果如图28-8所示。

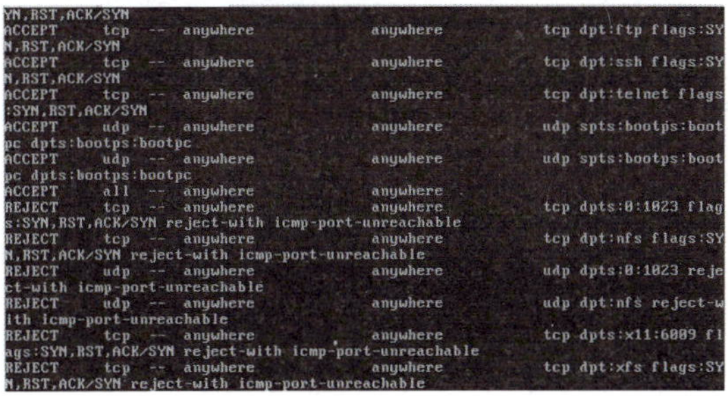

图28-8

❷ 使用iptables-save指令备份iptables表，在命令行中输入下面命令：

[root@localhost]# iptables-save –t filter ＞ iptables.bak

按回车键后，即可保存当前iptables表内容到文件中。

❸ 使用iptables指令的"-F"选项，删除所有的iptables表内容，在命令行中输入下面命令：

[root@localhost]# iptables –F -t filter

按回车键后，即可刷新iptables表。

❹ 再次使用iptables指令显示当前的iptables表的内容。在命令行中输入下面命令：

[root@localhost]# iptables –L -t filter

按回车键后，即可显示当前iptables列表，效果如图28-9所示。

图28-9

❺ 使用iptables-restore指令还原iptables表。在命令行中输入下面命令：

[root@localhost]# iptables-restore ＜ iptables.bak

按回车键后，即可还原iptables表。

❻ 使用iptables指令显示当前的iptables表的内容。在命令行中输入下面命令：

[root@localhost]# iptables –L –t filter

按回车键后，即可显示当前iptables列表，效果如图28-10所示。

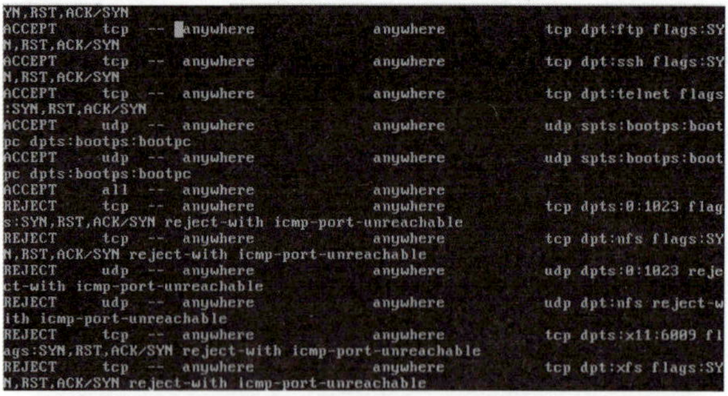

图28-10

命令4　ip6tables命令

命令功能

ip6tables命令是Linux操作系统中在用户空间运行的用来配置内核防火墙的工具，采用的TCP/IP协议为IPv6。

命令语法

ip6tables (选项)

选项说明

- –t<表>：指定要操纵的表；
- –A：向规则链中追加条目；
- –D：从规则链中删除条目；
- –I：向规则链中插入条目；
- –R：替换规则链中的相应条目；
- –L：显示规则链中已有条目；
- –F：清除规则链中已有的条目；
- –Z：清空规则链中的数据包计算器和字节计数器；
- –N：创建新的用户自定义规则链；

- –P<协议>：定义规则链中的默认目标；
- –h：显示帮助信息；
- –p：指定要匹配的数据包的协议类型；
- –s<源地址>：指定要匹配的数据包的源IP地址；
- –j<目标>：指定要跳转的目标；
- –i<网络接口>：指定数据包进入本机的网络接口；
- –o<网络接口>：指定数据包离开本机所使用的网络接口；
- –c<包计数>：在执行插入操作（insert），追加操作（append），替换操作（replace）时初始化包计数器和字节计数器。

实例1　显示ip6tables规则

案例表述
显示ip6tables规则。

案例实现

① 使用iptables指令中的"-L"选项可以用来显示内核中当前的防火墙配置。默认情况下显示是过滤表的规则。在命令行中输入下面命令：

[root@localhost]# ip6tables –L

按回车键后，即可显示内核当前服务器设置，效果如图28-11所示。

```
[root@localhost ~]# ip6tables -L
```

图28–11

② ip6tables目前不支持"nat"表，使用"-t nat"选项时将出现错误，在命令行中输入下面命令：

[root@localhost]# ip6tables –L –t nat

按回车键后，即可显示内核当前nat表，效果如图28-12所示。

```
[root@localhost ~]# ip6tables -L -t nat
```

图28–12

实例2　filter表基本操作

案例表述
filter表基本操作。

案例实现

① ip6tables对filter表的操作包括插入、追加和删除等操作，下面通过具体实例说明其用法。例如，向"OUTPUT"链中追加一条规则，用于某主机对某IP地址的访问。在命令行中输入下面命令：

[root@localhost]# ip6tables –t filter –A OUTPUT –d 3ffe:ffff:100::1/128 –j DROP

Linux | 533

按回车键后，即可禁止本机对3ffe:ffff:100::1的访问

❷ 使用"-L"选项查看设置情况，在命令行中输入下面命令：

[root@localhost]# ip6tables –L

按回车键后，即可显示filter表，效果如图28-13所示。

```
[root@localhost ~]# ip6tables -L
```

图28-13

❸ 如果要丢弃主机3ffe:ffff:100::2发送到本机的所有ICMP协议数据包，需要在filter表的INPUT链中追加相应的条目，在命令行中输入下面命令：

[root@localhost]# ip6tables –A INPUT –s 3ffe:ffff:100::3/128 –p icmp –j DROP

❹ 允许主机3ffe:ffff:100::3所有发给本机的tcp协议数据包，在命令行中输入下面命令：

[root@localhost]# ip6tables –A –INPUT –s 3ffe:ffff:100::3/128 –p tcp –j ACCEPT

❺ 禁止主机3ffe:ffff:100::4所有发给本机的TCP协议数据包中端口为80的数据包，在命令行中输入下面命令：

[root@localhost]# ip6tables –A –INPUT –s 3ffe:ffff:100::4/128 –p tcp - -dport 80 –j DROP

❻ 禁止主机3ffe:ffff:100::5所有发给本机的非TCP协议数据包，在命令行中输入下面命令：

[root@localhost]# ip6tables –A –INPUT –s 3ffe:ffff:100::5/128 –p！tcp –j DROP

❼ 可以使用子网的方式控制一批主机对本机的访问。例如，禁止4ffe:ffff:100::3/64子网的所有主机，发给本机的UDP协议数据包，在命令行中输入下面命令：

[root@localhost]# ip6tables –A –INPUT –s 4ffe:ffff:100::3/64 –p udp –j DROP

❽ 禁止对5ffe:ffff:100::3/64子网的所有主机的数据包进行转发操作，在命令行中输入下面命令：

[root@localhost]# ip6tables –A FORWARD –s 5ffe:ffff:100::3/64 –j DROP

命令5　ip6tables–save命令

◉ 命令功能

ip6tables–save命令将Linux内核中ip6tables表导出到标准输出设备上。

◉ 命令语法

ip6tables–save (选项)

选项说明

- –c：指定在保存iptables表时，保存当前的数据包计数器和字节计数器值；
- –t：指定要保存的表的名称。

实例1　保存ip6tables表

▶ 案例表述

保存ip6tables表。

▶ 案例实现

1 ip6tables-save指令将当前系统的ip6tables的"filter"表导出并显示在标准输出设备上。在命令行中输入下面命令：

[root@localhost]# ip6tables-save –t filter

按回车键后，即可导出当前ip6tables表内容，效果如图28-14所示。

```
[root@localhost root]# ip6tables -save -t filter
```

图28-14

2 可以借助于重定向将其输出内容送到指定文件中，在命令行中输入下面命令：

[root@localhost]# ip6tables-save –t filter > ip6tables.bak

按回车键后，即可保存当前ip6tables表内容到文件中。

实例2　保存ip6tables表的计数器值

▶ 案例表述

在Linux内核中有ip6tables表的数据包计数器和字节计数器，为了保存这些计数器的值，需要使用ip6tables-save指令的"-c"选项。

▶ 案例实现

在命令行中输入下面命令：

[root@localhost]# ip6tables-save –c –f filter

按回车键后，即可保存ip6tables表，效果如图28-15所示。

```
[root@localhost root]# ip6tables -save -c -f filter
```

图28-15

命令6　ip6tables-restore命令

▶ 命令功能

ip6tables-restore命令用来还原ip6tables表。

命令语法

ip6tables–restore (选项)

选项说明

- -c：指定在还原iptables表时，还原当前数据包计数器和字节计数器的值；
- -t：指定要还原的表的名称。

实例1　还原备份的ip6tables表内容

案例表述

还原备份的ip6tables表内容。

案例实现

❶ 使用ip6tables指令显示当前的ip6tables表的内容。在命令行中输入下面命令：

[root@localhost]# ip6tables –L –t filter

按回车键后，即可显示当前ip6tables列表，效果如图28-16所示。

```
[root@localhost root]# ip6tables -save -L -t filter
```

图28-16

❷ 使用ip6tables-save指令备份ip6tables表，在命令行中输入下面命令：

[root@localhost]# ip6tables-save –t filter > ip6tables.bak

按回车键后，即可保存当前ip6tables表内容到文件中。

❸ 使用ip6tables指令的"-F"选项，删除所有的ip6tables表内容，在命令行中输入下面命令：

[root@localhost]# ip6tables –F –t filter

按回车键后，即可刷新ip6tables表。

❹ 再次使用ip6tables指令显示当前的ip6tables表的内容。在命令行中输入下面命令：

[root@localhost]# ip6tables –L –t filter

按回车键后，即可显示当前iptables列表，效果如图28-17所示。

```
[root@localhost root]# ip6tables -L -t filter
```

图28-17

❺ 使用ip6tables-restore指令还原ip6tables表。在命令行中输入下面命令：

[root@localhost]# ip6tables-restore < ip6tables.bak

按回车键后，即可还原ip6tables表。

6 使用ip6tables指令显示当前的ip6tables表的内容。在命令行中输入下面命令：

[root@localhost]# ip6tables –L –t filter

按回车键后，即可显示当前ip6tables列表，效果如图28-18所示。

```
[root@localhost root]# ip6tables -L -t filter
```

图28-18

命令7　ip命令

命令功能

ip命令用来显示或操纵Linux主机的路由、网络设备、策略路由和隧道，是Linux下较新的功能强大的网络配置工具。

命令语法

ip(选项)(参数)

选项说明

- –V：显示指令版本信息；
- –s：输出更详细的信息；
- –f：强制使用指定的协议族；
- –4：指定使用的网络层协议是IPv4协议；
- –6：指定使用的网络层协议是IPv6协议；
- –0：输出信息每条记录输出一行，即使内容较多也不换行显示；
- –r：显示主机时，不使用IP地址，而使用主机的域名。

参数说明

- 网络对象：指定要管理的网络对象；
- 具体操作：对指定的网络对象完成具体操作；
- Help：显示网络对象支持的操作命令的帮助信息。

实例1　显示网络状态

案例表述

显示网络状态。

案例实现

1 显示网络设备运行状态。在命令行中输入下面命令：

[root@localhost]# ip link list

按回车键后，即可显示设备的状态信息，效果如图28-19所示。

```
[root@localhost ~]# ip link list
1: lo: <LOOPBACK,UP> mtu 16436 qdisc noqueue
    link/loopback 00:00:00:00:00:00 brd 00:00:00:00:00:00
2: eth0: <BROADCAST,MULTICAST> mtu 1500 qdisc pfifo_fast qlen 100
    link/ether 00:0c:29:1f:17:fa brd ff:ff:ff:ff:ff:ff
```

图28-19

2 上例中的输出信息比较简略，如果要显示更加详细的信息，则需要使用 ip 指令的"-s"选项，在命令行中输入下面命令：

[root@localhost]# ip –s link list

按回车键后，即可显示网络设备更加详细的状态信息，效果如图28-20所示。

```
[root@localhost ~]# ip link list
1: lo: <LOOPBACK,UP> mtu 16436 qdisc noqueue
    link/loopback 00:00:00:00:00:00 brd 00:00:00:00:00:00
2: eth0: <BROADCAST,MULTICAST> mtu 1500 qdisc pfifo_fast qlen 100
    link/ether 00:0c:29:1f:17:fa brd ff:ff:ff:ff:ff:ff
[root@localhost ~]# ip -s link list
1: lo: <LOOPBACK,UP> mtu 16436 qdisc noqueue
    link/loopback 00:00:00:00:00:00 brd 00:00:00:00:00:00
    RX: bytes  packets  errors  dropped overrun mcast
    7075734    103466   0       0       0       0
    TX: bytes  packets  errors  dropped carrier collsns
    7075734    103466   0       0       0       0
2: eth0: <BROADCAST,MULTICAST> mtu 1500 qdisc pfifo_fast qlen 100
    link/ether 00:0c:29:1f:17:fa brd ff:ff:ff:ff:ff:ff
    RX: bytes  packets  errors  dropped overrun mcast
    0          0        0       0       0       0
    TX: bytes  packets  errors  dropped carrier collsns
    0          0        0       0       0       0
```

图28-20

3 显示 Linux 核心路由表，在命令行中输入下面命令：

[root@localhost root]# ip route list

按回车键后，即可显示核心路由表，效果如图28-21所示。

```
[root@localhost root]# ip route list
169.254.0.0/16 dev lo  scope link
127.0.0.0/8 dev lo  scope link
default via 192.168.2.1 dev lo
default via 127.0.0.1 dev lo  scope link
```

图28-21

4 显示邻居表信息，在命令行中输入下面命令：

[root@localhost]# ip neigh list

按回车键后，即可显示邻居表，效果如图28-22所示。

```
[root@localhost root]# ip neigh list
[root@localhost root]#
```

图28-22

实例2　关闭和激活网络设备

▶ 案例表述

关闭和激活网络设备。

▶ 案例实现

1 要关闭或激活网络设备，需要使用网络对象"link"的"set"命令。例如，关闭网络设备"eth0"。在命令行中输入下面命令：

[root@localhost]# ip link set eth0 down

按回车键后，即可关闭网络接口。

❷ 激活网络设备"eth0"，在命令行中输入下面命令：

[root@localhost]# ip link set eth0 up

按回车键后，即可激活网络接口。

实例3 修改网卡MAC地址

▷ 案例表述

修改网卡MAC地址。

▷ 案例实现

❶ 网卡的MAC地址通常是固化在网卡的芯片上，Linux操作系统在进行网络通信时使用网卡MAC地址是从硬件中读取的，通过IP指令还可以修改Linux内核中使用的网卡MAC地址。只有关闭状态的网卡，才允许修改其MAC地址，所以，必需先关闭网卡。在命令行中输入下面命令：

[root@localhost]# ip link set eth0 down

按回车键后，即可关闭网卡eth0。

❷ 指定网卡的新物理地址，在命令行中输入下面命令：

[root@localhost]# ip link set eth0 address 22:22:22:33:33:33

按回车键后，即可修改eth0的MAC地址。

实例4 显示命令的帮助信息

▷ 案例表述

显示命令的帮助信息。

▷ 案例实现

❶ 由于IP指令的功能强大，可用的选项和内部目录较多，可借助于help命令来获取指令命令的帮助信息。例如显示IP指令的命令行用法。在命令行中输入下面命令：

[root@localhost]# ip help

按回车键后，即可显示set命令的帮助信息，效果如图28-23所示。

图28-23

❷ 使用help命令还可以显示内部命令的帮助信息，例如显示rule命令的帮助信息，在命令行中输入下面命令：

```
[root@localhost ]# ip rule help
```

按回车键后，即可显示rule命令的帮助信息，效果如图28-24所示。

```
[root@localhost ~]# ip rule help
Usage: ip rule [ list | add | del ] SELECTOR ACTION
SELECTOR := [ from PREFIX ] [ to PREFIX ] [ tos TOS ] [ fwmark FWMARK ]
            [ dev STRING ] [ pref NUMBER ]
ACTION := [ table TABLE_ID ] [ nat ADDRESS ]
          [ prohibit | reject | unreachable ]
          [ realms [SRCREALM/]DSTREALM ]
TABLE_ID := [ local | main | default | NUMBER ]
```

图28-24

命令8 tcpdump命令

命令功能

tcpdump命令是一款sniffer工具，它可以打印出所有经过网络接口的数据包的头信息，也可以使用“-w”选项将数据包保存到文件中，方便以后分析。

命令语法

tcpdump (选项)

选项说明

- -a：尝试将网络和广播地址转换成名称；
- -c<数据包数目>：收到指定的数据包数目后，就停止进行听到操作；
- -d：把编译过的数据包编码转换成可阅读的格式，并听到到标准输出；
- -dd：把编译过的数据包编码转换成C语言的格式，并听到到标准输出；
- -ddd：把编译过的数据包编码转换成十进制数字的格式，并听到到标准输出；
- -e：在每列听到资料上显示连接层级的文件头；
- -f：用数字显示网际网络地址；
- -F<表达文件>：指定内含表达方式的文件；
- -i<网络界面>：使用指定的网络截面送出数据包；
- -l：使用标准输出列的缓冲区；
- -n：不把主机的网络地址转换成名字；
- -N：不列出域名；
- -O：不将数据包编码最佳化；
- -p：不让网络界面进入混杂模式；
- -q：快速输出，仅列出少数的传输协议信息；
- -r<数据包文件>：从指定的文件读取数据包数据；
- -s<数据包大小>：设置每个数据包的大小；
- -S：用绝对而非相对数值列出TCP关联数；
- -t：在每列听到资料上不显示时间戳记；

- –tt：在每列听到资料上显示未经格式化的时间戳记；
- –T<数据包类型>：强制将表达方式所指定的数据包转译成设置的数据包类型；
- –v：详细显示指令执行过程；
- –vv：更详细显示指令执行过程；
- –x：用十六进制字码列出数据包资料；
- –w<数据包文件>：把数据包数据写入指定的文件。

实例1　监听网卡收到的数据包

案例表述

在默认情况下，tcpdump指令监听所有网卡收到的数据包，使用"–i"选项指定要监听的网卡。

案例实现

在命令行中输入下面命令：

[root@localhost root]# tcpdump –I eth0

按回车键后，即可监听网卡收到的数据包，效果如图28-25所示。

```
[root@localhost ~]# tcpdump -I eth0
tcpdump: WARNING: Promiscuous mode not supported on the "any" device
tcpdump: parse error
```

图28-25

实例2　以快速方式运行tcpdump指令

案例表述

默认情况下，tcpdump指令的输出信息较多，为了显示精简信息，需要使用"–q"选项。

案例实现

在命令行中输入下面命令：

[root@localhost]# tcpdump –q -i eth0

按回车键后，即可监听网卡收到的数据包，效果如图28-26所示。

```
[root@localhost ~]# tcpdump -q -i eth0
tcpdump: bind: Network is down
```

图28-26

命令9　arpd命令

命令功能

arpd命令是用来收集免费ARP信息的一个守护进程，它将收集到信息保存在磁盘上或者在需要时，提供给内核用户用于避免多余广播。

命令语法

arpd(选项)(参数)

选项说明

- –l：将arpd数据库输出到标准输出设备显示并退出；
- –f：指定读取和加载arpd数据库的文本文件，文件的格式与"–l"输出信息类似；
- –b：指定arpd数据库文件，默认的位置为"/var/lib/arpd.db"；
- –a：指定目标被认为死掉前查询的次数；
- –k：禁止通过内核发送广播查询；
- –n：设定缓冲失效时间。

参数说明

- 网络接口：指定网络接口。

实例1　启动arpd收集免费ARP

案例表述

启动arpd收集免费ARP。

案例实现

① 在命令行中输入下面命令：

[root@localhost]# arpd –b /var/tmp/arpd.db

按回车键后，即可启动arpd守护进程。

② 等一段时间后，查看运行结果，在命令行中输入下面命令：

[root@localhost]# arpd –l –b /var/tmp/arpd.db

按回车键后，即可查看arpd运行效果，效果如图28-27所示。

```
[root@localhost ~]# arpd -l -b /var/tmp/arpd.db
```

图28-27

命令10　arptables命令

命令功能

arptables命令用来设置、维护和检查Linux内核中的ARP包过滤规则表。

命令语法

arptables (选项)

选项说明

- –A：向规则链中追加规则；
- –D：从指定的链中删除规则；
- –I：向规则链中插入一条新的规则；
- –R：替换指定规则；
- –P：设置规则链的默认策略；
- –F：刷新指定规则链，将其中的所有规则链删除，但是不改变规则链的默认策略；
- –Z：将规则链计数器清0；
- –L：显示规则链中的规则列表；
- –X：删除指定的空用户自定义规则链；
- –h：显示指令帮助信息；
- –j：指定满足规则的添加时的目标；
- –s：指定要匹配ARP包的源IP地址；
- –d：指定要匹配ARP包的目的IP地址。

实例1　添加并显示内核的ARP包过滤规则

案例表述

添加并显示内核的ARP包过滤规则。

案例实现

1 使用arptables指令的"-A"选项可以向ARP规则表中添加规则表。新的规则表有两部分组成。例如丢弃主机192.168.0.110发送ARP数据包，规则条件为"-s 192.168.0.110"，规则目标为"-j DROP"，在命令行中输入下面命令：

[root@localhost root]# arptables –A –IN –s 192.168.0.110 –j DROP

按回车键后，即可添加新规则。

2 使用arptables指令的"-L"选项，可以显示Linux内核中的ARP过滤规则表，在命令行中输入下面命令：

[root@localhost root]# arptables -L

按回车键后，即可arp包过滤规则，效果如图28-28所示。

```
[root@localhost root]# arptables -L
```

图28-28

命令11　Instat命令

命令功能

Instat命令用来显示Linux系统的网络状态。

命令语法

lnstat(选项)

选项说明

- -h：显示帮助信息；
- -V：显示指令版本信息；
- -c：指定显示网络状态的次数，每隔一定时间显示一次网络状态；
- -d：显示可用的文件或关键字；
- -i：指定两次显示网络状的间隔秒数；
- -k：只显示给定的关键字；
- -s：是否显示标题头；
- -w：指定每个字段所占的宽度。

实例1　显示支持的统计文件

案例表述

使用"-d"选项可以显示lnstat指令支持的统计文件。

案例实现

在命令行中输入下面命令：

[root@localhost]# lnstat -d

按回车键后，即可显示lnstat指令支持的统计文件，效果如图28-29所示。

```
[root@localhost root]# lnstat -d
```
图28-29

实例2　显示网络状态

案例表述

显示网络状态。

案例实现

① lnstat可以显示众多的网络状态，在命令行中输入下面命令：

[root@localhost]# lnstat

按回车键后，即可显示网络状态，效果如图28-30所示。

```
[root@localhost root]# lnstat
```
图28-30

② 指定要读取的文件和文件中的具体字段，在命令行中输入下面命令：

[root@localhost]# lnstat –k arp_cache:entries,rt_cache:in_hit,arp_cache:destroys

按回车键后，即可读取文件，效果如图28-31所示。

```
[root@localhost root]# lnstat -k arp_cache:entries,rt-cache:in_hit,arp_cache:des
troys
```

图28-31

命令12　nstat/rtacct命令

命令功能

nstat/reacct命令是一个简单的监视内核的SNMP计数器和网络接口状态的实用工具。

命令语法

nstat/(选项)

选项说明

- -h：显示帮助信息；
- -V：显示指令版本信息；
- -z：显示0计数器；
- -r：清零历史统计；
- -n：不显示任何内容，仅更新历史；
- -a：显示计数器的绝对值；
- -s：不更新历史；
- -d：以守护进程的方式运行本指令。

实例1　显示网络统计信息

案例表述

nstat指令默认只显示计数器不为0的统计信息。

案例实现

在命令行中输入下面命令：

[root@www1]# nstat

按回车键后，即可显示网络状态的统计信息，效果如图28-32所示。

```
[root@localhost root]# nstat
```

图28-32

命令13　ss命令

命令功能

ss命令用来显示处于活动状态的套接字信息。

命令语法

ss(选项)

选项说明

- –h：显示帮助信息；
- –V：显示指令版本信息；
- –n：不解析服务名称，以数字方式显示；
- –a：显示所有的套接字；
- –l：显示处于监听状态的套接字；
- –o：显示计时器信息；
- –m：显示套接字的内存使用情况；
- –p：显示使用套接字的进程信息；
- –i：显示内部的TCP信息；
- –4：只显示ipv4的套接字；
- –6：只显示ipv6的套接字；
- –t：只显示tcp套接字；
- –u：只显示udp套接字；
- –d：只显示DCCP套接字；
- –w：仅显示RAW套接字；
- –x：仅显示UNIX域套接字。

实例1　显示套接字信息

案例表述

显示套接字信息。

案例实现

1 显示处于活动状态的套接字信息。在命令行中输入下面命令：

[root@localhost ~]# ss

按回车键后，即可显示套接字信息，效果如图28-33所示。

```
[root@localhost ~ ]# ss
State    Recv-Q   Send-Q   Local Address:Port    Peer  Adress:Port
ESTAB    0        0        202.102.240.73:40588        202.102.240.70:3306
ESTAB    0        0        202.102.240.73:40588        202.102.240.70:3306
```

图28-33

2 如果要显示处于监听状态的套接字，可以使用"-l"选项，在命令行中输入下面命令：

[root@localhost ~]# ss –l

按回车键后，即可显示套接字信息，效果如图28-34所示。

```
[root@localhost ~]# ss -l
Recv-Q  Send-Q  Local Address:Port    Peer Adress:Port
0       0       127.0.0.1:smux        *:*
0       0       *:ftp                 *:*
```

图28-34

❸ 使用"-s"选项可以显示套接字的概要信息，在命令行中输入下面命令：

[root@localhost ~]# ss –s

按回车键后，即可显示核心路由表，效果如图28-35所示。

```
[root@localhost ~]# ss -s
Total:    94 (kernel 111)
Tcp:    26 (estab 8, closed 10, orphaned 0, synrecv 0, timewait 7/0),
ports 16
Transport  Total    IP    IPv6
*          111      -     -
......
FRAG       0        0     0
```

图28-35

命令14 iptraf命令

🔲 命令功能

iptraf命令可以实时地监视网卡流量，可以生成网络协议数据包信息、以太网信息、网络节点状态和IP校验和错误等信息。

🔲 命令语法

iptraf (选项)(参数)

🔲 选项说明

- –i网络接口：立即在指定网络接口上开启IP流量监视；
- –g：立即开始生成网络接口的概要状态信息；
- –d网络接口：在指定网络接口上立即开始监视明细的网络流量信息；
- –s网络接口：在指定网络接口上立即开始监视TCP和UDP网络流量信息；
- –z网络接口：在指定网络接口上显示包计数；
- –l网络接口：在指定网络接口上监视局域网工作站信息；
- –t时间：指定iptraf指令监视的时间；
- –B：将标注输出重向到"/dev/null"，关闭标注输入，将程序作为后台进程运行；
- –f：清空所有计数器；
- –h：显示帮助信息。

实例1 监视网络接口的明细信息

案例表述

使用iptraf指令的"-d"选项可以监视网络接口的详细流量。

案例实现

在命令行中输入下面命令:

[root@localhost]# iptraf -d eth0

按回车键后,即可监视网卡详细流量。

实例2 监视网络接口IP流量

案例表述

使用iptraf指令的"-i"选项可以监视网络接口的IP流量。

案例实现

在命令行中输入下面命令:

[root@localhost]# iptraf -i eth0

按回车键后,即可监视网卡详细流量。

实例3 监视网络接口的TCO/CDP流量

案例表述

使用iptraf指令的"-s"选项可以监视网络接口的TCP和CDP流量。

案例实现

在命令行中输入下面命令:

[root@localhost]# iptraf -s eth0

按回车键后,即可监视网卡详细流量。

实例4 监视网络接口的工作站

案例表述

使用iptraf指令的"-l"选项可以监视网络接口的工作站。

案例实现

在命令行中输入下面命令:

[root@localhost]# iptraf -l eth0

按回车键后,即可监视网络接口的工作站。

第29章 网络服务器

要建立一个安全Linux服务器就首先要了解Linux环境下和网络服务相关的配置文件的含义及如何进行安全的配置。在Linux系统中,TCP/IP网络是通过若干个文本文件进行配置的,也许用户需要编辑这些文件来完成联网工作,但是这些配置文件大都可以通过配置命令Linuxconf(其中网络部分的配置可以通过netconf命令来实现)命令来实现。

命令1　ab命令

命令功能

ab命令是Apache的Web服务器的性能测试工具，它可以测试安装Web服务器每秒钟处理的HTTP请求。

命令语法

ab(选项)(参数)

选项说明

- –A：指定连接服务器的基本的认证凭据；
- –c：指定一次向服务器发出请求数；
- –C：添加cookie；
- –g：将测试结果输出为"gnuolot"文件；
- –h：显示帮助信息；
- –H：为请求追加一个额外的头；
- –i：使用"head"请求方式；
- –k：激活HTTP中的"keepAlive"特性；
- –n：指定测试会话使用的请求数；
- –p：指定包含数据的文件；
- –q：不显示进度百分比；
- –T：使用POST数据时，设置内容类型头；
- –v：设置详细模式等级；
- –w：以HTML表格方式打印结果；
- –x：以表格方式输出时，设置表格的属性；
- –X：使用指定的代理服务器发送请求；
- –y：以表格方式输出时，设置表格行属性。

参数说明

- 主机：被测试主机。

实例1　测试web服务器性能

案例表述

测试Web服务器性能。

案例实现

① 使用ab指令测试目标Web服务器性能。在命令行中输入下面命令：

[root@localhost]# ab http://www.nyist.edu.cn/

按回车键后，即可测试服务器性能，效果如图29-1所示。

```
[root@localhost ~ ]# ab http://www.nyist.edu.cn/
.......
              min     mean[+/-sd]  median   max
Connect:        0        0   0.0       0      0
Processing:   261      261   0.0     261    261
Waiting:        2        2   0.0       2      2
Total:        261      261   0.0     261    261
```

图29-1

❷ ab指令默认情况下的输出信息适合在终端查看，如果希望在Web浏览器中查看结果，则可以使用ab指令的“-w”选项，在命令行中输入下面命令：

[root@hn]# ab –w –x “border=1 align=center” -y “bgcolor=green” -z “bgcolor=blue” http://www.nyist.edu.cn/

按回车键后，即可以html格式输出结果，并定制输出的html表格样式，效果如图29-2所示。

```
 -t timelimit    Seconds to max. wait for responses
 -p postfile     File containing data to POST
 -T content-type Content-type header for POSTing
 -v verbosity    How much troubleshooting info to print
 -w              Print out results in HTML tables
 -i              Use HEAD instead of GET
 -x attributes   String to insert as table attributes
 -y attributes   String to insert as tr attributes
 -z attributes   String to insert as td or th attributes
 -C attribute    Add cookie, eg. 'Apache=1234. (repeatable)
 -H attribute    Add Arbitrary header line, eg. 'Accept-Encoding: gzip'
                 Inserted after all normal header lines. (repeatable)
 -A attribute    Add Basic WWW Authentication, the attributes
                 are a colon separated username and password.
 -P attribute    Add Basic Proxy Authentication, the attributes
                 are a colon separated username and password.
 -X proxy:port   Proxyserver and port number to use
 -V              Print version number and exit
 -k              Use HTTP KeepAlive feature
 -d              Do not show percentiles served table.
 -S              Do not show confidence estimators and warnings.
 -g filename     Output collected data to gnuplot format file.
 -e filename     Output CSV file with percentages served
 -h              Display usage information (this message)
```

图29-2

❸ 默认情况下，ab指令对Web服务器发送的测试请求压力较小，可以通过“-n”和“-c”选项来加大测试压力，在命令行中输入下面命令：

[root@localhost]# ab –n 1000 –c 100 http://www.nyist.edu.cn/

按回车键后，即可增大测试压力，效果如图29-3所示。

```
[root@localhost ~]# ab -n 1000 -c 100 http://www.nyist.edu.cn/
This is ApacheBench, Version 2.0.40-dev <$Revision: 1.116 $> apache-2.0
Copyright (c) 1996 Adam Twiss, Zeus Technology Ltd, http://www.zeustech.net/
Copyright (c) 1998-2002 The Apache Software Foundation, http://www.apache.org/

Benchmarking www.nyist.edu.cn (be patient)
apr_sockaddr_info_get() for www.nyist.edu.cn: Temporary failure in name resoluti
on (22003)
```

图29-3

命令2　apachectl命令

命令功能

apachectl命令是Apache的Web服务器前端控制工具，用以启动、关闭和重新启动Web服务器进程。

命令语法

apachectl (参数)

参数说明

- Configtest：检查设置文件中的语法是否正确；
- Fullstatus：显示服务器完整的状态信息；
- Graceful：重新启动Apache服务器，但不会中断原有的连接；
- Help：显示帮助信息；
- Restart：重新启动Apache服务器；
- Start：启动Apache服务器；
- Status：显示服务器摘要的状态信息；
- Stop：停止Apache服务器。

实例1　测试配置文件语法

案例表述

使用apachectl指令可以测试apache服务器的配置文件语法，如果语法正确，则显示"syntax ok"，否则将报错。

案例实现

在命令行中输入下面命令：

[root@ localhost root]# apachectl configtest

按回车键后，即可测试配置文件语法，效果如图29-4所示。

```
[root@localhost root]# apachectl configtest
ad[Thu May 17 23:24:07 2012] [notice] cannot use a full URL in a 401 ErrorDocu
t directive --- ignoring!
Syntax OK
[root@localhost root]#
```

图29-4

实例2　显示服务器状态

案例表述

使用apachectl指令的"status"参数可以显示当前服务器进程的状态。

案例实现

在命令行中输入下面命令：

[root@ localhost]# apachectl status

按回车键后，即可显示服务器状态，效果如图29-5所示。

```
[root@localhost ~]# apachectl status
The 'links' package is required for this functionality.
```

图29-5

命令3 exportfs命令

命令功能

exportfs命令被用于维护当前输出的NFS共享文件系统。

命令语法

exportfs (选项)(参数)

选项说明

- -a：输出配置文件"/etc/exports"中所有的NFS共享文件系统；
- -o：指定输出文件系统的选项；
- -i：忽略配置文件"/etc/exports"，所有的选项都通过命令行提供或者使用默认值；
- -r：重新输出所有的共享文件系统；
- -u：不输出一个或者多个共享目录；
- -v：详细模式。

参数说明

- 共享文件：指定要通过NFS服务器共享的目录。

实例1 输出NFS共享目录

案例表述

输出NFS共享目标。

案例实现

1 使用exportfs指令输出NFS共享目录，有两种方式，一种是通过配置文件"/etc/exports"，另一种在命令行中直接共享，本例演示通过命令行参数输出共享目录。在命令行中输入下面命令：

[root@ localhost]# exportfs :/home
[root@ localhost]# exportfs 61.163.231.200:/bak

按回车键后，即可将目录共享，一种是任何主机可访问，一种是共享给指定主机。

```
[root@localhost ~]# exportfs :/home
[root@localhost ~]# exportfs 61.163.231.200:/bak
exportfs: No host name given with /home (ro,sync,wdelay,hide,secure,root_squash,
no_all_squash,subtree_check,secure_locks,mapping=identity,anonuid=-2,anongid=-2)
, suggest *(ro,sync,wdelay,hide,secure,root_squash,no_all_squash,subtree_check,s
ecure_locks,mapping=identity,anonuid=-2,anongid=-2) to avoid warning
61.163.231.200:/bak: No such file or directory
```

图29-6

2 使用showmout指令显示NFS服务器上共享的目标列表，在命令行中输入下面命令：

[root@ localhost]# showmount –e localhost

按回车键后,即可显示本机NFS共享目标,效果如图29-7所示。

```
[root@localhost ~]# showmount -e localhost
mount clntudp_create: RPC: Program not registered
```

图29-7

③ 通过编辑配置文件"/etc/exports"共享NFS目录,首先显示此文件的内容,在命令行中输入下面命令:

[root@ localhost]# cat /etc/exports

按回车键后,即可显示文本文件内容,效果如图29-8所示。

```
[root@localhost ~]# cat /etc/exports
```

图29-8

④ 使用exportfs指令的"-a"选项,将文件"/etc/exports"中的目录共享出来。在命令行中输入下面命令:

[root@ localhost]# exportfs -a

按回车键后,即可输出NFS共享目录。

```
[root@localhost ~]# exportfs -a
exportfs: No host name given with /home (ro,sync,wdelay,hide,secure,root_squash,
no_all_squash,subtree_check,secure_locks,mapping=identity,anonuid=-2,anongid=-2)
, suggest *(ro,sync,wdelay,hide,secure,root_squash,no_all_squash,subtree_check,s
ecure_locks,mapping=identity,anonuid=-2,anongid=-2) to avoid warning
61.163.231.200:/bak: No such file or directory
```

图29-9

⑤ 使用showmount指令显示NFS服务器上共享的目录列表。在命令行中输入下面命令:

[root@ localhost]# showmount –e localhost

按回车键后,即可显示本机NFS共享目标,效果如图29-10所示。

```
[root@localhost ~]# showmount -e localhosst
showmount: can't get address for localhosst
```

图29-10

命令4 ftpcount命令

命令功能

ftpcount命令是高性能FTP服务器proftpd的工具指令。用户统计proftpd服务器中当前的连接数。

命令语法

ftpcount (选项)

选项说明

- –h:显示帮助信息;

- --server：显示指定虚拟主机的当前用户。

实例1　显示proftpd服务器当前用户数

▶ 案例表述

使用proftpd指令显示proftpd服务器当前连接用户数。

▶ 案例实现

在命令行中输入下面命令：

[root@localhost ~]# ftpcount

按回车键后，即可统计当前用户数，效果如图29-11所示。

```
[root@localhost ~ ]# ftpcount
Master proftpd process 8731:
Service class                       -  1 user
```

图29-11

命令5　ftpshut命令

命令功能

ftpshut命令用于自动化地管理proftpd服务器，在指定的时间停止所有的proftpd服务器进程，禁止用户登录。

命令语法

ftpshut (选项)(参数)

选项说明

- -l：指定proftpd服务器被关闭后，新ftp服务可用需等待的时间，默认时间为10分钟；
- -d：指定proftpd服务器被关闭后，新ftp服务可用需等待的时间，默认时间为5分钟。

参数说明

- 时间：停止对proftpd服务器的时间；
- 警告信息：对用户发送警告信息。

实例1　指定时间停止proftpd服务

▶ 案例表述

使用ftpshut指令使proftpd服务暂停接受新的连接，持续时间默认的10分钟。

▶ 案例实现

在命令行中输入下面命令：

[root@hn]# ftpshut now

按回车键后，立即使proftpd服务不可访问。

命令6　ftptop命令

命令功能

ftptop命令

命令语法

ftptop (选项)

选项说明

- –D：过滤正在下载的会话；
- –S：仅显示指定虚拟主机的连接状态；
- –d：指定屏幕刷新时间，默认为2秒；
- –U：过滤正在上传的会话。

实例1　显示proftpd服务器连接状态

▶ 案例表述

使用ftptop指令以类似top指令的显示风格显示proftpd服务器的连接状态。

▶ 案例实现

在命令行中输入下面命令：

> [root@localhost ~]# ftptop

按回车键后，即可显示服务器连接状态，效果如图29-12所示。

```
[root@localhost ~ ]# ftptop
ftptop/0.9: Sun Aug  9 21:08:52 2010, up for 9 min
2 Total FTP Sessions: 0 downloading, 0 uploading, 0 idle
PID     S USER    CLIENT        SERVER        TIME COMMAND
9055    A (none)  localhost.localdomai 127.0.0.1:21  3m51s
```

图29-12

命令7　ftpwho命令

命令功能

ftowho命令是FTP服务器套件proftpd的工作指令，用于显示当前每个ftp会话信息。

命令语法

ftowho (选项)(参数)

选项说明

- –h：显示帮助信息；
- –v：详细模式，输出更多信息。

实例1　显示每个FTP会话信息

案例表述

使用ftpwho指令显示proftpd服务器上当前每个ftp会话详细信息。

案例实现

在命令行中输入下面命令：

[root@localhost ~]# ftpwho –v

按回车键后，即可显示会话详细信息，效果如图29-13所示。

```
[root@localhost ~ ]# ftpwho -v
standalone  FTP  daemon [8888], up for 25 min
9114 (none)      [ 0m23s]  (authenticating)
        client: localhost.localdomain [127.0.0.1]
        server: 127.0.0.1:21 (ProFTPD Default Installion)
Service class       -   1   user
```

图29-13

命令8　htdigest命令

命令功能

htdigest命令是Apache的Web服务器内置工具，用于创建和更新储存用户名、域和用于摘要认证的密码文件。

命令语法

htdigest (选项)(参数)

选项说明

- –c：创建密码文件。

参数说明

- 密码文件：指定要创建或更新的密码文件；
- 域：指定用户名所属的域；
- 用户名：要创建或者更新的用户名。

实例1　实现访问web目录输入密码

案例表述

使用htdigest指令生成用户的摘要认证文件。

案例实现

在命令行中输入下面命令：

[root@ localhost]# htdigest –c /var/www/html/.hpasswdt test

按回车键后，即可生成用户的摘要认证文件，效果如图29-14所示。

```
[root@locahost ~ ]# htdigest -c /var/www/html/.htdigest test- realm
Adding password for test in realm test-realm
New password:
Re-type new password:
```

图29-14

命令9　htpasswd命令

命令功能

htpasswd命令是Apache的Web服务器内置工具，用于创建和更新储存用户名、域和用户基本认证的密码文件。

命令语法

htpasswd (选项)(参数)

选项说明

- –c：创建密码文件；
- –m：使用md5加密；
- –D：删除用户。

参数说明

- 用户：要创建或者更新密码的用户名；
- 密码：用户的新密码。

实例1　实现访问Web目录输入密码

案例表述

实现访问Web目录输入密码。

案例实现

❶ 本例演示如何设置在apache的web服务中，用户访问目录时必须输入密码。使用htpasswd指令生成用户的基本认证文件。在命令行中输入下面命令：

[root@ localhost]# htdigest –c /var/www/html/.hpasswdt test

按回车键后，即可生成用户的摘要认证文件，效果如图29-15所示。

```
[root@localhost ~]# htdigest -c /var/www/html/.htdigest test
Could not open passwd file -c for reading.
Use -c option to create new one.
```

图29-15

2 在网站目录生成".htaccess"文件，使用cat指令显示其内容。在命令行中输入下面命令：

[root@ localhost]# cat /var/www/html/.htaccess

按回车键后，即可显示文本文件内容，效果如图29-16所示。

```
[root@localhost ~]# cat /var/www/html/.htacess
cat: /var/www/html/.htacess: Â»ÔÐAÇ,õÎÀ¼þ»òÀ¿Â¼
```

图29-16

命令10　httpd命令

命令功能

httpd命令是apache的Web服务器守护进程，用于为网络用户提供基于http协议的html网页浏览服务。

命令语法

httpd (选项)

选项说明

- −c<httpd指令>：在读取配置文件前，先执行选项中的指令；
- −C<httpd指令>：在读取配置文件后，再执行选项中的指令；
- −d<服务器根目录>：指定服务器的根目录；
- −D<设定文件参数>：指定要传入配置文件的参数；
- −f<设定文件>：指定配置文件；
- −h：显示帮助；
- −l：显示服务器编译时所包含的模块；
- −L：显示httpd指令的说明；
- −S：显示配置文件中的设定；
- −t：测试配置文件的语法是否正确；
- −v：显示版本信息；
- −V：显示版本信息以及建立环境；
- −X：以单一程序的方式来启动服务器。

实例1　显示httpd的内置模块

案例表述

使用httpd指令的"−l"选项显示内置于httpd中的apache模块。

案例实现

在命令行中输入下面命令：

[root@ localhost]# httpd -l

按回车键后，即可显示编译进httpd的模块列表，效果如图29-17所示。

图29-17

实例2　测试配置文件语法

案例表述

使用httpd指令的"–l"选项可以检测其配置文件的语法是否正确。

案例实现

在命令行中输入下面命令：

[root@ localhost]# httpd -t

按回车键后，即可测试配置文件语法，效果如图29-18所示。

图29-18

实例3　输出虚拟主机配置列表

案例表述

在httpd的配置文件中可以包含大量的虚拟主机配置，使用httpd指令的"–S"选项可以显示已配置的虚拟主机列表。

案例实现

在命令行中输入下面命令：

[root@ localhost root]# httpd -V

按回车键后，即可显示虚拟主机配置列表，效果如图29-19所示。

图29-19

命令11　mailq命令

命令功能

mailq命令用于打印待发送的邮件队列的汇总信息。

命令语法

mailq(选项)

选项说明

- -v：详细信息模式。

实例1　显示邮件发送队列

案例表述

使用mailq查询未发送的邮件队列。

案例实现

在命令行中输入下面命令：

```
[root@ localhost ]# mailq
```

按回车键后，即可查看邮件发送队列，效果如图29-20所示。

```
[root@localhost ~]# mailq
                /var/spool/mqueue (4 requests)
-----Q-ID----- --Size-- -----Q-Time----- ------------Sender/Recipient-----------
q370tld1003834     2712 Sat Apr  7 08:55 MAILER-DAEMON
                 (host map: lookup (demo.nyist.net): deferred)
                                         <root@demo.nyist.net>
q36NtId1003784     2712 Sat Apr  7 07:55 MAILER-DAEMON
                 (host map: lookup (demo.nyist.net): deferred)
                                         <root@demo.nyist.net>
q36JibKU004075      932 Sat Apr  7 03:44 <root@demo.nyist.net>
                 (host map: lookup (demo.nyist.net): deferred)
                                         <root@demo.nyist.net>
q36K23KU005842      932 Sat Apr  7 04:02 <root@demo.nyist.net>
                 (host map: lookup (demo.nyist.net): deferred)
                                         <root@demo.nyist.net>
                Total requests: 4
```

图29-20

命令12　mysqldump命令

命令功能

mysqldump命令是MySQL数据库中备份工具，用于将MySQL服务器中的数据库以标准的sql语言的方式导出，并保存到文件中。

命令语法

mysqldump (选项)

选项说明

- --add-drop-table：在每个创建数据库表语句前添加删除数据库表的语句；
- --add-locks：备份数据库表时锁定数据库表；

- --all-databases：备份MySQL服务器上的所有数据库；
- --comments：添加注释信息；
- --compact：压缩模式，产生更少的输出；
- --complete-insert：输出完成的插入语句；
- --databases：指定要备份的数据库；
- --default-character-set：指定默认字符集；
- --force：当出现错误时仍然继续备份操作；
- --host：指定要备份数据库的服务器；
- --lock-tables：备份前，锁定所有数据库表；
- --no-create-db：禁止生成创建数据库语句；
- --no-create-info：禁止生成创建数据库表语句；
- --password：连接MySQL服务器的密码；
- --port：MySQL服务器的端口号；
- --user：连接MySQL服务器的用户名。

实例1　备份MySQL数据库

案例表述

使用mysqldump指令备份本机MySQL服务器上的所有数据库，备份文件名为"test.bak"。

案例实现

在命令行中输入下面命令：

[root@ localhost root]# mysqldump - -host localhost –user root –password –all-databases > test.bak

按回车键后，即可备份MySQL服务器上的所有数据库，效果如图29-21所示。

图29-21

命令13　mysqladmin命令

命令功能

mysqladmin命令完成MySQL服务器管理任务的客户端工具，它可以检查mytsql服务器的配置和当前工作状态，创建和删除数据库，创建用户和修改用户密码等操作。

命令语法

mysqladmin (选项)(参数)

选项说明

- –h：MySQL服务器主机名或IP地址；
- –u：连接MySQL服务器的用户名；
- –p：连接MySQL服务器的密码；
- ––help：显示帮助信息。

参数说明

- 管理命令：需要在MySQL服务器上执行的管理命令。

实例1 创建数据库

案例表述

使用mysqladmin指令在mysql服务器上创建新数据库"newdb"。

案例实现

在命令行中输入下面命令：

[root@ localhost root]# mysqladmin –h localhost –u root –p create newdb

按回车键后，即可创建新数据库newdb，效果如图29-22所示。

图29-22

实例2 刷新权限表

案例表述

在修改完用户的权限后，为了使修改立即生效，需要重新加载权限表，可以使用myaqladmin指令刷新mysql服务器的权限表。

案例实现

在命令行中输入下面命令：

[root@ localhost root]# mysqladmin –h localhost –u root –p flush-privileges

按回车键后，即可刷新权限表，效果如图29-23所示。

图29-23

命令14 mysqlimport命令

命令功能

mysqlimport命令为MySQL数据库服务器提供了一种命令行方式导入数据工具，它从特定格式的文本文件中读取数据插入MySQL数据库表中。

命令语法

mysqlimport (选项)(参数)

选项说明

- –D：导入数据前清空表；
- –f：出现错误时继续处理剩余的操作；
- –h：MySQL服务器的IP地址或主机名；
- –u：连接MySQL服务器的用户名；
- –p：连接MySQL服务器的密码。

参数说明

- 数据库名：指定要导入的数据库名称；
- 文本文件：包含特定格式文本文件。

命令15 mysqlshow命令

命令功能

mysqlshow命令用于显示MySQL服务器中的数据库、表和列表信息。

命令语法

mysqlshow(选项)(参数)

选项说明

- –h：MySQL服务器的IP地址或主机名；
- –u：连接MySQL服务器的用户名；
- –p：连接MySQL服务器的密码；
- ––count：显示每个数据表中数据的行数；
- –k：显示数据库表的索引；
- –t：显示数据表的类型；
- –i：显示数据表的额外信息。

参数说明

- 数据库信息：指定要显示的数据库信息，可以是一个数据库名，或者是数据库名和表名，或者是数据库名、表名和列名。

实例1 显示数据库信息

▶ 案例表述

使用mysqlshow指令查看数据库信息。

▶ 案例实现

在命令行中输入下面命令：

[root@hn]# mysqlshow –h localhost –u root –p –t newdb

按回车键后，即可查看数据库信息，效果如图29-24所示。

`[root@localhost root]# mysqllshow -h localhost -u root -p -t newdb`

图29-24

命令16　mysql命令

命令功能

mysql命令是MySQL数据库服务器的客户端工具，它工作在命令行终端中，完成对远程MySQL数据库服务器的操作。

命令语法

mysql(选项)(参数)

选项说明

- –h：MySQL服务器的IP地址或主机名；
- –u：连接MySQL服务器的用户名；
- –p：连接MySQL服务器的密码。

参数说明

- 数据库：指定连接服务器后自动打开的数据库。

实例1　连接MySQL服务器

▶ 案例表述

使用MySQL指令连接MySQL数据库服务器。

▶ 案例实现

在命令行中输入下面命令：

[root@hn]# mysql –h localhost –u root –p newdb

按回车键后，即可连接MySQL服务器并打开数据库newdb，效果如图29-25所示。

`[root@localhost root]# mysqllshow -h localhost -u root -p newdb`

图29-25

命令17　nfsstat命令

命令功能

nfsstat命令用于列出NFS客户端和服务器的工作状态。

命令语法

nfsstat (选项)

选项说明

- -s：仅列出NFS服务器端状态；
- -c：仅列出NFS客户器端状态；
- -n：仅列出NFS状态，默认显示nfs客户端和服务器的状态；
- -2：仅打印NFS版本2的状态；
- -3：仅打印NFS版本3的状态；
- -4：仅打印NFS版本4的状态；
- -m：打印已加载的nfs文件系统状态；
- -r：仅打印rpc状态。

实例1　显示NFS状态

案例表述

默认情况下，nfsstar指令显示NFS服务器和客户端的状态。

案例实现

在命令行中输入下面命令：

```
[root@hn mnt]# nfsstat
```

按回车键后，即可显示NFSclient和server状态，效果如图29-26所示。

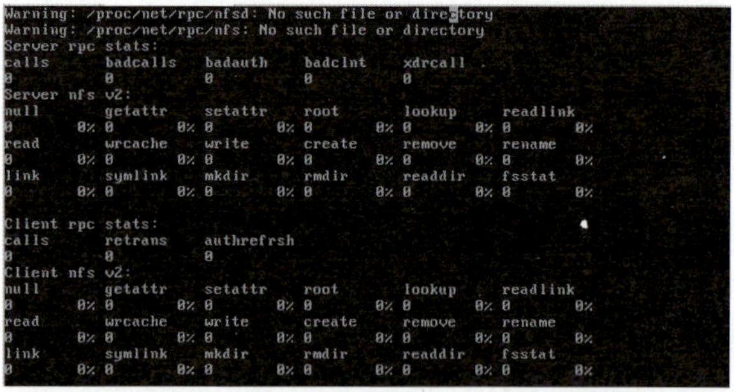

```
Warning: /proc/net/rpc/nfsd: No such file or directory
Warning: /proc/net/rpc/nfs: No such file or directory
Server rpc stats:
calls      badcalls   badauth    badclnt    xdrcall
0          0          0          0          0
Server nfs v2:
null       getattr    setattr    root       lookup     readlink
0       0% 0       0% 0       0% 0       0% 0       0% 0       0%
read       wrcache    write      create     remove     rename
0       0% 0       0% 0       0% 0       0% 0       0% 0       0%
link       symlink    mkdir      rmdir      readdir    fsstat
0       0% 0       0% 0       0% 0       0% 0       0% 0       0%

Client rpc stats:
calls      retrans    authrefrsh
0          0          0
Client nfs v2:
null       getattr    setattr    root       lookup     readlink
0       0% 0       0% 0       0% 0       0% 0       0% 0       0%
read       wrcache    write      create     remove     rename
0       0% 0       0% 0       0% 0       0% 0       0% 0       0%
link       symlink    mkdir      rmdir      readdir    fsstat
0       0% 0       0% 0       0% 0       0% 0       0% 0       0%
```

图29-26

实例2　显示已加载的NFS文件系统状态

案例表述

使用nfsstat指令的“-m”选项可以显示本机当前已经加载的NFS文件系统状态。

案例实现

在命令行中输入下面命令：

```
[root@hn mnt]# nfsstat -m
```

按回车键后，即可显示已加载的文件系统状态，效果如图29-27所示。

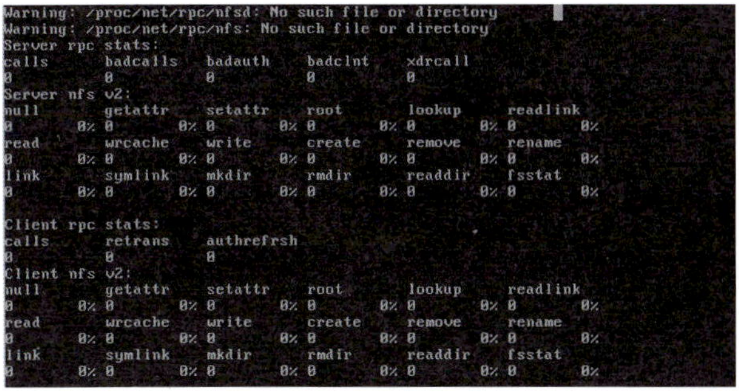

图29-27

命令18 sendmail命令

命令功能

sendmail命令是一款著名的电子邮件传送代理程序，也就是平常说的电子邮件服务器，它基于标准的简单邮件传输协议（SMTP）。

命令语法

sendmail (选项)

选项说明

- –bd：以守护进程方式运行指令；
- –bD：以前台运行方式运行；
- –bi：初始化别名数据库；
- –bm：以常规发送电子邮件；
- –bp：显示邮件的发送队列；
- –C：指定配置文件；
- –D：将调试的输出信息保存到日志文件，而不显示在标准输出设备上；
- –F：指定邮件发送者全名；
- –n：禁止使用邮件别名功能；
- –f：指定发件人的名字；
- –q：设置处理邮件队列中邮件的时间间隔。

实例1　启动邮件服务器

案例表述

通常情况下，将sendmail指令作为Linux的系统服务器来启动，而不单独在命令行重启动。本例演示以守护进程方式运行sendmail。

案例实现

在命令行中输入下面命令:

[root@hn]# sendmail -bd

按回车键后,即可以守护进程方式运行sendmail。

命令19 showmount命令

命令功能

showmount命令查询"mountd"守护进程,以显示NFS服务器加载的信息。

命令语法

showmount (选项)(参数)

选项说明

- –d:仅显示已被NFS客户端加载的目录;
- –e:显示NFS服务器上所有的共享目录。

参数说明

- NFS服务器:指定NFS服务器的IP地址或者主机名。

实例1 显示NFS服务器的所有共享目录

案例表述

使用showmount指令的"–e"选项显示远程NFS服务器上的共享目录。

案例实现

在命令行中输入下面命令:

[root@ localhost]# showmount –e 61.163.231.197

按回车键后,即可显示NFS服务器的共享目录,效果如图29-28所示。

```
[root@localhost ~]# showmount -e 61.163.231.197
mount clntudp_create: RPC: Port mapper failure - RPC: Unable to send
```

图29-28

命令20 smbclient命令

命令功能

smbclient命令属于samba套件,它提供一种在命令行使用交互式方式访问samba服务器的共享资源。

命令语法

smbclient (选项)(参数)

选项说明

- –B<IP地址>：传送广播数据包时所用的IP地址；
- –d<排错层级>：指定记录文件所记载事件的详细程度；
- –E：将信息送到标准错误输出设备；
- –h：显示帮助；
- –i<范围>：设置NetBIOS名称范围；
- –I<IP地址>：指定服务器的IP地址；–l<记录文件> 指定记录文件的名称；
- –L：显示服务器端所分享出来的所有资源；
- –M<NetBIOS名称>：可利用WinPopup协议，将信息送给选项中所指定的主机；
- –n<NetBIOS名称>：指定用户端所要使用的NetBIOS名称；
- –N：不用询问密码；
- –O<连接槽选项>：设置用户端TCP连接槽的选项；
- –p<TCP连接端口>：指定服务器端TCP连接端口编号；
- –R<名称解析顺序>：设置NetBIOS名称解析的顺序；
- –s<目录>：指定smb.conf所在的目录；
- –t<服务器字码>：设置用何种字符码来解析服务器端的文件名称；
- –T<tar选项>：备份服务器端分享的全部文件，并打包成tar格式的文件；
- –U<用户名称>：指定用户名称；
- –W<工作群组>：指定工作群组名称。

参数说明

- Smb服务器：指定要连接的smb服务器。

实例1 上传文件到samba服务器

案例表述

上传文件到samba服务器。

案例实现

1 使用smbclient指令可以使用交互式的方式，在本机和samba服务器间传输文件，本例演示将本地文件上传到远程的samba访问，在命令行中输入下面命令：

[root@localhost]# smbclient –U user1 //61.163.231.200/user1

按回车键后，即可连接远程服务器，并指明使用的用户名为user1，效果如图29-29所示。

```
[root@localhost root]# smbclient -U user1 //61.163.231.200/user1
```
图29-29

❷ 使用smbclient指令的内置命令 "put" 上传文件到samba服务器，在命令行中输入下面命令：

> smb:\> put install.log

按回车键后，即可上传文件到samba服务器上。

❸ 与ftp指令类似，smbcliengt指令拥有众多的内置命令，使用 "help" 可以得到smbclient指令的全部内置命令列表和功能说明，在命令行中输入下面命令：

> smb:\> help

按回车键后，即可得到内置命令列表。

命令21 smbpasswd命令

命令功能

smbpasswd命令属于samba套件，能够实现添加或删除samba用户和为用户修改密码。

命令语法

smbpasswd (选项)(参数)

选项说明

- -a：向smbpasswd文件中添加用户；
- -c：指定samba的配置文件；
- -x：从smbpasswd文件中删除用户；
- -d：在smbpasswd文件中禁用指定的用户；
- -e：在smbpasswd文件中激活指定的用户；
- -n：将指定的用户的密码置空。

参数说明

- 用户名：指定要修改SMB密码的用户。

实例1 添加samba用户

案例表述

使用smbpasswd指令的 "-a" 选项添加samba用户到samba密码文件 "smbpasswd" 中。

案例实现

在命令行中输入下面命令：

[root@ localhost]# smbpasswd –a user1

按回车键后,即可添加samba用户"user1",效果如图29-30所示。

```
[root@localhost ~]# smbpasswd -a user
New SMB password:
```

图29-30

命令22 squidclient命令

🗷 命令功能

squidclient命令使用squid服务器的客户端管理工具,它可以查看squid服务器的详细运行信息和管理squid服务器。

🗷 命令语法

squidclient (选项)(参数)

🗷 选项说明

- –a:不包含"Accept:header";
- –r:强制缓存重新加载URL;
- –s:安静模式,不输出信息到标准输出设备;
- –h:从指定主机获取url;
- –l:指定一个本地IP地址进行绑定;
- –p:端口号,默认为3128;
- –m:指定发送请求的方法;
- –u:代理认证用户名。

🗷 参数说明

- URL:指定操作缓存中的URL。

实例1 显示squidclient支持的管理指令

▶ 案例表述

使用squidclient指令可以对服务器进行全面的管理,它支持的管理指令可以通过下面的指令获得。

▶ 案例实现

在命令行中输入下面命令:

[root@ localhost]# squidclient mgr:menu

按回车键后,即可显示可用的管理指令列表,效果如图29-31所示。

```
[root@localhost ~]# squidclient mgr:menu
client: ERROR: Cannot connect to localhost:3128: Connection refused
```

图29-31

命令23　squid命令

命令功能

squid命令高性能的Web客户端代理缓存服务器套件"squid"的服务器守护进程。

命令语法

squid (选项)

选项说明

- –d：将指定调试等级的信息发送到标准错误设备；
- –f：使用指定的配置文件，而不使用默认配置文件；
- –k：向squid服务器发送指令；
- –s：启用syslog日志；
- –z：创建缓存目录；
- –C：不捕获致命信号；
- –D：不进行DNS参数测试；
- –N：以非守护进程模式运行；
- –X：强制进入完全调试模式。

实例1　创建交换目录

案例表述

squid为了提高缓存的读写效率使用了多级缓存目录来保存数据，在开始使用squid之间必须使用"–z"选项创建缓存目录。

案例实现

在命令行中输入下面命令：

```
[root@ localhost ]# squid -z
```

按回车键后，即可创建缓存目录，效果如图29-32所示。

```
[root@localhost ~]# squid -z
2012/04/07 10:26:41| Creating Swap Directories
```

图29-32

第30章

网络安全

随着Internet/Intranet网络的日益普及,采用Linux网络操作系统作为服务器的用户也越来越多,这一方面是因为Linux是开放源代码的免费正版软件,另一方面也是因为较之微软的WindowsNT网络操作系统而言,Linux系统具有更好的稳定性、效率性和安全性。在Internet/Intranet的大量应用中,网络本身的安全面临着重大的挑战,随之而来的信息安全问题也日益突出。

命令1 sftp命令

命令功能

sftp命令是一款交互式的文件传输程序，指令的运行和使用方式与ftp指令相似，但是，sftp指令对传输的所有信息使用SSH加密，它还支持公钥认证和压缩等功能。

命令语法

sftp (选项)(参数)

选项说明

- –B：指定传输文件时缓冲区的大小；
- –l：使用ssh协议版本1；
- –b：指定批处理文件；
- –C：使用压缩；
- –o：指定ssh选项；
- –F：指定ssh配置文件；
- –R：指定一次可以容忍多少请求数；
- –v：升高日志等级。

参数说明

- 目标主机：指定sftp服务器IP地址或者主机名。

实例1 显示sftp内部命令

案例表述

使用sftp指令传输文件时，必须借助其内置命令。本例使用help指令列出全部内部命令的帮助信息。

案例实现

在命令行中输入下面命令：

[root@ localhost]# sftp 61.163.231.200

按回车键后，即可连接至远程sftp服务器，效果如图30-1所示。

```
[root@localhost ~]# sftp 61.163.231.200
Connecting to 61.163.231.200...
```

图30-1

实例2 上传下载文件

案例表述

本例演示使用sftp指令上传本地文件到远程sftp服务器和从服务器上下载文

件到本地主机。

> 案例实现

在命令行中输入下面命令：

[root@ localhost]# sftp 202.102.240.88

按回车键后，即可连接至远程sftp服务器，效果如图30-2所示。

```
[root@localhost ~]# sftp 202.102.240.88
Connecting to 202...
```

图30-2

命令2　ssh命令

命令功能

ssh命令是openssh套件中的客户端连接工具，可以给予ssh加密协议实现安全的远程登录服务器。

命令语法

ssh(选项)(参数)

选项说明

- -1：强制使用ssh协议版本1；
- -2：强制使用ssh协议版本2；
- -4：强制使用IPv4地址；
- -6：强制使用IPv6地址；
- -A：开启认证代理连接转发功能；
- -a：关闭认证代理连接转发功能；
- -b：使用本机指定地址作为对应连接的源IP地址；
- -C：请求压缩所有数据；
- -F：指定ssh指令的配置文件；
- -f：后台执行ssh指令；
- -g：允许远程主机连接本机的转发端口；
- -i：指定身份文件；
- -l：指定连接远程服务器的登录用户名；
- -N：不执行远程指令；
- -o：指定配置选项；
- -p：指定远程服务器上的端口；
- -q：静默模式；
- -X：开启X11转发功能；
- -x：关闭X11转发功能；

- –y：开启信任X11转发功能。

参数说明

- 远程主机：指定要连接的远程ssh服务器；
- 指令：要在远程ssh服务器上执行的指令。

实例1　登录远程ssh服务器

案例表述

登录远程ssh服务器。

案例实现

① 使用ssh指令可以轻松地连接到远程ssh服务器执行管理操作。在命令行中输入下面命令：

```
[root@ localhost ]# ssh 202.102.240.88
```

按回车键后，即可登录远程服务器，效果如图30-3所示。

```
[root@localhost ~]# ssh 202.102.240.88
ssh: connect to host 202.102.240.88 port 22
```

图30-3

② 如果不希望使用当前登录用户连接远程ssh服务器，可以使用ssh指令的"-l"选项指定用户名。在命令行中输入下面命令：

```
[root@ localhost ]# ssh –l test 202.102.240.88
```

按回车键后，即可用test用户连接远程服务器，效果如图30-4所示。

```
[root@localhost ~]# ssh -l test 202.102.240.88
ssh: connect to host 202.102.240.88 port 22: Network
```

图30-4

实例2　在远程服务器上执行命令

案例表述

ssh指令可以不登录远程服务器，而直接在远程服务器上执行指令，例如，查看远程服务器上的分区情况。

案例实现

在命令行中输入下面命令：

```
[root@ localhost ]# ssh 202.102.240.88 /sbin/fdisk -l
```

按回车键后，即可在远程服务器上执行命令，查看其分区列表，效果如图30-5所示。

```
[root@localhost ~]# ssh 202.102.240.88 /sbin/fdisk -l
ssh: connect to host 202.102.240.88 port 22: Network is unreachable
```

图30-5

命令3 sshd命令

命令功能
sshd命令是openssh软件套件中的服务器守护进程。

命令语法
sshd (选项)

选项说明
- -4：强制使用IPv4地址；
- -6：强制使用IPv6地址；
- -D：以后台守护进程方式运行服务器；
- -d：调试模式；
- -e：将错误发送到标准错误设备，而不是将其发送到系统日志；
- -f：指定服务器的配置文件；
- -g：指定客户端登陆时的过期时间，如果在此期限内，用户没有正确认证，则服务器断开次客户端的连接；
- -h：指定读取主机key文件；
- -i：ssh以inetd方式运行；
- -o：指定ssh的配置选项；
- -p：静默模式，没有任何信息写入日志；
- -t：测试模式。

实例1 以调试模式运行ssh服务器

▶ 案例表述

通常，Linux发行版都把sshd指令作为Linux系统服务自动运行，如果希望获得更多的运行信息，可以使用"-d"选项以调试模式启动sshd指令。

▶ 案例实现

在命令行中输入下面命令：

[root@localhost root]# /user/sbin/sshd -d

按回车键后，即可以调试模式运行sshd，效果如图30-6所示。

```
[root@localhost root]# user/sbin/sshd -d
```

图30-6

命令4 ssh-keygen命令

命令功能
ssh-keygen命令用于为"ssh"生成、管理和转换认证密钥，它支持RSA

和DSA两种认证密钥。

命令语法

ssh-keygen (选项)

选项说明

- -b：指定密钥长度；
- -e：读取openssh的私钥或者公钥文件；
- -C：添加注释；
- -f：指定用来保存密钥的文件名；
- -i：读取未加密的ssh-v2兼容的私钥/公钥文件，然后在标准输出设备上显示openssh兼容的私钥/公钥；
- -l：显示公钥文件的指纹数据；
- -N：提供一个新密语；
- -P：提供（旧）密语；
- -q：静默模式；
- -t：指定要创建的密钥类型。

实例1　生成RSA密钥

案例表述

使用ssh-keygen指令生成RSA认证密钥。

案例实现

在命令行中输入下面命令：

[root@ localhost]# ssh-keygen –t rsa

按回车键后，即可生成RSA认证密钥，效果如图30-7所示。

```
[root@localhost ~]# ssh-keygen -t rsa
Generating public/private rsa key pair.
Enter file in which to save the key (/root/.ssh/id_rsa):
```

图30-7

实例2　显示公钥文件指纹数据

案例表述

使用ssh-keygen指令的"-l"选项显示公钥文件的指纹数据。

案例实现

在命令行中输入下面命令：

[root@ localhost]# ssh-keygen -l

按回车键后，即可显示公钥文件指纹数据，效果如图30-8所示。

```
[root@localhost ~]# ssh-keygen -l
Enter file in which the key is (/root/.ssh/id_rsa):
```

图30-8

命令5 ssh-keyscan命令

命令功能

ssh-keyscan命令是一个收集大量主机公钥的使用工具。

命令语法

ssh-keyscan (选项)(参数)

选项说明

- -4：强制使用IPv4地址；
- -6：强制使用IPv6地址；
- -f：从指定文件中读取"地址列表/名字列表"；
- -p：指定连接远程主机的端口；
- -T：指定连接尝试的超时时间；
- -t：指定要创建的密钥类型；
- -v：信息模式，打印调试信息。

参数说明

- 主机列表：指定要收集公钥的主机列表。

实例1 收集主机ssh公钥

案例表述

使用ssh-keyscan指令收集指定主机的ssh公钥。

案例实现

在命令行中输入下面命令：

[root@ localhost]# ssh-keyscan –v 202.102.240.65

按回车键后，即可收集主机ssh公钥，并输出调试信息，效果如图30-9所示。

```
[root@localhost ~]# ssh-keyscan -v 202.102.240.65
connect ('202.102.240.65'): Network is unreachable
```

图30-9

命令6 sftp-server命令

命令功能

sftp-server命令是一个"sftp"协议的服务器端程序，它使用加密的方式进行文件传输。

命令语法

sftp-server

实例1　配置ssh服务器的sftp子系统

案例表述

通常sftp服务器作为ssh服务器的子系统，通过配置sshd服务器的配置文件"/etc/ssh/sshd_config"可以实现启动sftp服务器的功能。打开配置文件"/etc/ssh/sshd_config"，添加如下内容"subsystem sftp /usr/libexec/openssh/sftp-server."。

案例实现

在命令行中输入下面命令：

[root@hn]# echo "subsystem sftp /usr/libexec/openssh/sftp-server" >> /etc/ssh/sshd_config

按回车键后，即可激活sshd的sftp子系统。

命令7　iptstate命令

命令功能

iptstate命令以top指令类似的风格时显示Linux内核中iptables的工作状态。

命令语法

iptstate (选项)

选项说明

- -b：指定输出信息的排序规则；
- -d：不动态地改变窗口大小；
- -f：过滤本地回送信息；
- -h：显示帮助信息；
- -l：将IP地址解析为域名；
- -L：隐藏于DNS查询相关状态；
- -r：指定刷新屏幕的频率；
- -R：反序排列；
- -s：单次运行模式；
- -t：显示汇总信息。

实例1 以易读方式显示iptables状态

案例表述

使用iptstate指令以容易阅读方式显示iptables的状态。

案例实现

在命令行中输入下面命令:

[root@localhost ~]# ipstate

按回车键后,即可以top风格显示iptables状态,效果如图30-10所示。

```
[root@localhost ~ ]# iptstate
                                       IPTables - State Top
Version: 1.4    Sort: SrcIP     s to change sorting
Source                  Destination                  Proto State
TTL
61.163.231.197:39005 61.163.231.200:22        tcp   ESTABLISHED 119:59:59
202.102.240.86:1004 255.255.255.255:1004 udb        0:00:28
```

图30-10

命令8 nmap命令

命令功能

nmap命令是一款开放源代码的网络探测和安全审核工具,它的设计目标是快速地扫描大型网络。

命令语法

nmap(选项)(参数)

选项说明

- -O:激活操作探测;
- -P0:值进行扫描,不ping主机;
- -PT:是同TCP的ping;
- -sV:探测服务版本信息;
- -sP:ping扫描,仅发现目标主机是否存活;
- -PS:发送同步(SYN)报文;
- -PU:发送udp ping;
- -PE:强制执行直接的ICMPping;
- -PB:默认模式,可以使用ICMPping和TCPping;
- -6:使用IPv6地址;
- -v:得到更多选项信息;
- -d:增加调试信息地输出;

- –oN：以人们可阅读的格式输出；
- –oX：以xml格式向指定文件输出信息；
- –oM：以机器可阅读的格式输出；
- –A：使用所有高级扫描选项；
- --resume：继续上次执行完的扫描；
- –P：指定要扫描的端口，可以是一个单独的端口，用逗号隔开多个端口，使用"–"表示端口范围；
- –e：在多网络接口Linux系统中，指定扫描使用的网络接口；
- –g：将指定的端口作为源端口进行扫描；
- --ttl：指定发送的扫描报文的生存期；
- --packet-trace：显示扫描过程中收发报文统计；
- --scanflags：设置在扫描报文中的TCP标志。

参数说明

- IP地址：指定待扫描主机的IP地址。

实例1　扫描目标主机开放的端口

案例表述

使用nmap指令扫描目标主机开放的端口，并探测目标主机的操作系统。

案例实现

在命令行中输入下面命令：

[root@ localhost]# nmap –o 61.163.231.205

按回车键后，即可扫描目标主机开放端口，探测os类型，效果如图30-11所示。

```
[root@localhost ~]# nmap -o 61.163.231.205
Starting nmap V. 3.00 ( www.insecure.org/nmap/ )
```

图30-11

实例2　探测目标主机的服务和操作系统版本

案例表述

上例中仅仅列出了目标主机的服务和操作系统版本，使用nmap指令的"–sV"选项还可以探测出端口对应的服务及其版本信息。

案例实现

在命令行中输入下面命令：

[root@ localhost]# nmap –o –sV 61.163.231.205

按回车键后,即可扫描目标主机服务版本号,效果如图30-12所示。

```
[root@localhost ~]# nmap -o -sV 61.163.231.205

Starting nmap V. 3.00 ( www.insecure.org/nmap/ )
WARNING:  Could not determine what interface to route packets through to 61.163.
231.205, changing ping scantype to ICMP ping only
sendto in sendpingquery returned -1 (should be 8)!
sendto: Network is unreachable
sendto in sendpingquery returned -1 (should be 8)!
sendto: Network is unreachable
sendto in sendpingquery returned -1 (should be 8)!
sendto: Network is unreachable
sendto in sendpingquery returned -1 (should be 8)!
sendto: Network is unreachable
sendto in sendpingquery returned -1 (should be 8)!
sendto: Network is unreachable
Note: Host seems down. If it is really up, but blocking our ping probes, try -P0
Nmap run completed -- 1 IP address (0 hosts up) scanned in 60 seconds
```

图30-12

实例3 扫描目标主机的指定端口

案例表述

默认情况下,nmap指令基于"nmap-services"数据库进行扫描,当目标主机上的端口是非知名端口时,或者不希望进扫描特定的端口时,使用"-p"选项手工指定要扫描的端口。

案例实现

在命令行中输入下面命令:

[root@hn]# nmap –p 8080 –sV 59.69.132.88

按回车键后,即可扫描目标主机的指定端口,探测服务版本,效果如图30-13所示。

```
Nmap V. 3.00 Usage: nmap [Scan Type(s)] [Options] <host or net list>
Some Common Scan Types ('*' options require root privileges)
* -sS TCP SYN stealth port scan (default if privileged (root))
  -sT TCP connect() port scan (default for unprivileged users)
* -sU UDP port scan
  -sP ping scan (Find any reachable machines)
* -sF,-sX,-sN Stealth FIN, Xmas, or Null scan (experts only)
  -sR/-I RPC/Identd scan (use with other scan types)
Some Common Options (none are required, most can be combined):
```

图30-13

实例4 扫描目标网络的主机列表

案例表述

使用nmap指令的"-sP"选项可以发现目标网络中存活的主机列表,而不进行更深层次的扫描。

案例实现

在命令行中输入下面命令:

[root@hn]# nmap –sP 202.102.240.64/27

按回车键后,即可扫描目标网络主机列表,效果如图30-14所示。

```
sendto in sendpingquery returned -1 (should be 8)!
sendto: Network is unreachable
sendto in sendpingquery returned -1 (should be 8)!
sendto: Network is unreachable
sendto in sendpingquery returned -1 (should be 8)!
sendto: Network is unreachable
sendto in sendpingquery returned -1 (should be 8)!
sendto: Network is unreachable
sendto in sendpingquery returned -1 (should be 8)!
sendto: Network is unreachable
sendto in sendpingquery returned -1 (should be 8)!
sendto: Network is unreachable
sendto in sendpingquery returned -1 (should be 8)!
sendto: Network is unreachable
sendto in sendpingquery returned -1 (should be 8)!
sendto: Network is unreachable
sendto in sendpingquery returned -1 (should be 8)!
sendto: Network is unreachable
sendto in sendpingquery returned -1 (should be 8)!
sendto: Network is unreachable
sendto in sendpingquery returned -1 (should be 8)!
sendto: Network is unreachable
```

图30-14